Adobe

Adobe InDesign CS5 中文版经典教程

Adobe 公司编写的学习用书

〔美〕Adobe 公司 著 周进 张海燕 译

人 民 邮 电 出 版 社

北 京

图书在版编目（CIP）数据

Adobe InDesign CS5中文版经典教程 / 美国Adobe公司著 ; 周进，张海燕译. -- 北京 : 人民邮电出版社，2011.1（2015.6重印）
ISBN 978-7-115-24120-7

Ⅰ. ①A… Ⅱ. ①美… ②周… ③张… Ⅲ. ①排版－应用软件，InDesign CS5－教材 Ⅳ. ①TS803.23

中国版本图书馆CIP数据核字(2010)第206361号

版权声明

Adobe InDesign CS5 中文版经典教程

◆ 著　　[美]Adobe 公司
译　　周 进 张海燕
责任编辑　李 际
◆ 人民邮电出版社出版发行　北京市丰台区成寿寺路 11 号
邮编 100164　电子邮件 315@ptpress.com.cn
网址 http ://www.ptpress.com.cn
北京艺辉印刷有限公司印刷
◆ 开本：800×1000 1/16
印张：19.5
字数：458千字　2011年1月第1版
印数：17001-18000册　2015年6月北京第13次印刷
著作权合同登记号 图字：01-2010-3644 号
ISBN 978-7-115-24120-7

定价：45.00 元（附光盘）

读者服务热线：(010)81055410 印装质量热线：(010)81055316
反盗版热线：(010)81055315
广告经营许可证：京崇工商广字第 0021 号

内容提要

本书由 Adobe 公司编写，是 Adobe InDesign CS5 软件的正规学习用书。

全书共 15 课，涵盖了主页的创建、编辑和应用，文本的导入和编辑，排版艺术，颜色的使用，样式的创建和应用，导入和修改图形，创建表格，透明度处理，输出和导出，创建交互式文档，处理长文档以及色彩管理等内容。

本书语言通俗易懂并配以大量的图示，特别适合 InDesign 新手阅读；有一定使用经验的用户也可从中学到大量高级功能和 InDesign CS5 新增的功能。本书也适合各类培训班学员及广大自学人员参考。

前　言

欢迎使用 Adobe InDesign CS5。InDesign 是一个功能强大的设计和制作应用程序，它提供了精确的控制以及与其他Adobe专业图形软件的无缝集成。使用InDesign可制作出专业品质的彩色文档，用于高速彩色印刷机和各种输出设备（包括桌面打印机和高分辨率排印设备）打印。还可创建动态文档，并将其导出为包含按钮、超链接和页面过渡的 Adobe Flash 文件，或将其导出为包含书签、超链接、按钮、电影和视频剪辑的 PDF 文件；还可将文档导出为 XHTML 或 XML 文件格式以便用于 Internet。

作者、美术师、设计人员和出版商能够通过当前的各种媒介方式与比以往都广泛的受众交流。InDesign 通过与其他 CS5 应用程序无缝的集成，为此提供了支持。

关于经典教程

本书是在 Adobe 产品专家支持下编写的 Adobe 图形和出版软件官方培训系列丛书之一。

读者可根据自己的需要阅读其中的课程。如果读者是 Adobe InDesign CS5 新手，将从中学到运用该程序所需的基本知识；如果读者有一定的 Adobe InDesign CS5 使用经验，将发现本书介绍了很多高级功能，其中包括如何使用 InDesign 最新版本的提示和技巧。

每个课程都提供了完成项目的具体步骤。读者可按顺序从头到尾阅读本书，也可根据兴趣和需要选读其中的课程。每课末尾的复习题对该课介绍的内容做了总结。

必须具备的知识

在使用本书之前，读者应对计算机及其操作系统有一定的了解，包括如何使用鼠标、标准菜单和命令以及打开、保存和关闭文件。如果需要了解这方面的知识，请参阅有关您使用的操作系统的印刷文档或联机文档。

安装 Adobe InDesign CS5

使用本书前，应确保系统配置正确并安装了所需的软件和硬件。

本书配套光盘中没有 Adobe InDesign CS5 软件，读者必须单独购买该软件。有关安装该软件的详细说明，请参阅安装光盘中的 Adobe InDesign CS5 自述文件。

安装本书使用的字体

本书课程使用的字体都是 Adobe InDesign CS5 自带的。这些字体包含在安装光盘中，其中有些字体将随 InDesign 一起安装，以方便用户使用。这些字体安装在如下位置。

- Windows：[操作系统盘]\Windows\Fonts。
- Mac OS：[操作系统盘]/Library/Fonts。

有关字体及安装方法的更详细信息，请参阅 Adobe InDesign CS5 安装光盘中的自述文件。

复制课程文件

本书配套光盘包含课程中需要用到的所有文件。每个课程都有一个单独的文件夹，阅读这些课程时，读者必须将相应文件夹复制到硬盘中。为节省硬盘空间，可只复制当前阅读的课程的文件夹，并在阅读完后将其删除。

复制课程文件

1. 将配套光盘插入光驱。
2. 在硬盘中创建一个名为 InDesignCIB 的文件夹。
3. 执行下列操作之一：

- 将文件夹 Lessons 复制到文件夹 InDesignCIB 中；
- 将当前课程的文件夹复制到文件夹 InDesignCIB 中。

保存和恢复 InDesign Defaults 文件

InDesign Defaults 文件中存储了程序的首选项和默认设置，如工具设置和默认度量单位。为确保您使用的 Adobe InDesign CS5 首选项和默认设置与本书使用的相同，阅读本书的课程前，应将 InDesign Defaults 文件移到其他文件夹。阅读完本书后，可将保存的 InDesign Defaults 文件重新移到原来的文件夹，这将恢复以前使用的首选项和默认设置。

保存当前的 InDesign Defaults 文件

1. 退出 Adobe InDesign CS5。
2. 找到 InDesign Defaults 文件：

- 在 Windows 中，该文件所在的文件夹为 Documents and Settings\ 用户名 \Application Data\Adobe\InDesign\Version 7.0-J\zh_CN。
- 在 Mac OS 中，该文件所在的文件夹为 /Users/ 用户名 /Library/Preferences/Adobe InDesign/Version 7.0-J/zh_CN。

3. 将 InDesign Defaults 文件拖放到硬盘的另一个文件夹中。

移动 InDesign Defaults 文件后，当您启动 Adobe InDesign CS5 时，将自动新建一个 InDesign Defaults 文件，其中所有的首选项和默认设置都为出厂设置。

阅读本书后，要恢复保存的 InDesign Defaults 文件：

1. 退出 Adobe InDesign CS5；
2. 将保存的 InDesign Defaults 文件拖放到原来的文件夹中，并替换当前的 InDesign Defaults 文件。

> **注意**：在 Windows 中，如果 Application Data 文件夹被隐藏，可选择菜单“工具”>“文件夹选项”，再单击“查看”标签，然后选中“显示隐藏的文件和文件夹”复选框，最后单击“确定”按钮关闭“文件夹选项”对话框并保存所做的修改。

检查更新

Adobe 定期地更新其软件，只要有 Internet 连接，用户就可通过 Adobe Application Manager 轻松地获得这些更新。

1. 在 InDesign 中，选择菜单“帮助”>“更新”。Adobe Application Manager 将自动检查可用的 Adobe 产品的更新信息。
2. 在 Adobe Application Manager 对话框中，选择要安装的更新内容，再单击“下载并安装更新”按钮即可安装。

> **注意**：要设置更新首选项，可单击“Adobe Application Manager”窗口中的“首选项”，然后指定您希望得到通知的方式以及希望更新哪些应用程序，再单击“完成”按钮。

目　录

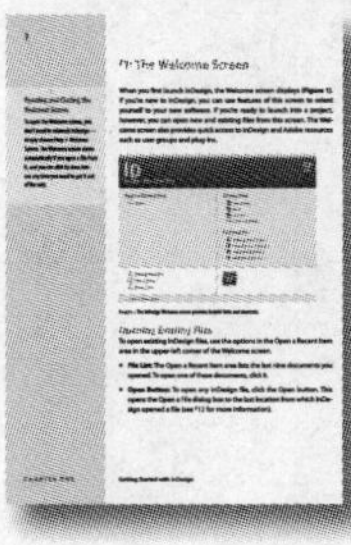

第1课 工作区简介

课程概述

在本课中，读者将学习以下内容：

- 选择工具；
- 使用应用程序栏和控制面板；
- 管理文档窗口；
- 使用面板；
- 保存定制的工作区；
- 修改文档的缩放比例；
- 导览文档；
- 使用上下文菜单。

学习本课大约需要 45 分钟。

InDesign CS5 的用户界面非常直观，让用户很容易创建像上图这样引人注目的打印文件和交互式页面。要充分利用 InDesign 强大的排版和设计功能，必须熟悉其工作区。工作区由应用程序栏、控制面板、文档窗口、菜单、粘贴板、工具箱和其他面板组成。

1.1 概 述

在本课中，读者将练习使用工作区以及导览虚拟出版物《Check Magazine》的几个页面。这是文档的最终版本：读者不需修改和添加文本和图形，而只是用它来探索 InDesign CS5 的工作区。

> **注意：**如果还没有将本课的资源文件从配套光盘复制到硬盘中，那么现在需要将这些文件复制到硬盘，详情请参阅“前言”中的“复制课程文件”。

1. 为确保用户使用的 Adobe InDesign CS5 首选项和默认设置与本课使用的相同，在使用前请将 InDesign Defaults 文件移到其他文件夹，详情请参阅“前言”中的“存储和恢复 InDesign Defaults 文件”。
2. 启动 Adobe InDesign CS5。为确保面板和菜单命令与本课使用的相同，先选择菜单“窗口” > “工作区” > “高级”，再选择菜单“窗口” > “工作区” > “重置‘高级’”。
3. 选择菜单“文件” > “打开”，打开硬盘中文件夹 InDesignCIB\Lessons\Lesson_01 中的文件 01_Start.indd。向下滚动以查看第 2 页。
4. 选择菜单“文件” > “存储为”，将文件重命名为 01_Introduction.indd，并将其存储到文件夹 Lesson_01 中。

1.2 工作区简介

InDesign 工作区包括用户首次打开或创建文档时看到的所有内容（如图 1.1 所示）：

- 菜单栏；
- 应用程序栏；
- 工具箱；
- 控制面板；
- 文档窗口；
- 粘贴板和页面；
- 其他面板。

> **提示：**如果用户熟悉 InDesign CS4，可通过选择菜单“窗口” > “工作区” > “[CS5 新增功能]”来了解 CS5 新增的功能。单击每个菜单时，新增的命令将呈高亮显示。要恢复到标准工作区，可从菜单“窗口” > “工作区”中选择一个选项。

用户可以根据自己的工作方式定制并存储工作区。例如，可以选择只显示常用的面板、最小化和重新排列面板组、调整窗口的大小、添加文档窗口等。

工作区域的配置简称为工作区。用户可从默认工作区（“排版规则”、“印刷和校样”等）中选择，也可存储自己的工作区。

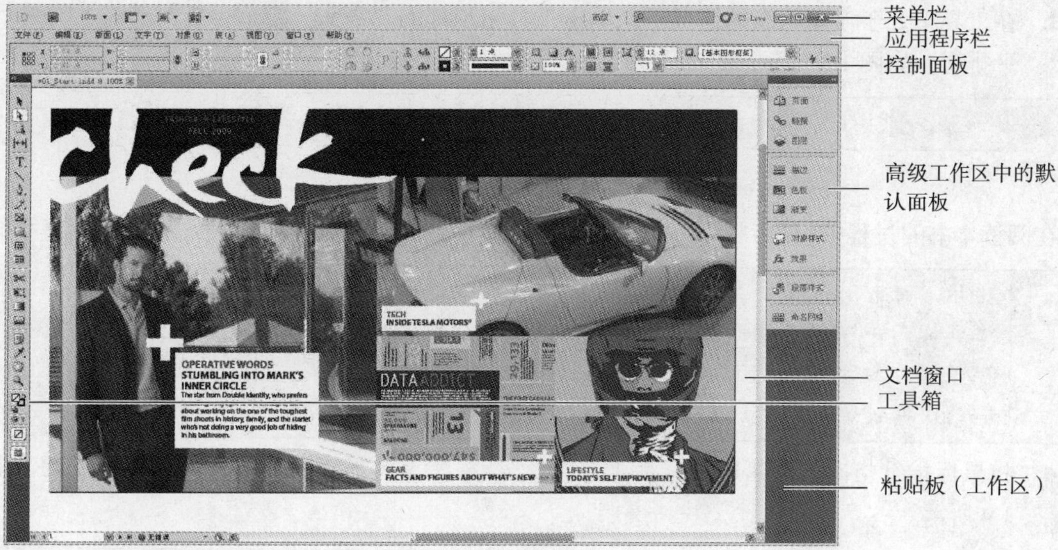

图1.1

1.2.1 工具箱

工具箱除了包含用于选择对象、处理文字及绘图的工具外，还包含应用和修改填充、描边和渐变的控件。默认情况下，工具箱停放在工作区的左上角。在本节中，读者将把工具箱置于浮动状态，让其水平放置并尝试使用选择工具。

1. 找到工具箱。向左滚动以便同时看到工具箱和粘贴板（而不是文档）。
2. 要取消工具箱固定停放，使其浮动在工作区中，拖曳其灰色标题栏并将其放到粘贴板中，如图 1.2 所示。

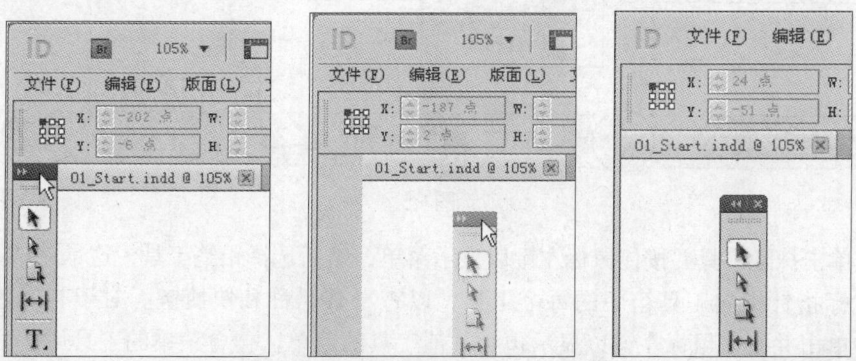

图1.2

> ID | **提示：**要取消工具箱固定停放，可拖曳其标题栏或标题栏下方的虚线。

工具箱进入浮动状态后，可让其双栏或单栏垂直排列，也可让其单行水平排列。

3. 在工具箱处于浮动状态的情况下，单击工具箱顶部的双箭头（），工具箱将变成单行水平排列，如图 1.3 所示。

图1.3

在阅读本书的过程中，读者将学习每个工具的具体功能。但在本节中，读者只需熟悉选择工具。

> **提示：**可以通过单击工具或按工具的快捷键来选择它（条件是没有文本插入点）。工具提示中显示了快捷键，例如，在选择工具的工具提示中，在工具名称旁边有（V,Esc），这意味着您可按 V 或 Esc 键来选择该工具。另外，您可通过按住一种工具的快捷键暂时选择该工具，松开该快捷键后，即可恢复到以前使用的工具。

4. 将鼠标指针指向工具箱中的选择工具（），将在工具提示中显示其名称和快捷键，如图 1.4 所示。

图1.4

在工具箱中，有些工具的右下角有一个黑色三角形，这表明它隐藏了其他相关的工具。要选择隐藏的工具，可单击并按住鼠标左键以显示一个菜单，然后选择所需的工具。

5. 单击铅笔工具（）并按住鼠标左键，将显示一个包含工具的弹出式菜单。选择抹除工具（），注意它将替换铅笔工具，如图 1.5 所示。

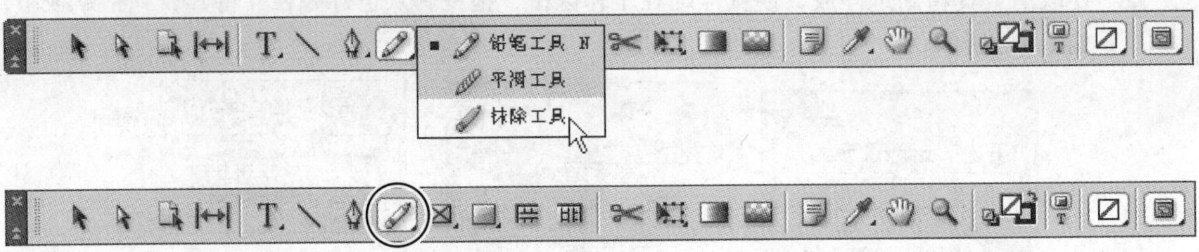

图1.5

6. 再次单击抹除工具并按住鼠标左键以显示菜单，然后选择铅笔工具，这是默认显示的工具。
7. 将鼠标指针指向工具箱中的每个工具，以查看其名称和快捷键。对于有黑色三角形的工具，单击并按住鼠标左键以显示包含其他工具的菜单。包含菜单的工具如下：

- 文字工具；
- 钢笔工具；
- 铅笔工具；
- 矩形框架工具；
- 矩形工具；

- 自由变换工具；
- 吸管工具。

8. 单击工具箱中的双箭头（ ）将工具箱恢复到两栏垂直排列方式，再次单击双箭头恢复到默认排列方式。
9. 要重新停放工具箱，通过工具箱顶部的灰色虚线将工具箱拖曳到屏幕最左边。当工作区边缘出现蓝色线条时释放鼠标左键即可，如图 1.6 所示。

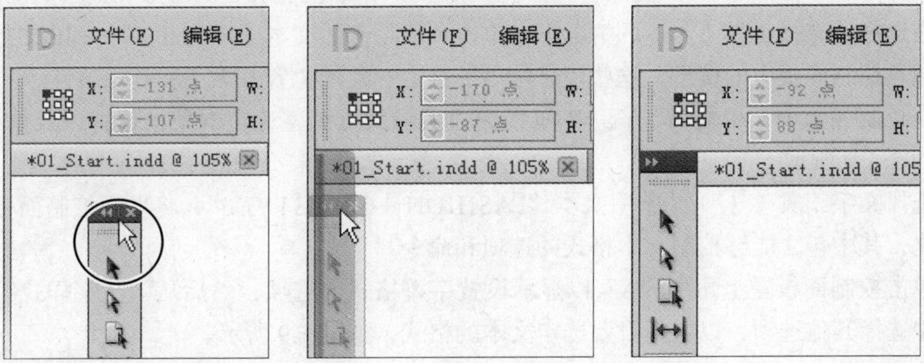

图1.6

10. 如果页面没有居中选项，选择菜单“视图”>“使页面适合窗口”即可将页面放到文档窗口中央。

1.2.2 应用程序栏

默认工作区的顶部是应用程序栏，通过它可以启动 Adobe Bridge CS5、修改文档的缩放比例、显示和隐藏版面辅助工具（如标尺和参考线）、修改屏幕显示模式（如正常、预览模式和演示文稿）以及控制文档窗口的显示方式。在应用程序栏的最右边，用户可以选择工作区、搜索 Adobe 帮助资源、进入 CS Live 服务以及观看 Adobe 视频培训资源。

- 为熟悉应用程序栏中的控件，将鼠标指针指向它以显示工具提示，如图 1.7 所示。

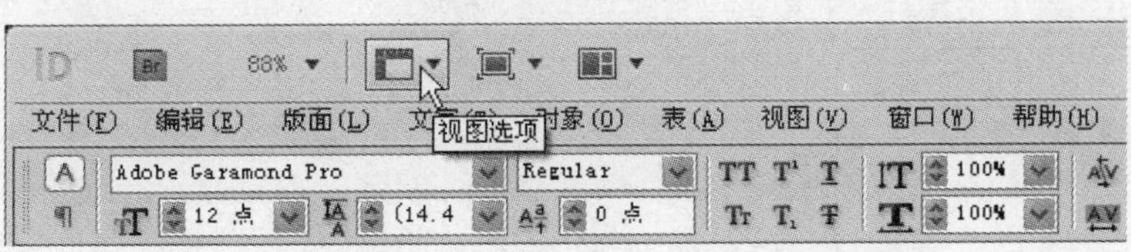

图1.7

- 在 Mac OS 中，要显示 / 隐藏应用程序栏，可选择菜单“窗口”>“应用程序栏”；在 Windows 中，用户不能隐藏应用程序栏。

> **提示**：隐藏应用程序栏后，视图缩放控件将显示在文档窗口的左下角。

1.2.3 控制面板

控制面板（可通过选择菜单“窗口”>“控制”显示/隐藏它）让用户能够快速访问与当前选择的页面元素或对象相关的选项和命令。默认情况下，控制面板停放在应用程序栏的下方，也可将其停放在文档窗口底部、将其变成浮动状态或将其隐藏。

1. 在文档窗口中，滚动到第 1 页的中央。
2. 选择菜单“视图”>“其他”>“显示框架边缘”，以便能够看到图形和文本周围的框架。
3. 在选择了选择工具（ ）的情况下，单击页面顶部的文本“FASHION + LIFESTYLE”。请注意控制面板中的信息，这些信息给出了选定对象的位置、大小和其他属性。
4. 在控制面板中，单击 X、Y、W 和 H 旁边的箭头可调整选定框架的位置以及修改其大小，如图 1.8 所示。
5. 选择文字工具（T）并选中文本“FASHION + LIFESTYLE”，将发现控制面板发生了变化，其中包含能够控制文本格式的选项和命令。
6. 单击控制面板左上角的“A”以显示设置字符格式的选项，然后从“文字样式”下拉列表中选择其他选项，以重新设置选定文本的格式，如图 1.9 所示。

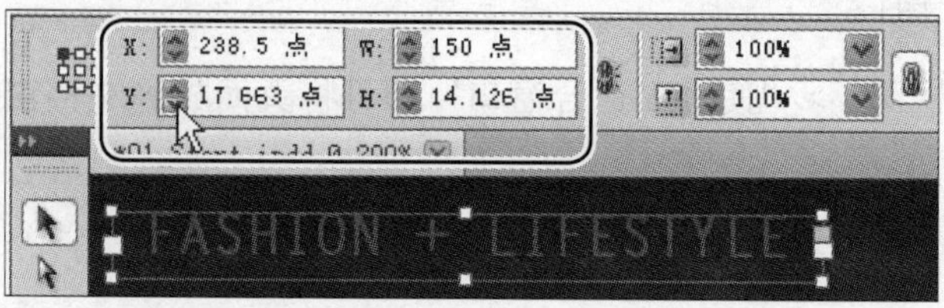

图1.8

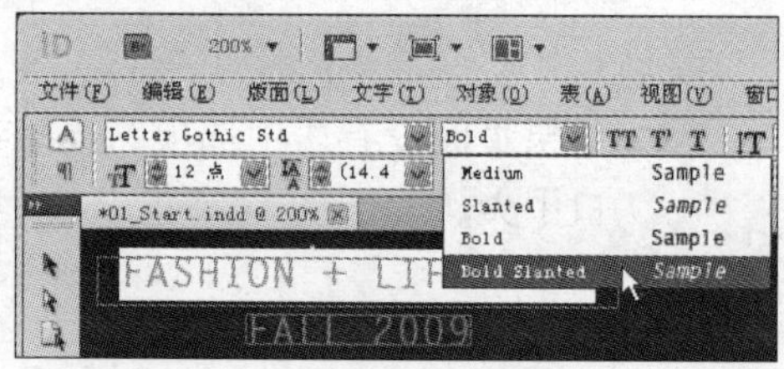

图1.9

如果不习惯控制面板停靠在文档窗口顶部，也可将它移动到其他位置。

7. 单击控制面板最左端的垂直条，并将其拖曳至文档窗口中，释放鼠标左键后，控制面板将变成浮动状态，如图 1.10 所示。

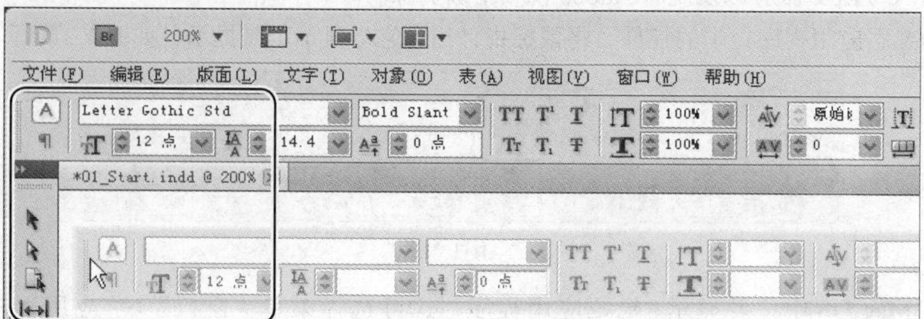

图1.10

可将控制面板停放到工作区顶端或工作区底部。

8. 要重新停放控制面板，可通过其左端的垂直条将其拖曳至应用程序栏的下方，当出现一条蓝线时，释放鼠标左键即可。

1.2.4 文档窗口

文档窗口包含文档中的所有页面。每个页面或跨页周围都有粘贴板，可用于存放排版时需要使用的对象。粘贴板中的对象不会被打印出来。粘贴板还在文档周围提供了额外空间，让对象能够延伸到页面边缘的外面，这被称为出血。在必须打印跨越页面边缘的对象时使用出血。用于在文档的页面之间切换的控件位于文档窗口的左下角。

1. 为查看该文档中页面的粘贴板，可选择菜单“视图”>“完整粘贴板”，如图 1.11 所示。

> **注意**：在 Mac OS 中，可将应用程序栏、文档窗口和面板组合成一个整体，这称为应用程序框架。这模仿了 Windows 应用程序的结构。要激活应用程序框架，可选择菜单“窗口”>“应用程序框架”

2. 如果有必要，可单击最大化按钮以扩大文档窗口。

- 在 Windows 中，最大化按钮是窗口右上角的中间那个按钮。
- 在 Mac OS 中，最大化按钮是窗口左上角的绿色按钮。

> **提示**：可使用粘贴板来扩展工作区。可以导入多个图像或文本文件，并将它们放在粘贴板中以方便使用。

3. 选择菜单“视图”>“使页面适合窗口”恢复到原来的视图。

下面移到另一个页面。

4. 在文档窗口的左下角，单击页码框右边的箭头，如图 1.12 所示。

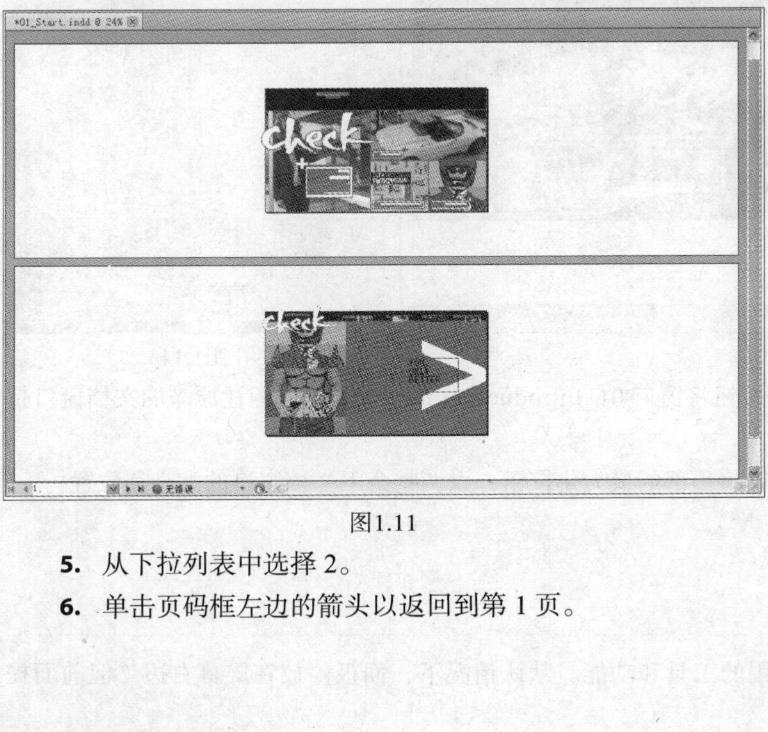

图1.11

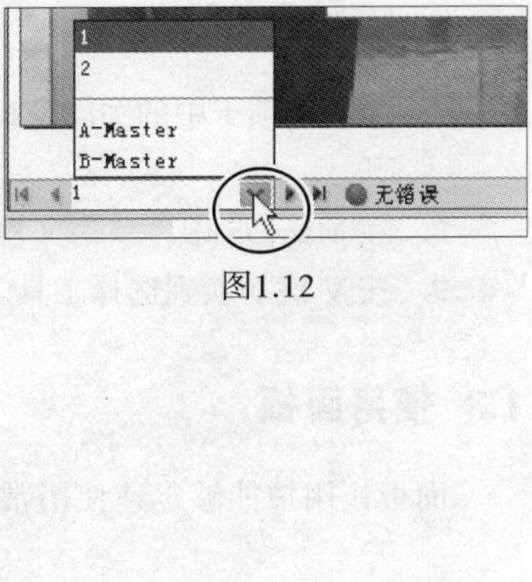

图1.12

5. 从下拉列表中选择 2。

6. 单击页码框左边的箭头以返回到第 1 页。

1.2.5 使用多个文档窗口

可同时打开多个文档窗口，下面将打开另一个文档窗口，以便能够同时看到文档的两个不同视图。

1. 选择菜单“窗口”>“排列”>“新建窗口”。

将出现一个名为 01_Introduction.indd:2 的新窗口；而原来的窗口名为 01_Introduction.indd:1。

2. 在 Mac OS 中，选择“窗口”>“排列”>“平铺”以同时显示这两个窗口。

3. 从工具箱中选择缩放工具（ ）。

4. 在一个文档窗口中拖曳出一个环绕白色框（它包含标题行 OPERATIVE WORDS）的选框以放大它。

注意另一个文档窗口的缩放比例保持不变，如图 1.13 所示。这种布局让您能够看到修改白色框对文档的影响。

> **提示：**应用程序栏让您能够快速访问用于管理窗口的选项。要查看所有这样的选项，请单击“排列文档”按钮。

5. 选择菜单“窗口”>“排列”>“合并所有窗口”，这将为每个窗口创建一个选项卡。

6. 单击左上角（控制面板下方）的选项卡可选择显示哪个文档窗口，如图 1.14 所示。

图1.13

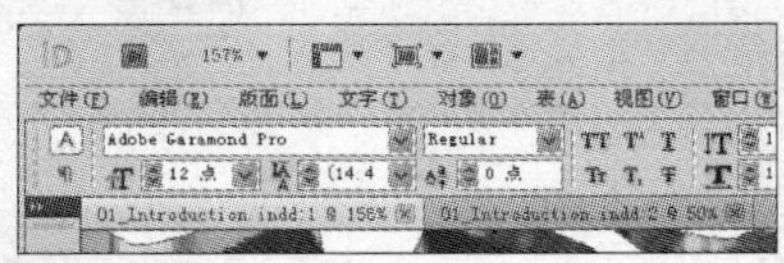

图1.14

7. 单击选项卡中的关闭窗口按钮将窗口 01_Introduction.indd:2 关闭，但让原来的文档窗口打开。

8. 在 Mac OS 中，单击文档窗口顶部的最大化按钮，以调整余下文档窗口的大小和位置。

9. 按 V 键切换到选择工具（ ）。

1.3 使用面板

面板让用户能够迅速使用常用的工具和功能。默认情况下，面板停放在屏幕右边（但前面提到的工具箱和控制面板除外）。默认显示的面板随当前使用的工作区而异，每个工作区都存储其面板配置。用户可以采取各种方式重新组织面板，下面将练习打开、折叠和关闭高级工作区中的默认面板。

1.3.1 展开和折叠面板

在本小节中，读者将展开和折叠面板、隐藏面板名以及展开停放区中的所有面板。

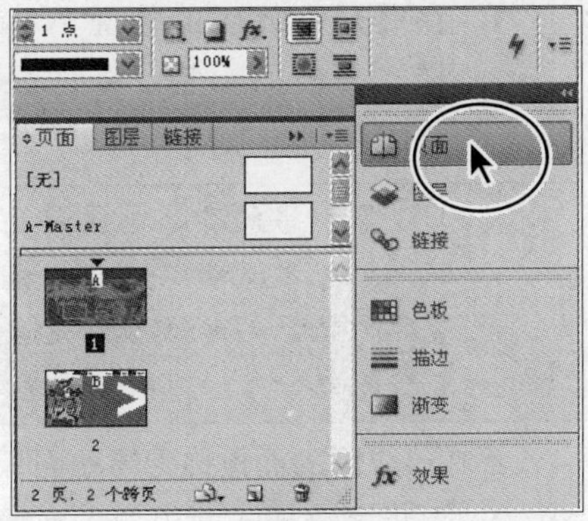

图1.15

1. 向左滚动，以便在粘贴板而不是文档中使用面板。

2. 在文档窗口右边的默认停放区中，单击页面面板的图标以展开该面板，如图 1.15 所示。

在需要打开面板，并在较短的时间内使用后再关闭时，这种方法很方便。

> **注意：**停放区包含一系列“粘贴”在一起的面板。

有多种折叠面板的方法可供选择。

3. 使用完页面面板后，要折叠该面板，可单击面板名称右边的双箭头，也可再次单击面板图标。

下面打开一个在该工作区中没有显示的面板，方法是从菜单栏中选择它。

> **提示：**要打开隐藏的面板，应在“窗口”菜单（或“窗口”菜单的子菜单）中单击相应的面板名。如果面板名左边有勾号，表明该面板已打开且位于其所在面板组的最前面。

4. 选择菜单“窗口”>“信息”打开信息面板。

5. 要将信息面板放置到停放区中，可通过标题栏将其拖曳至字符样式面板下方，并在出现蓝色线条后释放鼠标左键。

在停放区中，可上下拖曳信息面板的图标以调整其位置。下面将隐藏面板名以只显示图标，然后展开停放区中所有的面板。

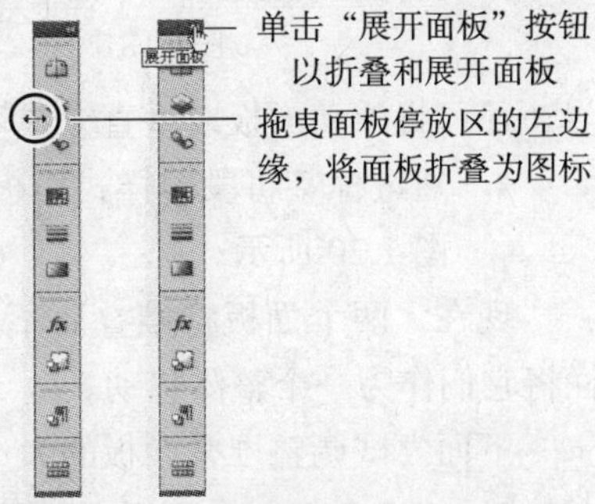

图1.16

6. 将面板停放区的左边缘向右拖曳，直到面板名被隐藏，如图 1.16 所示。

7. 要展开停放区中的所有面板，可单击停放区右上角的双箭头，如图 1.16 所示。

如果再次单击该双箭头，面板将折叠成只显示图标的形式，而不显示面板名。

1.3.2 重新排列和定制面板

在本小节中，读者将把一个面板拖出停放区使其变成浮动的面板，然后将另一个面板拖进该面板，以创建一个自定义面板组。还将取消面板编组、将面板堆叠并将其折叠成图标。

1. 在展开停放区的情况下，拖曳段落样式面板的标签，将该面板拖出停放区，如图 1.17 所示。

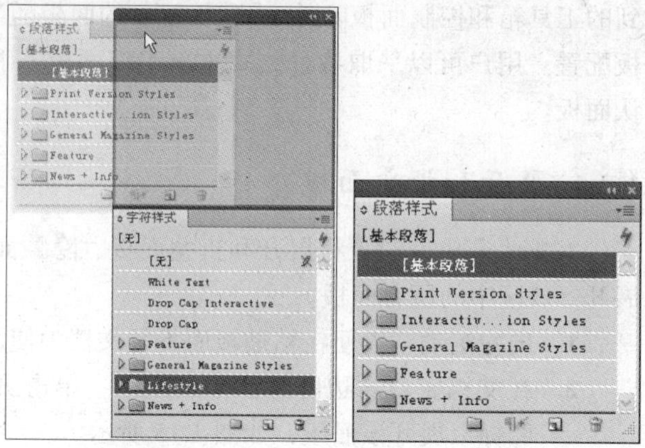

图1.17

> **ID** **注意**：要更清楚地看到面板，向右滚动以便在面板后面显示粘贴板而不是文档页面。

不在停放区的面板称为浮动面板。

2. 要将字符样式面板加入到浮动的段落样式面板中，将其标签拖曳到段落样式面板的标题栏的空白区域。当段落样式面板周围出现蓝色线条后释放鼠标左键。

这种操作将创建一个面板组，可将任何面板拖放到面板组中，如图 1.18 所示。

> **ID** **提示**：如果用户正在编辑文本且不需要展开其他面板，则将字符样式面板和段落样式面板编组很有帮助。

3. 要解除面板编组，可通过面板标签将其中一个面板拖出面板组，如图 1.19 所示。

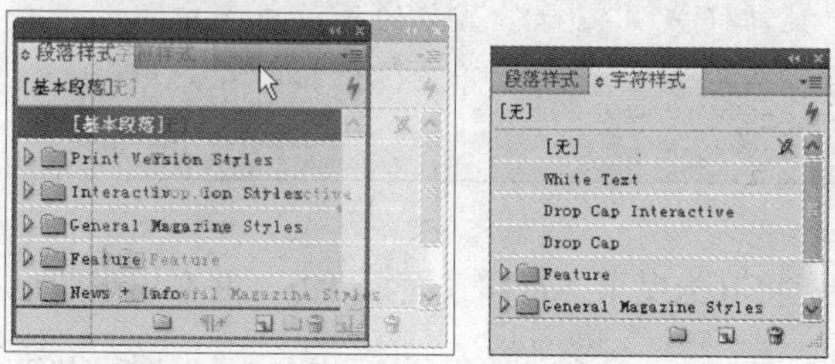

图1.18

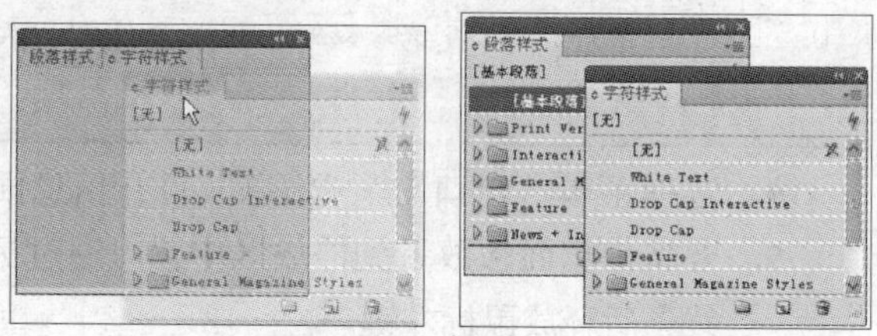

图1.19

还可将浮动面板以垂直方式堆叠起来，下面就尝试这样做。

4. 通过标签将段落样式面板拖曳至字符样式面板的底部，出现蓝色线条后释放鼠标左键，如图 1.20 所示。

现在，两个面板将堆叠而不是编组。堆叠的面板垂直相连，可通过拖曳最上面的面板的标题栏将它们作为一个整体移动。

下面尝试调整堆叠面板的大小。

5. 拖曳任何一个面板右下角以调整它们的大小，如图 1.21 所示。
6. 将段落样式面板的标签拖放到字符样式面板标签的旁边，将这两个面板重新编组。单击面板标签旁边的灰色区域，将面板组最小化，结果如图 1.22 所示。再次单击该区域展开面板组。

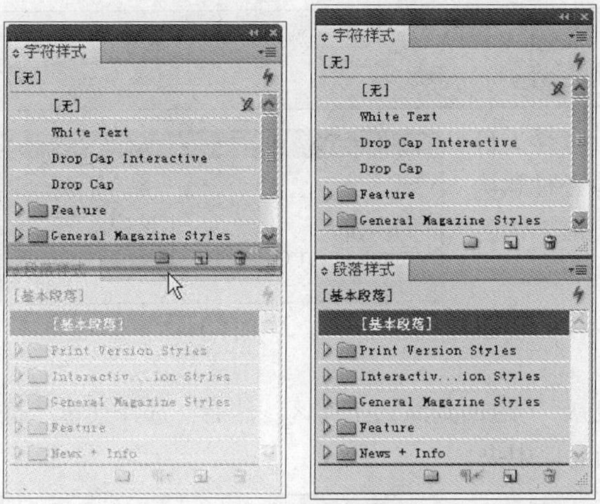

图1.20

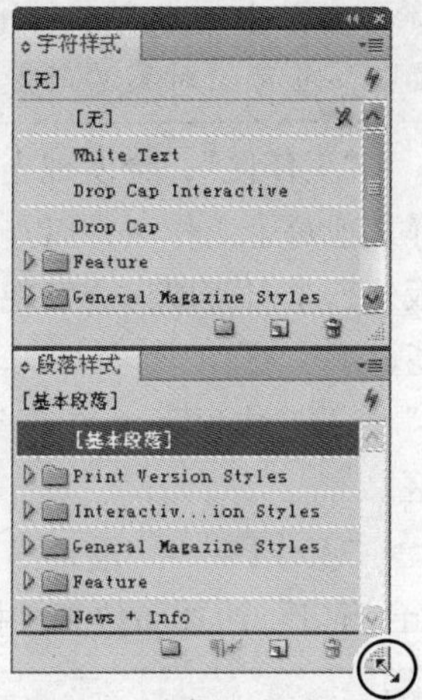

图1.21

图1.22

7. 保留该面板组的当前状态，以供后面的练习中使用。

1.3.3 使用面板菜单

大多数面板都有其特有的选项，要使用这些选项，可单击面板菜单按钮打开面板菜单，其中包含适用于当前面板的命令和选项。

下面修改色板面板的显示方式。

1. 将色板面板拖出停放区，使其变成自由浮动的状态。
2. 单击色板面板右上角的面板菜单按钮（ ）以打开面板菜单。

可使用色板面板的面板菜单来新建色板、加载其他文档中的色板等。

3. 从色板面板菜单中选择“大色板”，如图 1.23 所示。
4. 保留色板面板的当前状态，以供后面的练习中使用。

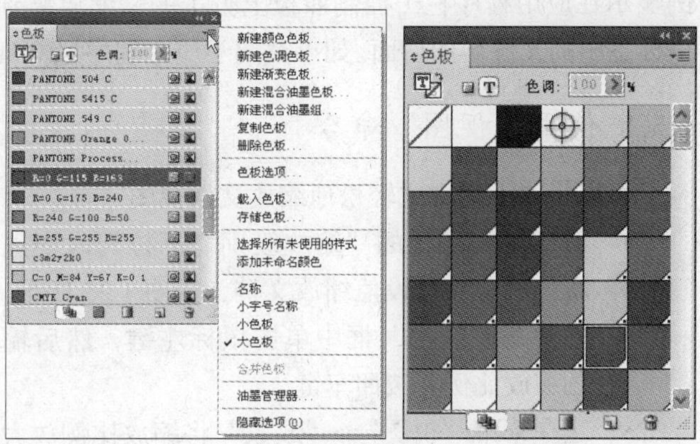

图1.23

1.4 定制工作区

工作区是面板和菜单的配置。InDesign 提供了多种默认工作区，如书籍、印刷和校样、排版规则等。用户不能修改默认工作区，但可保存自定义工作区。下面将保存前面所做的定制。

1. 选择菜单“窗口”>“工作区”>“新建工作区”。
2. 在“新建工作区”对话框中，在文本框“名称”中输入 Swatches and Styles。如果有必要，选中复选框“面板位置”和“菜单自定义”，然后单击“确定”按钮，如图 1.24 所示。

> **提示**：要控制哪些命令出现在 InDesign 菜单中，可选择菜单“编辑”>“菜单”。在自定义工作区中，可存储对菜单所做的定制。

3. 打开菜单“窗口”>“工作区”，会发现当前选择了自定义工作区。选择其他每个工作区，以查看各种默认配置。除查看面板外，单击菜单，会发现当前工作区特有的功能呈高亮显示。

图1.24

4. 选择菜单“窗口”>“工作区”>“[高级]”，返回到“高级”工作区。
5. 选择菜单“窗口”>“工作区”>“重置‘高级’”返回到默认工作区。然后，选择菜单“视图”>“使页面适合窗口”让页面位于文档窗口中央。

> **注意**：如果要删除自定义工作区，可选择菜单“窗口”>“工作区”>“删除工作区”，再从“名称”下拉列表中选择 Swatches and Styles，并单击“删除”按钮。

1.5 修改文档的缩放比例

InDesign 中的控件让用户能够以 5% 到 4000% 的比例查看文档。文档打开后，当前的缩放比例显示在应用程序栏（控制面板上方）的“缩放级别”下拉列表中，它还显示在窗口标题栏或文档标签中的文件名的后面。如果关闭了应用程序栏（Mac OS），缩放控件将出现在文档窗口的左下角。

1.5.1 使用“视图”命令

可以采取下述方式轻松地缩放文档视图：

- 从应用程序栏的“缩放级别”下拉列表中选择一个百分比，按预设值缩放文档，如图 1.25 所示。

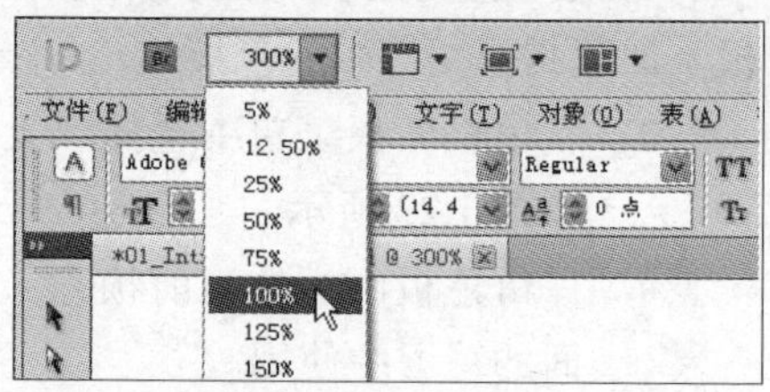

图1.25

- 在“缩放级别”框中单击鼠标左键，然后输入所需的缩放比例并按回车键。
- 选择菜单“视图”>“放大”将缩放比例放大到上一个预设值。
- 选择菜单“视图”<“缩小”将缩放比例缩小到下一个预设值。
- 选择菜单“视图”>“使页面适合窗口”在文档窗口中显示整个目标页。
- 选择菜单“视图”>“使跨页适合窗口”在文档窗口中显示整个目标跨页。
- 选择菜单“视图”>“实际尺寸”以 100% 的比例显示文档。根据文档的大小和屏幕的分辨率，可能无法在屏幕上看到整个文档。

1.5.2 使用缩放工具

除使用“视图”菜单中的命令外，还可使用缩放工具来缩放文档视图。下面来练习使用缩放工具。

1. 滚动到第 1 页。如果有必要，选择菜单“视图”>“使页面适合窗口”将该页面放在窗口中央。
2. 选择工具箱中的缩放工具（ ），将鼠标指针指向右边的黄色汽车。注意缩放工具中央有个加号。
3. 单击鼠标左键一次，视图将放大到下一个预设比例，且单击的位置位于窗口中央。下面来缩小视图。
4. 将鼠标指针指向汽车并按住 Alt（Windows）或 Option（Mac OS）键，缩放工具中央将出现一个减号。
5. 在按住 Alt/Option 键的情况下单击鼠标左键，视图将缩小。

也可使用缩放工具拖曳出一个环绕部分文档的矩形框，以放大指定区域。

6. 在仍选择了缩放工具的情况下，按住鼠标左键并拖曳出一个环绕汽车的矩形框，然后释放鼠标左键，如图 1.26 所示。

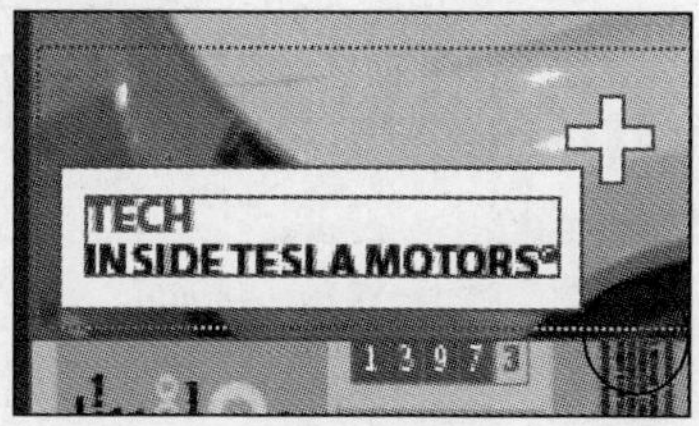

图1.26

被覆盖区域的放大比例取决于矩形框的大小：矩形框越小，放大比例越大。

7. 在工具箱中双击缩放工具切换到 100% 的缩放比例。

由于在编辑过程中，经常需要使用缩放工具来缩放文档视图，因此可以使用键盘临时选择缩放工具，而不需取消对当前工具的选择。可以按以下方式操作。

8. 单击工具箱中的选择工具（ ），然后将鼠标指针指向文档窗口内。
9. 按住 Ctrl + 空格键（Windows）或 Command + 空格键（Mac OS），鼠标指针将从选择工具图标变成缩放工具图标，然后在汽车上单击以放大视图。释放按键后，鼠标指针将恢复为选择工具图标。
10. 按住 Ctrl + Alt + 空格键（Windows）或 Command + Option + 空格键（Mac OS）并单击鼠标左键，将缩小视图。

> ID | **注意**：Mac OS X 可能将该快捷键改为打开 Spotlight 窗口。用户可在系统首选项中禁用系统快捷键。

11. 选择菜单“视图”>“使页面适合窗口”让页面居中。

1.6 导览文档

在 InDesign 文档中导览的方式有多种，其中包括使用页面面板、使用抓手工具、使用“转到页面”对话框以及使用文档窗口中的控件。

1.6.1 翻页

可使用页面面板、文档窗口底部的页面按钮、滚动条或其他命令来翻页。页面面板包含当前文档中每个页面的图标，双击页面图标或页码可切换到该页面或跨页。下面练习翻页操作。

1. 单击页面面板图标以展开页面面板。

2. 双击第 2 页的页面图标，如图 1.27 所示，让第 2 页在文档窗口中居中。

> **提示：**要翻页，也可使用“版面”菜单中的命令：“第一页”、“上一页”、“下一页”、“最后一页”、“下一跨页”和“上一跨页”。

3. 双击页面图标上方的 A-Master 图标以便在文档窗口中显示该主页。单击页面面板图标将该面板折叠。

4. 要返回到文档的第 1 页，可使用文档窗口左下角的下拉列表。单击向下的箭头，并选择 1。

下面使用文档窗口底部的按钮来切换页面。

5. 单击页码框右边的“下一页”按钮（向右的按钮）切换到第 2 页。

6. 单击页码框左边的“上一页”按钮（向左的按钮）切换到第 1 页，如图 1.28 所示。

> **提示：**除页码框旁边的“下一页”和“上一页”按钮外，还可使用“最后一页”和“第一页”按钮。

7. 选择菜单“版面”>“转到页面”。

8. 在“转到页面”对话框中输入 2，并单击“确定”按钮，如图 1.29 所示。

> **提示：**如果经常使用“转到页面”命令，则有必要记住其快捷键 Ctrl + J（Windows）或 Command + J（Mac OS）。

9. 使用垂直滚动条切换到第 1 页。

图1.27

图1.28

图1.29

1.6.2 使用抓手工具

使用工具箱中的抓手工具可移动文档的页面，直到找到要查看的内容。下面练习使用抓手工具。

1. 在第 1 页文档窗口中居中的情况下，选择抓手工具（✋）。

> **提示：**使用选择工具时，可按空格键暂时切换到抓手工具。使用文字工具时，可按 Alt（Windows）或 Option（Mac OS）暂时切换到抓手工具。

2. 在文档窗口中按住鼠标左键，然后向上拖曳以导览到第 2 页。

3. 在选择了抓手工具的情况下，在页面上单击并按住鼠标左键，这可显示视图矩形，如图 1.30 所示。

- 拖曳该矩形以查看页面的其他区域或其他页面。
- 释放鼠标左键以显示该视图矩形中包括的页面。
- 显示了视图矩形时，按键盘上的左右箭头键可修改该矩形的大小。

图1.30

4. 双击工具箱中的抓手工具使页面适合窗口。

1.7 使用上下文菜单

除屏幕顶部的菜单外，用户还可使用上下文菜单列出与活动工具或选定对象相关联的命令。要显示上下文菜单，可将鼠标指针指向文档窗口中的一个对象或任何位置，然后单击鼠标右键（Windows）或按住 Control 键并单击（Mac OS）。

> **提示**：在使用文字工具编辑文本时，也可显示上下文菜单，该菜单让用户能够插入特殊字符、检查拼写以及执行其他与文本相关的任务。

1. 使用选择工具（ ）单击页面中的任何对象（如单词 Check，这些文本实际上已被转换为轮廓并被编组）。
2. 在该文本框架上单击鼠标右键（Windows）或按住 Control 键并单击（Mac OS），可观察列出的菜单项，如图 1.31 所示。
3. 选择页面中其他类型的对象并打开上下文菜单查看可用的命令。

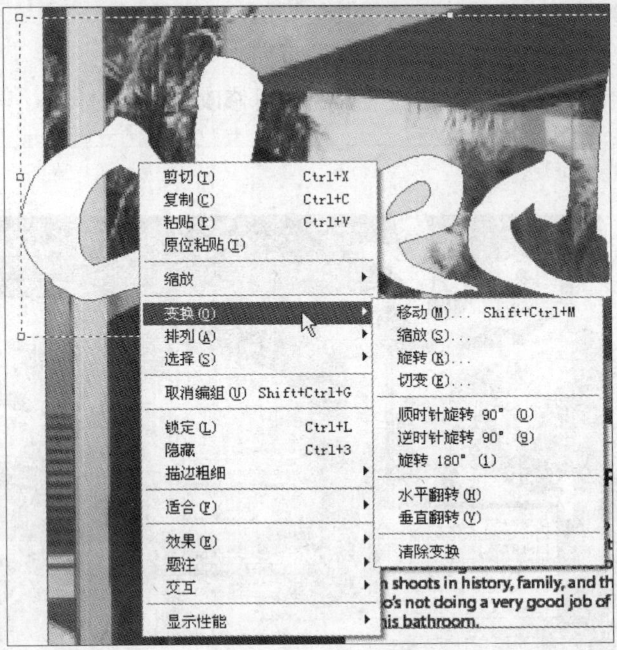

图1.31

1.8 练 习

了解工作区后，使用文档 01_Introduction.indd 或自己的文档尝试完成下面的任务。

1. 选择菜单“窗口”>“信息”显示信息面板。注意没有选定任何对象时，信息面板将显示有关文档的信息。通过单击选择文档中的对象，并查看信息面板中的信息将如何变化。
2. 查看“键盘快捷键”对话框（可通过选择菜单“编辑”>“键盘快捷键”打开），更深入地了解现有的键盘快捷键及如何修改它们。
3. 复习菜单配置以及如何在“菜单自定义”对话框（选择菜单“编辑”>“菜单”可打开）编辑它们。
4. 根据需要组织面板，并选择菜单“窗口”>“工作区”>“新建工作区”来创建自定义工作区。

1.9 查找 InDesign 帮助资源

要获取有关使用 InDesign 面板、工具和其他应用程序功能的完整和最新信息，可使用应用程序栏中的控件：“帮助”菜单、“搜索”文本框和 CS Live 按钮。

复习

复习题

1. 有哪些修改文档缩放比例的方式？
2. 在 InDesign 中如何选择工具？
3. 有哪三种显示面板的方法？
4. 如何创建面板组？

复习题答案

1. 可从菜单“视图”中选择命令以缩放文档或使页面或跨页适合窗口；也可从工具箱中选择缩放工具，然后在文档上单击或拖曳鼠标以缩放视图。另外，可使用键盘快捷键来缩放文档视图；还可使用应用程序栏中的“缩放级别”框。
2. 要选择工具，可在工具箱中选择该工具或按其键盘快捷键。例如，可以按 V 键来选择选择工具，按住相应的键盘快捷键暂时切换到选择工具；要选择隐藏的工具，可将鼠标指针指向工具箱中的工具并按住鼠标左键，在隐藏的工具出现后选择。
3. 要显示面板，可单击其面板图标或面板标签，也可在菜单“窗口”中单击其名称，如选择菜单“窗口”>“对象和版面”>“对齐”。还可通过菜单“文字”访问与文字相关的面板。
4. 将面板图标拖出停放区使面板变成自由浮动的。将其他面板的标签拖放到自由浮动的面板的标题栏中。可将面板组作为一个整体进行移动和调整大小。

第2课 InDesign简介

课程概述

本课简要地介绍 InDesign CS5 的一些重要功能，包括：

- 使用 Adobe Bridge 访问文件；
- 使用印前检查面板检查潜在的制作问题；
- 查看和导览文档；
- 输入文本和对文本应用样式；
- 导入文本和串接文本框架；
- 置入、裁剪和移动图像；
- 处理对象；
- 使用段落样式、字符样式和对象样式自动设置格式；
- 在演示文稿模式下预览文档。

学习本课大约需要 60 分钟。

InDesign 版面的基础是对象、文本和图形。版面辅助工具（如参考线）有助于调整对象大小和放置对象，而样式使用户能够自动设置页面元素的格式。

2.1 概 述

本课使用的文档是一份可供交互式使用的城市指南。该文档最终导出为 Flash，这种设计非常灵活，使得该文档也适合以 Adobe PDF 方式分发。正如读者将在本课中看到的，不管输出媒介是什么，InDesign CS5 文档都相同。下面将查看该文档的所有页面，然后完成一个跨页。

> **ID** **注意**：如果还没有从配套光盘将本课的资源文件复制到硬盘中，那么现在需要将这些文件复制到硬盘，详情请参阅“前言”中的“复制课程文件”。

1. 为确保用户使用的 Adobe InDesign CS5 首选项和默认设置与本课使用的相同，在使用前请将 InDesign Defaults 文件移到其他文件夹，详情请参阅“前言”中的“存储和恢复 InDesign Defaults”文件。
2. 启动 Adobe InDesign CS5，关闭出现的欢迎屏幕。
3. 为确保面板和菜单命令与本课使用的相同，先选择菜单“窗口”>“工作区”>“高级”，再选择菜单“窗口”>“工作区”>“重置‘高级’”。
4. 单击应用程序栏（文档窗口顶部）中的“转至 Bridge”按钮（Br），如图 2.1 所示。

图2.1

5. 在 Adobe Bridge CS5 窗口的文件夹面板中，找到并单击 Lesson_02 文件夹，它位于硬盘的文件夹 InDesignCIB\Lessons 中。
6. 在 Adobe Bridge 窗口中央的内容面板中，单击 02_End.indd 文件；右边的元数据面板将显示有关该文件的信息，如图 2.2 所示。

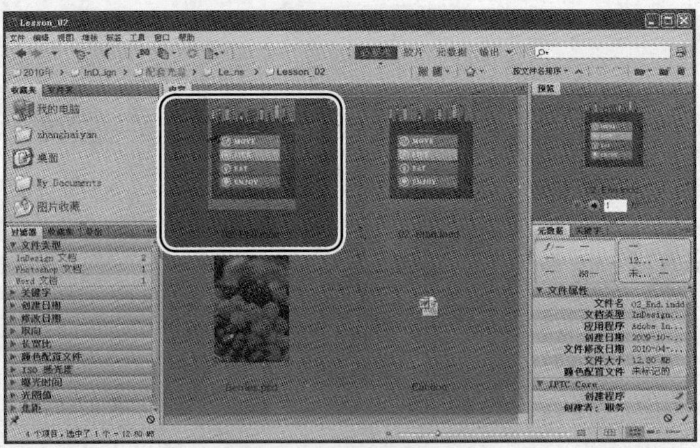

图2.2

通过在元数据面板中上下滚动，可查看有关该文档的信息，包括颜色、字体、用于创建它的 InDesign 版本等。可使用 Adobe Bridge 窗口底部的缩览图滑块来缩放内容面板中的缩览图。

7. 在 Adobe Bridge 中双击 02_End.indd 文件将它打开。

8. 选择菜单“版面”>“转到页面”，在出现的对话框中输入 8 并单击“确定”按钮。然后选择菜单“视图”>“使跨页适合窗口”让跨页居中。这是您将处理的页面在您完成本课时的样子，如图 2.3 所示。

9. 在文档中滚动以查看所有的页面。可使它处于打开状态供工作时参考，也可选择菜单“文件”>“关闭”将其关闭。

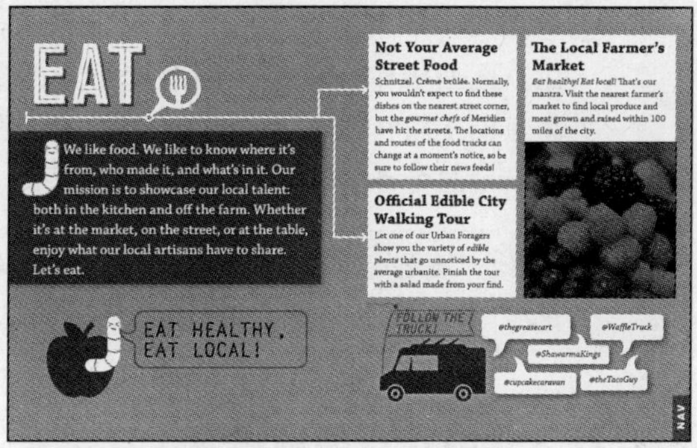

图2.3

2.2 查看课程文档

在处理未完成的页面之前，先来看一下其他页面以了解文档的设计情况。

1. Adobe Bridge 将一直处于打开状态，直到用户将其关闭。返回到 Adobe Bridge 并双击文件 02_Start.indd。

2. 选择菜单“文件”>“存储为”，在“存储为”对话框中，输入新文件名 02_Ctiy.indd，保留文件类型为 InDesign CS5 文档，然后将其存储在 Lesson_02 文件夹中。

3. 单击右边停放区中的页面面板图标（）以显示页面面板。

> 提示：在本课中，请根据需要移动和重新排列面板。有关管理面板的更详细信息，请参阅第 1 课。

4. 将页面面板的标签向左拖出其所属的面板组，如图 2.4 所示。如果有必要，可调整页面面板的位置。

正如读者看到的，该课程文档以一个左对页（第 2 页）开头，这是在屏幕上显示的小册子和文档常用的设置。

> 提示：默认情况下，对页文档总是以右对页开头。要让文档的第 1 页为左对页，可在页面面板中选择第 1 页，然后从面板菜单中选择“页码和章节选项”。在“起始页码”文本框中输入 2（或其他偶数），并单击“确定”按钮。

5. 在页面面板中向下滚动到底部，以查看文档的最后一个跨页。双击页面图标下方的数字 12-13，这将在文档窗口中显示该跨页，如图 2.5 所示。

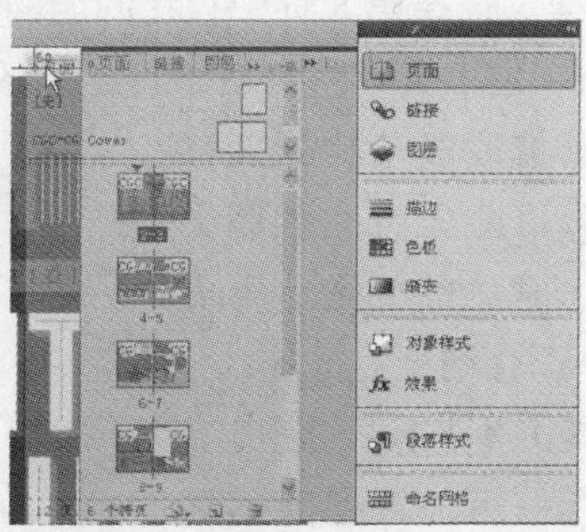

图2.4

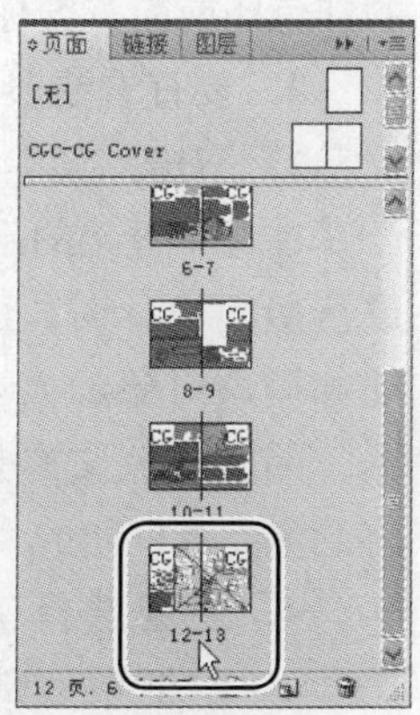

图2.5

6. 可通过页面面板查看文档的每个页面，方法如下：

- 在页面面板中，双击页面图标下方的数字在文档窗口中显示整个跨页；
- 在页面面板中，双击单个页面图标让该页面在文档窗口中居中显示。
- 双击工具箱中的抓手工具（ ）让跨页在文档窗口中居中显示。

> **ID** **提示**：也可使用下述方法导览文档：抓手工具、滚动条、“版面”菜单中的“下一页”或“上一跨页”命令、键盘上的Page Up和Page Down键以及文档窗口左下角的按钮。

2.3 在工作时执行印前检查

在出版过程中，印前检查指的是根据输出方式确保文档得以正确创建。例如，印前检查可确保文档有所需的全部字体和图形文件，使其能够正确输出到任何媒介——印刷物、PDF 或交互性用途。在以前，印前检查被视为一个制作后的流程。然而，InDesign CS5 的实时印前检查功能，让用户能够在创建文档时对其进行监视，以防潜在印刷问题发生。

用户可创建或导入制作规则（这称为配置文件），以便根据它们来检查文档。InDesign 提供的默认配置文件会指出一些潜在的问题，如缺失字体和溢流文本（文本框架中容纳不下的文本）。

1. 选择菜单“窗口”>“输出”>“印前检查”打开印前检查面板，也可双击文档窗口左下角的“印前检查”按钮来打开该面板，如图 2.6 所示。

图2.6

> **ID** **提示**：当用户工作时，如果 InDesign 检测到了印前检查问题（如溢流文本），将在文档窗口的左下角报告错误。为继续检查您的工作并查看错误的细节，可使印前检查面板处于打开状态。

使用“[基本]（工作）”印前检查配置文件时，InDesign 发现一个错误，印前检查面板左下角的红色印前检查图标指出了这一点。根据印前检查面板中列出的错误，问题为“文本”。

2. 要查看错误，双击“文本”，然后双击“溢流文本”以查看其细节。
3. 双击“文本框架”选择第 8 页中存在问题的文本框架，如图 2.7 所示。

在文本框架的出口（位于文本框架右下角上方的小方框）中有个红色加号，这表明有溢流文本。进行版面设计时，由于修改段落样式、移动和调整对象的大小，可能无意间截断文本，因此溢流文本是个常见的问题。下面将调整文本框架的大小以容纳所有文本。

4. 使用选择工具（ ）向下拖曳文本框架底部的手柄，直到能够容纳所有文本，如图 2.8 所示。

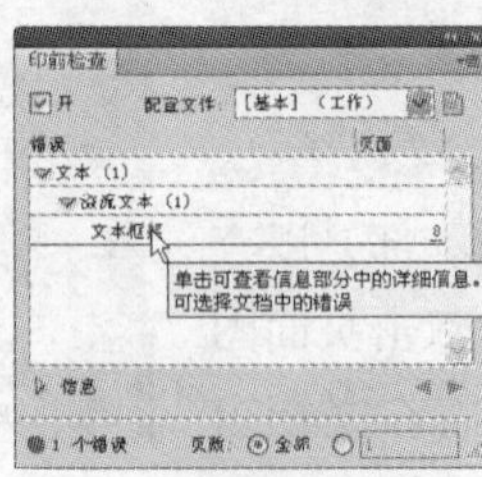

图2.7

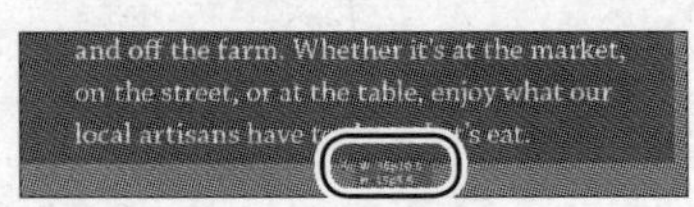

图2.8

> **ID** **注意**：为与最终的文档精确匹配，当文本框架的高度为 15p5.6 时释放鼠标左键。

5. 选择菜单"文件">"存储"保存所做的工作。

2.4 显示参考线

解决溢流文本问题后，下面尝试使用版面辅助工具，包括各种视图模式。当前，文档是在预览模式下显示的，该模式在标准窗口中显示文档，隐藏了诸如参考线、网格、框架边缘和隐藏的字符等非打印元素。要处理这个文档，需要显示参考线和隐藏的字符（如空格和制表符）。

1. 单击并按住工具箱底部的"模式"按钮（），然后从下拉列表中选择"演示文稿"（），如图 2.9 所示。

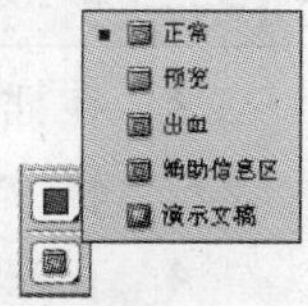

图2.9

在演示文稿模式下，InDesign CS5 的界面完全被隐藏，而文档文件充满了整个屏幕，这种模式适合在笔记本电脑上向客户演示设计理念。可使用键盘上的箭头键导览页面。

> **ID** **提示**：其他预览模式还包括出血和辅助信息区，前者用于预览超出页面边界外的预定义的出血区域，而后者用于显示出血区域外面的区域，其中包含打印说明和作业签字等信息。

2. 按 Esc 键退出演示文稿模式，然后从"模式"下拉列表中选择"正常"以显示所有用户希望使用的版面辅助工具。
3. 在应用程序栏中，单击"视图选项"按钮并选择"参考线"，如图 2.10 所示。确认在"视图选项"下拉列表中选择了"参考线"，也可通过菜单"视图">"网格和参考线">"显示参考线"来显示参考线。

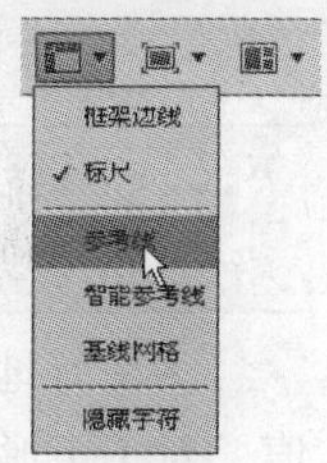

图2.10

显示参考线后，便很容易对齐文本和对象，包括自动将它们对齐到合适的位置。参考线不会打印出来，也不会限制打印或导出区域。

4. 单击"视图选项"按钮并从下拉列表中选择"隐藏字符"，也可选择菜单"文字">"显示隐含的字符"来显示隐藏的字符。

显示隐藏的字符（如制表符、空格和换行符）有助于精确选择文本和对文本应用样式。一般而言，在编辑文本或对文本应用样式时，显示隐藏的字符是个很好的方法。

2.5 添加文本

在 InDesign CS5 中，文本通常包含在文本框架内，也可包含在表格单元格内或沿路径排列。可直接将文本输入文本框架内，也可从字处理程序中导入文本文件。导入文本文件时，可将文本添加到现有的框架中，也可在导入时创建框架。如果文本在当前文本框架内装不下，可连接到其他文本框架中。

2.5.1 输入文本及对文本应用样式

现在可以开始处理这个未完成的跨页。首先，在第 8 页的对话气泡（speech balloon）中输入文本，然后对该文本应用样式并调整它在框架内的位置。

图2.11

1. 选择文字工具（T）并在第 8 页底部的对话气泡中单击。
2. 输入“Eat healthy, eat local！”，如图 2.11 所示。

> **ID** | **提示**：要创建新的文本框架，应使用文字工具单击并拖曳。

3. 在插入点仍在文本框架内的情况下，选择菜单“编辑”>“全选”。

图2.12

4. 在控制面板中，单击“字符格式控件”图标（A），然后执行如下操作，如图 2.12 所示：

- 从下拉列表“字体名称”中选择 Letter Gothic Std，再从“字体样式”下拉列表中选择 Bold；
- 在“字体大小”文本框（位于“字体名称”下方）中输入 28；
- 在“行距”文本框（位于“字体大小”右边）中输入 28；
- 单击“全部大写字母”按钮 TT（位于“字体样式”的右边）。

> **ID** | **提示**：可像在传统字处理程序中那样，使用文字工具选中各个单词和字符以便设置其格式。

为更好地调整文本在文本框架内的位置，可指定内边距值。对于矩形的文本框架，可指定矩形每一边到文本的距离；对于不规则形状的文本框架，只能指定一个内边距值。

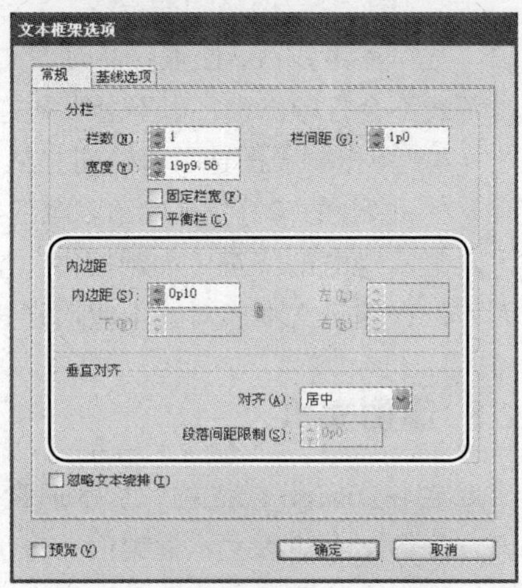

图2.13

5. 选择菜单“对象”>“文本框架选项”。在“内边距”部分，在“内边距”文本框中输入 0p10，然后单击“确定”按钮，如图 2.13 所示。
6. 选择菜单“文件”>“存储”保存所做的工作。

2.5.2 置入文本和排文

在大多数出版流程中，作者和编辑都使用字处理程序。当文本或“稿件”基本完成时，他们将这些文件发送给图形设计人员。为完成 EAT 页面，下面使用“置入”命令将一个 Microsoft Word 文件导入到第 9 页的白色文本框架中，然后将第一个文本框架与其他两个文本框架串接起来。

1. 滚动到第 9 页。选择菜单“编辑”>“全部取消选择”确保没有选择任何对象。
2. 然后选择菜单“文件”>“置入”。在“置入”对话框中，确保没有选中复选框“显示导入选项”。
3. 切换到文件夹 Lessons\Lesson_02 并双击文件 Eat.doc。

鼠标指针将变成载入文本图标（ ）。下面将这些文本添加到第 9 页左上角的白色文本框架中。

> ID | **提示：**在这种情况下，有多种选择。可拖曳鼠标创建新的文本框架、在现有文本框架中单击或单击鼠标在当前栏内新建一个文本框架。

4. 将鼠标指针指向左上角的白色文本框架并单击，如图 2.14 所示。

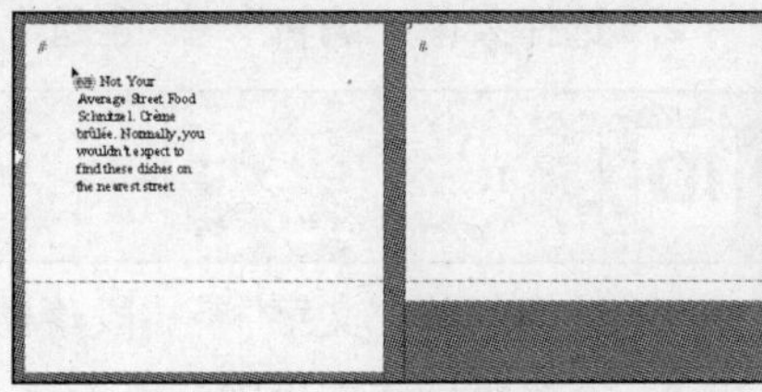

图2.14

Word 文件中的文本出现在这个文本框架中，但该文本框架无法装下所有文本。文本框架出口处的红色加号（+）表明有溢流文本。在这里，作者为三个白色文本框架分别提供了一个子标题和段落。下面将这些文本框架串接起来，以便文本排入其他文本框架中。

> ID | **提示：**可将溢流文本串接到另一个文本框架、创建一个用于排入溢流文本的新框架或扩大当前框架使其不再有溢流文本。

5. 使用选择工具（ ）选择当前包含文本的文本框架，然后单击该文本框架右下角的出口（鼠标指针将变成载入文本图标），再在下面的文本框架中单击，如图 2.15 所示。
6. 重复第 5 步，将选择的文本框架串接到第 9 页右上角的空白文本框架，如图 2.16 所示。

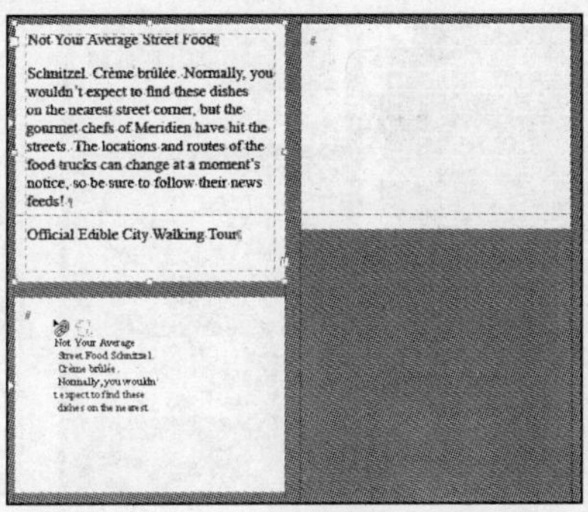

图2.15

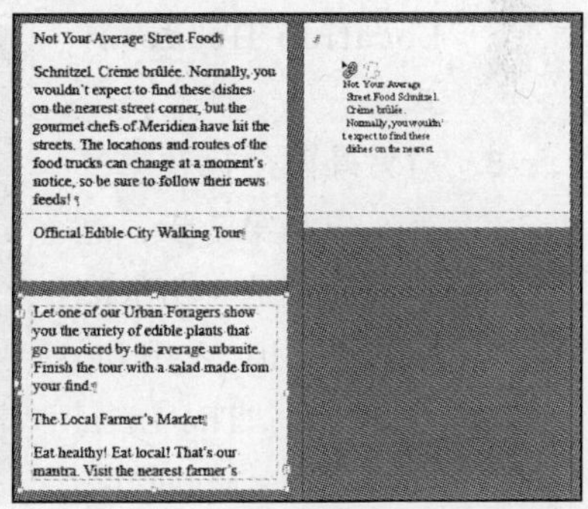

图2.16

此时，所有文本都显示在这三个文本框架中，应用段落样式后，每个标题和段落都将在所在的文本框架中完美呈现。

7. 选择菜单“文件”>“存储”保存文档。

2.6 使用样式

使用样式可快速而一致地设置文本和对象的格式，更重要的是，只需编辑样式就可完成全局修改。大多数文档都会因使用段落样式、字符样式和对象样式而受益。

- 段落样式包含应用于段落中所有文本的格式属性。只需在段落中单击便可选择该段落。

- 字符样式只包含字符属性，因此对于格式化段落中选择的单词和短语很有用。
- 对象样式让您能够对选定对象应用格式——如填色和描边颜色、描边效果和角效果、透明度、投影、羽化、文本框架选项和文本绕排。

2.6.1 应用段落样式

这份城市指南已基本完成，作者创建好了用户所需的所有段落样式。下面首先对这三个串接的文本框架中的所有文本应用样式 Body Copy，然后对标题应用样式 Location Header。

1. 选择文字工具（T），然后在包含新导入文本的三个白色文本框架之一中单击。
2. 选择菜单“编辑”>“全选”，这将选择三个文本框架中的所有文本。

> **ID** **提示：**串接的文本框架中的所有文本都被称为一篇文章。

3. 选择菜单“文字”>“段落样式”打开段落样式面板。
4. 在段落样式面板中，单击样式 City Guide 左边的三角形将其展开，再单击 Body Text 使用该样式格式化整篇文章，如图 2.17 所示。
5. 选择菜单“编辑”>“全部取消选择”取消选择这些文本。
6. 选择文字工具，在文章第一行的文本（“Not Your Average Street Food”）中单击。

从该行末尾的隐藏字符（回车）可知，这行文本实际上是一个段落。因此，可使用段落样式设置其格式，这就是在设置文本格式时显示隐藏字符的优点。

7. 在页面面板中单击 Location Header 样式。
8. 对另外两个标题重复第 6 步和第 7 步，这两个标题是“Official Edible City Walking Tour”和“The Local Farmer’s Market”，结果如图 2.18 所示。

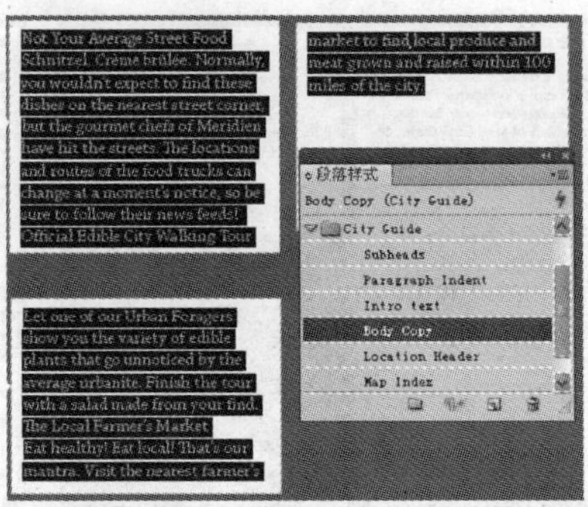

图2.17

图2.18

9. 选择菜单“文件”>“存储”，保存文档。

2.6.2 设置文本格式以便基于它创建字符样式

当前的设计趋势是突出段落中的一些关键字，将用户的注意力吸引到文章上。对于 Eat 部分，将设置一些单词的格式使其更突出，再基于这些单词创建字符样式，最后快速将该字符样式应用于其他选定的单词。

1. 使用缩放工具（🔍）放大第 9 页的第一个文本框架，该文本框架包含标题“Not Your

Average Street Food”。

2. 使用文字工具（T）选择第 4 行的文本“gourmet chefs”。
3. 在控制面板中，单击字符格式控制按钮（A），再从“填色”下拉列表中选择“Dark Red”，如图 2.19 所示。
4. 从“字体样式”下拉列表中选择“Bold Italic”，并保留字体为 Chaparral Pro，结果如图 2.20 所示。
5. 选择菜单“文件”>“存储”保存文档。

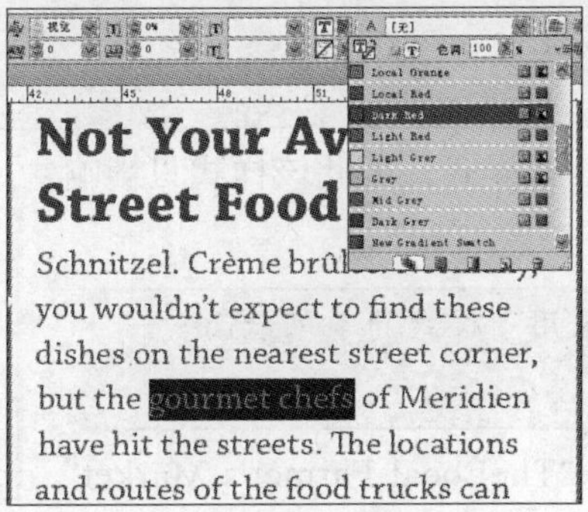

图2.19

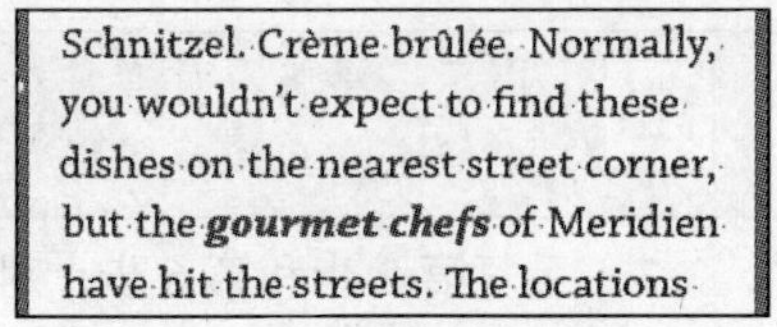

图2.20

2.6.3 创建并应用字符样式

设置文本的格式后，便可创建字符样式了。

1. 确认前面格式化的文本仍被选中，然后选择菜单“文字”>“字符样式”打开字符样式面板。
2. 按住 Alt（Windows）或 Option（Mac OS）键并单击字符样式面板底部的“创建新样式”按钮，如图 2.21 所示。

将打开“新建字符样式”对话框，且样式名默认为“字符样式 1”。该新字符样式包含选定文本的特征。

3. 在“样式名称”文本框中输入 Red Bold Italic，然后单击“确定”按钮，如图 2.22 所示。

下面将这个新字符样式移到 City Guide 样式文件夹中，在该文件夹中，样式是按字母顺序排列。以这种方式将样式编组可确保模板组织有序。

4. 在字符样式面板中，单击 City Guide 样式文件夹左边的三角形将其展开，然后将样式 Red Bold Italic 拖放到文件夹 City Guide 中，并位于样式 Pop-up Location 下面，如图 2.23 所示。

图2.21

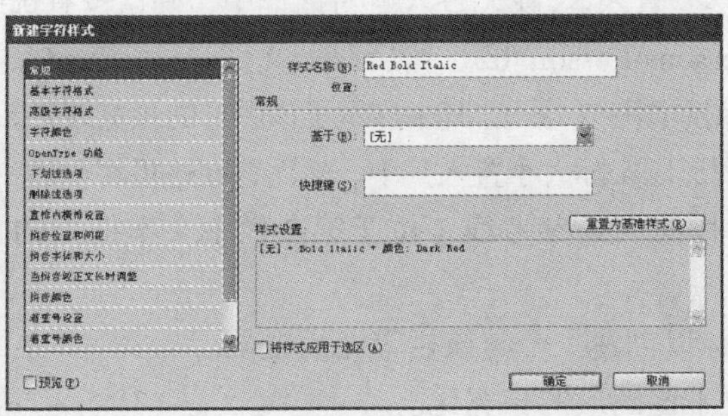

图2.22

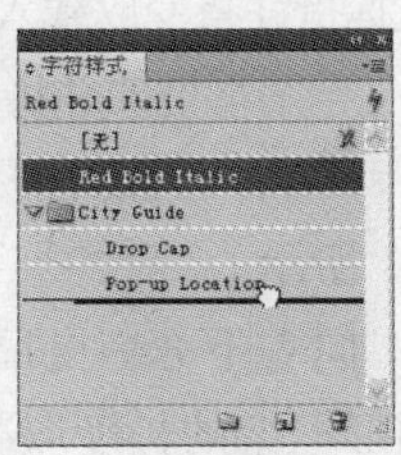

图2.23

5. 向下滚动以便能够看到“Official Edible City Walking Tour”文本框架。
6. 使用文字工具（T）选择单词“edible plants”，然后单击字符样式面板中的Red Bold Italic。

> **ID** 提示：也可使用控制面板应用段落样式和字符样式。

由于应用的是字符样式而非段落样式，因此该样式只影响选定文本，对整个段落没有影响。

> **ID** 提示：排版人员通常对应用了样式的单词后面的标点应用同一种样式。

7. 重复第5步和第6步，对“TheLocal Farmer's Market”文本框架中的“Eat healthy! Eat local!”应用字符样式Red Bold Italic，结果如图2.24所示。
8. 选择菜单“文件”>“存储”保存文档。

图2.24

2.7 处理图形

为完成Eat跨页，下面导入一个图形并调整其大小和位置。InDesign CS5文档使用的图形都在框架中。可使用选择工具（）调整框架的大小以及图形在框架中的位置。第10课将介绍有关处理图形的更多内容。

1. 选择菜单“视图”>“使页面适合窗口”，如果有必要，通过滚动以便能够看到第9页的全部内容。

下面在文本框架“The Local Farmer's Market”下方添加一个图形。

> **ID** 提示：可将图形置入选定框架中，也可为图形新建一个框架。还可将图形文件从桌面或Mini Bridge面板（位于菜单“窗口”中）拖曳到InDesign CS5页面或粘贴板上。

2. 选择菜单“编辑”>“全部取消选择”确保没有选中任何对象。
3. 选择菜单“文件”>“置入”。在“置入”对话框中，确认没有选中“显示导入选项”复选框。
4. 切换到文件夹Lessons\Lesson_02，然后双击文件Berries.psd。

鼠标指针将变成载入图形图标（），其中显示了该图形的预览效果。如果在页面上单击，InDesign将创建一个图形框架并将图形以实际大小置入其中。然而，在这里将创建一个图形框架来放置该图形。

5. 将载入图形图标指向两条参考线（位于第2栏中文本框架的下方）的交点处，如图2.25所示。
6. 向右下方拖曳鼠标以创建一个与该栏等宽的框架。

图形框架的长度取决于该图形的长宽比。

> **提示**：为图形创建图形框架时，图形将自动缩放以适合框架。也可使用控制面板中的缩放控件精确调整图形的大小。读者将在第10课学到有关这方面的更多内容。

7. 使用选择工具（）向上拖曳图形框架底部中间的手柄，让框架底部与参考线对齐，如图2.26所示。

图2.25

图2.26

调整图形框架的大小将裁剪图形。

8. 将鼠标指针指向图形以显示内容手形抓取工具，它看起来像个圆环。单击该内容手形抓取工具选择该图形，然后拖曳该图形随意在图形框架内移动它。

9. 选择菜单“文件”>“存储”，保存文档。

2.8 处理对象

InDesign CS5 页面的基础是对象——文本框架、图形框架、标尺和表格等。一般而言，可使用选择工具移动对象的位置及调整其大小。对象有填充（背景）颜色以及描边（轮廓或框架）的粗细和颜色。可自由移动对象，将其与其他对象对齐或根据参考线或数值准确放置它们。另外，还可调整对象大小和缩放对象，以及指定文本如何沿它们绕排。要了解有关对象的更多内容，请参阅第4课。下面将快速尝试一些对象命令。

为了解文本绕排的效果，下面将一个 InDesign CS5 对象从粘贴板中拖曳至文本框架的顶部。

1. 向左滚动以便能够看到第8页和部分粘贴板（页面周围的工作区域）。

> **注意**：如果粘贴板呈灰色且看不到图形，请选择菜单“视图”>“屏幕模式”>“正常”。

2. 使用选择工具（）单击蠕虫图形，该图形中包含了编组的 InDesign CS5 对象。

3. 将蠕虫图形拖曳到文本框架中，使其位于“We like food”的左边。可将该图形放在任何位置，注意该图形遮住了它下面的文本。

4. 拖曳该图形，使其左边缘与页面左边缘大概对齐，使其顶部与文本第一行中的大写字母W大致对齐，这里并不需要精确地放置该图形。

5. 选择菜单“窗口”>“文本绕排”。在文本绕排面板中，单击左数第三个按钮（）。

> **提示**：沿对象绕排文本后，文本框架中的文本可能会溢流。如果出现这种情况，实时印前检查会在文档窗口的左下角报告错误。如果置入对象后还有溢流文本，可调整文本框架的大小。

6. 单击文本绕排面板中间的“将所有设置设为相同”按钮（），这将取消选择该选项，让用户能够为对象的每一边设置不同的值。

7. 在“右位移”文本框中输入 0p6 并按回车键，如图 2.27 所示。关闭文本绕排面板。

8. 选择菜单“文件”>“存储”，保存文档。

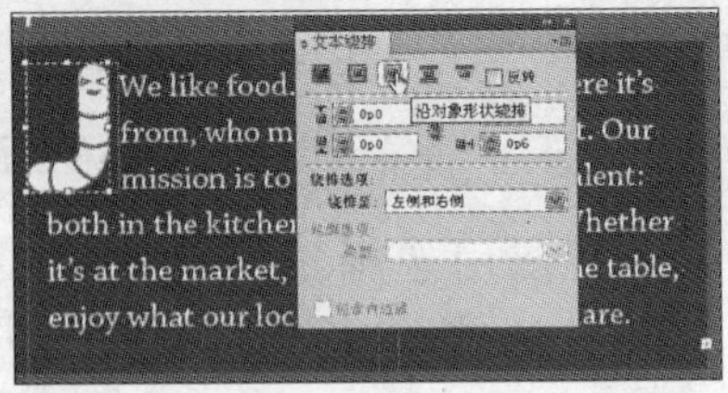

图2.27

2.8.1 移动对象和修改描边

使用选择工具选择对象后，可通过拖曳来移动对象，也可修改其格式。下面移动第 8 页底部的对话气泡（speech bubble）的位置，使单词像是从蠕虫嘴里冒出来一样，然后修改描边的粗细和颜色。

1. 滚动到第 8 页底部。
2. 使用选择工具（ ）选择对话气泡文本框架。
3. 将鼠标指针指向该框架的任一边（而非手柄），鼠标指针变成 后，向左下方拖曳该框架，如图 2.28 所示。

> ID | **提示**：InDesign CS5 提供了多种方法来移动选定对象，包括拖曳对象、使用键盘上的方向键微移对象以及在控制面板中的文本框“X”和“Y”中输入精确值。

4. 在仍选择了该文本框架的情况下，单击右边的描边面板图标。在描边面板中，从“粗细”下拉列表中选择 2 点，如图 2.29 所示。
5. 在仍选择了文本框架的情况下，单击右边的色板面板图标。
6. 单击色板面板顶部的“描边”框（ ）。

选择描边框后，指定的颜色将影响选定文本框架的边框。

7. 选择 Dark Red，如图 2.30 所示。可能需要向下滚动才能看到描边效果

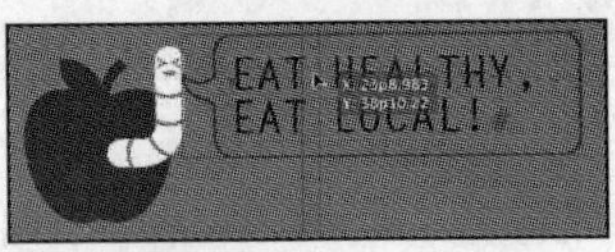

图2.28

图2.29

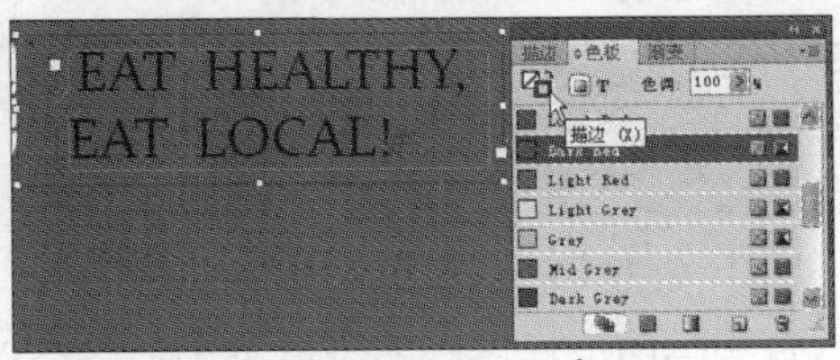

图2.30

8. 在粘贴板上单击以取消选择所有对象。
9. 选择菜单“文件”>“存储”，保存文档。

2.9 应用对象样式

与段落样式和字符样式一样，通过将属性存储为样式，可快速而一致地设置对象的格式。下面基于应用了格式的对象创建一种对象样式，再将该样式应用于页面中的其他对象。

1. 向右滚动以便能够看到第 9 页的白色对话气泡。
2. 使用选择工具（ ）单击包括“@thegreasecart”的文本框架，该文本框架有投影。
3. 选择菜单“窗口”>“样式”>“对象样式”打开对象样式面板。
4. 在对象样式面板中，按住 Alt（Windows）或 Option（Mac OS）键并单击面板底部的“创建新样式”按钮，如图 2.31 所示。

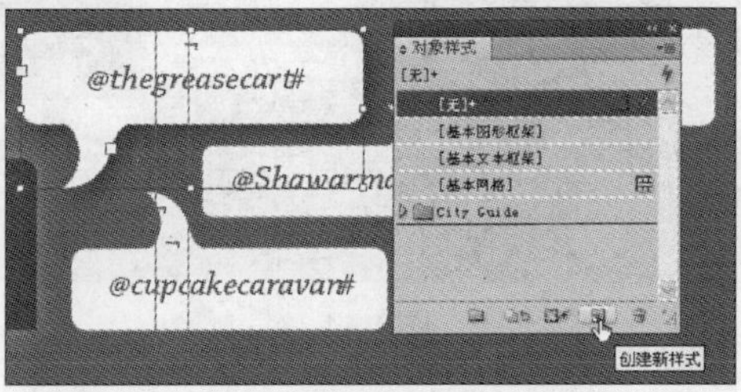

图2.31

注意：如果单击“创建新样式”按钮时没有按住 Alt（Windows）或 Option（Mac OS）键，InDesign 将在对象样式面板中创建一个新样式。在这种情况下，需要双击该样式对其重命名。

5. 在“新建对象样式”对话框中，在“样式名称”文本框中输入 Drop Shadow，然后单击“确定”按钮。
6. 将样式 Drop Shadow 拖放到样式组 City Guide 中，使其位于样式 Category Intro 下方，如图 2.32 所示。
7. 使用选择工具单击另一个形状像对话气泡的文本框架，按住 Shift 键并单击剩下的 3 个对话气泡以全部选择它们。
8. 单击对象样式面板中的 Drop Shadow，如图 2.33 所示。

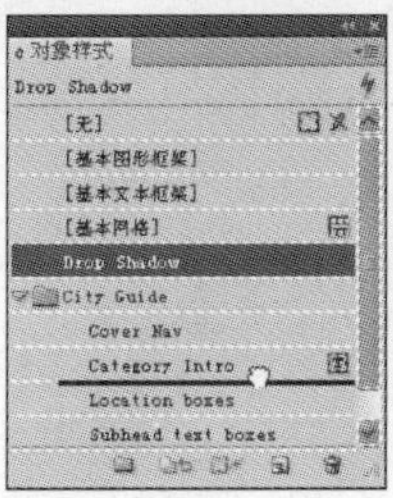

图2.32

图2.33

9. 选择菜单“文件”>“存储”，保存文档。
10. 选择菜单“视图”>“使页面适合窗口”。
11. 在应用程序栏中，从“屏幕模式”下拉列表中选择“预览”。
12. 按 Tab 键隐藏所有面板，结果如图 2.34 所示。

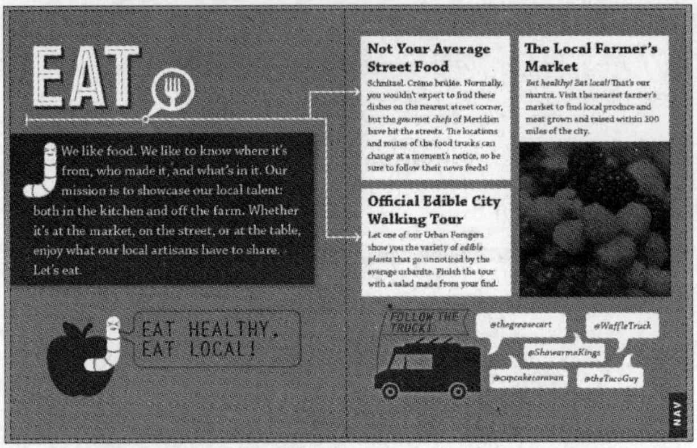

图2.34

2.10 练 习

祝贺您完成了 InDesign CS5 之旅！要学习更多有关 InDesign CS5 的知识，请在这个城市指南文档中尝试下述操作：

- 使用控制面板中的选项或段落和字符面板（从菜单“文字”中选择）修改文本的格式；
- 对文本应用不同的段落样式和字符样式；
- 移动对象和图形的位置以及调整其大小；
- 将不同的对象样式应用于对象；
- 选择菜单“帮助”>“InDesign 帮助”使用 InDesign CS5 帮助；
- 阅读本书的其他课程。

复习

复习题

1. 如何确定版面是否存在将会导致输出错误的问题?
2. 可使用什么样的工具创建文本框架，而对于串接文本框架呢?
3. 哪种符号表明文本框架有容纳不下的文本，即溢文?
4. 哪种工具可用于同时移动框架及其中的图形?
5. 哪个面板包含可用于修改选定框架、图形或文本的选项?

复习题答案

1. 如果版面不符合选定的印前检查配置文件，印前检查面板将报告错误。例如，如果印前检查配置文件指定进行 CMYK 输出，而用户导入了 RGB 图形，将报告错误。文档窗口的左下角也列出印前检查错误。
2. 使用文字工具创建文本框架，使用选择工具串接文本框架。
3. 文本框架右下角的红色加号表明其有溢文。
4. 使用选择工具拖曳可移动框架或在框架内移动图形。
5. 控制面板提供了对当前选定内容进行修改的选项，这些内容可以是字符、段落、图形、框架和表格等。

第 3 课 设置文档和处理页面

课程概述

本课简要地介绍如何创建多页文档，读者将学习以下内容：

- 将自定义的文档设置存储为预设；
- 新建文档并设置文档默认值；
- 设置主页并将其应用于文档页面；
- 创建章节标记和指定页码编排方式；
- 对文档添加页面；
- 排列和删除页面；
- 设置文档页面；
- 旋转跨页；
- 修改页面大小。

学习本课大约需要 90 分钟。

SUMMER VACATIONS

The flight back from Oaxaca seemed to take forever, but I fear it was only Judith's disgust with me that made it seem interminable. Anyway, we got home and life returned to normal, or even better than normal, even supernormal, if there is such a word. I told Judith I was sorry about the comments I made about her parents and the Day of the Dead celebration, and she apologized for her brazen flirting with that good-for-nada bullfighter. Then, in an effort to cement our new-found bond, Judith enrolled us in an origami class. "Oh great, I thought, "my marriage has been reduced to folded paper." But now that I've been in the class for a few weeks, I must admit that I love it. Origami is amazing and beautiful.

On the evening of our first class, the instructor, a cheerful gray-haired woman named Alessandra, told us the riveting story of Tsuru no On-gaeshi (A Repaying Crane):

"Once upon a time, there was a poor hunter. One day, he came across a trapped crane. He took pity on the crane and released it. A few days later, a lovely woman visited his house, and asked him to shelter for the night. Soon the two got married.

"The bride was sweet in disposition as well as beautiful, so they lived happily. But the hunter couldn't afford to support his new wife. One day, she said she would weave cloth for him to sell at market, but she told him never to see her weaving.

"She stayed in a weaving hut for three days. When she finished weaving, she emerged with a beautiful fabric. He brought the fabric to town, where merchants were surprised and paid gold for it. The fabric was very rare and called Tsuru-no-senba-ori (thousand feathers of crane)."

This story made me feel good inside. I learned to appreciate the art of origami, and I decided to read as much about its history as time allowed.

The name origami was coined in 1880 for the words oru (to fold) and kami (paper). It started in the first century AD in China. (I thought it started in Japan, but Judith quickly pointed out the error in my thinking.) They say that's when papermaking started, and with papermaking came paper folding. The Chinese developed some simple forms, some of which survive to this day. Buddhist monks brought Origami to Japan in the sixth century AD. It caught on quickly throughout the culture: paper was used in architecture and in many everyday rituals. Many of the earliest designs have been lost, since there was nothing written down about origami until 1797 with the publication of the Senbaduru Orikata (How to Fold One Thousand Cranes). The Kan no mado (Window of Midwinter), a comprehensive collection of traditional Japanese figures, was published in 1845.

Origami flourished in other parts of the world, as well. Arabs brought the

2 Summer Vacations

There's no place like a sunny beach for summer fun…

secrets of papermaking to North Africa, and in the eighth century AD, the Moors brought the secrets of Spain. The Moors, devoutly religious, were forbidden to create representational figures. Their paper folding was a study in geometry. After the Moors were driven out of Spain during the Inquisition (Judith gave me a look, but then softened into a smile), the Spanish developed papiroflexia, which sounds to me like some sort of inflammation of the Pope's ligaments. Anyway, this technique is still popular in Spain and Argentina.

Modern origami owes its existence to a man named Akira Yoshizawa. In the 1930's, Yoshizawa designed thousand of models of various subjects. He is the originator of the system of lines and arrows used in modern paper folding. He exhibited his work throughout the west in the 1950's and 1960's and helped inspire many paper-folders in the west as well as Japan.

As origami evolves, elaborate folding techniques produce amazing models.

In our class, Judith specialized in creature fish and sea creature origami. During the first two weeks of training, she produced a horseshoe crab, a goldfish, a strikingly beautiful seahorse, a so-so squid, and a lopsided clam, basing her patterns on Barbour, Andreozzi, and Robinson.

Origami tessellations has grown in popularity recently, but has an extensive history. Tessellations refer to the tiling of the plane where a collection of two-dimensional figures fill a plane with no gaps or overlaps. Origami tessellations are tessellations made from a flat material, most often paper, but it can be from anything that holds a crease. The history of costuming includes tessellations done in fabric that are recorded as far back as the Egyptian Tombs. Fujimoto was an early Japanese master who published books with tessellations.

使用设置文档的工具可确保版面一致并可简化工作。在本课中，读者将学习如何新建文档、创建主页及处理文档页面。

3.1 概 述

在本课中，将新建一篇长 12 页的杂志文档，然后在其中一个跨页中置入文本和图形。还将使用不同的页面大小创建一个明信片大小的插页。

> **注意**：如果还没有从配套光盘将本课的资源文件复制到硬盘中，那么现在需要将这些文件复制到硬盘，详情请参阅“前言”中的“复制课程文件”。

1. 为确保用户使用的 Adobe InDesign CS5 首选项和默认设置与本课使用的相同，请将 InDesign Defaults 文件移到其他文件夹，详情请参阅“前言”中的“存储和恢复 InDesign Defaults”文件。
2. 启动 Adobe InDesign CS5。为确保面板和菜单命令与本课使用的相同，先选择菜单“窗口”>“工作区”>“高级”，再选择菜单“窗口”>“工作区”>“重置‘高级’”。为了开始工作，需要打开一个已部分完成的 InDesign 文档。
3. 为查看最终文档，应打开硬盘中文件夹 InDesignCIB\Lessons\Lesson_03 中的文件 03_End.indd，如图 3.1 所示。
4. 在文档中滚动以查看其中的跨页，其中大部分都只有参考线和占位框架。导览到在本课中将完成的唯一一个跨页——页面“2-3”，还将创建两个主页。

图3.1

> **注意**：完成本课中的任务时，请根据需要移动面板和修改文档的缩放比例。

5. 查看完毕后关闭文件 03_End.indd，也可以让其打开以便参考。

3.2 新建文档

新建文档时，将出现“新建文档”对话框。在该对话框中，可指定页数、页面大小、栏数等信息。

1. 选择菜单“文件”>“新建”>“文档”。
2. 在“新建文档”对话框中做如下设置（如图 3.2 所示）：

- 在“页数”文本框中输入 12；
- 确保“对页”复选框被选中；
- 在“宽度”文本框中输入 50p3（50 派卡 3 点的缩写）；
- 在“高度”文本框中输入 65p3；

3. 单击“更多选项”按钮增大对话框。在“出血”右边的“上”文本框中输入0.25in，然后单击“将所有设置设为相同”图标，从而在“下”、“左”和“右”文本框中输入同样的值。InDesign将自动把输入的值转换为相应的派卡数，如图3.3所示。

这将在页面外创建一个区域，该区域在有对象（如图片或页面的彩色背景）超出页面区域时被打印和使用。出血区域在打印后裁剪整齐并丢弃。

> **ID** **提示：**在对话框或面板中可使用任何支持的度量单位。要使用非默认度量单位，只需输入指示单位的符号即可，如p表示派卡，pt表示点，in或”（引号）表示英寸。要修改默认单位，可选择菜单“编辑”>“首选项”>“单位和增量”（Windows）或“InDesign”>“首选项”>“单位和增量”（Mac OS）。

4. 单击“边距和分栏”按钮打开“新建边距和分栏”对话框，在其中做如下设置（如图3.4所示）：

- 在“边距”部分，确保没有单击“将所有设置设为相同”按钮（ ），以便将边距设置为不同的值。在“上”、“内”和“外”文本框中输入3p0，在“下”文本框中输入4p0；
- 在“分栏”部分，在“栏数”文本框中输入5，在“栏间距”文本框中输入1p0。

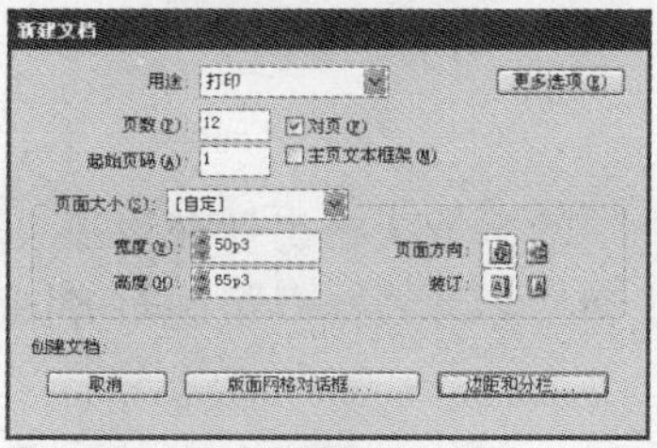

图3.2

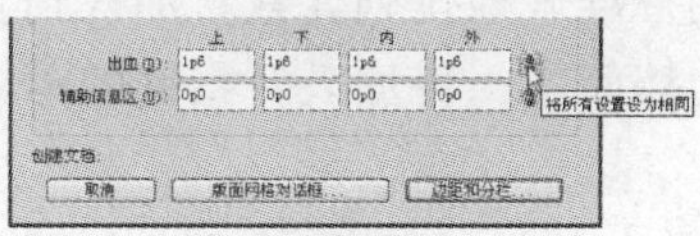

图3.3

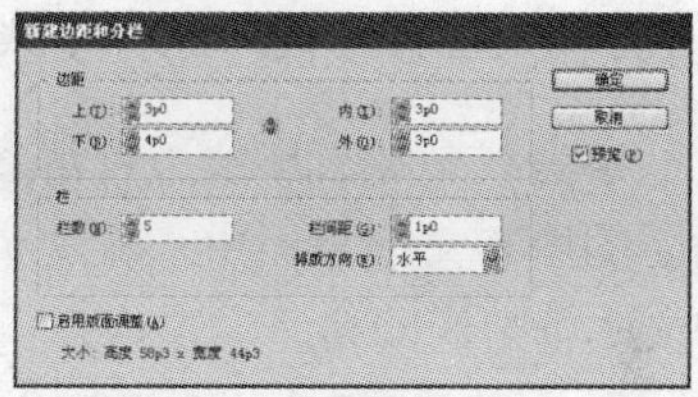

图3.4

5. 单击“确定”按钮。

> **ID** **提示：**在“新建文档”对话框中，“起始页码”文本框中的默认设置是1，这使得新文档中的第1页是一个右页，即它位于书脊右边。也可让文档的第1页为左页，方法是在“起始页码”文本框输入偶数值（如2、4、8等）。在“起始页码”文本框中输入的数值决定了文档的第一页。

InDesign将使用指定的设置（包括页面大小、页边距、栏数和页数）创建一个新文档。

6. 如果还未打开页面面板，请单击其面板图标或选择菜单“窗口”>“页面”打开。

在页面面板中，当前在文档窗口中显示的页面（第1页）呈高亮显示。页面面板由两部分组成，上半部分显示了主页图标（主页类似于背景模板，可将其应用于文档中的多个页面），下半部分显示了文档页面的图标，如图3.5所示。在这个文档中，主页（默认名为A-主页）是由两个对页组成的跨页。

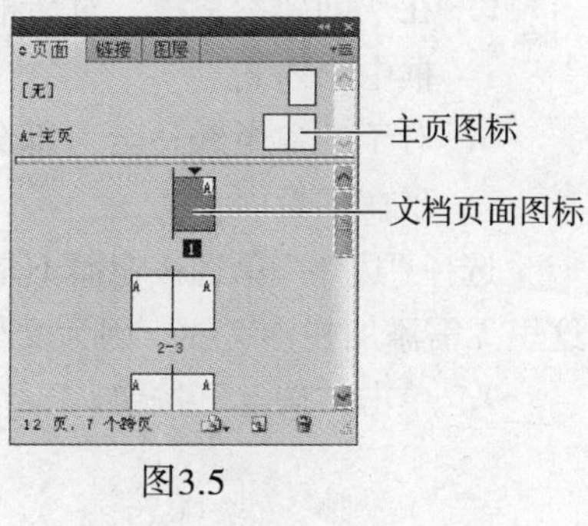

图3.5

7. 选择菜单“文件”>“存储为”，将文件命名为03_

Setup.indd 并切换到文件夹 Lesson_03，然后单击“保存”按钮，保存文档。

3.3 在打开的 InDesign 文档之间切换

在学习过程中，读者可能从新建的文档切换到完成后的文档以便参考。如果这两个文档都处于打开状态，可在它们之间切换。

1. 打开菜单“窗口”，其底部列出了当前打开的所有 InDesign 文档，如图 3.6 所示。

2. 选择要查看的文档，使其出现在最前面。

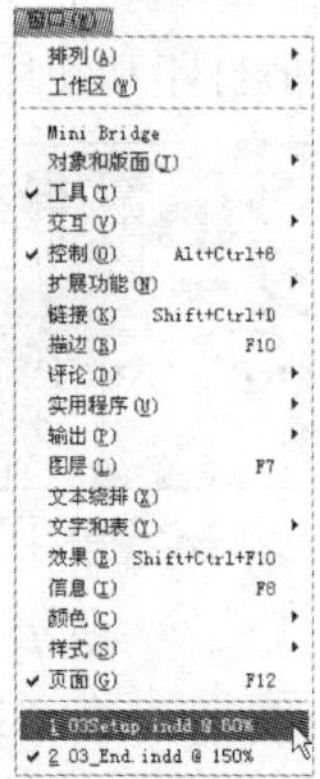

图3.6

3.4 编辑主页

在文档中添加图形框架和文本框架前，需要设置主页，用作文档页面的背景。加入到主页中的所有对象都将出现在该主页应用于的文档页面中。

在本文档中，用户将创建两个主页：一个包含网格和页脚信息，另一个包含占位框架。通过创建多个主页，可使文档中的页面不同，同时确保设计的一致性。

3.4.1 在主页中添加参考线

参考线是非打印线，可帮助用户准确地排列元素。加入到主页中的参考线将出现在该主页应用于的所有文档页面中。就这个文档而言，将加入一系列的参考线和栏参考线，以帮助对齐图形和文本框架的网格。

1. 在页面面板的上半部分，双击“A- 主页”，如图 3.7 所示。该主页的左页面和右页面将出现在文档窗口中。

> ID **提示：**如果该主页的两个页面没有在屏幕上居中，双击工具箱中的抓手工具让它们居中。

2. 选择菜单“视图”>“使跨页适合窗口”同时显示主页的两个页面。

3. 选择菜单“版面”>“创建参考线”。

4. 选中“预览”复选框。

5. 在“创建参考线”对话框的“行”部分，在“行数”文本框中输入 8，在“行间距”文本框中输入 0。

6. 对于“参考线适合”部分，选择“边距”单选按钮（如图 3.8 所示），注意水平参考线出现在主页中。

选择“边距”单选按钮而不是“页面”时，将在版心内创建参考线，而不是在页面内创建参考线。这里无需添加栏参考线，因为文档中已经有栏参考线。

7. 单击“确定”按钮。

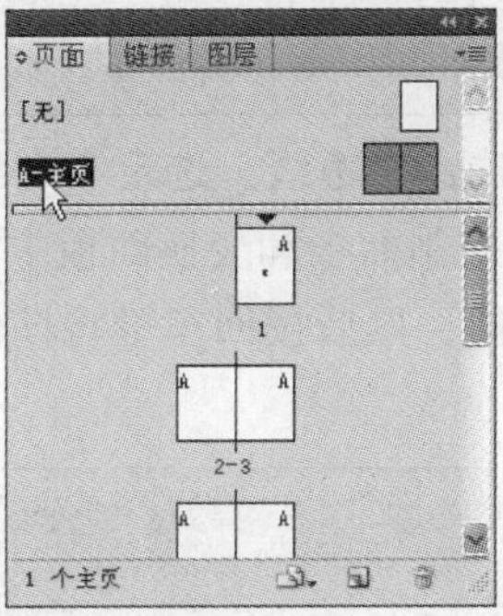

图3.7

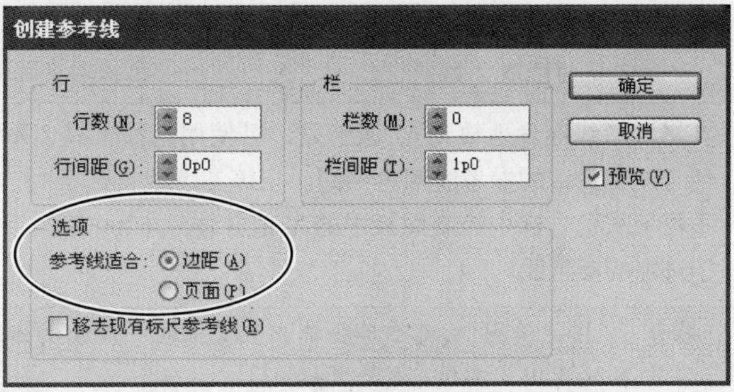

图3.8

> **提示：**也可分别在各个文档页面中添加参考线，而不是在主页中添加，使用的命令与这里相同。

3.4.2 从标尺拖曳出参考线

可从水平和垂直标尺中拖曳出参考线，从而在各个页面中添加更多帮助对齐的参考线。如果拖曳参考线时按住 Ctrl（Windows）或 Command（Mac OS）键，参考线将应用于整个跨页。拖曳时如果按住 Alt（Windows）或 Option（Mac OS）键，水平参考线将变成垂直参考线，而垂直参考线将变成水平参考线。

> **提示：**也可以在拖曳参考线时不按住 Ctrl 或 Command 键，并在粘贴板上释放鼠标左键。这样，参考线将横跨跨页中的所有页面和粘贴板。

在本课中，将在页面下边距中添加页脚，但这里没有栏参考线。为准确地放置页脚，将添加一条水平参考线和两条垂直参考线。

1. 在页面面板中，双击"A- 主页"。如果在页面面板的上半部分看不到 A- 主页，可拖曳滚动条以便能够看到其他主页。另外，用户可以将主页图标和文档页面图标之间的水平分隔条向下拖曳，这样不用拖曳滚动条就可查看主页图标。
2. 在文档窗口中移动鼠标并注意水平和垂直标尺。标尺中的细线指出了当前的鼠标位置，另外控制面板中呈灰色的 X 和 Y 值也指出了鼠标的位置。
3. 按住 Ctrl（Windows）或 Command（Mac OS）键，然后单击水平标尺并向下拖曳到垂直标尺的 62 派卡处，如图 3.9 所示。拖曳时，Y 值不仅显示在鼠标指针右边，它还显示在控制面板和变换面板（选择菜单"窗口">"对象和版面">"变换"可打开该面板）中的"Y"文本框中。此时无需将参考线准确地置于 62 派卡处，下一步将准确调整其位置。创建参考线时按住 Ctrl（Windows）或 Command（Mac OS）键，将使参考线横跨该跨页的两个页面及两边的粘贴板；如果没有按住 Ctrl（Windows）或 Command（Mac OS）键，参考线将仅横跨松开鼠标时所在的页面。

注意：变换面板中的控件与控制面板中的控件类似。可使用这两个面板之一完成众多常见的修改，如调整位置、大小、缩放比例和旋转角度。

4. 要将参考线准确地放到 62 派卡处，可使用选择工具（ ）选择参考线。选定参考线的颜色与没有选定的参考线颜色不同。当该参考线被选中时，在控制面板和变换面板中，Y 值不再呈灰色。选中控制面板中的 Y 值并输入 62p0 替换当前值，然后按回车键将该值应用于选定的参考线。

提示：在任何面板中，都可单击标识文本框的字母或图标选中文本框中的值。例如，单击 Y 将选中文本框“Y”中的值。

5. 按住 Ctrl（Windows）或 Command（Mac OS）键并从垂直标尺上拖曳出一条参考线至 12p0.6 处，拖曳时注意控制面板中的 X 值。该参考线将与附近的栏参考线对齐。

6. 按住 Ctrl（Windows）或 Command（Mac OS）键并从垂直标尺拖曳出一条参考线至 88p5.4 处，如图 3.10 所示。

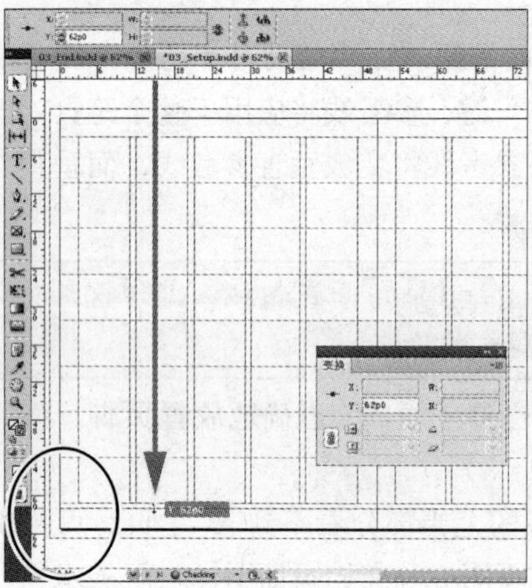

图3.9

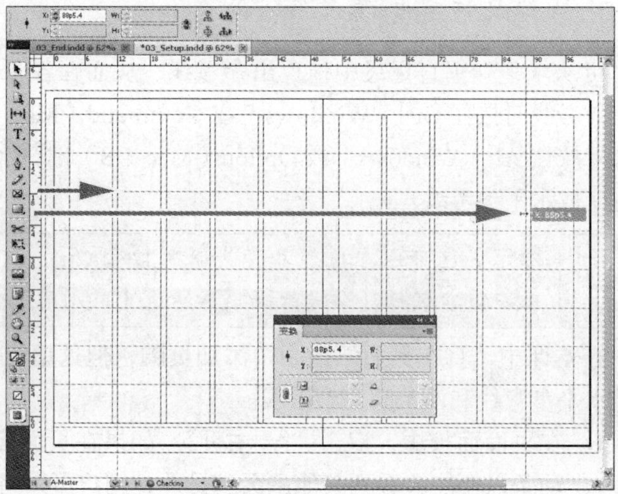

图3.10

7. 选择菜单“文件”>“存储”，保存文档。

3.4.3 在主页中创建文本框

在主页中加入的所有文本或图形，都将出现在该主页应用于的所有文档页面中。为创建页脚，将添加出版物名称（Summer Vacations），并在左主页和右主页的底部添加页码标记。

1. 确保能够看到左主页的底端。如果有必要，放大视图并使用滚动条或抓手工具（ ）滚动文档。

2. 从工具箱中选择文字工具（ ），通过拖曳在左主页的第 2 栏下方的参考线交点处创建一个文本框，如图 3.11 所示。

> **注意**：使用文字工具绘制框架时，框架的起点为光标 I 与水平基线的交点，而不是光标的左上角。

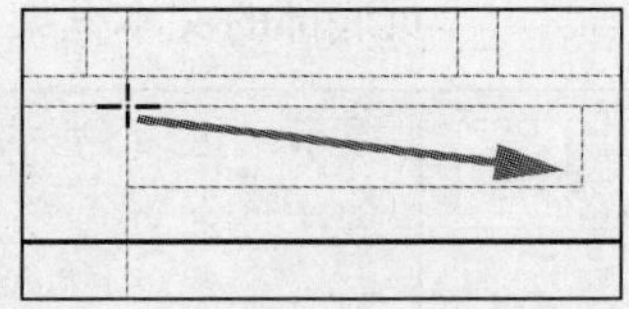

图3.11

3. 在插入点位于新文本框架中的情况下，选择菜单“文字”>“插入特殊字符”>“标志符”>“当前页码”。

文本框架中将出现字母 A。在基于该主页的文档页面中，将显示正确的页面，如在第 2 页中将显示 2。

4. 为了在页码后插入一个全角空格，在文本框架中单击鼠标右键（Windows）或按住 Control 键并单击鼠标（Mac OS）打开上下文菜单，然后选择“插入空格”>“全角空格”。也可从“文字”菜单中选择该命令。
5. 在全角空格后输入 Summer Vacations。

接下来修改该框架中的文本的字体和大小。

6. 选择工具箱中的选择工具（ ），然后单击包含页脚的文本框架。确保刚才输入的文本可见，如果有必要，拖曳文本框架的右下角，直到所有文本都可见。
7. 选择菜单“文字”>“字符”显示字符面板。
8. 在字符面板中，从“字体”下拉列表中选择 Adobe Garamond Pro；从“字体样式”下拉列表中选择 Regular。
9. 确保“字体大小”文本框中显示的是 12 点，如图 3.12 所示。

> **注意**：通过使用选择工具选择文本框，可编辑该文本框中所有文本的属性。要修改部分文本的属性，可使用文字工具选择它。

> **注意**：“字体大小”（ ）和“行距”（ ）下拉列表不易区分。请确保修改的是字体大小而不是行距。

> **提示**：没有选中任何对象时，在字符面板或其他面板中所做的修改将成为活动文档的默认设置。为避免修改默认设置，在面板中修改设置前务必要选中一个对象。

图3.12

10. 在控制面板左端，单击参考点图标的左上角（ ），控制面板中显示的 X 和 Y 值应分别为 12p0.6 和 62p0。如果显示的数值不同，可使用选择工具拖曳文本框架，使其左上角与参考线的交点对齐。如图 3.13 所示。

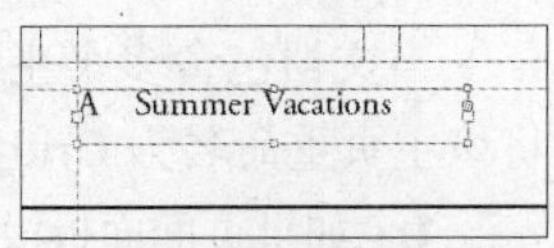

图3.13

11. 单击文档窗口中的空白区域或选择菜单“编辑”>“全部取消选择”，以取消选择文本框架。

下面再将左主页的页脚复制到右主页中。

12. 确保能够看到右主页的底端。如果有必要，提高缩放比例并滚动文档，以便能够看到右主页底部的文本框架。

> **ID** **提示：**主页的内容没有被选中时，其周围将出现一个虚线定界框。这是从视觉的角度将主页内容同文档页面中创建的内容区分开来。对于在文档页面中创建的对象，其定界框为实线。

13. 使用选择工具（ ）选择左主页中的页脚文本框架，按住 Alt（Windows）或 Option（Mac OS）键并将文本框架拖曳到右主页中，使其同右主页中的参考线对齐，如图 3.14 所示。

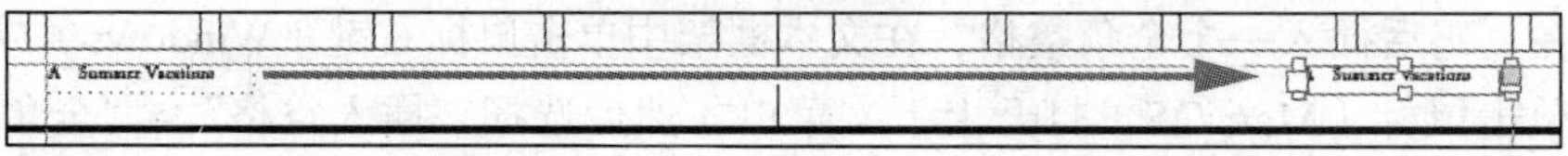

图3.14

14. 选择文字工具（ ），然后在右主页上的文本框内单击创建一个插入点。

15. 单击控制面板中的“段落格式控制”按钮（ ），然后单击“右对齐”按钮，如图 3.15 所示。

当前右主页的页脚文本框架中的文本是右对齐的。下面修改右主页的页脚，将页码放在单词 Summer Vacations 的右边。

16. 删除页脚开始处的全角空格和页码。

17. 通过单击将插入点放在单词 Summer Vacations 后面，然后选择菜单“文字”>“插入特殊字符”>“标志符”>“当前页码”。

18. 将插入点放在单词 Summer Vacations 和页码之间，然后单击鼠标右键（Windows）或按住 Control 键并单击鼠标（Mac OS），再选择“插入空格”>“全角空格”，结果如图 3.16 所示。

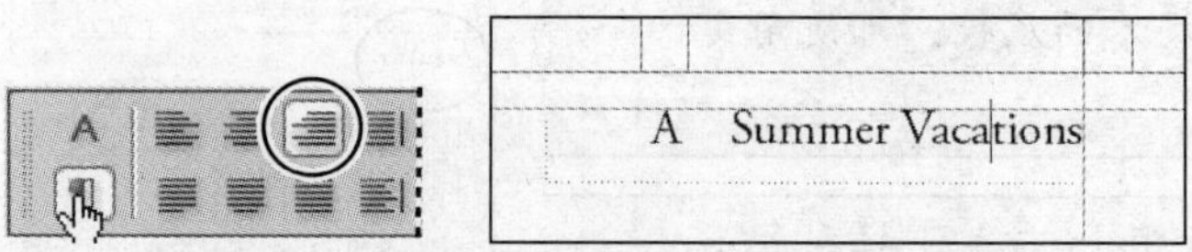

单击控制面板左下角的“段落格式控制”按钮以显示对齐选项

图3.15

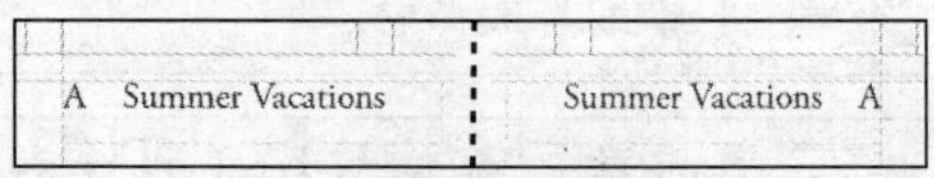

左页脚和右页脚

图3.16

19. 关闭或停放字符面板。选择菜单“编辑”>“全部取消选择”，然后选择菜单“文件”>“存储”，保存文档。

3.4.4 重命名主页

当文档包含多个主页时，需要给每个主页指定含义更为明确的名称，使其更便于区分。下面将该主页重命名为 Grid-Footer。

1. 如果页面面板没有打开，请选择菜单“窗口”>“页面”。确保 A- 主页被选定，单击页面面板右上角的面板菜单按钮（ ），并选择“‘A- 主页’的主页选项”。

2. 在“名称”文本框中输入 Grid-Footer，然后单击“确定”按钮，如图 3.17 所示。

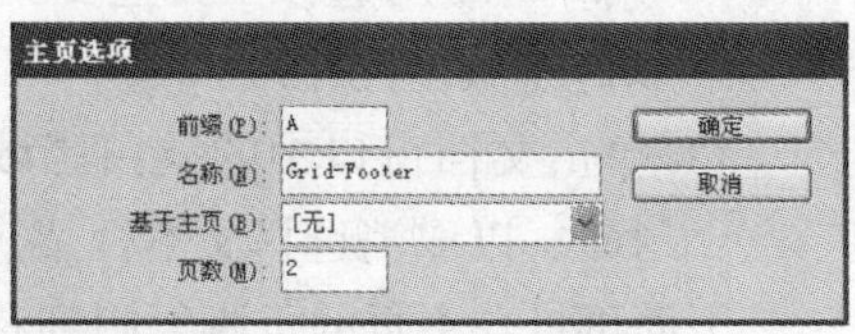

图3.17

ID | **提示：在“主页选项”对话框中，除主页的名称外，还可修改主页的其他属性。**

3.4.5 创建其他主页

在同一个文档中可创建多个主页。可独立地创建每个主页，也可从一个主页派生出另一个主页。如果从一个主页派生出其他主页，对父主页所做的任何修改都将自动在子主页中反映出来。

例如，主页 Grid-Footer 可应用于该文档的大部分页面，还可从其派生出另一组主页，这些主页共享一些重要的版面元素，如页边距和当前页面字符。

为满足这些设计要求，下面创建一组主页，它们包含用于放置文本和图形的框架占位符。占位符主页将从主页 Grid-Footer 派生而来，如图 3.18 所示。

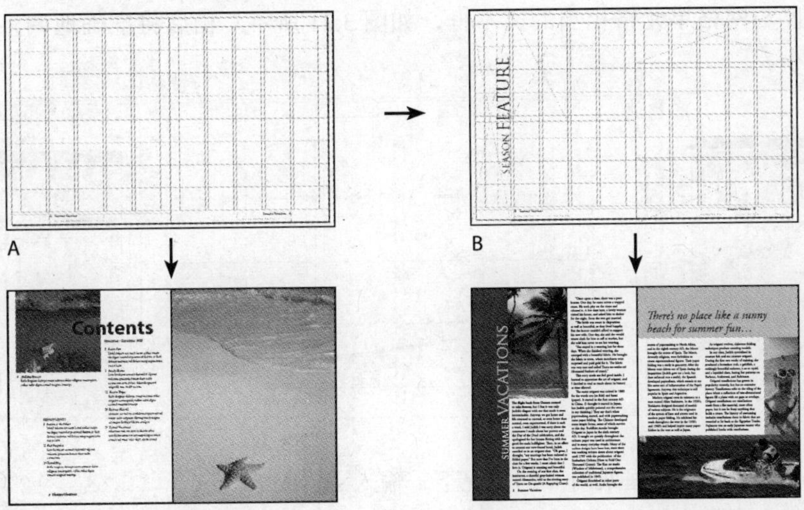

A. 主页A-Grid-Footer
B. 主页B-Placeholder
C. 基于A-Grid-Footer的文档页面
D. 基于B-Placeholder的文档页面

图3.18

接下来创建另一个主页，该主页包含将出现在文章中的文本和图形的占位符。通过在主页中创建占位符，可确保不同文章的版面一致，同时无需在文档的每个页面中创建文本框。

1. 从页面面板菜单中选择“新建主页”。
2. 在“名称”文本框中输入 Placeholder。
3. 从“基于主页”下拉列表中选择 A-Grid-Footer，然后单击“确定”按钮。

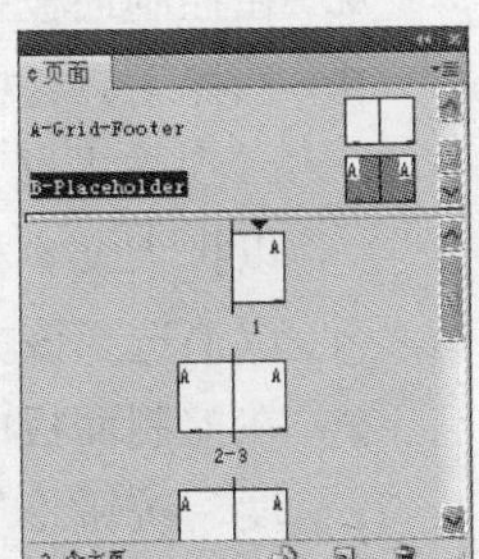

图3.19

在页面面板顶部，注意主页 B-Placeholder 的每个页面图标中都有字母 A（如图 3.19 所示），这表明主页 B-Placeholder 是从主页 A-Grid-Footer 派生而来的。如果修改主页 A-Grid-Footer，所做的修改都将在 B-Placeholder 反映出来。用户可能还注意到很难选择来自其他主页的对象，如页脚。本课后面将介绍如何选择并覆盖主页中的对象。

> **提示：** 如果页面面板中没有显示所有主页图标，可单击将主页图标和文档页面图标分开的分隔条，并向下拖曳直到能够看到所有主页图标。

3.4.6 添加标题占位符框架

第一个占位符在一个旋转后的文本框架中包含文章标题。

1. 在页面面板中，双击主页 B-Placeholder 的左页面图标，如图 3.20 所示，使其位于文档窗口中央。
2. 选择文字工具（ ），将鼠标指针指向页面的左边缘，单击并拖曳鼠标创建一个比页面稍宽、高度与网格单元格相当的文本框，如图 3.21 所示。稍后将准确地调整该文本框的位置和大小。

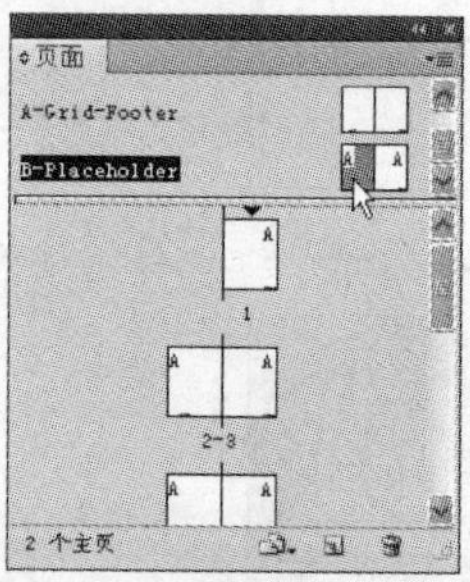

图3.20

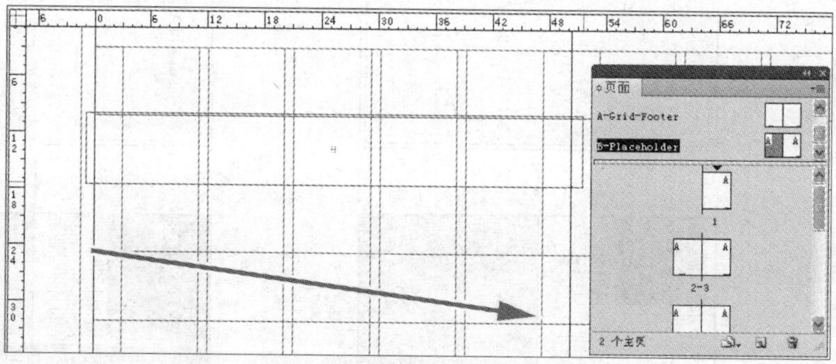

图3.21

3. 在插入点位于新文本框架内部的情况下，输入 season feature。
4. 三击刚输入的文本，选中文本框中所有的字符。
5. 单击控制面板中的“字符格式控制”按钮（ ）以显示字符格式选项。从“字体”下拉列表中选择 Trajan Pro，并从“字体样式”下拉列表中选择 Regular，如图 3.22 所示。
6. 通过双击选择单词 SEASON，从控制面板中的“字体大小”下拉列表中选择 36 点；然后选择 FEATURE，并将字体大小设置为 60 点。
7. 在控制面板中单击“段落格式控制”按钮，然后单击“居中对齐”按钮，如图 3.23 所示。
8. 选择工具箱中的选择工具（ ），文本框架将被选中。向上拖曳文本框架底部中央的手柄，直到文本框正好能够容纳其中的文本，如图 3.24 所示。如果文本消失，向下拖曳该手柄以扩大文本框架。调整完毕后，选择菜单“视图”>“使跨页适合窗口”缩小视图。不要取消选择该文本框架。
9. 在控制面板中，单击参考点图标的左上角（ ），再单击控制面板中间的“逆时针旋转 90 度”按钮（ ）。

10. 拖曳旋转后的文本框架，使其上边缘与页面的上页边距参考线对齐，而右边缘与与第 1 栏右边的栏参考线对齐。然后，拖曳文本框下边缘中央的手柄，将框架扩大到与页面的下页边距参考线对齐，如图 3.25 所示。注意，应单击小方框手柄，而不是它左边的大方框。

11. 单击页面的空白区域或粘贴板以取消选择文本框架，然后选择菜单“文件”>“存储”保存文档。

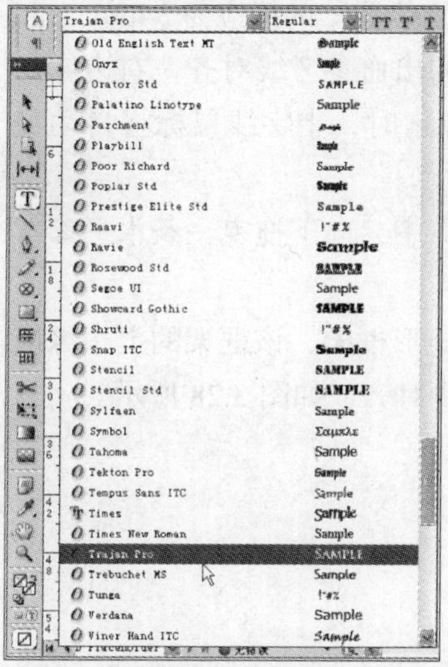

Trajan字体只有大写字母，因此现在输入的文本全部为大写

图3.22

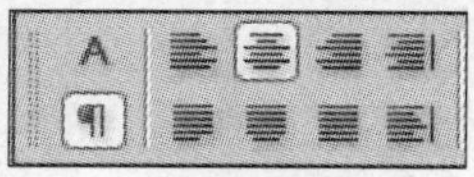

图3.23

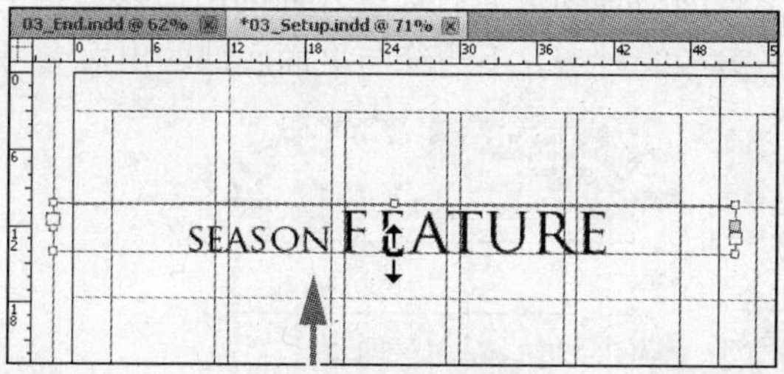

图3.24

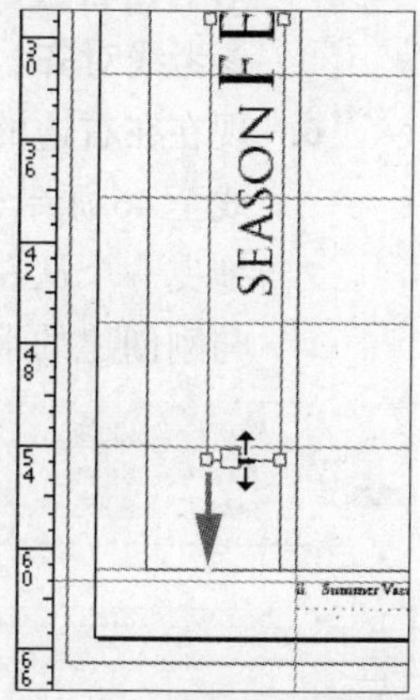

图3.25

3.4.7 添加占位符图形框架

为文章标题创建占位符文本框架后，接下来在主页 B-Placeholder 中添加两个图形框架。与文本框架类似，这些图形框架也将用作文档页面的占位符，以确保设计的一致性。

> **注意**：并非在每个文档中都需要创建占位符框架。对于较小的文档，可能无需创建主页和占位符框架。

虽然矩形工具（□）和矩形框架工具（⊠）有一定的可替代性，但矩形框架工具（包含一个不可打印的 X）更常用于创建图形占位符。

绘制图形框架前可创建一条参考线，以便于指定图形框架的位置。

1. 选择菜单“视图”>“网格和参考线”，并确保“靠齐参考线”命令左边有选中标记。

2. 从水平标尺拖曳出一条标尺参考线，将其置于左主页的 34 派卡处，如图 3.26 所示。拖曳时将显示当前位置（Y 值），在显示的值为 34p0 时释放鼠标左键。

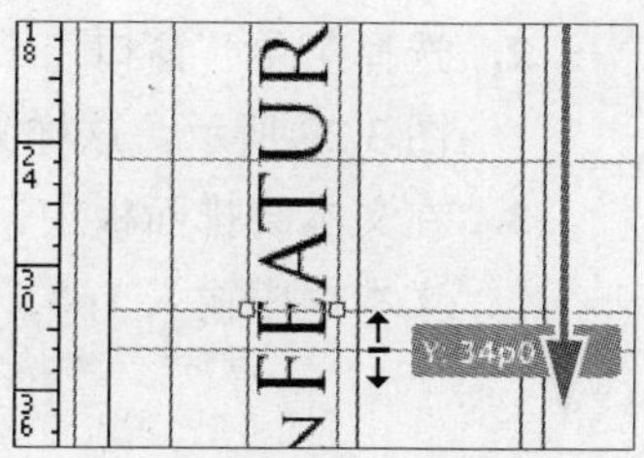

图3.26

为确保参考线位于 34 派卡处，选择工具箱中的选择工具（ ），并单击参考线以选中它（参考线的颜色将发生变化），然后在控制面板的文本框“Y”中输入 34p 并按回车键。

3. 单击页面的空白区域或粘贴板以取消选择参考线，然后从工具箱中选择矩形框架工具（ ）。
4. 将十字线鼠标指向刚创建的水平参考线和第一栏右边的栏参考线的交点（单词 Feature 的 F 和 E 之间）。在控制面板中，“X 位置”的值应为 11p0.6，“Y 位置”的值应为 34p0。
5. 向右上方拖曳鼠标以创建一个框架，使其上边缘与页面顶部的出血参考线对齐，右边缘与第三栏右边的栏参考线对齐，如图 3.27 所示。当相差仅几像素时，十字线鼠标将自动与参考线对齐。
6. 现在在右边的主页中添加一个占位符图形框架。在右边的主页中，向下拖曳一条水平参考线至 46 派卡处。
7. 拖曳一个从右主页的书脊到页面右边缘外面的出血参考线的矩形框架，该框架的上边缘应与刚创建的水平参考线对齐，下边缘与页面底部的出血参考线对齐，如图 3.28 所示。

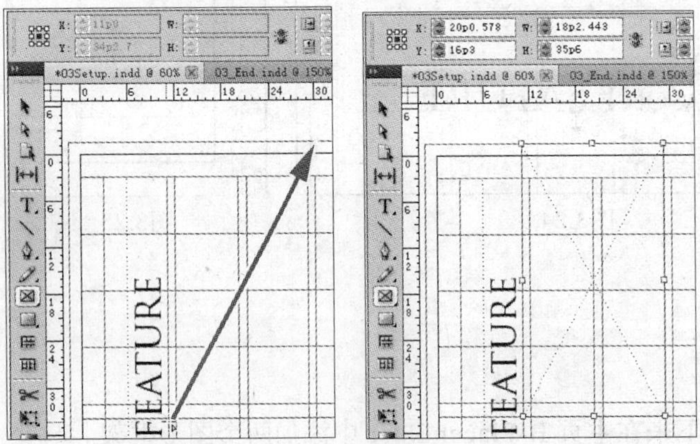

图3.27

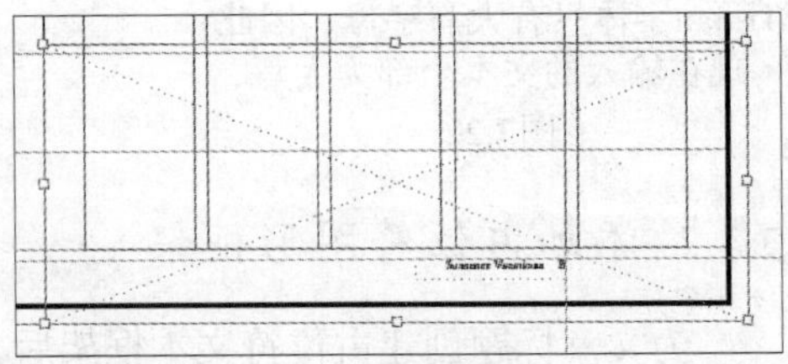

图3.28

8. 选择菜单“文件”>“存储”，保存文档。

3.4.8 沿图形框架绕排文本

在主页中，可让文本沿占位符图形框架绕排，这样，在基于该主页的任何页面中，文本都将沿该框架绕排。

1. 使用选择工具（ ）选择前面在左主页中创建的占位符图形框架。
2. 选择菜单“窗口”>“文本绕排”打开文本绕排面板，并选择“沿定界框绕排”（ ），如图 3.29 所示。这样文本将沿该框架绕排。
3. 在文本绕排面板中，确保没有按下“将所有设置设为相同”按钮（ ），然后在“下位移”文本框中输入 1p0，如图 3.30 所示，然后按回车键。框架底部将出现可见的绕排边界。

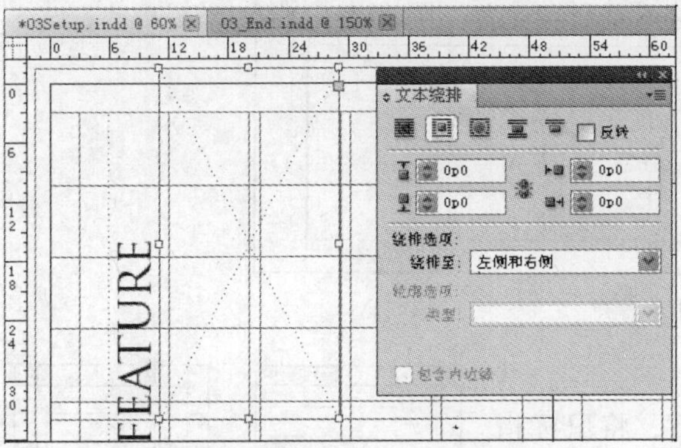

对图形框架应用的文本绕排

图3.29

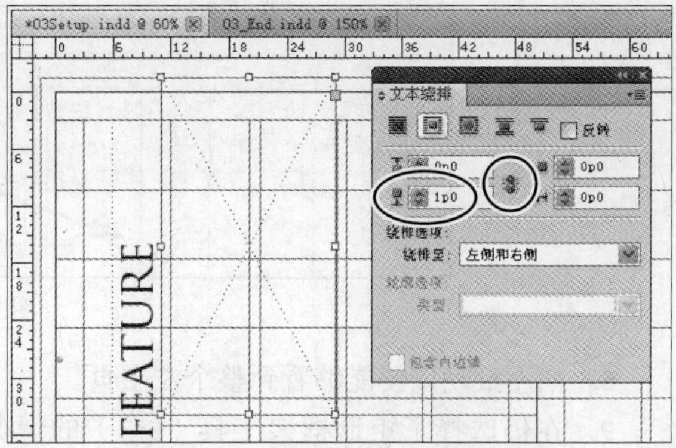

对图形框架应用的文本绕排位移

图3.30

4. 使用选择工具（ ）选择在右主页中创建的占位符图形框架。重复第 2 步和第 3 步，但在文本框“上位移”中输入 1p0，并保留其他位移设置为 0p0。按回车键，框架上面将出现可见的绕排边界。
5. 关闭文本绕排面板，并选择菜单“文件”>“存储”，保存文档。

3.4.9 绘制背景框架

下面为标题栏添加背景框架，并在右主页顶端添加另一种背景框架。这些元素将出现在主页 B-Placeholder 应用于的所有文档页面中。

1. 选择菜单“编辑”>“全部取消选择”，因为接下来的步骤不要求选定对象。
2. 选择菜单“视图”>“使页面适合窗口”并滚动，以便能够看到整个右主页。
3. 选择工具箱中的选择工具（ ），从水平标尺拖曳出一条参考线到 16 派卡处，然后单击空白区域以取消选择该参考线。

选择并拖曳框架时，常会不小心移动参考线。

4. 选择菜单“视图”>“网格和参考线”>“锁定参考线”。

> ID **提示：**也可在页面的空白区域或粘贴板上单击鼠标右键（Windows）或按住 Control 键并单击（Mac OS），再从上下文菜单中选择“网格和参考线”>“锁定参考线”。

5. 从工具箱中选择矩形框架工具（ ），将鼠标指针指向右主页右上角外面的出血参考线交点。单击并拖曳鼠标以绘制一个框架，该框架在水平方向延伸至书脊处，在垂直方向延伸至 16 派卡处的水平参考线，如图 3.31 所示。
6. 选择菜单“窗口”>“颜色”>“色板”打开色板面板。
7. 单击色板面板左上角的“填色”框（ ），然后选择色板列表中的“[纸色]”，将该占位符框架设置为纸色。注意在工具箱中，填色框也将位于描边框的前面。

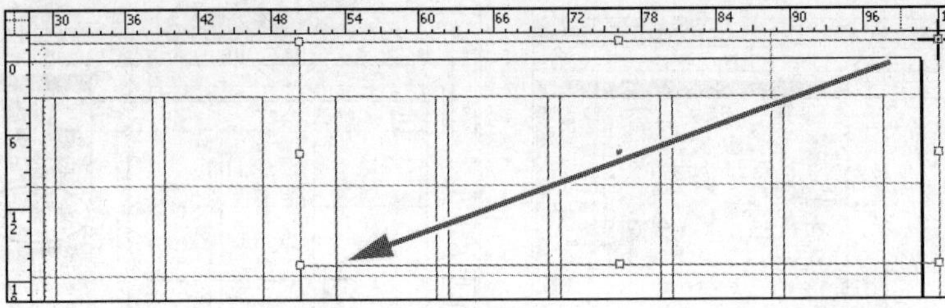

图3.31

8. 向左滚动以便能够看到整个左主页。
9. 在仍选择了矩形框架工具（ ）的情况下，将鼠标指针指向左主页左上角外面的出血参考线的交点。单击并拖曳鼠标以绘制一个框架，该框架在水平方向上延伸至第 1 栏的右边缘，在垂直方向上延伸至页面底部的出血参考线。重复第 7 步，将框架的填色设置为“[纸色]”。注意该框架将遮住占位符文本，使其不可见。在本课后面介绍设置文档页面时，将修改该占位符框架的颜色，使其与文章的色彩方案匹配。
10. 在新框架仍被选中的情况下，选择菜单“对象”>“排列”>“置为底层”，结果如图 3.32 所示。
11. 选择菜单“编辑”>“全部取消选择”，然后选择菜单“文件”>“存储”，保存文档。

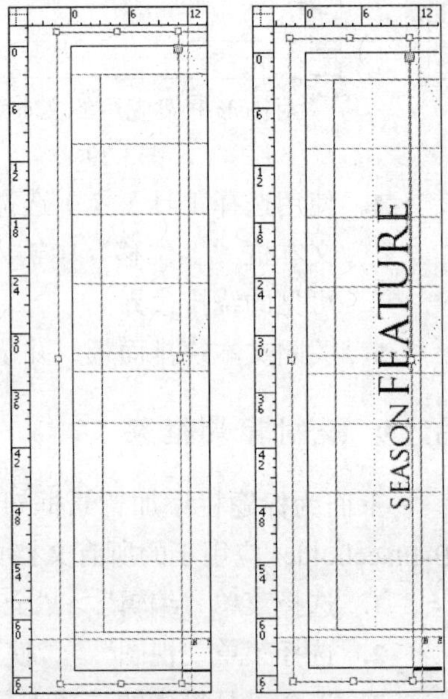

右图：在应用“置为底层”后，占位符图形框架移至占位符文本框架的后面

图3.32

3.4.10 创建分栏的文本框架

至此，在主页 B-Placeholder 中添加了标题和图形占位符及两个背景框架。为完成 B-Placeholder 主页，还需要创建用于放置文章的文本框架。

1. 选择文字工具（ ），并在左主页中将鼠标指针指向右边距参考线和下边距参考线的交点，单击并向左上方拖曳鼠标以创建一个高 8 行、宽 4 栏的文本框架。该框架在垂直方向延伸至上边距，在水平方向延伸至第 2 栏的左边缘，如图 3.33 所示。
2. 选择菜单“视图”>“使跨页适合窗口”。必要时关闭或隐藏所有面板，以便查看跨页。
3. 在右主页上，将鼠标指针指向左边距与第三行的上边缘的交点，然后单击并拖曳鼠标，创建一个高 6 行、宽 4 栏且与参考线对齐的文本框架，如图 3.34 所示。

接下来，需要确保每个主文章文本框架都包含两栏。

4. 选择工具箱中的选择工具（ ），然后按住 Shift 键并单击，同时选中刚才在左、右主页中创建的两个文本框架。

5. 选择菜单“对象”>“文本框架选项”。在“文本框架选项”对话框的“分栏”部分，将“栏数”文本框中的值改为 2，如图 3.35 所示。单击“确定”按钮关闭该对话框，并使修改生效。

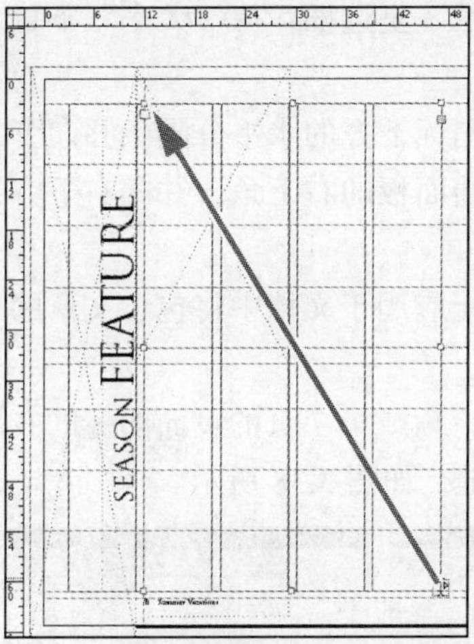

图3.33

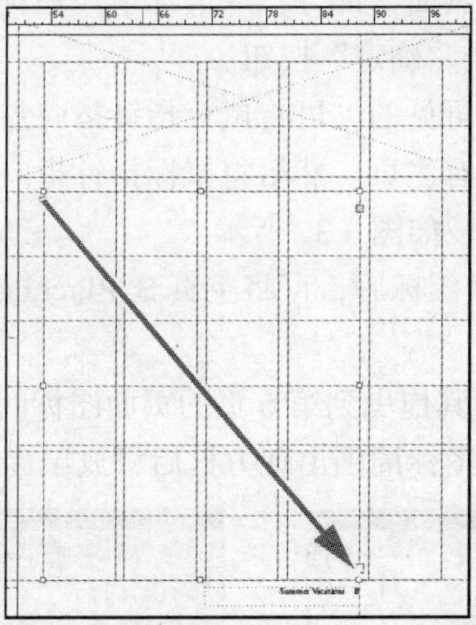

图3.34

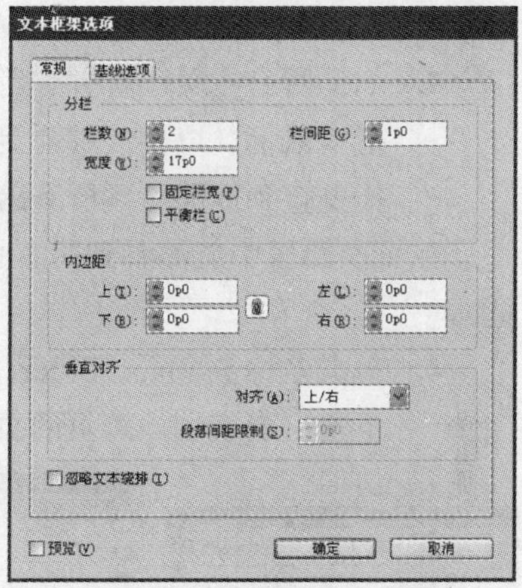

图3.35

这样，每个主文章文本框架都将包含两栏。为确保文本从一个文本框架自动排入另一个，需要将文本框架串接起来。在本课后面，用户将把文本导入这些框架中。

6. 选择工具箱中的选择工具（ ），然后在左主页中单击文本框架右下角的出口。将鼠标指针指向右主页中的文本框架，鼠标形状从载入文本图标（ ）变成串接图标（ ），然后单击鼠标，如图 3.36 所示。两个文本框架即可串接起来。

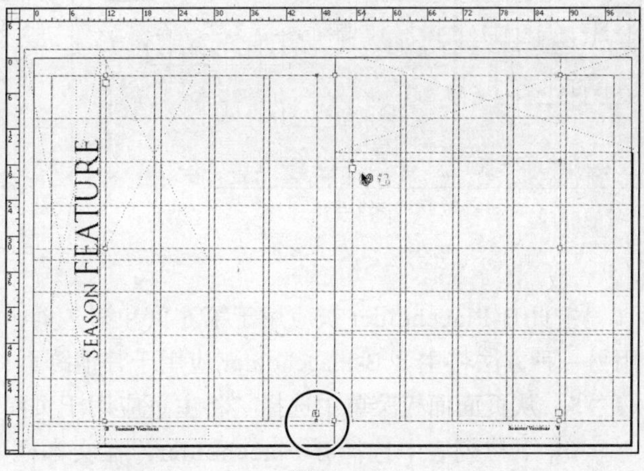

图3.36

7. 选择菜单“文件”>“存储”，保存文档。

注意：选择菜单“视图”>“其他”>“显示文本串接”，将查看串接在一起的框架的可视化表示。无论文本框架中是否包含文本，都可将它们串接起来。

3.5 将主页应用于文档页面

创建好所有主页后，便可将它们应用于文档页面。默认情况下，所有文档页面都采用主页 A-Grid-Footer 的格式。下面将主页 B-Placeholder 应用于合适的页面。要将主页应用于文档页面，可将主页图标拖放到文档页面图标上，也可使用页面面板菜单中的命令。对于大型文档，在页面面板中水平排列页面图标会更加方便。

1. 从页面面板菜单中选择“面板选项”。
2. 在“面板选项”对话框的“页面”部分，取消选中“垂直显示”复选框，从“大小”下拉列表中选择“小”，然后单击“确定”按钮。
3. 如果所有主页图标并非都是可见的，可将鼠标指针指向主页图标下方的水平分隔条并向下拖曳鼠标，以便能够看到所有主页。然后将鼠标指针指向页面面板的右下角，并向右下方拖曳直到能够看到所有跨页，如图 3.37 所示。

在页面面板中能够看到所有页面图标后，可将主页 B-Placeholder 应用于文档中将包含文章的页面。

4. 单击名称 B-Placeholder，将其拖曳到第 6 页的页面图标的左下角或第 7 页的页面图标的右下角。当表示该跨页的页面图标周围出现方框后释放鼠标左键，如图 3.38 所示。

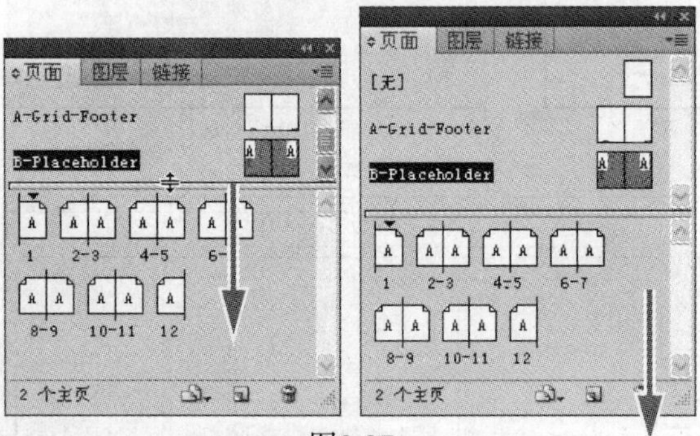

图3.37

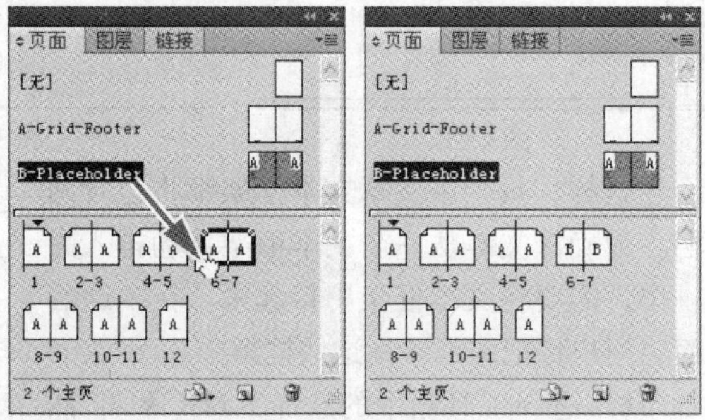

在右图中，第 6 页和第 7 页的页面图标中包含字母 B，这表明主页 B-Placeholder 被应用于这两页

图3.38

主页 B-Placeholder 被应用于第 6 页和第 7 页，页面图标中的字母 B 指出了这一点。接下来采用另一种方法将主页 B-Placeholder 应用于其他跨页，但不是采用拖曳的方式。

5. 从页面面板菜单中选择“将主页应用于页面”。在“应用主页”对话框中，从“应用主页”下拉列表中选择 B-Placeholder，在文本框“于主页”中输入 8-11，然后单击“确定”按钮。

在页面面板中，注意第 6-11 页都使用了主页 B-Placeholder 的格式。第 12 页不需要页码，因此对于该页面不需要使用主页进行格式化。

6. 在页面面板中，将“[无]”拖曳至第 12 页的页面图标上，当该图标周围出现边框后释放鼠标左键。

确保主页 A-Grid-Footer 被应用于第 1-5 页，主页 B-Placeholder 被应用于第 6-11 页，第 12 页没有应用任何主页，如图 3.39 所示。

7. 选择菜单“文件”>“存储”保存文档。

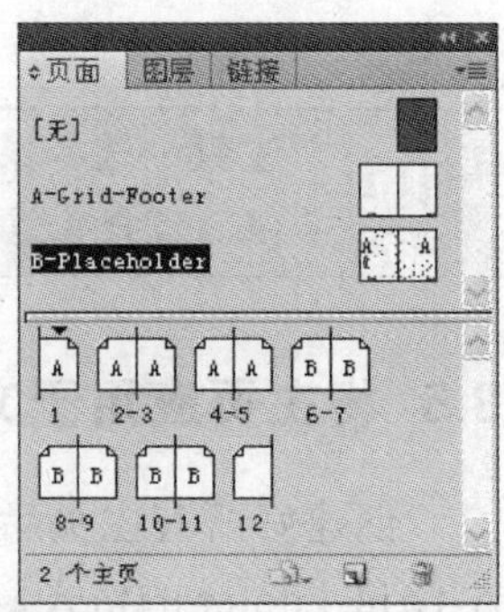

图3.39

3.6 添加章节以修改页码编排方式

要处理的杂志包含介绍性内容，这些内容所在的页面使用的页码为小写罗马数字（i、ii、iii 等）。通过添加章节，可使用不同的页码编排方式。将从第 2 页开始一个新章节，并使用罗马数字作为页码，然后再从第 6 页开始一个新章节，使用阿拉伯数字作为页码，并重新开始编排页码。

1. 在页面面板中双击第 2 页的图标以选择并显示该页。

2. 在页面面板菜单中选择“页码和章节选项”。在“新建章节”对话框中，确保选中了“开始新章节”复选框和“自动编排页码”单选按钮。

3. 在“新建章节”对话框的“编排页码”部分，从“样式”下拉列表中选择“i, ii, iii, iv”，并单击“确定”按钮，如图 3.40 所示。

4. 查看页面面板中的页面图标，发现从第 2 页开始，页码为罗马数字，如图 3.41 所示。页脚中的页码也为罗马数字。

接下来指定从该文档的第 6 页开始到文档末尾使用阿拉伯数字作为页码。

5. 在页面面板中，单击选中第 6（vi）页的页面图标。

> **注意：**单击页面图标将把页面指定为目标页面，以便对其进行编辑。如果要导航到某个页面，可在页面面板中双击其页面图标。

6. 从页面面板菜单中选择“页码和章节选项”。

7. 在“新建章节”对话框中，确保选中了“开始新章节”复选框。

8. 选中“起始页码”单选按钮，然后输入 2，将该章节的起始页码设置为 2。

9. 从“样式”下拉列表中选择“1, 2, 3, 4”，然后单击“确定”按钮，结果如图 3.42 所示。

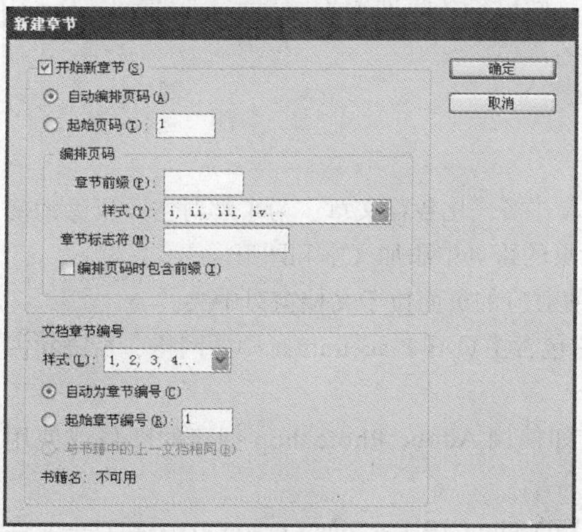

图3.40

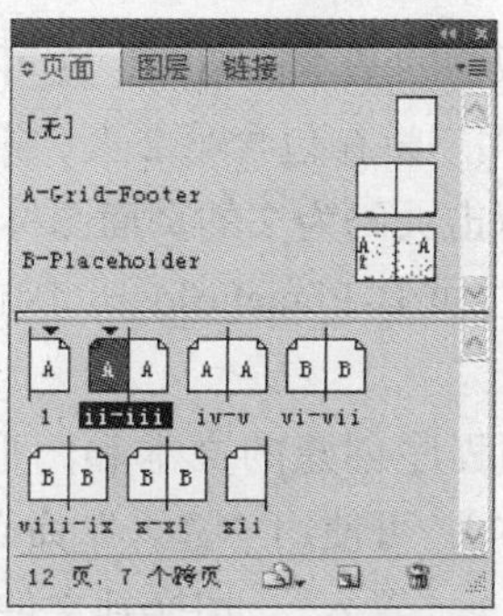

页面ii上方的三角形表明从这里开始了新章节

图3.41

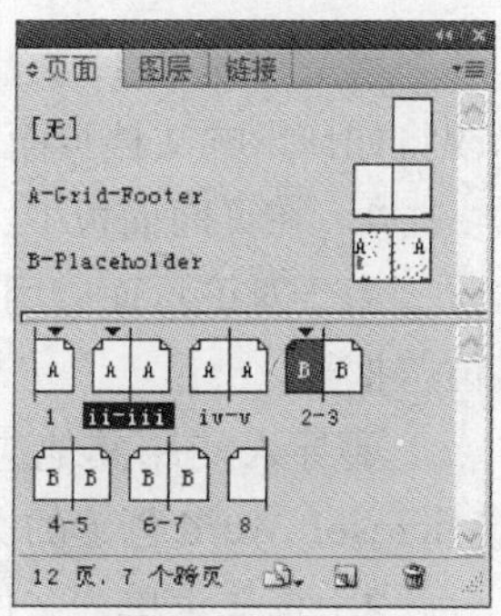

图3.42

现在，页面已被重新正确编排页码。在页面面板中，在页码为 1、ii 和 2 的页面图标上方有黑色三角形，这表明从这些地方开始了新章节。本课后面将处理这 4 页。

10. 选择菜单“文件” > “存储”，保存文档。

3.7 添加新页面

也可在现有文档中添加新页面。下面添加两个新页面。

1. 从页面面板菜单中选择“插入页面”。

2. 在文本框架“页数”中输入 2，从“插入”下拉列表中选择“文档末尾”，然后从下拉列表“主页”中选择 B-Placeholder，如图 3.43 所示。

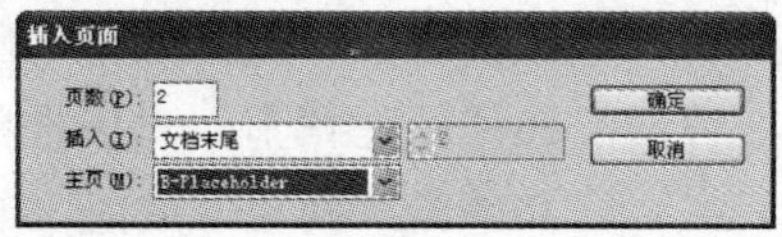

图3.43

3. 单击“确定”按钮，将在文档末尾新增两个页面，它们将 B-Placeholder 用作主页。

3.8 排列和删除页面

在页面面板中，可排列页面，也可删除多余的页面。

1. 在页面面板中，双击页码为 8 的页面图标，然后单击并将其拖曳至页码为 10 的页面图标右边，当页码为 10 的页面图标右边出现黑色线条后释放鼠标左键，如图 3.44 所示。第 8 页将处于第 10 页的位置，而原来的第 9 页和第 10 页将分别变成第 8 页和第 9 页。

2. 双击页码 8 和 9 之间的连字符，将两页都选中。

3. 单击页面面板底部的“删除选中页面”按钮，即可将这两页从文档中删除。

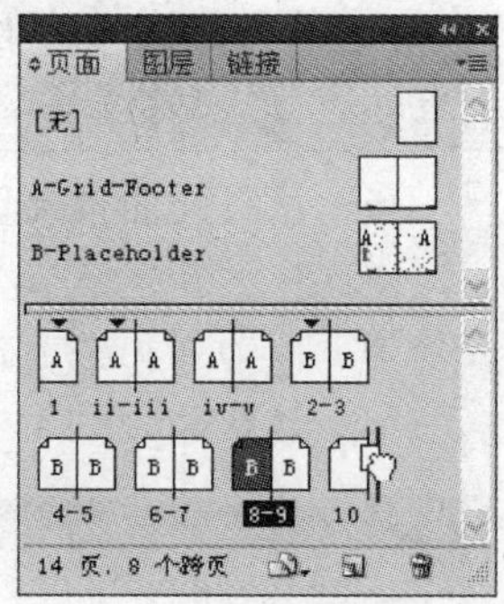

图3.44

3.9 在文档页面中置入文本和图形

设置好这个 12 页出版物的基本框架后，便可置入并格式化各篇文章。为了解对主页所做的修改将如何影响文档页面，用户将在包含第 2 页和第 3 页的跨页中添加文本和图形。

1. 在页面面板中，双击页码为 2 的页面图标，使对应的页面位于文档窗口中央。

由于对该页面应用了主页 B-Placeholder，因此它包含主页 B-Placeholder 中的网格、页脚和占位符框架。

要导入使用其他应用程序创建的文本和图形（如使用 Adobe Photoshop 创建的图像或使用 Microsoft Word 创建的文本），可使用“置入”命令。

2. 选择菜单“文件” > “置入”，切换到文件夹 InDesignCIB\Lessons\Lesson_03，并双击文件 03_d.psd。

鼠标指针将变成载入图形图标（），并显示该图像的预览。

3. 将鼠标指针指向页面 2 中的图形框架占位符，图标周围将出现括号（），然后单击。可能需要将鼠标指针指向该占位符框架顶部（页面顶部的页边距参考线上方），鼠标图标周围才会出现括号。由于文本框架位于图形框架的前面，因此仅当鼠标指针位于图形框架内时，载入图形图标才出现括号。

> **提示：** 导入文本或图形时，InDesign 发现鼠标下面有现成的框架时将显示括号。在这种情况下，InDesign 将使用现成的文本框架或图形框架，而不创建新的框架。

4. 选择“对象”>“适合”>“内容居中”，将图像置于正确位置，如图 3.45 所示。单击页面的空白部分或选择菜单“编辑”>“全部取消选择”，取消选择全部对象。

图3.45

5. 重复第 2~4 步，将图像 03_e.psd 置入第 3 页底部的占位符框架中。可能需要将鼠标指针指向该框架的右端，鼠标图标周围才会出现括号。这里不将图像居中，而选择菜单“对象”>“适合”>“按比例填充框架”。
6. 选择菜单“编辑”>“全部取消选择”确保没有选中任何对象。然后选择菜单“文件”>“置入”，并双击文件 03_c.doc，这是一个使用 Microsoft Word 创建的文本文件。

> **提示：** 如果置入文件时选择了框架，文件内容将加入到选定的框架中。为避免出现这种情况，可在导入前取消选择所有对象，也可在导入文件时，在“置入”对话框中取消选择“替换所选项目”复选框。

鼠标指针将变成载入文本图标（ ），将置入的前几行文本，如图 3.46 所示。

此时可拖曳鼠标创建一个文本框架，也可在现有文本框架内单击。如果此时将鼠标指针指向现有文本框架，鼠标图标周围将出现括号，如图 3.47 所示。

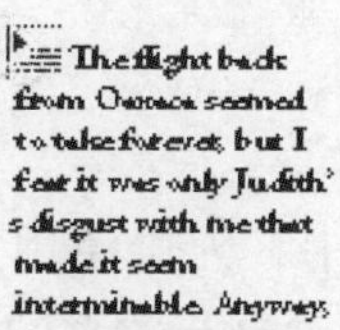

图3.46

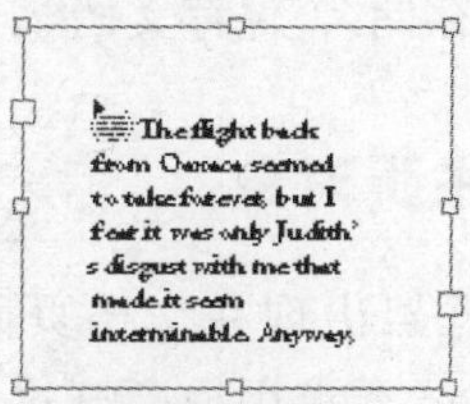

图3.47

可通过单击将文本插入到未串接的文本框架中，也可通过单击在串接的文本框架中自动排文。下面将使用第二种方法。

> **注意：** 在以前的 InDesign 版本中，置入文本时，要在串接的占位符框架中自动排文，必须按住 Shift 键。在 InDesign CS5 中，“首选项”对话框的“文字”部分新增了“智能文本重排”选项，让用户能够选择如何对置入的文本进行排文。

7. 将鼠标指针指向第 2 页底部的文本框，注意鼠标图标两边出现了括号。单击鼠标，结果如图 3.48 所示。

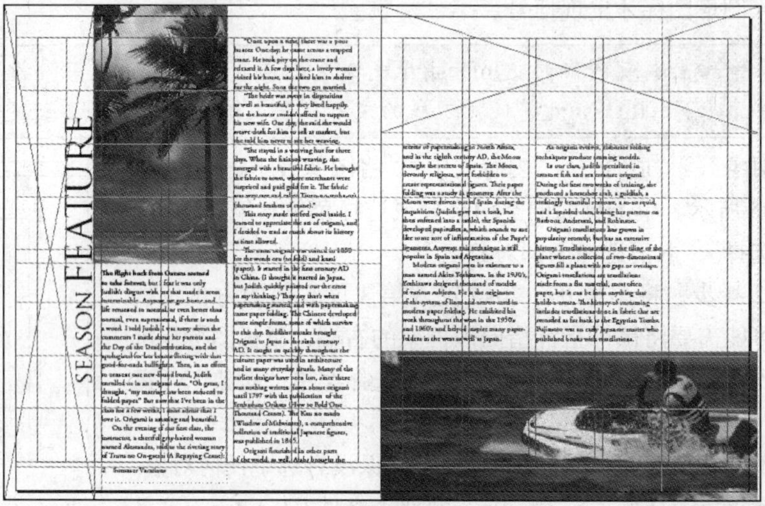

图3.48

文本将被排入页面 2 和页面 3 中串接的文本框架中，并按用户在主页中设置的方式沿图像绕排。如果这些框架没有串接起来，文本将只排入第 2 页的文本框架，并出现溢文现象。在这种情况下，必须手工将文本排入第 3 页。

> ID **注意：**如果文本没有按前面描述的那样排文，选择菜单“编辑”>“还原置入”，然后将鼠标指针指向第 2 页中包含两栏的文本框架。

8. 选择菜单“编辑”>“全部取消选择”。
9. 选择菜单“文件”>“存储”，保存文档。

3.10 在文档页面中覆盖主页对象

添加到主页中的占位符框架出现在文档页面中。为避免用户不小心移动或删除这些对象，InDesign 要求用户断开这些对象与主页的链接后才能选择或修改。下面使用 SUMMER 和 VACATION 分别替换 SEASON 和 FEATURE。要编辑这些文本，必须选中包含它的主页文本框架。另外，还需要给文本着色。

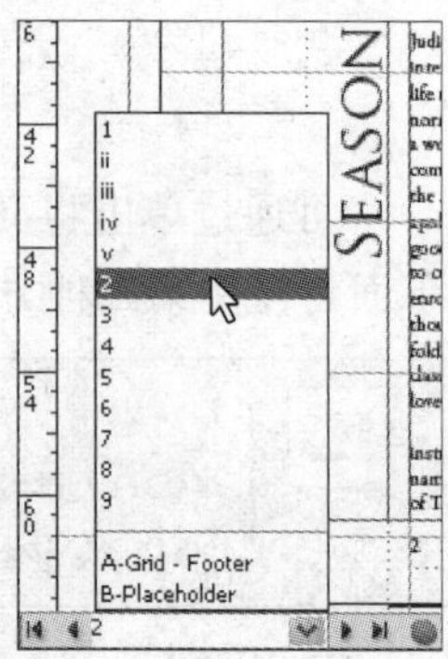

图3.49

1. 为确保位于第 2 页，在文档窗口左下角的“页面”下拉列表中选择“2”，如图 3.49 所示。
2. 如果有必要，调整视图以便能够看到第 2 页中的文本 SEASON FEATURE。选择工具箱中的选择工具（![]），并通过单击选择该文本框架。

在文档页面中，单击无法选择主页对象，但通过按住一个修正键，可选择主页对象，如这里的文本框架。

3. 按住 Shift + Ctrl（Windows）或 Shift + Command（Mac OS）键，并单击选择第 2 页左边包含 SEASON FEATURE 的占位符框架。
4. 选择文字工具（ ），然后双击选中 SEASON，再输入 SUMMER。
5. 双击选择文本 SUMMER。在色板面板中，先选择填色框（ ），再选择“[纸色]”将文本设置为白色。

旋转跨页

在有些情况下，可能需要旋转页面或跨页中的所有内容，以方便读者阅读。例如，采用标准尺寸的杂志可能包含纵向页面和一个横向的日历页面。为获得这样的横向页面，可将所有对象旋转90度，但修改版面和编辑文本时，需要转头或旋转显示器。为方便编辑，可旋转和取消旋转跨页。为查看这样的示例，请打开文件夹Lesson_03中的文件03_End.indd。

1. 在页面面板中，双击选择第 4 页（如图 3.50 所示）并使其位于文档窗口中央。
2. 选择菜单“视图”>“旋转跨页”>“顺时针 90 度”，结果如图 3.51 所示。

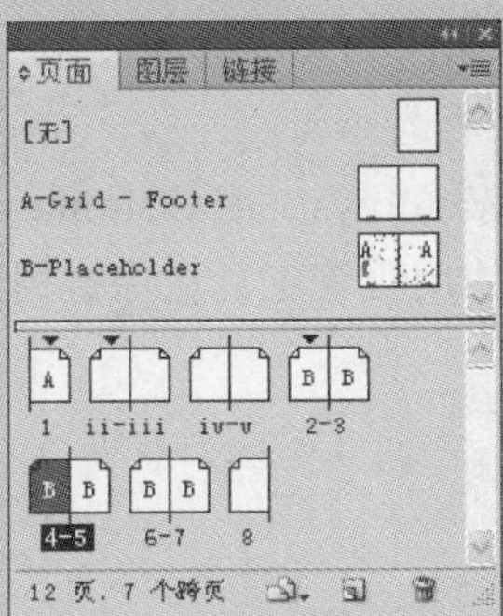

图3.50

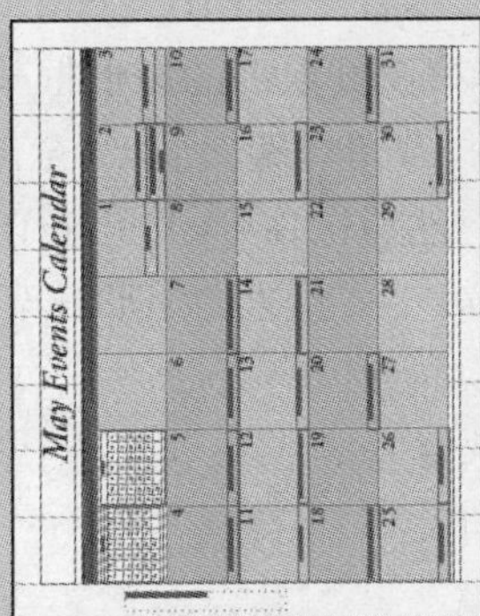

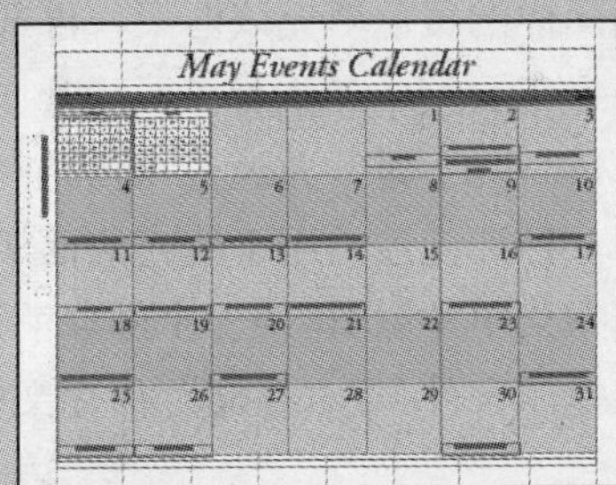

图3.51

旋转跨页后，将更容易处理页面中的对象。

3. 选择菜单“视图”>“旋转跨页”>“清除旋转”。
4. 关闭文档，但不保存所做的修改。

6. 使用文字工具（ ）双击单词 FEATURE，并输入 VACATION。双击单词 VACATION 以选择它。

下面使用吸管工具在导入的图像中选择一种颜色，并将其应用于选定文本。然后使用吸管工具将颜色应用于其他元素。

> **注意：**虽然用户是在主页中创建这些框架的，但它们会出现在当前格式化的文档页面中，这是因为主页被应用于该文档页面。

7. 在页面面板中双击第 3 页的页面图标，让该页面位于文档窗口中央。在工具箱中选择缩放工具（🔍），然后拖曳出一个环绕穿救生衣的男人的方框（如图 3.52 所示），以放大该图像。

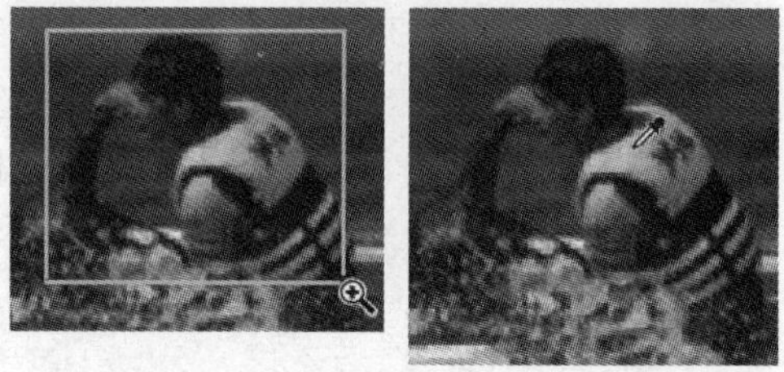

图3.52

8. 确保工具箱中的填色框（）被选中，然后选择吸管工具（）。将鼠标指针指向救生衣的黄色区域并单击，如图 3.52 所示。单击区域的颜色将成为填充色，并应用于选定文本。

> **提示：**如果用户不喜欢使用吸管工具第一次选择的颜色，可按住 Alt（Windows）或 Option（Mac OS）键选择另一种颜色。

9. 选择菜单“视图”>“使跨页适合窗口”。注意虽然使用了其他工具，文本仍处于选中状态。选择菜单“编辑”>“全部取消选择”。
10. 选择工具箱中的选择工具（），然后按住 Ctrl + Shift（Windows）或 Command + Shift（Mac OS）键，并通过单击选择第 3 页顶部的矩形框架。如同第 8 步那样使用吸管工具，用同样的黄色填充该框架，再选择菜单“编辑”>“全部取消选择”。
11. 选择工具箱中的选择工具（），然后按住 Ctrl + Shift（Windows）或 Command + Shift（Mac OS）键，并通过单击选择第 2 页左边的矩形框架。使用吸管工具从棕榈树图像中选择一种深蓝色，用于填充该框架。
12. 选择菜单“编辑”>“全部取消选择”。
13. 选择“文件”>“存储”保存文档。

3.11 修改页面大小

InDesign CS5 中有一项新增的功能，使用户能够创建包含大小不同的页面的文档。下面修改本课前面创建的用罗马数字表示页码的四页的页面大小，以便在该杂志中创建一个插页，然后快速设置这两个跨页。

1. 在页面面板中双击页面图标 ii 以显示该页，这是本课前面创建的四页部分的第一页。选择菜单“视图”>“使页面适合窗口”，同时显示这个跨页中的两页。
2. 选择页面工具（），按住 Shift 键并单击页面面板中的页面图标 v。在页面面板中，页面 ii-v 全都被选中，如图 3.53 所示。在文档窗口中，这些页面也被全部选中。这就是将要修改大小的页面。

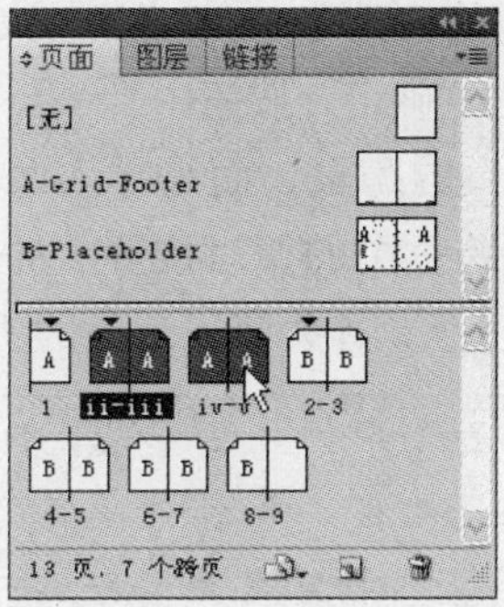

图3.53

3. 在控制面板中，在“W”文本框中输入 36p，在“H”文本框中输入 25p6。每次输入数值后都按回车键，将该值应用于选定页面。这些数值将生成一个 6×4.25 英寸（标准的明信片尺寸）的插页。

4. 选择菜单“视图”>“使跨页适合窗口”，如图 3.54 所示。

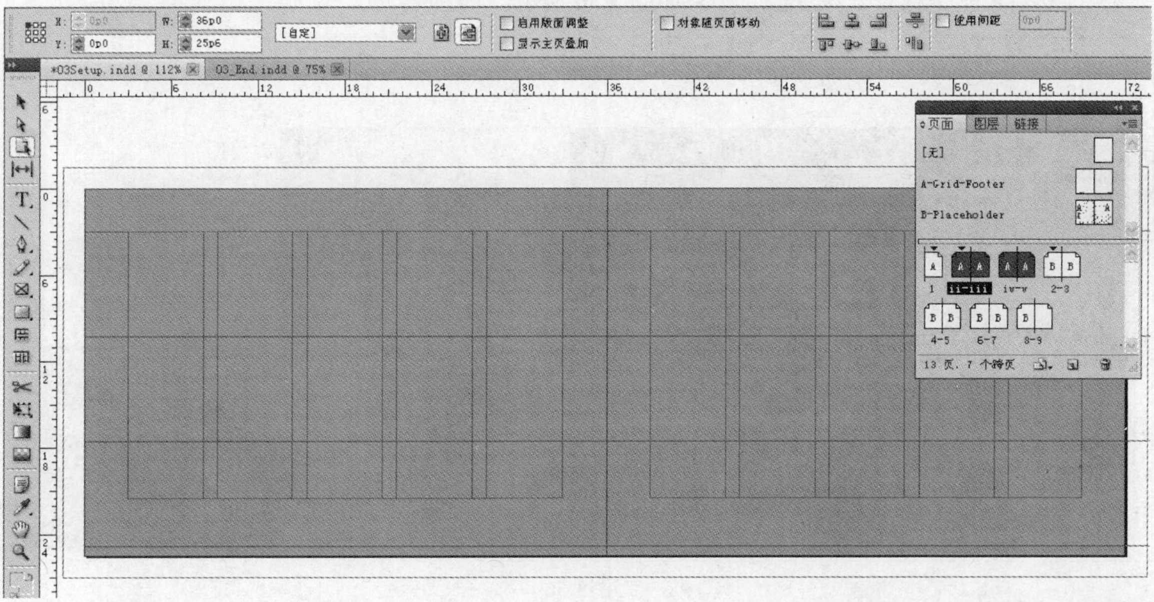

图3.54

5. 要断开这些页面与主页（A-Grid-Footer）的关联，可从页面面板菜单中选择“将主页应用于页面”。在“应用主页”对话框中，从“应用主页”下拉列表中选择“无”，并确保“于页面”文本框中显示的是“ii-v”，单击“确定”按钮，如图 3.55 所示。

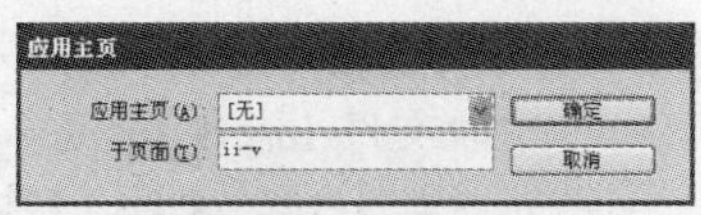

图3.55

6. 为了给选定页面设置新的边距和栏参考线，选择菜单“版面”>“边距和分栏”打开“边距和分栏”对话框。在“边距”部分，确保按下了中间的“将所有设置设为相同”按钮（ ），以便输入一个设置可以同时影响四个边距，再在“上”文本框中输入 1p6。在“栏”部分的“栏数”文本框中输入 1，然后单击“确定”按钮。

这里不用手工设置这两个构成插页的跨页，而是导入两个片段。与图形文件相似，片段是包含 InDesign 对象（包括它们在页面或跨页中的相对位置）的文件。InDesign 让用户能够将选定对象导出为片段文件，并将片段置入文档中。有关使用片段的更多内容，请参阅第 10 课。

> ID **提示：**要创建片段，可在页面或跨页中选择一个或多个对象。选择菜单“文件”>“导出”，在“保存类型”（Windows）或“格式”（Mac OS）下拉列表中选择“InDesign 片段”，再选择文件的存储位置、指定文件名并单击“保存”按钮。

下面将导入的每个片段都包含组成跨页的所有元素。

7. 为置入第一个片段，选择菜单“文件”>“置入”。切换到文件夹 InDesign CIB\Lessons\Lesson_03，然后双击片段文件 Insert_Back_Front_Spread.idms。

8. 将载入片段图标（⊠）指向跨页（它包含页面 ii 和 iii）左上角和出血参考线相交的地方，然后单击鼠标置入该片段，结果如图 3.56 所示。

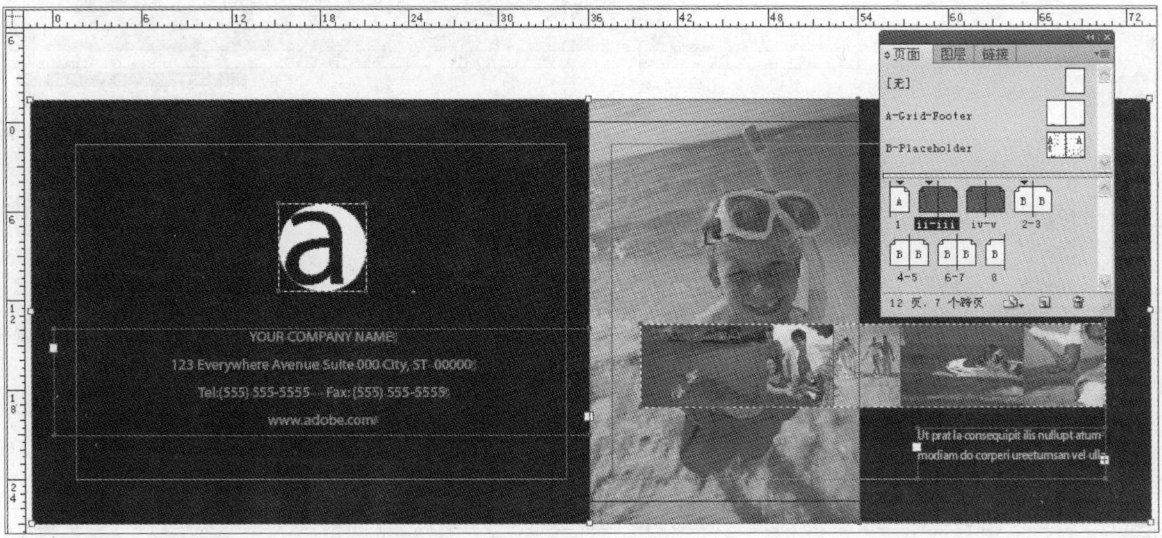

图3.56

9. 在页面面板中，双击页面图标 iv 以显示该页。

10. 选择菜单“文件”>“置入”，切换到文件夹 InDesign CIB\Lessons\Lesson_03，然后双击片段文件 Insert_Inside _Spread.idms。

11. 将载入片段图标（⊠）指向该跨页左上角和出血参考线相交的地方，然后单击鼠标置入该片段。

12. 选择菜单“编辑”>“全部取消选择”。

13. 选择菜单“文件”>“存储”保存文档。

完成插页的制作后，下面接着处理前面处理的跨页。

3.12 查看完成后的跨页

下面隐藏参考线和框架，以查看完成后的跨页。

1. 使用选择工具（ ）双击页面面板中第 2 页的页面图标以显示该页。
2. 选择“视图” > “使跨页适合窗口”，并在必要时隐藏所有面板。
3. 选择菜单“视图”>“屏幕模式”>“预览”，以隐藏所有的参考线、网格、框架边缘和粘贴板，如图 3.57 所示。

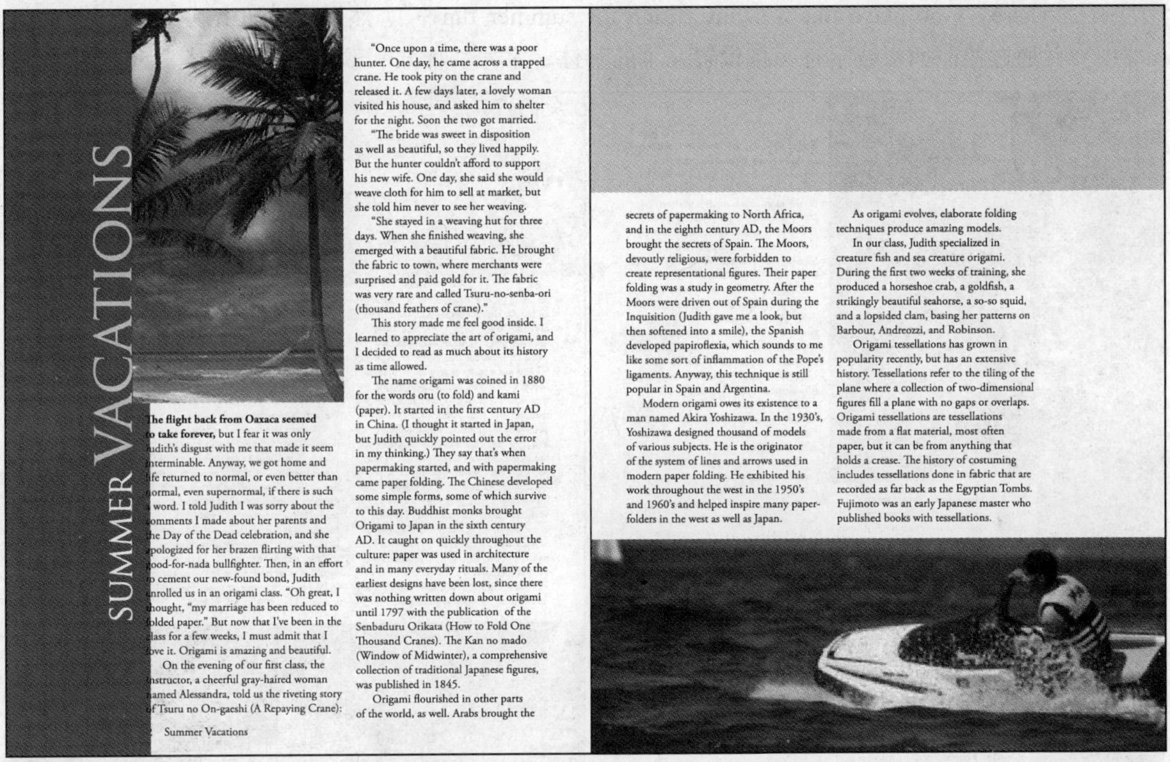

SUMMER VACATIONS

he flight back from Oaxaca seemed o take forever, but I fear it was only udith's disgust with me that made it seem nterminable. Anyway, we got home and fe returned to normal, or even better than ormal, even supernormal, if there is such word. I told Judith I was sorry about the omments I made about her parents and he Day of the Dead celebration, and she pologized for her brazen flirting with that ood-for-nada bullfighter. Then, in an effort o cement our new-found bond, Judith nrolled us in an origami class. "Oh great, I hought, "my marriage has been reduced to olded paper." But now that I've been in the lass for a few weeks, I must admit that I ove it. Origami is amazing and beautiful.

On the evening of our first class, the nstructor, a cheerful gray-haired woman amed Alessandra, told us the riveting story f Tsuru no On-gaeshi (A Repaying Crane):

"Once upon a time, there was a poor hunter. One day, he came across a trapped crane. He took pity on the crane and released it. A few days later, a lovely woman visited his house, and asked him to shelter for the night. Soon the two got married.

"The bride was sweet in disposition as well as beautiful, so they lived happily. But the hunter couldn't afford to support his new wife. One day, she said she would weave cloth for him to sell at market, but she told him never to see her weaving.

"She stayed in a weaving hut for three days. When she finished weaving, she emerged with a beautiful fabric. He brought the fabric to town, where merchants were surprised and paid gold for it. The fabric was very rare and called Tsuru-no-senba-ori (thousand feathers of crane)."

This story made me feel good inside. I learned to appreciate the art of origami, and I decided to read as much about its history as time allowed.

The name origami was coined in 1880 for the words oru (to fold) and kami (paper). It started in the first century AD in China. (I thought it started in Japan, but Judith quickly pointed out the error in my thinking.) They say that's when papermaking started, and with papermaking came paper folding. The Chinese developed some simple forms, some of which survive to this day. Buddhist monks brought Origami to Japan in the sixth century AD. It caught on quickly throughout the culture: paper was used in architecture and in many everyday rituals. Many of the earliest designs have been lost, since there was nothing written down about origami until 1797 with the publication of the Senbaduru Orikata (How to Fold One Thousand Cranes). The Kan no mado (Window of Midwinter), a comprehensive collection of traditional Japanese figures, was published in 1845.

Origami flourished in other parts of the world, as well. Arabs brought the secrets of papermaking to North Africa, and in the eighth century AD, the Moors brought the secrets of Spain. The Moors, devoutly religious, were forbidden to create representational figures. Their paper folding was a study in geometry. After the Moors were driven out of Spain during the Inquisition (Judith gave me a look, but then softened into a smile), the Spanish developed papiroflexia, which sounds to me like some sort of inflammation of the Pope's ligaments. Anyway, this technique is still popular in Spain and Argentina.

Modern origami owes its existence to a man named Akira Yoshizawa. In the 1930's, Yoshizawa designed thousand of models of various subjects. He is the originator of the system of lines and arrows used in modern paper folding. He exhibited his work throughout the west in the 1950's and 1960's and helped inspire many paper-folders in the west as well as Japan.

As origami evolves, elaborate folding techniques produce amazing models.

In our class, Judith specialized in creature fish and sea creature origami. During the first two weeks of training, she produced a horseshoe crab, a goldfish, a strikingly beautiful seahorse, a so-so squid, and a lopsided clam, basing her patterns on Barbour, Andreozzi, and Robinson.

Origami tessellations has grown in popularity recently, but has an extensive history. Tessellations refer to the tiling of the plane where a collection of two-dimensional figures fill a plane with no gaps or overlaps. Origami tessellations are tessellations made from a flat material, most often paper, but it can be from anything that holds a crease. The history of costuming includes tessellations done in fabric that are recorded as far back as the Egyptian Tombs. Fujimoto was an early Japanese master who published books with tessellations.

Summer Vacations

图3.57

> **ID** | 提示：要显示/隐藏所有面板（包括工具箱和控制面板），可按 Tab 键。

至此，用户通过处理一个 12 页的文档，知道了如何将对象加入到主页中，以确保整个文档的设计一致。

4. 选择“文件” > “存储”保存文档。

祝贺您学完了本课。

3.13 练 习

巩固所学技能的最佳方法是使用它们。请试着完成下面的练习，这为您提供了练习 InDesign 使用技巧的机会。

1. 将一张图片置入到第 3 页的第 3 栏，可使用文件夹 Lesson_03 中的图像 03_f.psd。要了解如何完成这个步骤，打开文件夹 Lesson_03 中的文件 03_End.indd，并显示第 3 页。
2. 添加引文：使用文字工具（ ）在第 3 页的黄色矩形上拖曳出一个文本框架，并输入 "There' s no place like a sunny beach for summer fun…"。然后通过三击选中输入的文本，并通过控制面板或字符面板设置文本的字体、字号、样式和颜色，结果如图 3.58 所示。

图3.58

3. 创建一组新主页，并将其应用于该文档中的其他页面。从页面面板菜单中选择"新建主页"，在对话框中将其命名为 C-Next，并从"基于主页"下拉列表中选择 A-Grid-Footer。然后为文本和图形创建占位符框架，其布局不同于主页 B-Placeholder。完成后，将该 C-Next 主页应用于文档中的第 6 页和第 7 页。

复习

复习题

1. 将对象放在主页中有何优点？
2. 如何修改页码编排方案？
3. 在文档页面中如何选择主页对象？

复习题答案

1. 通过在主页中添加诸如参考线、页脚和占位符框架等对象，可确保主页应用于的页面的版面是一致的。
2. 在页面面板中选择要重新编排页码的页面对应的页面图标，然后从页面面板菜单中选择“页码和章节选项”，并指定新的页码编排方案。
3. 按住 Shift + Ctrl（Windows）或 Shift + Command（Mac OS）键，并单击选中主页对象。然后便可对其进行编辑、删除或其他操作。

第4课 使用对象

课程概述

本课简要地介绍如何使用对象，读者将学习以下内容：

- 使用图层；
- 创建和编辑文本框架和图形框架；
- 将图形导入到图形框架中；
- 将多个图形导入到框架网格中；
- 裁剪、移动和缩放图形；
- 调整图形框架之间的间隙；
- 在图形框架中添加题注；
- 修改框架的形状；
- 沿对象绕排文本；
- 创建复杂的框架；
- 转换框架的形状
- 修改和对齐对象；
- 选择和修改多个对象。

学习本课大约需要 90 分钟。

InDesign 框架可包含文本、图形或填充色。当用户使用框架时将发现 InDesign 提供了极大的灵活性，让用户能够充分控制设计方案。

4.1 概 述

在本课中，用户将处理一篇共 4 页的新闻稿，它由两个跨页组成。用户将添加文本和图像，并调整版面以获得所需的设计。

> **注意：**如果还没有从配套光盘将本课的资源文件复制到硬盘中，那么现在需要将这些文件复制到硬盘中，详情请参阅“前言”中的“复制课程文件”。

1. 为确保用户使用的 Adobe InDesign CS5 首选项和默认设置与本课使用的相同，请将 InDesign Defaults 文件移到其他文件夹，详情请参阅“前言”中的“保存和恢复 InDesign Defaults”文件。
2. 启动 Adobe InDesign CS5。为确保面板和菜单命令与本课使用的相同，先选择菜单“窗口”>“工作区”>“高级”，再选择菜单“窗口”>“工作区”>“重置‘高级’”。为了开始工作，需要打开一个已部分完成的 InDesign 文档。
3. 选择“文件”>“打开”，打开硬盘中文件夹 InDesignCIB\Lessons\Lesson_04 中的文件 04_a_Start.indd。
4. 选择“文件”>“存储为”，将文件重命名为 04_Objects.indd，并存储到文件夹 Lesson_04 中。
5. 为查看最终文档，打开文件夹 Lesson_04 中的文件 04_b_End.indd，如图 4.1 所示。可让该文档打开以便工作时参考。查看完毕后，选择菜单“窗口”>“04_Objects.indd”切换到本课要处理的文档。

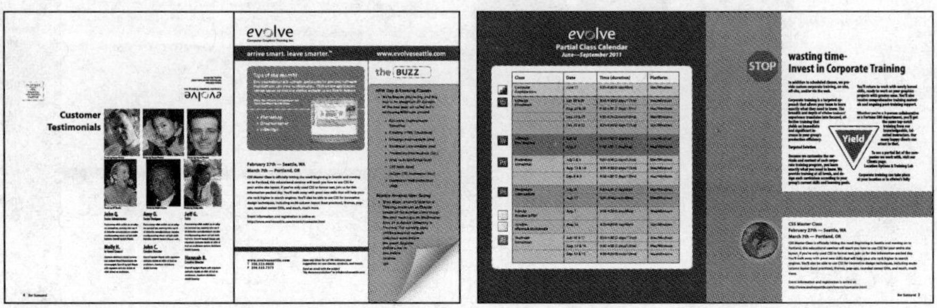

本课将处理的新闻稿包含两个对页跨页：左边的跨页包含第4页（封底）和第1页（封面），右边的跨页包含第2页和第3页。这里显示的是完成的新闻稿。

图4.1

> **注意：**完成本课的任务时，请根据需要移动面板和修改缩放比例。

4.2 使用图层

创建和修改对象之前，用户应该了解 InDesign 中图层的工作原理。默认情况下，每个新

InDesign 文档只包含一个图层（图层 1）。用户创建文档时，可随时修改图层的名称以及添加图层。通过将对象放在不同的图层中，可方便地选择和编辑。通过图层面板可选择、显示、编辑和打印单个图层、图层组或全部图层。

文档 04_Objects.indd 包含 2 个图层。用户将通过这些图层了解到，图层的堆叠顺序以及对象在图层中的位置会极大地影响文档的设计效果。

图层简介

可将图层视为堆叠在一起的透明胶片。创建对象时，可将其放在选定的图层中，还可在图层之间移动图像。每个图层都包含一组对象。

图层面板（“窗口”>“图层”）显示了一组文档图层，使用户能够创建、管理和删除图层。在InDesign CS5中，图层面板使用户能够显示图层中所有对象的名称以及显示、隐藏或锁定各个对象。单击图层名称左边的三角形，可显示/隐藏该图层中所有对象的名称。

通过使用多个图层，可创建和编辑文档的特定区域和特定类型的内容，而不影响其他区域或其他类型的内容。例如，如果文档因包含很多大型图形而打印速度缓慢，那么可将文档中的文本放在一个独立的图层中（如图4.2所示），这样，在需要对文本进行校对时，就可隐藏所有其他的图层，从而只将文本图层快速打印出来。还可使用图层为同一个版面显示不同的设计思路或为不同地区提供不同的广告版本。

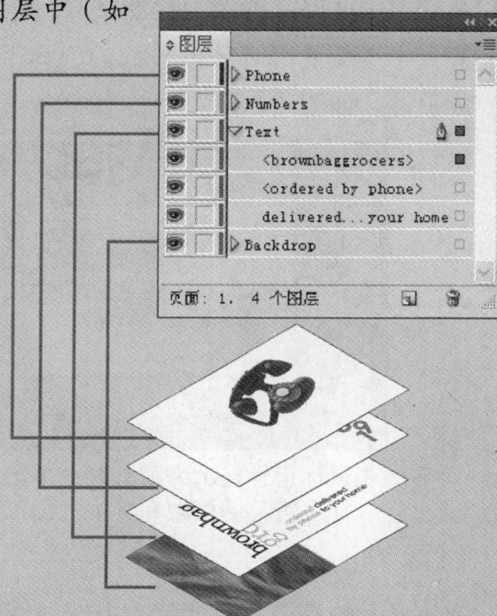

图4.2

1. 单击图层面板的标签或选择菜单“窗口”>“图层”打开图层面板。
2. 在图层面板中，如果没有选中图层 Text，可单击选中它。图层呈高亮显示表明被选中。注意其图层名的右边将出现一个钢笔图标（✎），这表明该图层是目标图层，用户导入或创建的任何对象都将放到该图层中。
3. 单击图层名称 Text 左边的小三角形，将在该图层名称下面显示该图层中的所有组和对象。

使用图层面板的滚动条查看列表中的名称，然后再次单击小三角形隐藏它们。

4. 单击图层名称 Graphics 最左边的眼睛图标（👁），该图层中的所有对象都会被隐藏。眼睛图标使用户能够显示 / 隐藏图层。隐藏图层后，眼睛图标会消失，单击空框将显示图层的内容，如图 4.3 所示。

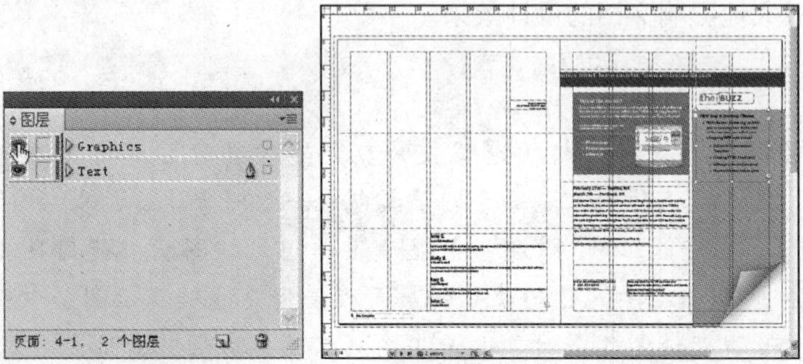

单击以隐藏图层内容　　　隐藏图层Graphics后的跨页

图4.3

5. 使用缩放工具（🔍）放大封面（第 1 页）中的橘色框架。切换到选择工具（▶），并在桔色框架中的屏幕截图中移动鼠标。注意到当鼠标指针位于图形框架内时，在该框架中央会有一个透明的圆环（也被称为内容手形抓取工具）。在这个圆环内移动时，鼠标指针将变成手形，如图 4.4 所示。

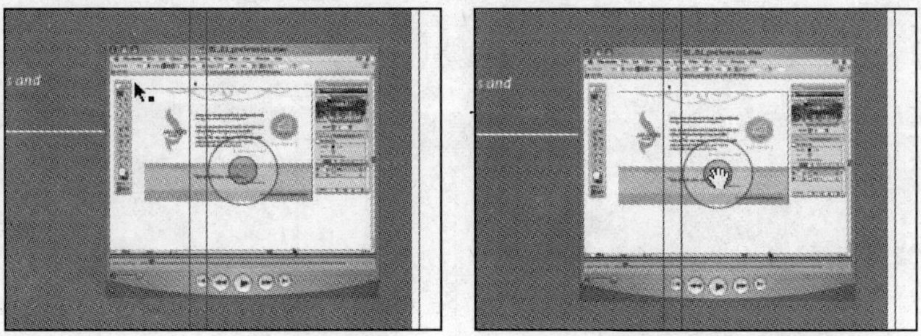

当鼠标指针显示为箭头时，单击并拖曳可移动框架和其中的图形　　　当鼠标指针显示为手形时，单击并拖曳只移动框架内的图形。

图4.4

6. 确认显示的是箭头，然后单击选择图形框架。

注意在图层面板中，Text 图层被选中且其图层名的右边有一个蓝色方块，这表明被选中的对象属于该图层。在图层面板中，可拖曳该方块将对象从一个图层移到另一个图层。

7. 在图层面板中，将蓝色方块从 Text 图层拖放到 Graphics 图层。现在，屏幕截图属于 Graphics 图层，并按相应的堆叠顺序出现在文档中，如图 4.5 所示。
8. 单击 Graphics 图层左边的图层锁定框（🔒）将该图层锁定，如图 4.6 所示。
9. 选择菜单“视图” > “使页面适合窗口”。

下面新建一个图层，并将现有内容移到该图层。

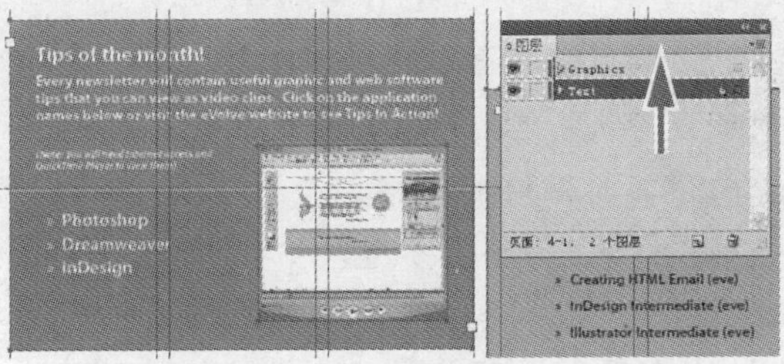

选择图像并在图层面板中拖曳其图标

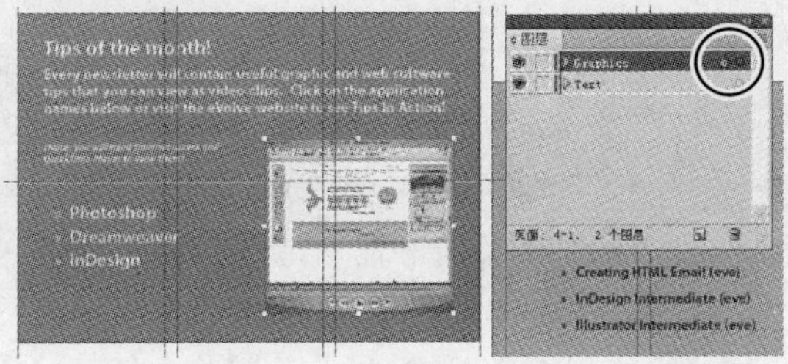

结果

图4.5

10. 单击图层面板底部的“创建新图层”按钮（![]），如图 4.7 所示。由于当前选择的图层是 Graphics，因此创建的新图层位于 Graphics 图层上面。

11. 双击新图层的名称（很可能名称为“图层 3”）打开“图层选项”对话框，将名称改为 Background，并单击“确定”按钮。

12. 在图层面板中，将 Background 图层拖放到图层栈的最下面。拖曳至 Text 图层下方时将出现一条直线，指示释放鼠标左键后该图层将移到最下面，如图 4.8 所示。

图4.6

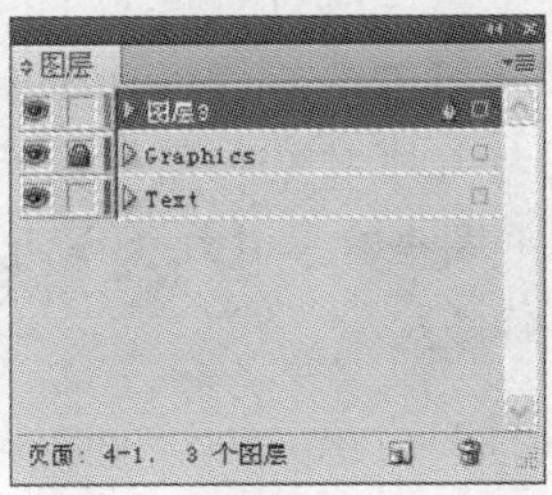

图4.7

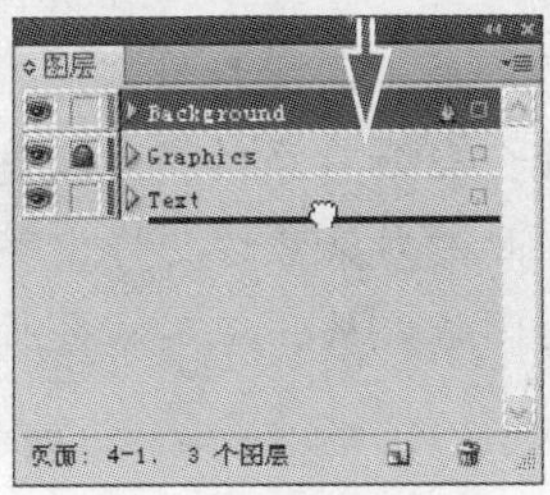

图4.8

13. 选择菜单“文件”>“存储”保存所做的工作。

使用智能参考线

使用智能参考线让用户能够精确地创建对象和指定其位置。有了智能参考线后，用户可使对象与其他对象的中心和边缘对齐，将其放在页面的垂直和水平方向的中央以及使对象与分栏和栏间距的中点对齐。

在首选项“参考线和粘贴板”中，可启用4个智能参考线选项。要进入该首选项，需选择菜单“编辑”>“首选项”>“参考线和粘贴板”（Windows）或“InDesign”>“首选项”>“参考线和粘贴板”（Mac OS）。

- 对齐对象中心：当用户创建或移动对象时，这将导致对象边缘与页面或跨页中的其他对象的中心对齐。
- 对齐对象边缘：当用户创建或移动对象时，这将导致对象边缘与页面或跨页中的其他对象的边缘对齐。

- 智能尺寸：当用户创建对象并对其进行旋转或调整大小时，这将导致对象的宽度、高度或旋转角度与页面或跨页中其他对象的尺寸对齐。
- 智能间距：使用户能够快速排列对象，使其间距相等。

要启用/关闭智能参考线，可选择菜单“视图”>“网格和参考线”>“智能参考线”。智能参考线默认被启用状态。

为熟悉智能参考线，创建一个包含多栏的单页文档：在“新建文档”对话框中，单击“边距和分栏”按钮，再将“栏数”设置为大于1的值。

1. 从工具箱中选择矩形框架工具（⊠）。单击左边距参考线并向右拖曳，当鼠标指针位于分栏中央、栏间距中央或页面水平方向的中央时，都将出现一条智能参考线。在参考线出现时释放鼠标左键。
2. 在仍选择了矩形框架工具的情况下，单击上边距参考线并向下拖曳。当鼠标指针位于用户创建的第一个矩形框架的上边缘、中心、下边缘或页面垂直方向的中央时，都将出现一条智能参考线。
3. 使用矩形框架工具在页面的空白区域再创建一个对象。缓慢地拖曳鼠标并仔细观察。每当鼠标指针到达其他任何对象的边缘或中心时，都将出现智能参考线。另外，当新对象的高度或宽度与其他对象相等时，正在创建的对象以及高度或宽度匹配的对象旁边都将出现水平或垂直参考线（或两者）。
4. 关闭该文档，但不保存所做的修改。

4.3 创建和编辑文本框架

在大多数情况下，文本都放在框架内，也可使用路径文字工具（）沿路径排文。框架的大小和位置决定了文本出现在页面中的位置。文本框架可使用文字工具来创建，并可使用各种工具进行编辑。

4.3.1 创建文本框架并调整其大小

下面创建一个文本框架并调整其大小，然后调整另一个文本框架的大小。

1. 双击页面面板中第 4 页的页面图标以显示该页，然后选择菜单“视图”>“使页面适合窗口”。
2. 在图层面板中，单击 Text 图层以选中。这样创建的所有内容都将放到 Text 图层中。
3. 从工具箱中选择文字工具（T），将鼠标指针指向第 1 栏的左边缘与大约 22p0 处的水平参考线的交点，单击鼠标左键并拖曳以创建一个与第 2 栏的右边缘对齐且高度大约 8p 的框架，如图 4.9 所示。

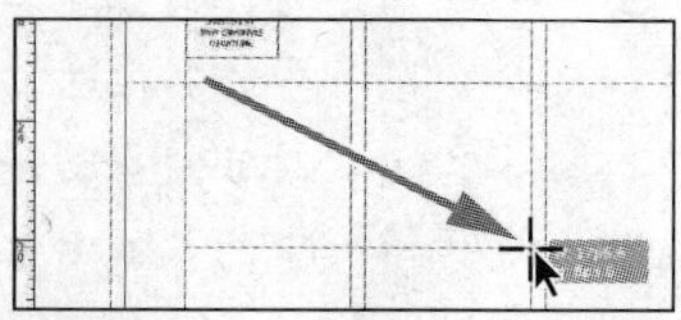

图4.9

4. 使用缩放工具（）放大该文本框架，然后选择文字工具。

5. 在新建的文本框架中输入 Customer，按 Shift 键和回车键换行 (这样不会创建新段落)，然后输入 Testimonials。单击 4 次以选择框架中的所有文本。

下面对该文本应用段落样式。

> ID | **提示**：应用段落样式之前并不需要选择整个段落，而只需在段落中的任何位置单击即可。

6. 单击段落样式面板的标签或选择菜单“文字”>“段落样式”打开该面板。单击样式 Testimonials 将其应用于选定的段落，如图 4.10 所示。

有关样式的更详细信息，请参阅第 9 课。

7. 使用选择工具 ( ) 双击选定文本框架底部中央的手柄，使文本框架的高度适合文本，如图 4.11 所示。

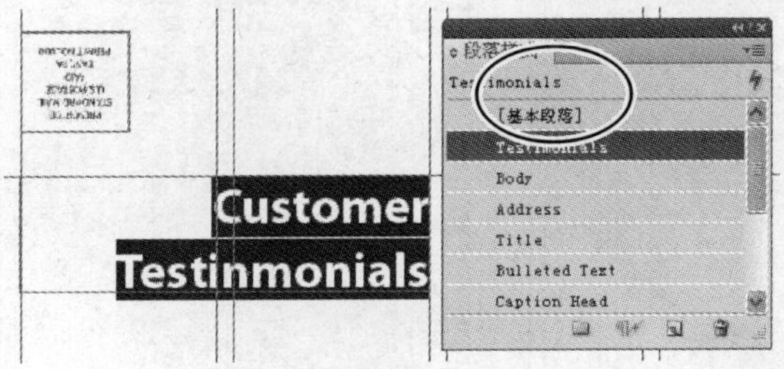

图4.10

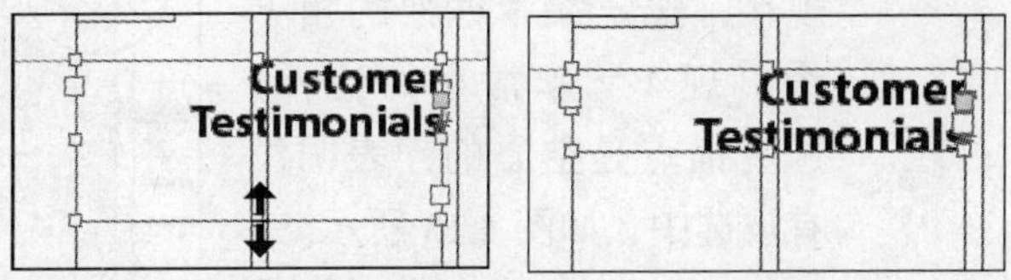

通过双击使文本框架高度适合文本　　结果

图4.11

8. 选择菜单“视图”>“使跨页适合窗口”，然后按 Z 键暂时切换到缩放工具或选择缩放工具 ( ) 并放大封面 (第 1 页) 中最右边的栏。使用选择工具 ( ) 选择文本“The Buzz”下面的文本框架，该文本框架中包括文本“NEW Day & Evening Classer…”。

该文本框架右下角的红色加号 (+) 表明该文本框架中有溢流文本，溢流文本是因文本框架太小而看不见的文本。下面通过修改文本框架的大小和形状来解决这个问题。

9. 拖曳该文本框架下边缘中央的手柄，以调整文本框架的高度直到其下边缘与 48p0 处的参考线对齐。当鼠标指针接近边距参考线时，鼠标指针形状将发生变化，指出文本框架将与该参考线对齐，如图 4.12 所示。

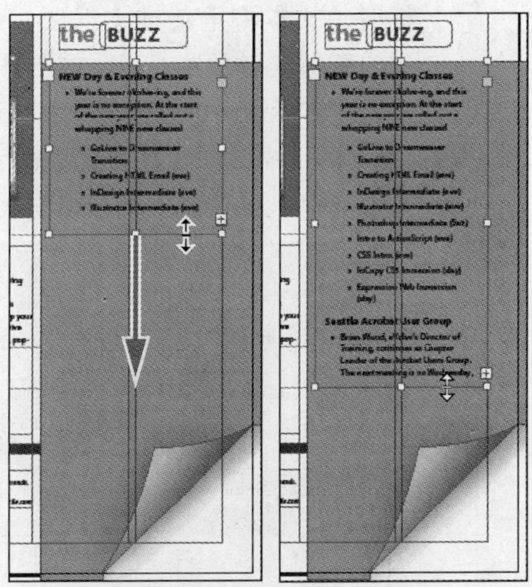

通过拖曳下边缘中央的手柄以调整文本框架的大小　　结果

图4.12

10. 选择菜单“编辑”>“全部取消选择”，然后选择菜单“文件”>“存储”保存所做的工作。

4.3.2 调整文本框架的形状

在本课前面，用户使用选择工具拖曳手柄来调整文本框架的大小。下面使用直接选择工具（ ）通过拖曳锚点来调整文本框架的形状。

> **ID** **提示：**如果要同时调整文本框架和其中的文本字符的大小，可选择该文本框架，然后双击“缩放工具”（ ）——该工具在工具箱中与自由变换、旋转和切变工具位于一组；也可在使用选择工具拖曳文本框架手柄时按住 Ctrl（Windows）键或 Command（Mac OS）键。

1. 在工具箱中单击直接选择工具（ ），然后在刚才调整了其大小的文本框架上单击。现在，选定文本框架的角上将出现 4 个非常小的锚点。这些锚点是空心的，表明没有被选中，如图 4.13 所示。

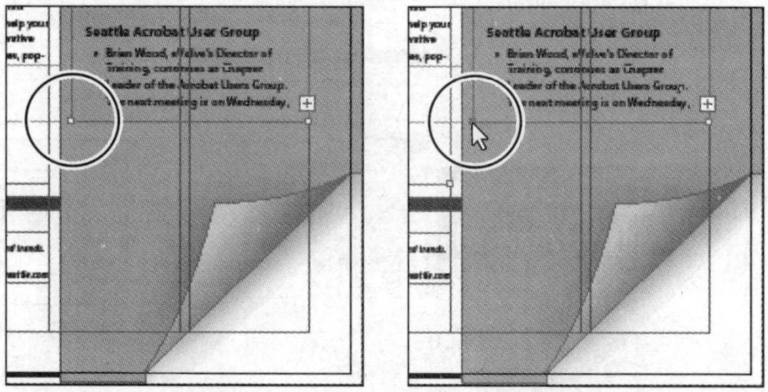

A. 未选中的锚点　　B. 选中的锚点

图4.13

2. 选择文本框架左下角的锚点，并向下拖曳直到到达页面底部的页边距参考线。拖曳鼠标时，文本将重新排文以便用户能够实时预览。当文本与图 4.14 匹配后释放鼠标左键。注意文本框架右下角显示的溢流文本标识（红色加号）消失，现在所有文本可见。

确保拖曳的是锚点——如果拖曳锚点的上方或右方，就会同时移动文本框架的其他角。

3. 按 V 键切换到选择工具，如图 4.15 所示。

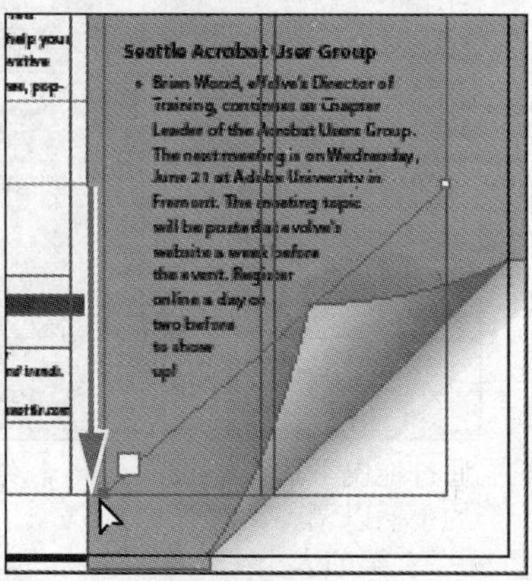

图4.14

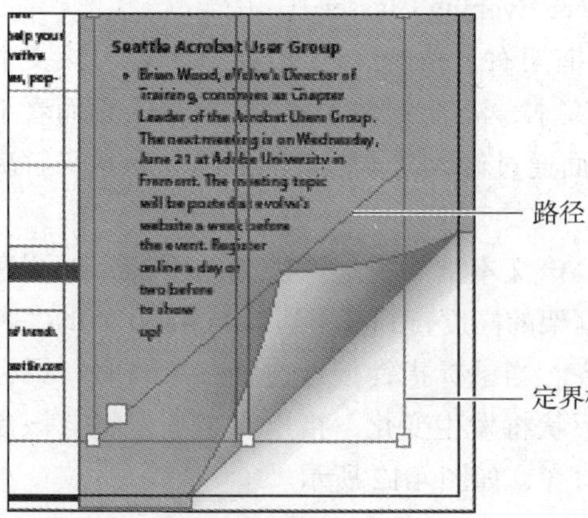

图4.15

4. 取消选择所有对象，然后选择菜单“文件”>“存储”保存所做的工作。

4.3.3 创建多栏

下面将一个现有文本框架转换为多栏形式。

1. 选择菜单“视图”>“使跨页适合窗口”，然后使用缩放工具（🔍）显示封底（第4页）右下角的1/4。使用选择工具（▶）选择以文本John Q打头的文本框架。
2. 选择菜单“对象”>“文本框架选项”。
3. 在“文本框架选项”对话框的“栏数”文本框中输入3，在“栏间距”文本框中输入0p11。栏间距指定了两栏之间的距离。然后单击“确定”按钮，如图4.16所示。
4. 为让每栏都以一个标题开始，选择文字工具（T），将光标放在姓名“Amy O”的前面，并选择菜单“文字”>“插入分隔符”>“分栏符”，这将会使Amy O进入第2栏开头。在姓名“Jeff G”前面也插入一个分栏符。
5. 选择菜单“文字”>“显示隐含的字符”以便能够看到分隔符，如图4.17所示。如果“文字”菜单底部显示的是“不显示隐藏字符”而不是“显示隐含的字符”，则表明隐含的字符已经显示出来了。

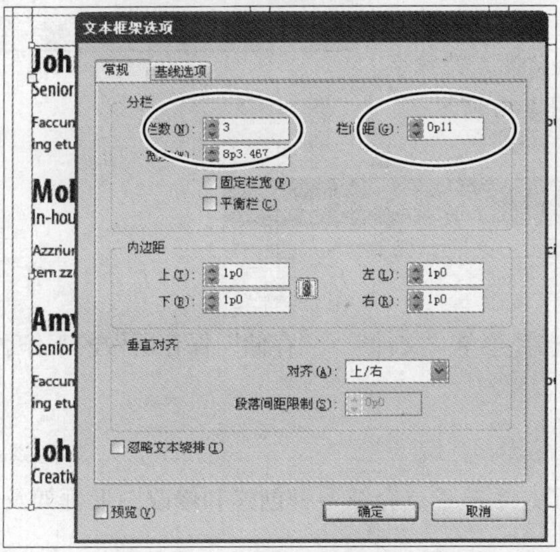

图4.16

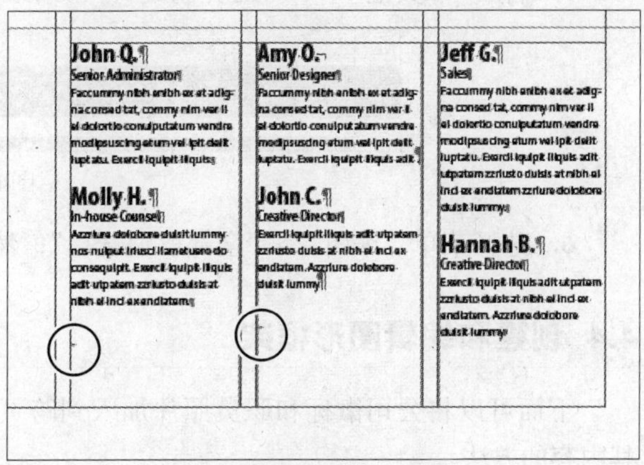

红色圆圈指出了分栏符

图4.17

4.3.4 调整文本框内边距和垂直对齐

接下来处理封面上的蓝色标题栏，使其适合文本框架的大小。通过调整文本框和文本之间的内边距，可提高文本的可读性。

1. 选择菜单“视图”>“使跨页适合窗口”，使用缩放工具（🔍）放大封面（第1页）顶部包含文本“arrive smart. Leave smarter.”的蓝色文本框架，再使用选择工具（▶）选择它，如图 4.18 所示。

图4.18

2. 选择菜单“对象”>“文本框架选项”。如果有必要，将对话框拖到一边，以便设置选项时能够看到标题栏。

3. 在“文本框架选项”对话框中，确保选中了“预览”复选框；然后，单击“内边距”部分的“将所有设置设为相同”按钮（![]）禁用它，以便能够独立地修改左内边距。将“左”值改为 3p0，这会将文本框架的左边距向右移动 3 派卡，然后将“右”值改为 3p0，如图 4.19 所示。

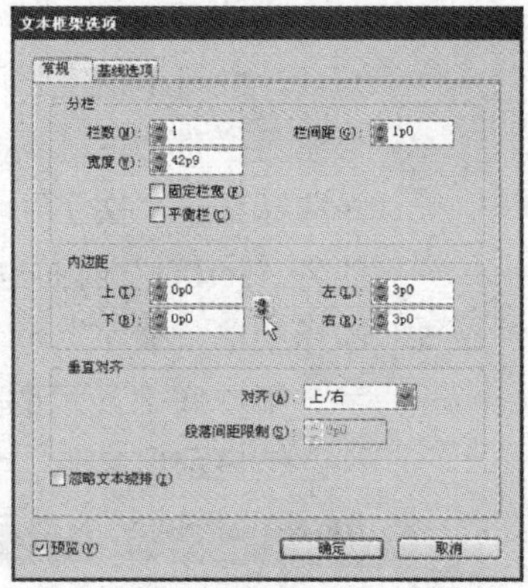

图4.19

4. 在“文本框架选项”对话框的“垂直对齐”部分，从“对齐”下拉列表中选择“居中”，再单击“确定”按钮。

5. 选择文字工具（T），再单击“www.evolveseattle.com”左边以放置一个插入点。要移动这个 URL 文本，使其与前面指定的右内边距对齐，需选择菜单“文字”>“插入特殊字符”>“其他”>“右对齐制表符”，结果如图 4.20 所示。

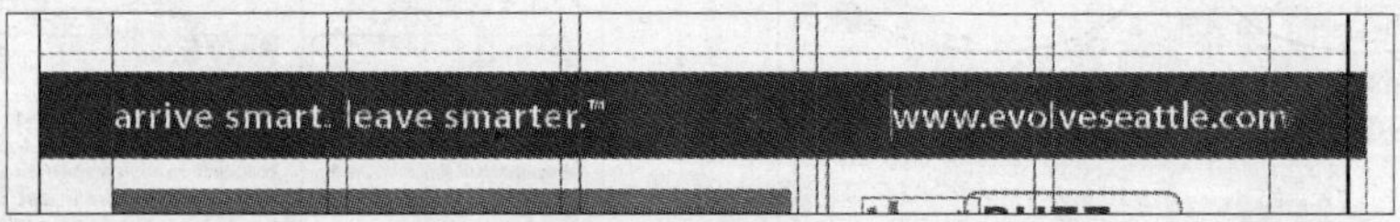

图4.20

6. 选择菜单“编辑”>“全部取消选择”，然后选择菜单“文件”>“存储”保存所做的工作。

4.4 创建和编辑图形框架

下面可以将公司徽标和职员照片加入到跨页中了。本节重点介绍各种创建和修改图形框架及其内容的方法。

由于要处理的是图形而不是文本，因此必须确保图形位于图层 Graphics 而不是 Text 中。通过将内容放在不同的图层中，可使查找和编辑设计元素更容易。

4.4.1 新建图形框架

下面首先在封面（第一个跨页中的右对页）中创建一个用于放置公司徽标的框架。

1. 如果图层面板不可见，单击其标签或选择菜单“窗口”>“图层”。

2. 在图层面板中，单击 Graphics 图层左边的锁定图标（![]）以解除对该图层的锁定。然后单击图层名 Graphics 以选定该图层，以便将新元素加入到该图层中，如图 4.21 所示。

3. 选择菜单“视图”>“使跨页适合窗口”，然后使用缩放工具（🔍）放大封面（第 1 页）的左上角。

4. 选择工具箱中的矩形框架工具（⊠），将鼠标指针指向上页边距参考线和左页边距参考线的交点，然后向下拖曳到达水平参考线，再向右拖曳到第一栏的右边缘，如图 4.22 所示。

图4.21

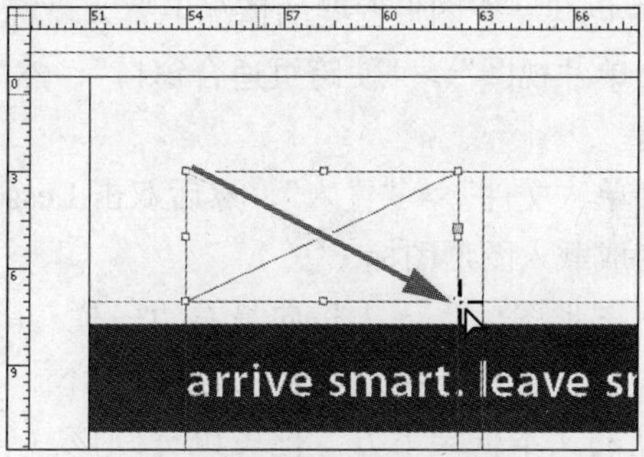

拖曳以创建一个图形框架

图4.22

5. 切换到选择工具（▶），并确保图形框架处于选中状态。

4.4.2 在现有框架中置入图形

下面将公司徽标置入到选定框架中。

1. 选择菜单“文件”>“置入”，然后双击 Lesson_04\Links 文件夹中的 logo_paths.ai。该图像将出现图形框架中。

> ID **注意：**如果置入图像时没有选定图形框架，鼠标指针将变成载入图形图标（ ）。在这种情况下，可在图形框架内单击来置入图像。

图4.23

2. 要以最高分辨率显示该图像，选择菜单“对象”>“显示性能”>“高品质显示”，结果如图 4.23 所示。

4.4.3 调整图形框架的大小

创建的图形框架不够宽，无法显示整个徽标，下面加宽该框架以显示隐藏的部分。

1. 使用选择工具（▶）单击徽标图形。确保不是在框架中心的内容手形抓取工具上单击，否则用户选择的将是图形而非框架。

2. 拖曳框架右边缘中央的手柄以显示整个徽标，如图 4.24 所示。确保拖曳的是小的白色手柄，而不是大的黄色手柄。黄色手柄能让用户添加角效果，在本课后面会学习更多有关角效果的内容。拖曳手柄时将显示整个徽标，以便用户很容易看清框架边

图4.24

缘超出了徽标边缘。

3. 选择菜单“编辑”>“全部取消选择”，然后选择菜单“文件”>“存储”保存所做的工作。

4.4.4 在没有图形框架的情况下置入图形

该新闻稿使用了该徽标的两个版本，分别用于封面和封底。用户可以选择刚置入的徽标，然后使用“编辑”菜单中的“复制”和“粘贴”命令将徽标添加到封底，但在这里不采取这种方式。下面介绍在不先创建一个图形框架的情况下置入徽标图形的方法。

1. 选择菜单“视图”>“使跨页适合窗口”，然后使用缩放工具（ ）放大封底（第 4 页）的右上角。
2. 选择菜单“文件”>“置入”，然后双击 Lesson_04\Links 文件夹中的 logo_paths.ai，鼠标指针将变成载入图形图标（ ）。
3. 将载入图形图标（ ）指向最右边一栏的左边缘，且位于经过旋转的包含寄信人地址的文本框架下方。拖曳鼠标到该栏的右边缘，再释放鼠标左键。注意拖曳鼠标时显示了一个矩形，该矩形的长宽比与徽标图像相同，如图 4.25 所示。

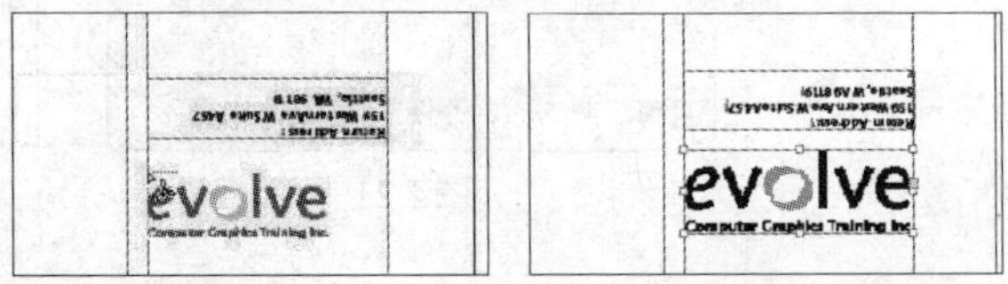

图4.25

> **提示**：如果在页面的空白区域单击，而不是单击并拖曳，图像将以 100% 的比例放置到单击的地方。

不需要像以前那样调整该框架的大小，因为该框架显示了整幅图像。该图形仍需要旋转，在后面的课程中将介绍旋转方法。

4. 选择菜单“编辑”>“全部取消选择”，再选择菜单“文件”>“存储”保存所做的工作。

4.4.5 在框架网格中置入多个图形

该新闻稿的封底还应包含 6 张照片。读者可分别置入这些照片，再分别调整每张照片的位置，但由于这些照片将排列在一个网格内，因此可同时置入它们并将其排列在网格内。

1. 选择菜单“视图”>“使页面适合窗口”。
2. 选择菜单“文件”>“置入”，切换到文件夹 Lesson_04\Links，单击图形文件 01JohnQ.tif 以选中，再按住 Shift 键并单击文件 06HannahB.tif 以选择这 6 张照片。单击“打开”按钮。
3. 将载入图形图标（ ）指向页面上半部分的水平参考线和第三栏左边缘的交点，如图 4.26 所示。
4. 向右边拖曳鼠标，拖曳时按向箭头键一次并按右箭头键两次。按箭头键时，代理图像将变成矩形网格，这指出了图像的网格布局。

> **ID** | **提示：**使用任何框架创建工具（矩形框架、多边形框架和文字工具等）时，通过在拖曳时按箭头键可创建多个间隔相等的框架。

5. 继续拖曳鼠标，直到鼠标指针与右边距参考线和下边水平参考线的交点对齐，然后释放鼠标左键。在包含 6 个图形框架网格中显示了您置入的 6 张照片，如图 4.27 所示。
6. 选择菜单“编辑”>“全部取消选择”，然后选择菜单“文件”>“存储”保存所做的工作。

图4.26

图4.27

4.4.6 在框架内移动图像及调整其大小

置入这 6 张照片，下面调整它们的大小和位置，让它们充满图形框架并被正确地裁剪。

> **ID** | **提示：**与以前的 InDesign 版本一样，在 InDesign CS5 中，也可使用直接选择工具选择框架中的图形，然而，使用一种工具——选择工具同时选择图形框架及其内容的效率更高，因为这减少了在工具之间切换的次数。

图形框架同其内容是相互独立的元素。不同于文本对象，图形框架及其内容都有独立的定界框。调整图形大小的方式与调整框架相同，但在调整图形大小前要先选择其定界框。

1. 切换到选择工具（ ），将鼠标指针指向 JohnQ 图像（左上角的图像）中的内容手形抓取工具。当鼠标指针位于内容手形抓取工具上时，鼠标指针将变成手形（ ）。单击以选中图形框架的内容（即图像本身），如图 4.28 所示。
2. 按住 Shift 键并将图形下边缘中央的手柄向下拖曳到到图形框架的下边缘；将图形上边缘中央的手柄向上拖曳到框架的上边缘，结果如图 4.29 所示。按住 Shift 键可保持图形比例不变，以免图形发生扭曲。拖曳后，会看到被隐藏的图形区域的幻像，这被称为动态预览。
3. 确保图像填满了图形框架。
4. 对第一行的其他两幅图像重复步骤 1~3，结果如图 4.30 所示。

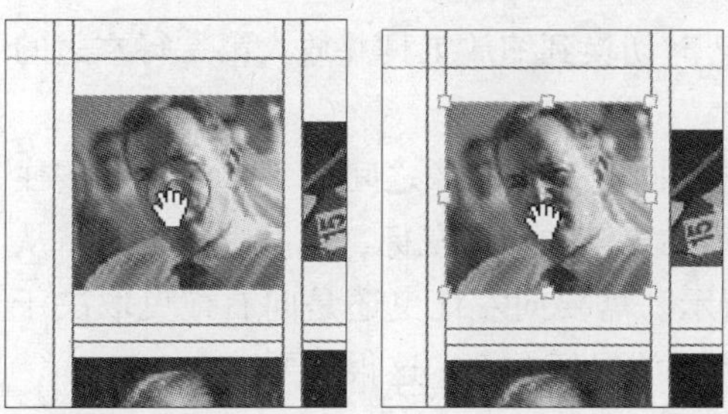
单击前　　结果

图4.28

图4.29

图4.30

ID 提示：将位图图像扩大到原始尺寸的120%后，对于高分辨率的胶版印刷来说，图像可能没有包含足够的像素信息。对于要印刷的文档，如果不知道其分辨率和缩放要求，请向服务提供商咨询。

下面将使用另一种方法调整其他 3 张照片的大小。

1. 选择第二行中左边的图像。既可以选择图像框架，也可以选择图像内容。
2. 选择菜单“对象”>“适合”>“按比例填充框架”。这放大了该图像，使其填满框架。现在，图像的一小部分被框架右边缘裁剪掉了。
3. 选择菜单“对象”>“适合”>“内容居中”使图像在框架内居中。
4. 对第二行的其他两幅图像重复步骤 2~3，结果如图 4.31 所示。
5. 选择菜单“编辑”>“全部取消选择”，再选择菜单“文件”>“存储”。

图4.31

通过拖曳框架（而不是内容）的手柄，并按住 Shift +Ctrl（Windows）或 Shift +Command（Mac OS）键，将同时调整框架和图像的大小。按住 Shift 键可确保定界框的比例不变，以免图像发生扭曲。如果图像扭曲无关紧要，则可不按住 Shift 键。

下面调整有些照片之间的间隙，对网格布局进行微调。

4.4.7 调整框架之间的间隙

间隙工具（|↔|）使用户能够选择并调整框架之间的间隙。下面使用该工具调整第一行中两幅图像之间的间隙，然后再调整第二行中两幅图像之间的间隙。

1. 选择菜单“视图”>“使页面适合窗口”。按住 Z 键暂时切换到缩放工具（🔍），放大第一行右边的两幅图像，然后松开 Z 键返回到选择工具。
2. 选择间隙工具（|↔|）并将鼠标指针指向这两幅图像的垂直间隙。间隙将呈高亮显示，并向下延伸到它们下面的两幅图像的底部。
3. 按住 Shift 键并将该间隙向右拖曳一个栏间距的宽度，使左边图像框架的宽度增加一个栏间距，而右边图形框架的宽度减少一个栏间距，如图 4.32 所示。如果拖曳时没有按住 Shift 键，将会同时移动下面两幅图像之间的间隙。
4. 选择菜单“视图”>“使页面适合窗口”。按 Z 键暂时切换到缩放工具并放大第二行左边的两幅图像。
5. 在选择了间隙工具（|↔|）的情况下，将鼠标指针指向这两幅图像之间的垂直间隙。按住 Shift +Ctrl（Windows）或 Shift +Command（Mac OS）键并拖曳鼠标，该间隙的宽度将从一个栏间距增加到大约三个栏间距，如图 4.33 所示。需要向左拖曳还是向右拖曳取决于用户单击时距离哪幅图像更近。在松开修正键之前释放鼠标左键，这很重要。
6. 选择菜单“视图”>“使页面适合窗口”，再选择菜单“文件”>“存储”保存所做工作。

封底（第 4 页）的图像网格就制作好了。

图4.32

图4.33

4.5 给图形框架添加元数据题注

InDesign CS5 中有一项新增的功能，使用户能够根据存储在原始图形文件中的元数据信息为置入的图形自动生成题注。下面使用元数据信息自动给这些照片添加摄影师的名字。

1. 在选择了选择工具（ ）的情况下，按住 Shift 键并单击这 6 个图形框架以选择它们。单击链接面板图标，然后从其面板菜单中选择“题注”>“题注设置”。

2. 在“题注设置”对话框中，进行如下设置（如图 4.34 所示）：

- 在“此前放置文本”文本框中输入 Photo by（确保在 by 后输入一个空格）；
- 从“元数据”下拉列表中选择“作者”，保留“此后放置文本”文本框为空白；
- 从“对齐方式”下拉列表中选择“图像下方”；
- 从“段落样式”下拉列表中选择“Photo Credit”；
- 在“位移”文本框中输入 0p2。

3. 单击“确定”按钮以存储这些设置并关闭“题注设置”对话框。

4. 从链接面板的面板菜单中，选择“题注”>“生成静态题注”，结果如图 4.35 所示。

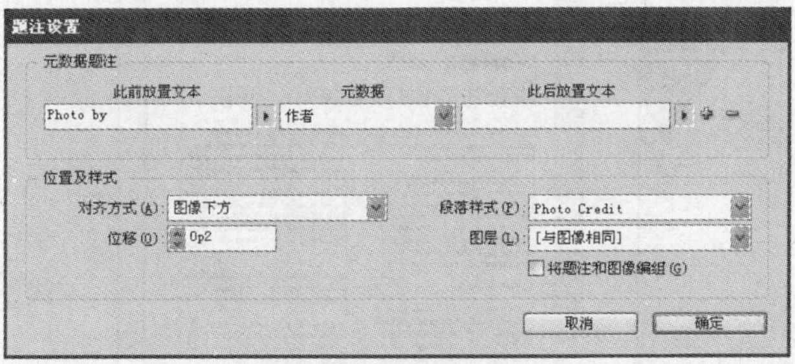

图4.34

图4.35

每个图形文件中都包含一个名为“作者”的元数据元素，其中存储了摄影师的名字。生成这些照片的题注时将使用该元数据信息。

5. 选择菜单“编辑”>“全部取消选择”，再选择菜单“文件”>“存储”保存所做的工作。

4.6 调整框架的形状

使用选择工具调整图形框架的大小时，框架的形状始终为矩形。下面使用直接选择工具和钢笔工具来调整第 3 页（中间那个跨页的右页面）中一个框架的形状。

1. 从文档窗口底部的“页面”下拉列表中选择 3，如图 4.36 所示。选择菜单“视图”>“使页面适合窗口”。

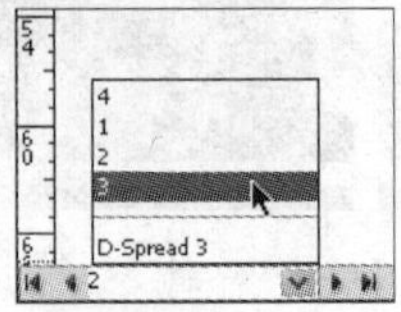

图4.36

2. 单击图层面板的标签或选择菜单“窗口”>“图层”。在图层面板中，单击 Text 图层的锁定图标解除对该图层的锁定。

下面将修改一个矩形框架的形状，进而修改页面的背景。

3. 按 A 键切换到直接选择工具（ ），将鼠标指针指向覆盖该页面的绿色框架的右边缘，当鼠标指针右下角出现一条斜线（ ）后单击。这将选择路径并显示框架的锚点和中心点。不要取消选择该路径。
4. 按 P 键切换到钢笔工具（ ）。
5. 将鼠标指针指向框架路径的上边缘与第 3 页第 1 栏中的垂直参考线的交点，看到添加锚点工具（ ）后单击（如图 4.37 所示），这将添加一个锚点。将鼠标指针指向现有路径时，钢笔工具将自动切换到添加锚点工具。
6. 将鼠标指针指向两栏文本框架下方的水平参考线与出血参考线的交点。再次使用钢笔工具单击以添加一个新的锚点，如图 4.38 所示。然后选择菜单“编辑”>“全部取消选择”。

刚才创建的两个锚点将成为下面要创建的不规则形状的角。下面调整绿色框架右上角的锚点的位置，以修改框架的形状。

7. 切换到直接选择工具（ ），单击绿色框架的右上角并向左下拖曳，当该锚点同第 1 栏的右边缘参考线与第 1 根水平参考线（垂直位置为 40p9 的参考线）的交点对齐后释放鼠标左键，结果如图 4.39 所示。

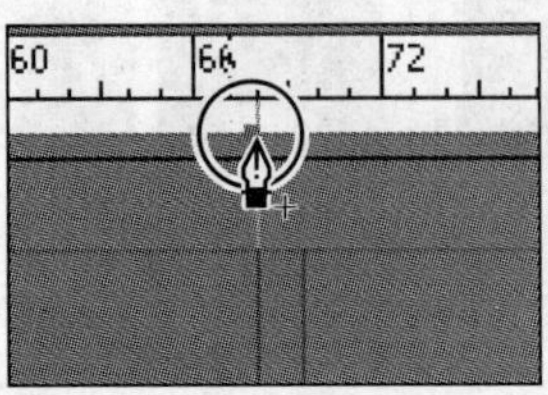

图4.37

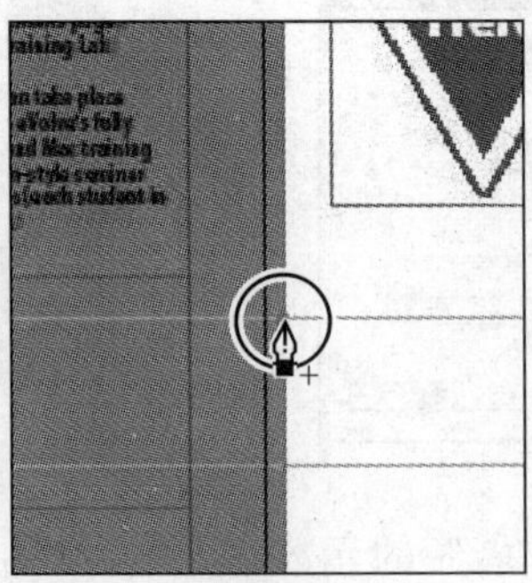
图4.38

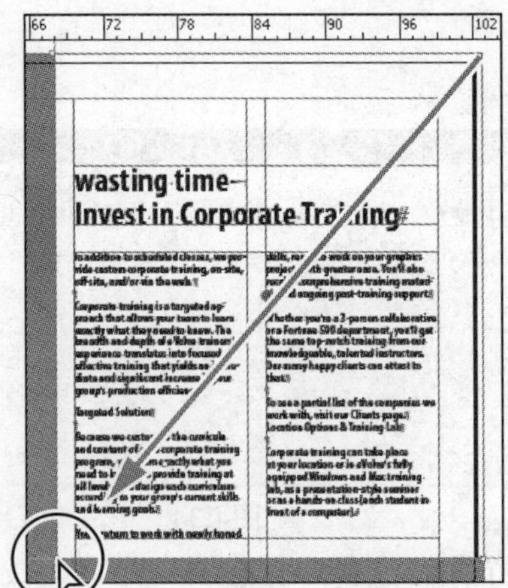

图4.39

至此，图形框架的形状和大小符合设计要求。

8. 选择菜单“文件”>“存储”保存所做的工作。

4.7 文本绕图

可以使文本沿对象的框架或对象本身绕排。在本小节中，当用户使文本沿 Yield 标志绕排时，将明白沿定界框绕排和沿图形绕排之间的差别。

首先移动 Yield 标志图形。为准确地指定位置，可使用当创建、移动对象或调整其大小时动态出现的智能参考线。

1. 使用选择工具（ ）选择第 3 页右边缘外面包含 Yield 图像的图形框架。确保在显示箭头时单击鼠标左键。如果在显示手形图标时单击，选择的将是图形内容而非图形框架。
2. 按住 Shift 键并将该图形框架向左移动（注意不要选择其手柄），使其中心与两个文本栏之间的栏间距中央对齐，如图 4.40 所示。当图形框架的中心与前两栏的栏间距中央对齐时，会出现一条垂直智能参考线，看到该参考线后释放鼠标左键。

将该框架移到页面中时，确保没有修改其大小。

注意文本与图像重叠，下面使用文本绕排解决这种问题。

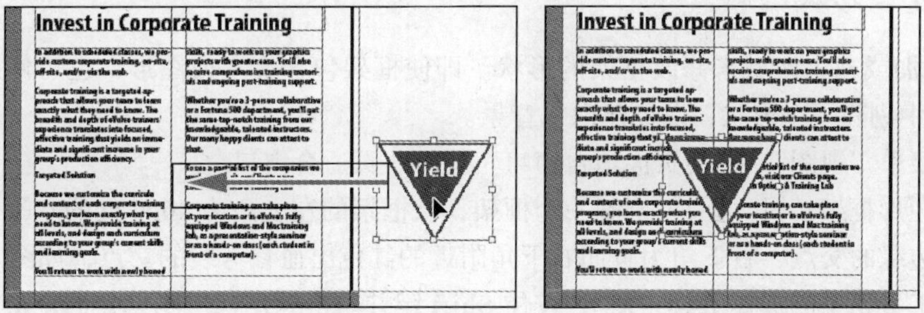

图4.40

3. 选择菜单“窗口”>“文本绕排”。在文本绕排面板中，单击“沿定界框绕排”按钮使文本沿定界框而不是图像的形状绕排，如图 4.41 所示。如果有必要，从文本绕排面板菜单中选择“显示选项”，以显示文本绕排面板中的所有选项。

这种设置导致空白区域比所需的多，因此下面尝试另一种文本绕排方式。

4. 单击“沿对象形状绕排”按钮，让文本沿图像轮廓而不是定界框绕排。在“绕排选项”部分，从“绕排至”下拉列表中选择“左侧和右侧”；在“轮廓选项”部分，从“类型”下拉列表中选择“检测边缘”，如图 4.42 所示；在“上位移”文本框中输入 1p0，以增加图形边缘和文本之间的间隙。单击空白区域或选择菜单“编辑”>“全部取消选择”以取消选择所有对象。

> ID | **注意**：在文本绕排面板中，当按下了“沿定界框绕排”或“沿对象形状绕排”按钮时，下拉列表“绕排至”才可用。

5. 关闭文本绕排面板，选择菜单“文件”>“存储”保存所做的工作。

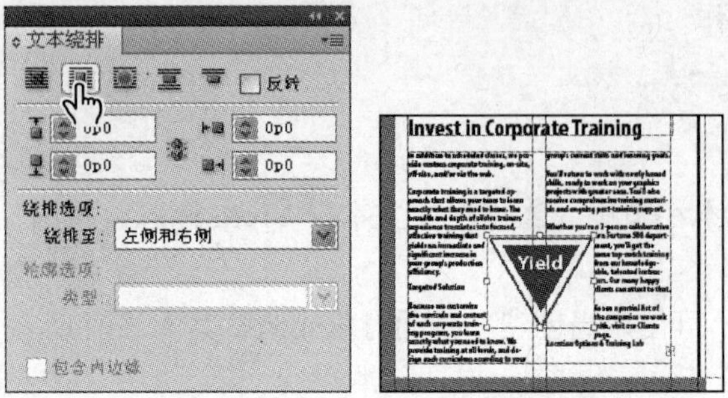

沿定界框绕排　　结果

图4.41

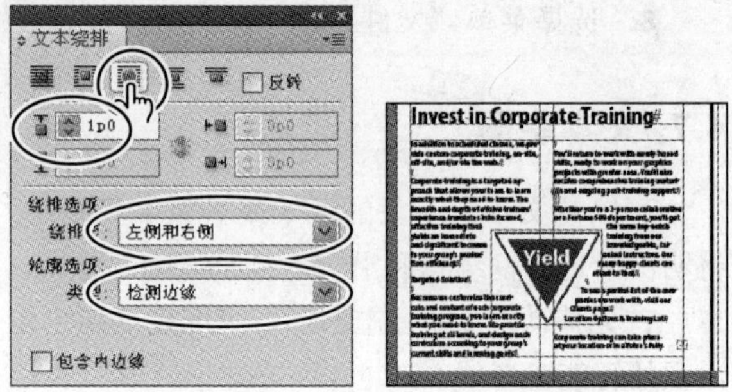

沿对象形状绕排　　结果

图4.42

4.8 修改框架的形状

在本节中，用户将使用各种功能创建非矩形框架。首先从形状中剔除指定的区域，然后创建一个多边形框架并给它添加圆角。

4.8.1 处理复合形状

可通过添加或减去区域来修改框架的形状。即使框架包含文本或图形，也可修改其形状。下面从绿色背景中剔除一个形状，以创建白色背景。

1. 选择菜单“视图”>“使页面适合窗口”使第 3 页适合窗口。
2. 使用矩形框架工具（⊠）绘制一个框架，该框架的左上角为 46p6 处的水平参考线与第一栏右边缘的交点，右下角为页面右下角附近的红色出血参考线的交点，如图 4.43 所示。
3. 选择工具箱中的选择工具（▶），按住 Shift 键并单击绿色框（刚创建的矩形框架的外面），它覆盖了第 3 页的很大一部分，以便同时选择绿色框和新建的矩形框架。
4. 选择菜单“对象”>“路径查找器”>“减去”从绿色框中减去刚创建的矩形框架。现在，页面底部的文本框的背景为白色，如图 4.44 所示。

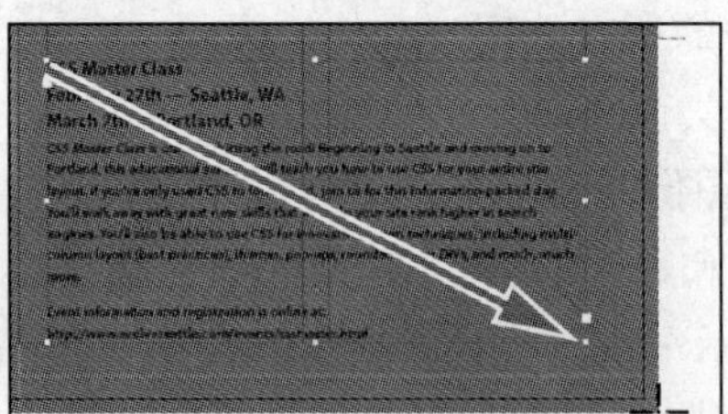

创建一个与出血参考线交点对齐的矩形框架

图4.43

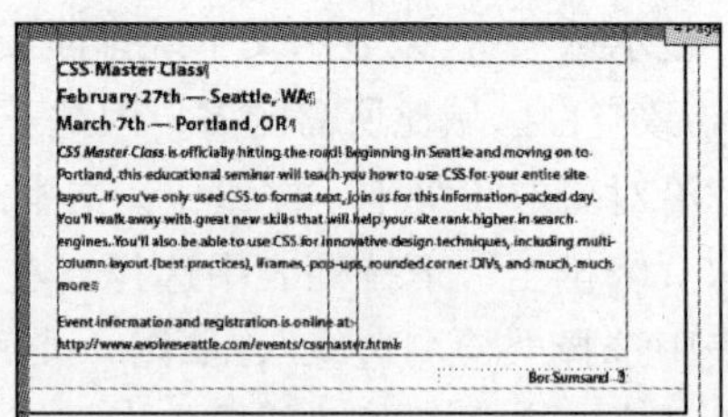

图4.44

5. 在绿色框仍被选中的情况下，选择菜单“对象”>“锁定”将绿色框锁定，以免不小心移动该框架。

4.8.2 创建多边形和转换形状

用户可使用多边形工具（⬡）和多边形框架工具（⊗）创建所需边数的规则多边形。即使框架包含文本或图形，也可修改其形状。下面创建一个八边形框架并在其中置入一幅图形，然后调整该框架的大小。

1. 单击图层面板图标或选择菜单“窗口”>“图层”打开图层面板。
2. 单击 Graphics 图层以选择它。
3. 选择工具箱中的多边形框架工具（⊗），它与矩形框架工具（⊠）和椭圆框架工具（⊗）位于一组。
4. 在第 3 页中的文本“wasting time.”左边单击。在“多边形”对话框中，将多边形的宽度和高度都设置为 9p0，将边数改为 8，再单击“确定”按钮，如图 4.45 所示。
5. 在选择了刚创建的多边形的情况下，选择菜单“文件”>“置入”，选择文件夹 Lesson_04\Links 中的文件 stopsign.tif，并单击“打开”按钮，结果如图 4.46 所示。

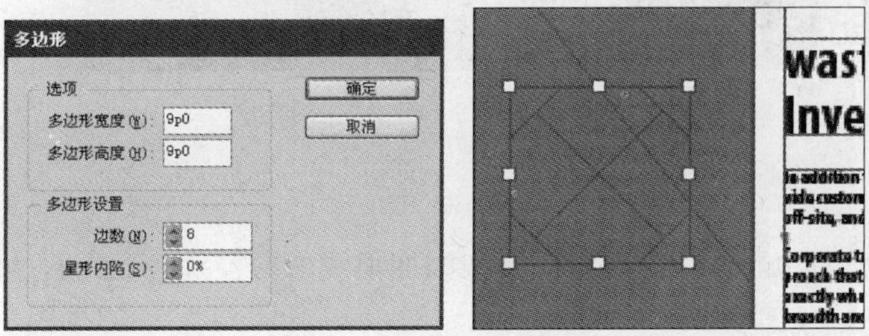

图4.45

图4.46

6. 使用缩放工具（🔍）放大该图形。
7. 选择选择工具（↖），将该图形框架上边缘中央的手柄向下拖曳，直到框架的边缘到达 Stop 标志的上边缘为止。拖曳其他三边中央的手柄，将 Stop 标志周围的所有空白区域都裁剪掉，只剩下红色的 Stop 标志，如图 4.47 所示。
8. 选择菜单“视图”>“使页面适合窗口”，再使用选择工具（↖）移动该框架，使其上边缘与右边包含标题的文本框架的上边缘对齐，右边缘与页面底部的地球图像的右边缘对齐。当该图形框架与其他框架的上边缘和右边缘对齐时，将沿上边缘和右边缘显示智能参考线，如图 4.48 所示。
9. 使用选择工具（↖）选择第 3 页的蓝色地球图形，并选择菜单“对象”>“转换形状”>“椭圆形”，结果如图 4.49 所示。选择菜单“编辑”>“全部取消选择”。

图4.47

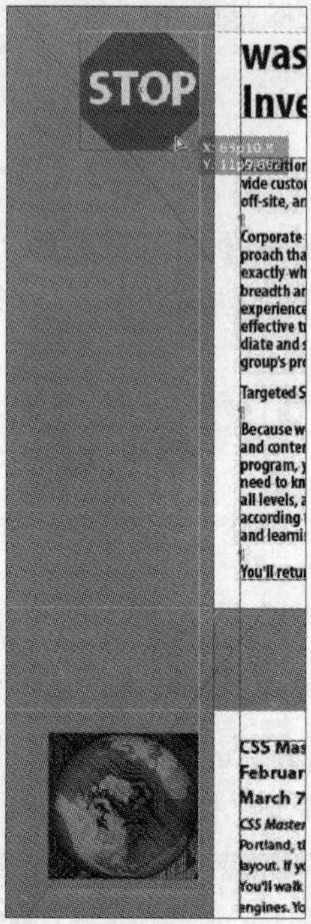
图4.48

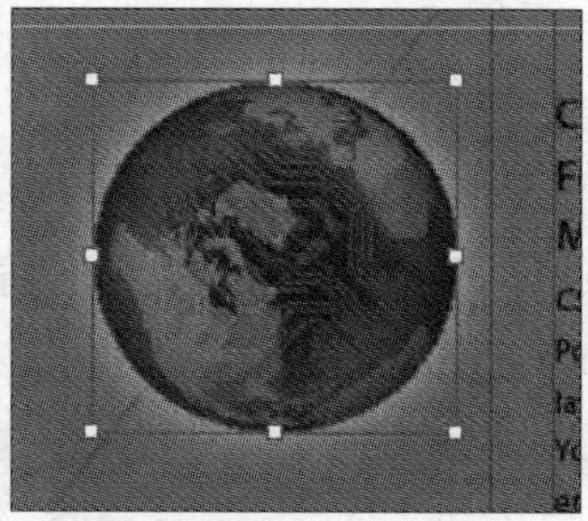
图4.49

4.8.3 给框架添加圆角

在 InDesign CS5 中有一项新增的功能，使得给矩形框架添加角效果更容易。下面通过添加圆角来修改文本框架。

1. 从文档窗口底部的“页面”下拉列表中选择 1。选择菜单“视图”>“使页面适合窗口”。
2. 在仍选择了选择工具（ ）的情况下，按住 Z 键暂时切换到缩放工具（ ）。放大第 1 页中的橘色文本框架，然后松开 Z 键返回到选择工具。
3. 选择桔色文本框架，再单击框架右上角的大小调整手柄下方的黄色小方框。框架四个角的大小调整手柄将被四个小菱形块取代。如图 4.50 所示。

单击黄色小方框

结果

图4.50

4. 向左拖曳框架右上角的菱形块，在显示的 R 值为 1p0 时释放鼠标左键。拖曳时其他三个角也随之改变，结果如图 4.51 所示。如果拖曳时按住 Shift 键，则只有被拖曳的角会改变。

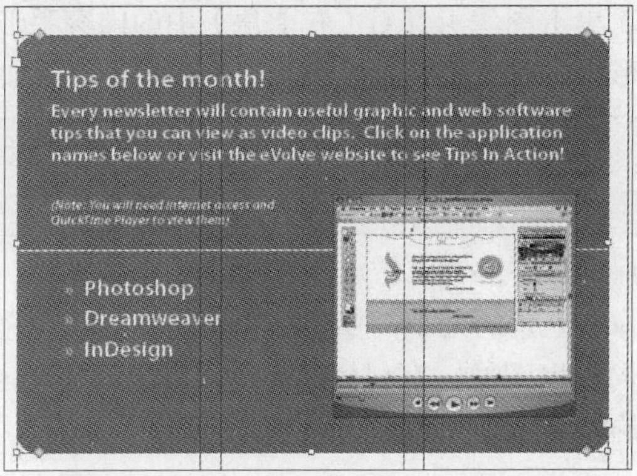

图4.51

5. 选择菜单“编辑”>“全部取消选择”退出角编辑模式，再选择菜单“文件”>“存储”保存所做工作。

4.9 变换和对齐对象

在 InDesign 中，用户可使用各种工具和命令来修改对象的大小和形状以及修改对象在页面中的朝向。所有变换操作（旋转、缩放、斜切和翻转）都可通过变换面板和控制面板完成，在这些面板中，可精确地设置变换。另外，还可沿选定区域、页边距、页面或跨页水平和垂直，对齐和分布对象。

下面尝试使用这些功能。

4.9.1 旋转对象

在 InDesign 中旋转对象的方式有多种，这里将使用控制面板来旋转前面导入的徽标之一。

1. 使用文档窗口底部的“页面”下拉列表或页面面板显示第 4 页（文档首页），再选择菜单“视图”>“使页面适合窗口”。
2. 使用选择工具（ ）选择本课前面导入的“evolve”徽标。
3. 在控制面板中，确保参考点指示器（ ）的中心被选中，这样对象将绕其中心旋转。从“旋转角度”下拉列表中选择“180° ”，如图 4.52 所示。

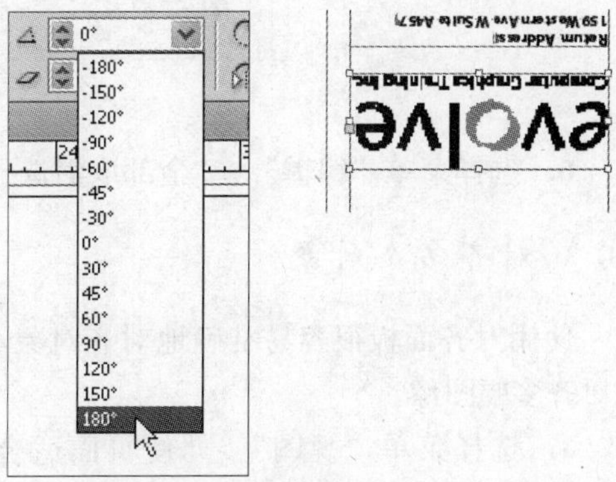

图4.52

4.9.2 在框架内旋转图像

使用选择工具可以旋转图形框架的内容。

1. 使用选择工具（ ）单击图像 Jeff G（右上角）中的内容手形抓取工具以选择该图像。将鼠标指针指向圆环形状内时，鼠标指针将从箭头变成手形，如图 4.53 所示。

> **提示：** 选择菜单“对象”>“变换”>“旋转”，然后在“旋转”对话框中的“角度”文本框中输入数值，也可以旋转选定的对象。

2. 在控制面板中，确保选择了参考点指示器（ ）的中心。
3. 将鼠标指针指向图像右上角的大小调整手柄的外面一点点，这将显示旋转图标（ ）。
4. 单击并沿顺时针方向拖曳图像，直到头部大致垂直（约为 –25° ）为止，然后释放鼠标左键。拖曳时将显示旋转的角度，如图 4.54 所示。

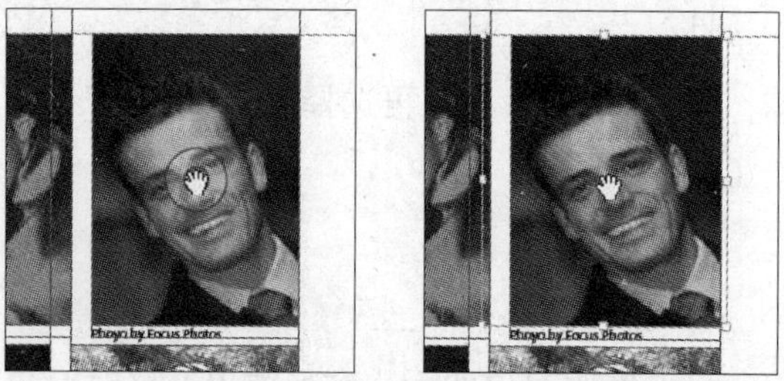

在圆环形状中移动鼠标　单击以选择框架的内容

图4.53

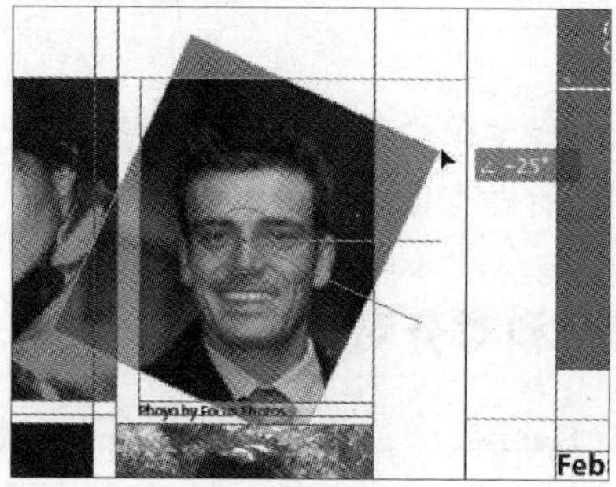

图4.54

5. 旋转后该图像不再填满整个框架。要解决这种问题，首先确保没有按下控制面板中的“X 缩放百分比”和“Y 缩放百分比”右边的“约束缩放比例”按钮（ ），然后在“X 缩放百分比”文本框中输入 55%并按 Enter 键，如图 4.55 所示。

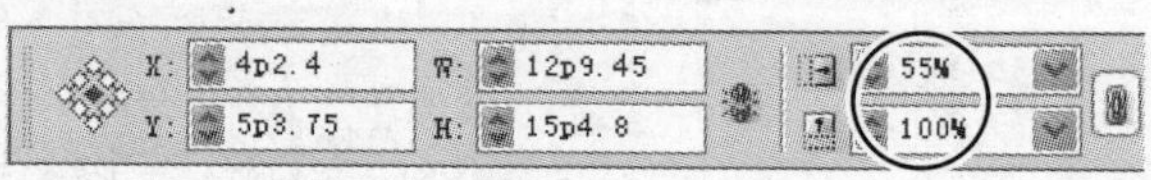

图4.55

6. 选择菜单“编辑”>“全部取消选择”，再选择菜单“文件”>“存储”保存所做的工作。

4.9.3 对齐多个对象

使用对齐面板很容易准确地对齐对象。下面使用对齐面板让页面中的多个对象水平居中，然后对齐多幅图像。

1. 选择菜单“视图”>“使页面适合窗口”，然后从文档窗口的“页面”下拉列表中选择 2。通过按住 Shift 键并使用选择工具（ ）单击，选择页面顶端包含文本“Partial Class Calendar”的文本框架及其上方的 evolve 徽标。与前面导入的两个徽标不同，这个徽标是使用 InDesign 创建的，它包含一组对象。本课后面将介绍处理对象组。
2. 选择菜单“窗口”>“对象和版面”>“对齐”打开对齐面板。
3. 在对齐面板中，从下拉列表中选择“对齐页面”，并单击“水平居中对齐”按钮（ ），这些文本框架将移到页面中央，如图 4.56 所示。

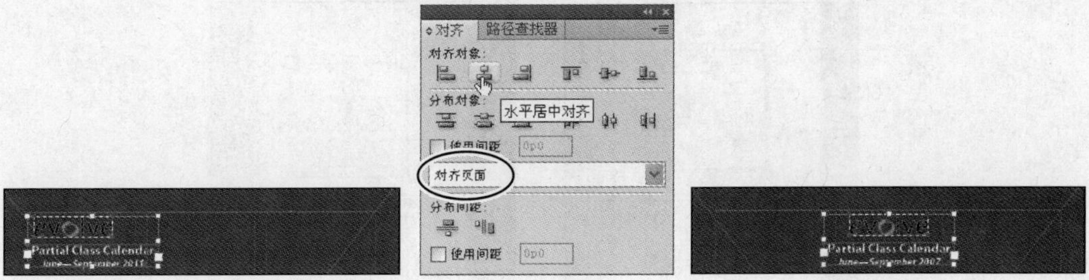

选择文本框架和徽标　　　　对齐对象　　　　结果

图4.56

4. 单击空白区域或选择菜单“编辑”>“全部取消选择”。
5. 选择选择工具（ ），然后按住 Shift 键并单击页面左边的 8 个图标以全部选择它们。
6. 在对齐面板中，从下拉列表中选择“对齐选区”，并单击“水平居中对齐”按钮（ ），如图 4.57 所示。

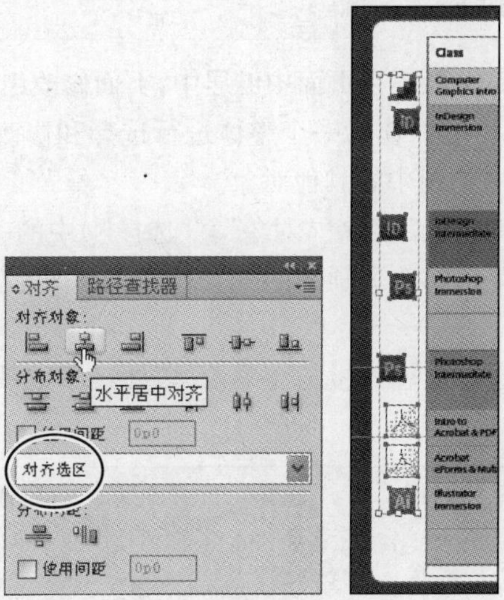

图4.57

7. 选择菜单“编辑”>“全部取消选择”，然后选择菜单“文件”>“存储”保存所做的工作。

4.9.4 缩放多个对象

在以前的 InDesign 版本中，要使用选择工具、缩放工具或旋转工具同时缩放或旋转多个对象时，必须先将它们编组。在 InDesign CS5 中，则不必创建编组，只需选择这些对象即可。

下面选择两个图标并同时调整其大小。

1. 使用缩放工具（ ）放大页面左边的两个 Acrobat PDF 图标。
2. 选择选择工具（ ），再按住 Shift 键并单击这两个 Acrobat PDF 图标以选择它们。
3. 按住 Shift + Ctrl（Windows）或 Shift + Command（Mac OS）组合键并向下拖曳上边缘中央的手柄，让这两个图标的宽度大致与下方的 Adobe Illustrator 图标相同，如图 4.58 所示。

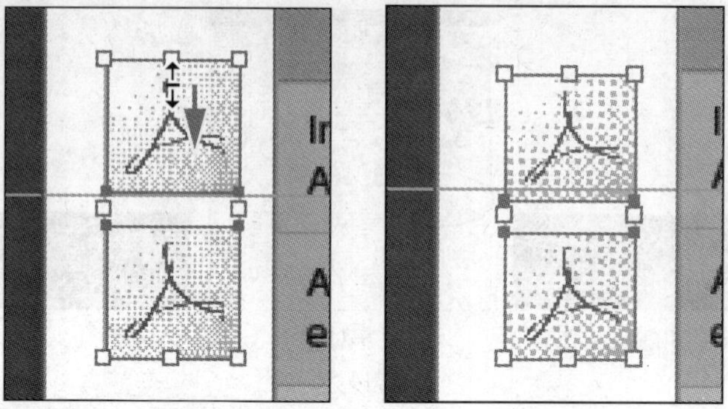

拖曳以调整选定图标的大小　　　　　　　　结果

图4.58

4. 选择菜单“编辑”>“全部取消选择”，再选择菜单“文件”>“存储”保存所做的工作。

4.10 选择并修改编组的对象

如前所述第 2 页顶部的 evolve 徽标在页面中已居中，下面修改组成该徽标的一些形状的填充色。由于这些形状被编组，因此可将它们作为一个整体进行选择和修改。下面修改其中一些形状的填充色，而不取消编组或修改该对象组中的其他对象。

通过使用直接选择工具或“对象”菜单（“对象”>“选择”）中的一些命令，选择对象组中的对象。

1. 使用选择工具（ ）单击第 2 页顶部的 evolve 徽标。可使用缩放工具（ ）放大要处理的区域。
2. 在控制面板中单击“选择内容”按钮（ ），以便在不取消编组的情况下选择其中的一个对象，如图 4.59 所示。

> ID **注意**：也可选择菜单“对象”>“选择”>“内容”，还可在对象上单击鼠标右键（Windows）或按住 Control 键并单击（Mac OS），然后从上下文菜单中选择“选择”>“内容”。

使用选择工具选择组　　　　单击“选择内容”按钮　　　　结果

图4.59

3. 单击控制面板中的“选择上一对象”按钮（ ）6 次以选择单词 evolve 中的第一个字母 e，如图 4.60 所示。注意还有一个“选择下一对象”按钮，它按相反的顺序选择对象。

单击“选择上一对象”按钮6次　　结果

图4.60

4. 选择工具箱中的直接选择工具（![]），按住 Shift 键并单击字母 e、v、l、v 和 e 以同时选择它们。
5. 单击色板面板图标或选择菜单“窗口”>“颜色”>“色板”。单击色板面板顶部的填色框并选择“[纸色]”，从而使用白色填充它们，如图 4. 61 所示。

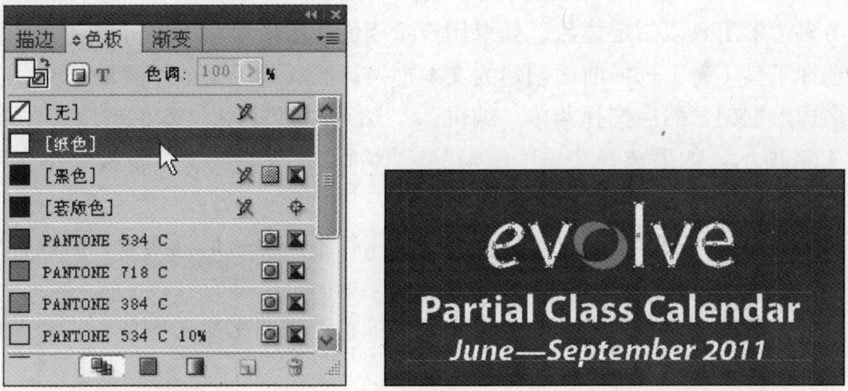

将选定形状的填充色改为“[纸色]”　　结果

图4.61

4.11 完 成

下面来欣赏一下所完成的作品。

1. 选择菜单“编辑”>“全部取消选择”。
2. 选择菜单“视图”>“使跨页适合窗口”。
3. 在工具箱底部的当前模式按钮（![]）上单击鼠标左键，在弹出的下拉列表中选择“预览”，如图 4.62 所示。要查看文档的打印效果，可选择预览模式。在预览模式下，显示的图像与输出时一样，所有非打印元素（网格、参考线和非打印对象）都不显示，粘贴板的颜色是在“首选项”中设置的预览颜色。
4. 按 Tab 键关闭所有面板；查看完毕后再次按 Tab 键显示所有面板。
5. 选择菜单“文件”>“存储”保存所做的工作。

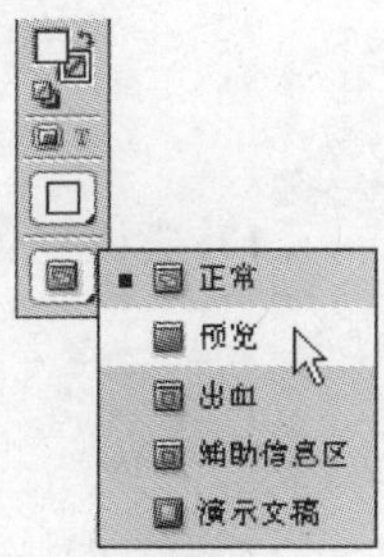

图4.62

祝贺您学完了本课。

4.12 练 习

学习有关框架的知识的最佳方式之一是使用它们。

在本节中，用户将学习如何在自己创建的框架中嵌套一个对象。请按下述步骤学习更多有关如何选择和操作框架的知识。

1. 使用“新建文档”对话框的默认设置创建一个新文档。
2. 创建一个约为 2×2 英寸的小文本框架，然后选择菜单“文字”>“用假字填充”用文字填充该框架。
3. 按 Esc 键切换到选择工具，然后使用色板面板对文本框架应用一种填充色。
4. 选择多边形工具（ ）并在页面上绘制一个形状，如图 4.63 所示。在绘制多边形之前，可双击多边形工具以指定边数，如果用户希望创建星形形状，也可指定“星形内陷”值。
5. 使用选择工具（ ）选择前面创建的文本框架，然后选择菜单“编辑”>“复制”。
6. 选择多边形框架，然后选择菜单“编辑”>“贴入内部”，将文本框架嵌套在多边形框架内，如图 4.64 所示。如果选择菜单“编辑”>“粘贴”，复制的文本框架将不会粘贴到选定框架的内部。
7. 使用选择工具移动文本框架，方法是将鼠标指针指向多边形框架中心的内容手形抓取工具上并拖曳鼠标。
8. 使用选择工具移动多边形框架，方法是将鼠标指针指向多边形框架中心的内容手形抓取工具外边并拖曳鼠标。
9. 选择菜单“编辑”>“全部取消选择”。
10. 使用直接选择工具（ ）选择多边形框架，然后拖曳任一手柄以修改该多边形的形状，如图 4.65 所示。

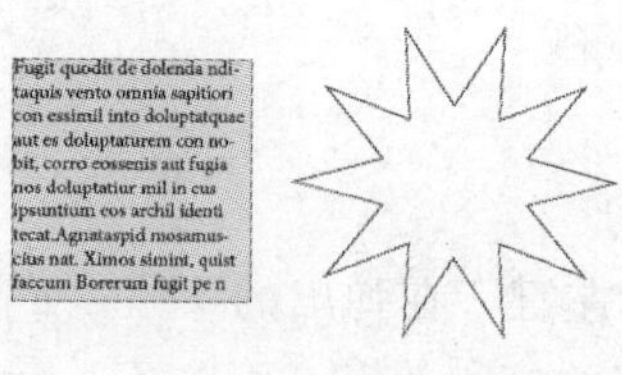

图4.63

图4.64

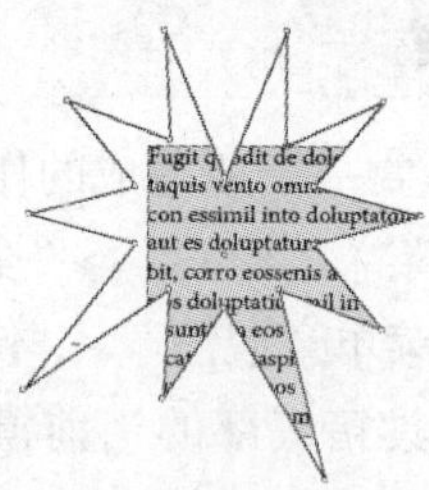

图4.65

11. 尝试完各种操作后，关闭文档但不保存所做的修改。

复习

复习题

1. 何时应使用选择工具来选择对象，何时应使用直接选择工具来选择对象？
2. 如何同时调整框架及其内容的大小？
3. 如何旋转框架内的图形但不同时旋转框架本身？
4. 在不取消对象编组的情况下，如何选择组中的对象？

复习题答案

1. 使用选择工具来完成通用的排版任务，如调整对象的位置和大小及旋转对象；使用直接选择工具来完成编辑路径或框架的任务，如移动路径上的锚点。
2. 要同时调整框架及其内容的大小，可使用选择工具选择框架，按住 Ctrl（Windows）或 Command（Mac OS）键，然后拖曳手柄。拖曳时按住 Shift 键可保持对象的长宽比不变。
3. 要旋转框架内的图形，使用选择工具单击内容手形抓取工具选择该图形，然后在四个角手柄中的任一个外面单击并拖曳以旋转图形。
4. 要选择组中的对象，使用选择工具（ ）选择该组，然后单击控制面板中的“选择内容”按钮（ ），这样便可选择该组中的一个对象。然后可单击“选择上一对象”和“选择下一对象”按钮以选择该组中的其他对象。使用直接选择工具（ ）单击组中的对象也可选择该对象。

第5课 排文

课程概述

本课简要地介绍如何排文，读者将学习以下内容：

- 在现有的文本框架中导入文本和排文；
- 对文本应用段落样式；
- 强制换行；
- 排文时手工创建框架；
- 排文时自动添加框架；
- 自动创建链接的框架；
- 排文时自动添加页面和链接的框架；
- 添加跳转说明以指出文章在哪里继续；
- 添加分栏符。

学习本课大约需要 45 分钟。

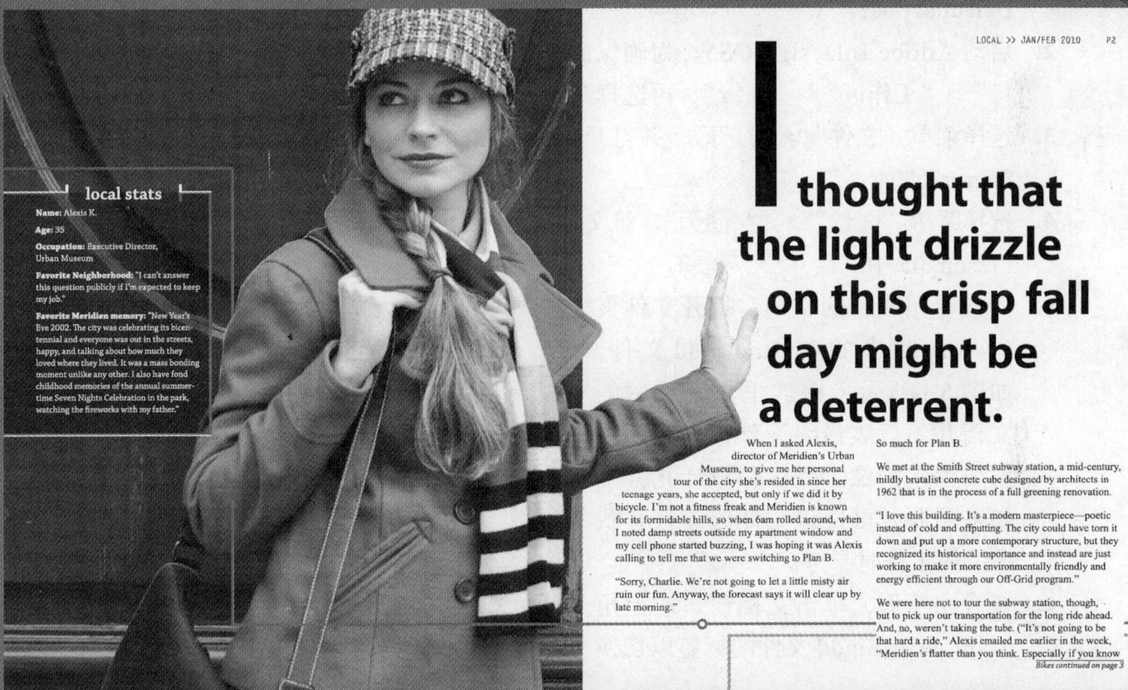

local stats

Name: Alexis K.

Age: 35

Occupation: Executive Director, Urban Museum

Favorite Neighborhood: "I can't answer this question publicly if I'm expected to keep my job."

Favorite Meridien memory: "New Year's Eve 2002. The city was celebrating its bicentennial and everyone was out in the streets, happy, and talking about how much they loved where they lived. It was a mass bonding moment unlike any other. I also have fond childhood memories of the annual summertime Seven Nights Celebration in the park, watching the fireworks with my father."

LOCAL >> JAN/FEB 2010 P2

I thought that the light drizzle on this crisp fall day might be a deterrent.

When I asked Alexis, director of Meridien's Urban Museum, to give me her personal tour of the city she's resided in since her teenage years, she accepted, but only if we did it by bicycle. I'm not a fitness freak and Meridien is known for its formidable hills, so when 6am rolled around, when I noted damp streets outside my apartment window and my cell phone started buzzing, I was hoping it was Alexis calling to tell me that we were switching to Plan B.

"Sorry, Charlie. We're not going to let a little misty air ruin our fun. Anyway, the forecast says it will clear up by late morning."

So much for Plan B.

We met at the Smith Street subway station, a mid-century, mildly brutalist concrete cube designed by architects in 1962 that is in the process of a full greening renovation.

"I love this building. It's a modern masterpiece—poetic instead of cold and offputting. The city could have torn it down and put up a more contemporary structure, but they recognized its historical importance and instead are just working to make it more environmentally friendly and energy efficient through our Off-Grid program."

We were here not to tour the subway station, though, but to pick up our transportation for the long ride ahead. And, no, weren't taking the tube. ("It's not going to be that hard a ride," Alexis emailed me earlier in the week, "Meridien's flatter than you think. Especially if you know

Bikes continued on page 3

在 Adobe InDesign CS5 中，有多种方法可将文本排入现有的框架，排文时创建框架及添加框架和页面。这使得对产品目录、书籍等稿件进行排文很容易。

5.1 概 述

在本课中，用户将处理一篇杂志文章。这篇文章的第一个跨页已基本完成，其他几页也为导入文本做好了准备。处理这篇文章时，用户将尝试各种排文方法，并添加跳转说明以指出文章下转哪一页。

> **注意：**如果还没有从配套光盘将本课的资源文件复制到硬盘中，那么现在需要将这些文件复制到硬盘中，详情请参阅“前言”中的“复制课程文件”。

1. 为确保用户使用的 Adobe InDesign CS5 首选项和默认设置与本课使用的相同，请将 InDesign Defaults 文件移到其他文件夹，详情请参阅“前言”中的“存储和恢复 InDesign Defaults”文件。
2. 启动 Adobe InDesign CS5。为确保面板和菜单命令与本课使用的相同，先选择菜单“窗口”>“工作区”>“高级”，再选择菜单“窗口”>“工作区”>“重置‘高级’”。
3. 选择菜单“文件”>“打开”，并打开文件夹 InDesignCIB\Lessons\Lesson_05 中的文件 05_Start.indd。
4. 选择菜单“文件”>“存储为”，将文件重命名为 05_FlowText.indd，并将其存储到文件夹 Lesson_05 中。
5. 要查看完成后的文档，打开文件夹 Lesson_05 中的 05_End.indd 文件，如图 5.1 所示（在这里，完成后的文档并不代表最终设计，因为还会添加很多图像、题注和设计元素）。如果需要，可使该文件处于打开状态以便工作时参考。
6. 查看完毕后，单击文档窗口左上角 05_FlowText.indd 文件的标签以切换到该文档。

图5.1

5.2 在现有文本框架中排文

导入文本时，可将文本导入到新框架或现有框架中。如果框架是空的，可在其中单击载入文本图标来导入文本。如果框架包含文本，可在文本插入点导入其他文本。

> **提示：**除了从文字处理程序（如 Microsoft Word）导入文件外，还可置入 Adobe InCopy 和 Adobe Buzzword 格式的文件。Adobe Buzzword 是一种基于订购的在线文字处理器，使协作更容易。

在第一个跨页的左对页中，有个子标题为 local Stats 的空白旁注，可用于放置描述该页中女人的文本。下面将一个 Microsoft Word 文档导入该文本框架并应用段落样式，然后使用两种方法解决孤立单词问题（这里指的是一个单词独占一行）。

1. 如果必要，调整视图的缩放比例或放大图像，以便能够看清第一个跨页的左对页中的旁注文本框架。

用户将使用文字工具编辑文本，并使用选择工具串接文本框架，但导入文本时选择什么工具无关紧要。

2. 选择菜单“文件”>“置入”。在“置入”对话框中，如果有必要，取消选中“显示导入选项”和“替换所选项目”复选框。找到并双击文件夹 Lesson_05 中的文件 05_LocalStats.doc。

鼠标指针将变成载入文本图标（ ），并显示将载入文章的前几行。将载入文本图标指向空文本框架时，该图标两边将出现括号（ ）。

3. 将载入文本图标指向占位符文本框架（包含子标题“local Stats”的文本框架下方），如图 5.2 所示。
4. 单击以置入文本。
5. 使用文字工具（T）在框架内单击以编辑文本。选择菜单“编辑”>“全选”选择框架中的所有文本。

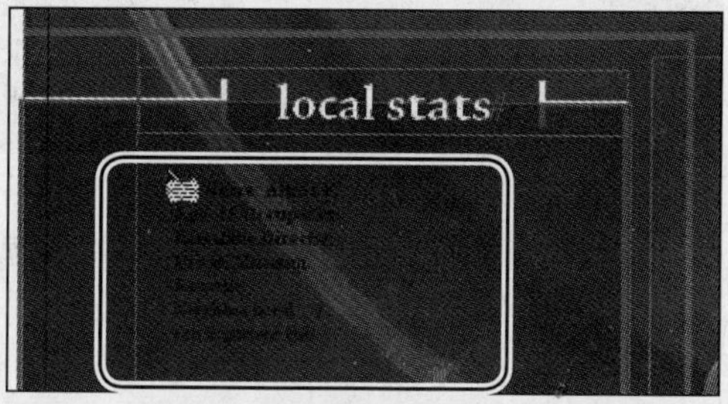

图5.2

6. 选择菜单“文字”>“段落样式”打开段落样式面板。
7. 单击样式“White Sidebar Text”。如果有必要，在段落样式面板中滚动以找到该样式，如图 5.3 所示。

在段落样式名称旁边显示了一个加号，这表明有覆盖格式（与段落样式不同），因为选择的文本中有一些是粗体的。虽然有时候不希望出现覆盖格式，但这里很适合。

> **提示**：有一种方法可清除所有覆盖格式（确保文本的格式与样式完全一致），即从段落样式面板菜单中选择“清除优先选项”。有关样式的更多内容，请参阅第 9 课。

下面将处理第三段中的孤立单词，该段以 Occupation 开头。为此，用户将手工强制换行。

8. 如果有必要，放大视图以便能够看清文本。
9. 使用文字工具，在旁注第三段的单词 Urban 前面单击，再按 Shift + 回车键让单词 Urban 进入下一行，结果如图 5.4 所示。

下面通过调整字符间距来处理最后一行的孤立单词。字符间距调整选定字符之间的间距。

10. 如果有必要，向下滚动以便能够看到最后一段（它以 Favorite meridien memory 打头）。使用文字工具在该段中连续单击 4 次以选择所有文本。
11. 选择菜单“文字”>“字符”显示字符面板，在“字符间距”文本框中输入 –10，再按回车键，如图 5.5 所示。

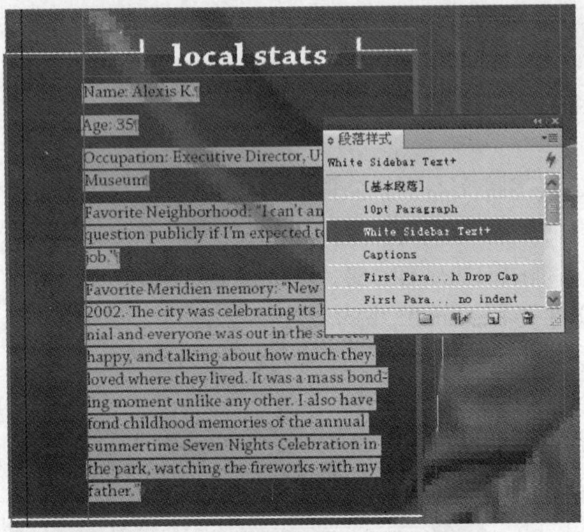

图5.3

图5.4

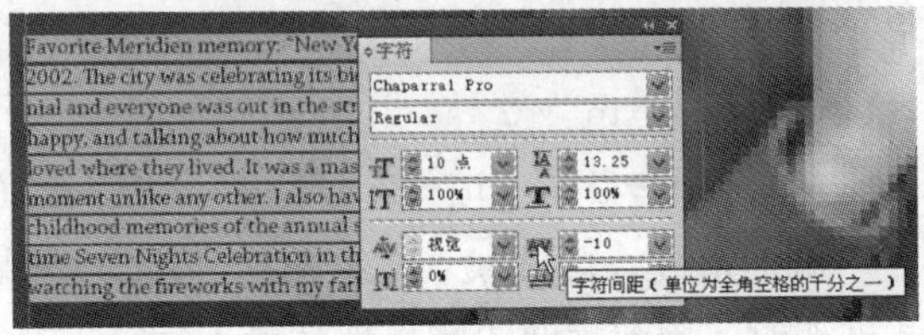

图5.5

12. 选择菜单“编辑”>“全部取消选择”，再选择菜单“文件”>“存储”保存所做的工作。

载入多个文本文件

在“置入”对话框中，可载入多个文本文件，然后分别置入它们。其方法如下：

- 首先，选择菜单“文件”>“置入”打开“置入”对话框。
- 按住 Ctrl（Windows）或 Command（Mac OS）键并单击以选择多个文件。
- 按住 Shift 键并单击以选择一系列相邻的文件。
- 单击“打开”按钮后，在载入文本图标中，将在括号中指出载入了多少个文件，如“(4)”。
- 通过单击以每次一个的方式置入文件。

5.3 手动排文

将导入的文本（如来自字处理程序的文本）置入多个串接的文本框架中被称为排文。InDesign 支持手动排文和自动排文，前者提供了更大的控制权，而后者可节省时间；还可在排文的同时添加页面。

在这里，用户将文本导入到第一个跨页的右对页底部的两栏中。首先，将把一个 Word 文件导入到第一栏现有的文本框架中。其次，将第一个文本框架与第二个文本框架串接起来。最后，将在文档的第 3 页新建文本框架以容纳多出来的文本。

1. 选择菜单“视图”>“使跨页适合窗口”，找到右对页底部的两个文本框架。如果有必要，放大图像以便能够看清这些文本框架。

2. 选择文字工具（T），在女士的手下方的文本框架中单击，如图 5.6 所示。
3. 选择菜单“文件”>“置入”。找到并选择文件夹 Lessson_05 中的文件 05_Long_Biking_Feature_JanFeb2010.doc，再单击“打开”按钮。

文本将导入到左栏现有的文本框架中。注意到文本框架的右下角有个出口，其中的红色加号（+）表明有溢流文本，即文本框架无法容纳所有文本。下面将溢流文本排入第 2 栏的另一个文本框架。

> **ID** 提示：可以通过串接文本框架来创建多栏，也可将文本框架分成多栏——选择菜单“对象”>“文本框架选项”，并在打开的对话框的“常规”选项卡中指定栏数。有些设计师喜欢将文本框架分成多栏，这样版式将更灵活。

4. 使用选择工具（↖）单击该文本框架的出口，这将显示如图 5.7 所示的载入文本图标（如果有必要，先单击文本框架以选择它，然后单击其出口）。

> **ID** 提示：如果不想将溢流文本排入其他文本框架，可单击工具箱的其他任何工具，以撤销载入文本图标，而不会删除任何文本。

5. 将载入文本图标（▤）指向右边文本框架的任何位置并单击，如图 5.8 所示。

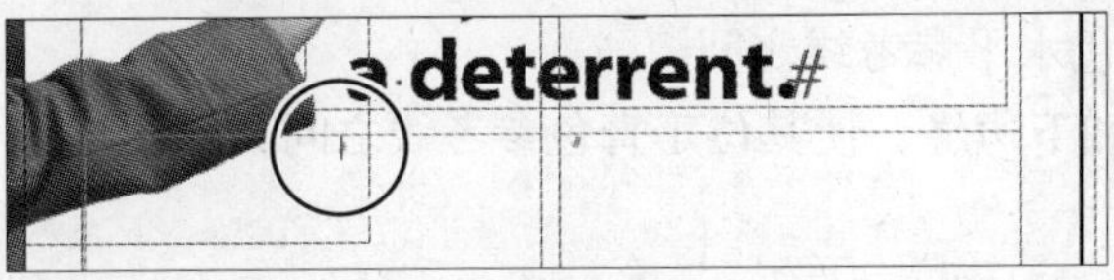

图5.6

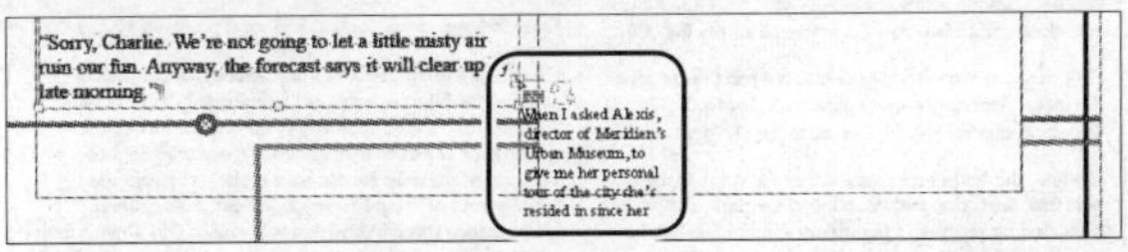

图5.7

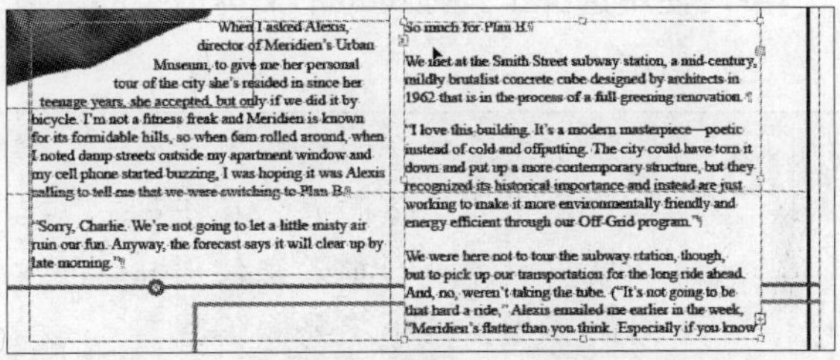

图5.8

文本将排入第 2 栏：该文本框架的出口也包含红色加号（+），这表明还有溢流文本。

6. 选择菜单“文件”>“存储”。保留该页面的位置不变，供下个练习使用。

5.4 排文时创建文本框架

下面将尝试两种不同的排文方法。首先，使用半自动排文将文本置入到一栏中。半自动排文让用户能够每次创建一个文本框架，在每栏排入文本后，鼠标指针都将自动变成载入文本图标，直到不再有溢流文本。然后使用载入文本图标手动创建一个文本框架。

> **ID** 提示：根据用户采用的是手动排文、半自动排文还是自动排文，载入文本图标的外观稍有不同。

1. 使用选择工具（↖），单击第 2 页第 2 栏的文本框架的出口。这将显示包含溢流文本的载入文本图标。

下面在第 3 页新建一个文本框架以容纳溢流文本。参考线指出了文本框架的位置。

2. 选择菜单“版面”>“下一跨页”以显示第 3 页和第 4 页，再选择菜单“视图”>“使跨页适合窗口”。

> **ID** **提示：**在鼠标指针为载入文本图标的情况下，仍可导航到其他文档页面或创建新页面。

3. 将载入文本图标（![]）指向左上角两条参考线的交点，如图 5.9 所示。
4. 按住 Alt（Windows）或 Option（Mac OS）键并单击。

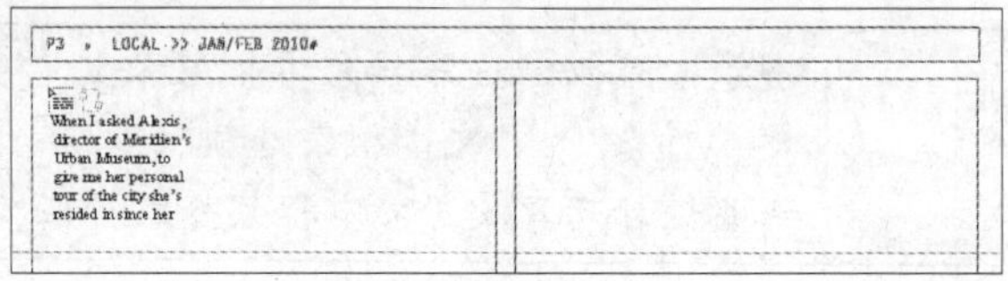

图5.9

文本将导入第 1 栏。因为按住了 Alt 或 Option 键，鼠标还是载入文本图标，使用户能够将文本导入其他文本框架。

5. 松开 Alt 或 Option 键，再将载入文本图标（![]）指向第 2 栏。
6. 通过拖曳鼠标在栏参考线内新建一个文本框架。

从这篇文章的设计草图可知，将在这两个新文本框架的上方和下方添加其他设计元素。因此，下面调整这两个文本框架的高度，使其位于两条青色水平参考线之间。

7. 使用选择工具拖曳每个文本框架的上边缘和下边缘，使其位于青色参考线之间，如图 5.10 所示。

> **ID** **注意：**框架包含的文本数量随当前使用的字体而异。在印刷环境中，每个人都必须使用相同的字体，这很重要。但就本课而言，使用什么字体无关紧要。

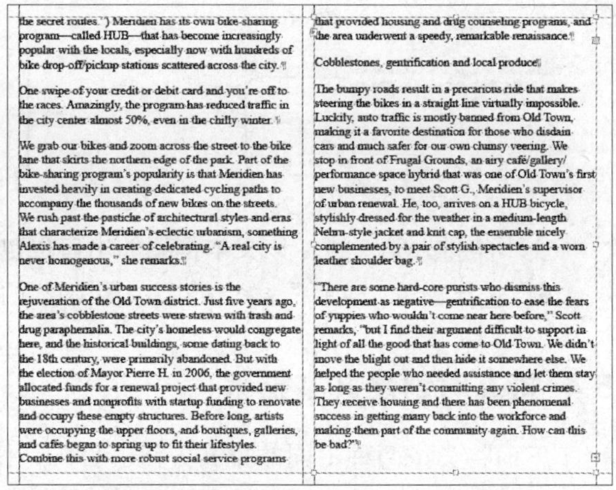

图5.10

第二个文本框架右下角的红色加号表明还有溢流文本。

8. 选择菜单“文件”>“存储”，保留该页面的位置不变，供下个练习使用。

5.5 自动排文

下面使用自动排文将溢流文本置入下一个跨页。采用自动排文时，InDesign 将自动在后续页面的栏参考线内新建文本框架，直到排完所有溢流文本为止。

1. 使用选择工具（![]）单击第 3 页第 2 栏的文本框架右下角的出口，这将显示载入文本图标和溢流文本（如果有必要，先单击该框架以选择它，然后单击其出口）。
2. 选择菜单“版面”>“下一跨页”以显示第 5 页和第 6 页。

3. 将载入文本图标（[图标]）指向第 5 页的第 1 栏，大概在该栏与页边距参考线相交的地方。稍后将调整文本框架的高度。

> ID 提示：当用户使用载入文本图标单击以创建文本框架时，InDesign 创建的文本框架将与用户单击的分栏同宽。这些框架位于栏参考线内，但如果有必要，可移动它们并调整其大小和形状。

4. 按住 Shift 键并单击。

注意到，在第 5 页和第 6 页的栏参考线内新建了文本框架。这是因为按住了 Shift 键，这将以自动方式进行排文。现在，文章的所有文本都置入了，但用户需调整这些文本框架的大小，使其位于青色水平参考线之间。

5. 使用选择工具拖曳每个文本框架的上边缘和下边缘，使其位于青色参考线之间，如图 5.11 所示。

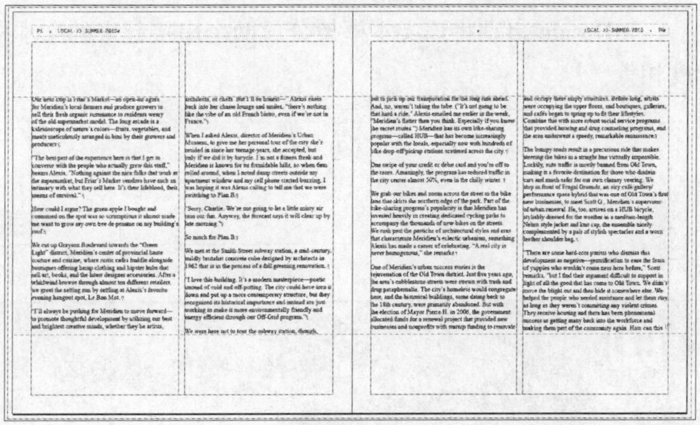

图5.11

正如用户看到的，再次出现了溢流文本。

> ID 提示：要调整文本在框架中的排文方式，可以输入分隔符，如分栏符和框架分隔符（“文字”>“插入分隔符”）。

6. 选择菜单“文件”>“存储”，保留该页面的位置不变，供下个练习使用。

5.6 自动创建串接的文本框架

为提高创建与分栏等宽的链接文本框架的速度，InDesign 提供了一种快捷方式。如果在拖曳文字工具以创建文本框架时按右箭头键，InDesign 自动将该文本框架分成多个串接起来的分栏。例如，如果创建文本框架时按右箭头键 1 次，会将文本框架分成两个等宽的分栏。如果按右箭头键 5 次，文本框架将被划分 5 次，分成 6 个等宽的分栏。

下面在文档末尾添加一个页面，并将溢流文本排入一个分成了多栏的文本框架中。

> ID 提示：除串接框架以容纳载入的文本外，还可串接空文本框架。为此，可使用选择工具单击文本框架的出口，再在下一个文本框架的任何位置单击。重复这种操作，直到所有文本框架都串接起来。

1. 选择菜单“窗口”>“页面”显示页面面板。
2. 在页面面板的上半部分，通过滚动找到主页跨页 FEA-2 Col Feature。

3. 选择左对页并将其拖放到页面面板的下半部分。当该页的页面图标出现在第 5 页下方时释放鼠标左键，如图 5.12 所示。
4. 双击第 7 页的页面图标让该页在文档窗口居中。
5. 选择文字工具（T）并将鼠标指针指向第 7 页的第 1 栏，大概位于紫色垂直参考线和青色水平参考线的交点。
6. 向右下方拖曳鼠标创建一个横跨这两栏的文本框架，如图 5.13 所示。拖曳时按右箭头键 1 次。

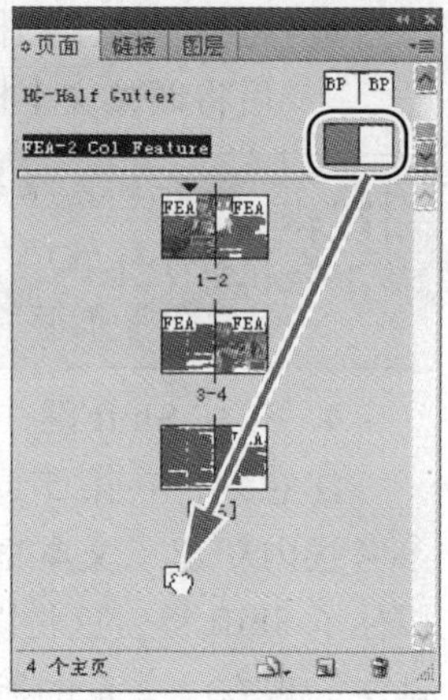

图5.12

InDesign 自动将该文本框架分成两个串接起来的文本框架，它们的宽度相等。

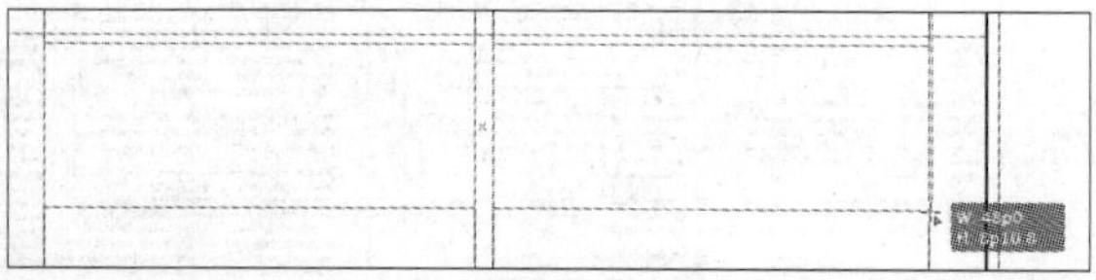

图5.13

> **注意**：如果不小心按了右箭头键多次，将生成多个串接的文本框架。在这种情况下，可选择菜单“编辑”>“还原”，重试即可；也可在拖曳时按左箭头键删除多余的文本框架。

7. 向上滚动以便能够看到第 6 页的底部。
8. 使用选择工具（▶）单击以选择第 6 页第 2 栏的文本框架，再单击该框架右下角的出口，这将显示载入文本图标和溢流文本。
9. 向下滚动到第 7 页，再在第 1 栏的文本框架中单击。

文本将排入这两个链接的文本框架中。

10. 使用选择工具拖曳这两个文本框架的上边缘，使其与青色水平参考线对齐，如图 5.14 所示。根据需要调整这两个文本框架的下边缘。可将这两个文本框架调整为任何高度，只要它们能够容纳所有文本即可。
11. 选择菜单“编辑”>“全部取消选择”，再选择菜单“文件”>“存储”保存所做的工作。

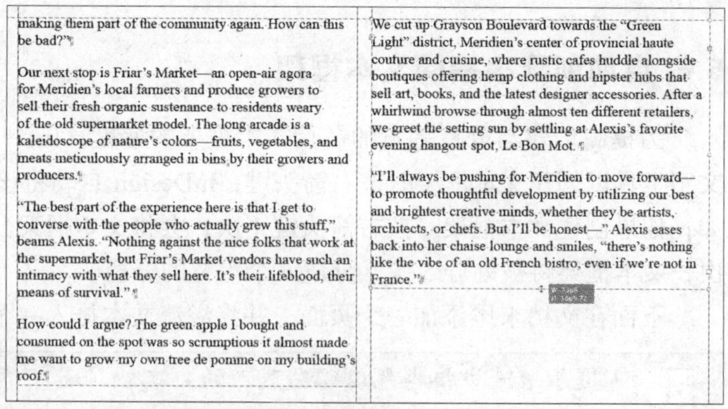

图5.14

在排文时添加页面

除在现有页面中串接文本框架外，还可在排文时添加页面。这种功能称为“智能文本重排”，非常适合排大段的文本（如本书的章节）。启用了“智能文本重排”后，当用户在主页文本框架中输入文本或排文时，将自动添加包含串接的文本框架的页面，以便能够容纳所有文本。如果文本因编辑或重新设置格式而缩短，将自动删除多余的页面。下面尝试使用这项功能。

1. 选择菜单“文件”>“新建”>“文档”。
2. 在“新建文档”对话框中，选中“主页文本框架”复选框，单击“边距和分栏”按钮，再单击“确定”按钮。
3. 选择菜单“编辑”>“首选项”>“文字”（Windows）或“InDesign”>“首选项”>“文字”（Mac OS），以打开“文字”首选项。

在“文字”首选项的“智能文本重排”部分，可指定使用智能文本重排时如何处理页面：

- 在哪里添加页面（文章末尾、章节末尾还是文档末尾）。
- 只将智能文本重排用于主页文本框架，还是用于文档中的其他文本框架。
- 如何在对页跨页中插入页面。
- 当文本变短时是否删除空白页面。

4. 默认情况下，“智能文本重排”被选中，但请确保它被选择，再单击“确定”按钮。
5. 选择菜单“文件”>“置入”。在“置入”对话框中，选择 Lesson_05 文件夹中的文件 05_Long_Biking_Feature_JanFeb.doc，再单击“打开”按钮。
6. 在新文档的第 1 页中，在页边距内单击鼠标左键将所有文本排入主页文本框架，这在必要时将添加页面。注意页面面板中的页数。关闭该文件但不保存所做的修改。

5.7 添加跳转说明

如果文章跨越多页，读者必须翻页才能阅读后面的内容，最好添加一个跳转说明（如“下转第 x 页”）。在 InDesign 中可以添加跳转说明，跳转说明将自动指出文本流中下一页的页码，即文本框架链接到的下一页。

1. 在页面面板中双击第 2 页的页面图标，让该页在文档窗口中居中。向右滚动以便能够看到粘贴板。必要时放大视图以便能够看清文本。
2. 选择文字工具（T），在粘贴板中拖曳鼠标创建一个 17p × 3p 的文本框架，如图 5.15 所示。

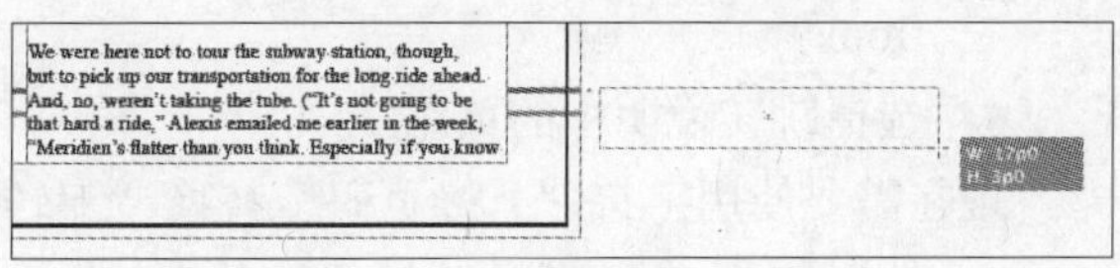

图5.15

3. 使用选择工具（ ）将新创建的文本框架拖放到第 2 页第 2 栏的底部，确保新文本框架的顶部与现有文本框架的底部相连，如图 5.16 所示。
4. 使用文字工具单击将光标插入新文本框架。输入“(Bikes Continued on page)”，并在每个单词后面插入一个空格。
5. 选择菜单“文字”>“插入特殊字符”>“标志符”>“下转页码”，跳转说明将变成“(Bikes Continued on page 3)”，如图 5.17 所示。

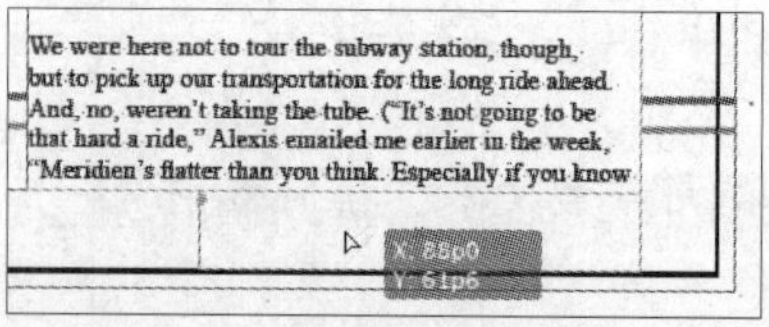

图5.16

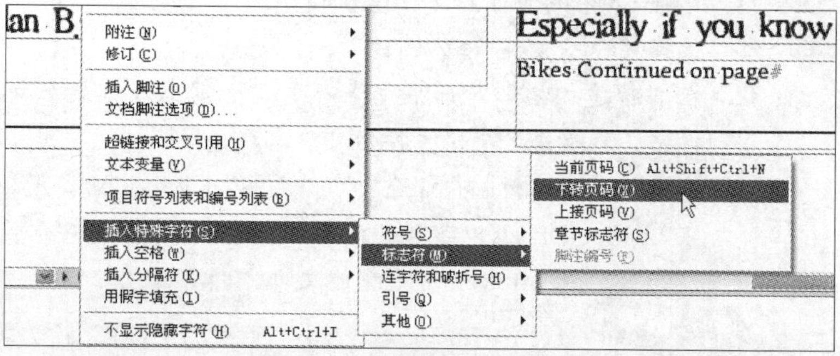

图5.17

> **ID** | **注意**：包含跳转说明的文本框架必须与串接文本框架相连或重叠，才能插入正确的“下转页码”字符。

6. 选择菜单“文字”>“段落样式”打开段落样式面板。在文本插入点仍位于跳转说明中的情况下，单击样式 Continued From/To Line，这将根据模板设置文本的格式。
7. 选择菜单“文件”>“存储”保存所做的工作。
8. 选择菜单“视图”>“使跨页适合窗口”。
9. 在应用程序栏中，从“屏幕模式”下拉列表中选择“预览”。

5.8 练习

在本课中学习了如何创建指出下转页码的跳转说明，还可创建指出上接页码的跳转说明。

1. 使用选择工具（ ）复制第 2 页中包含跳转说明的文本框架（先选择复制对象，再选择菜单“编辑”>“复制”）。
2. 将复制的跳转说明文本框架粘贴到第 3 页，再拖曳该文本框架使其与第 1 栏的文本框架顶部相连。
3. 使用文字工具（ T ）将该文本框架的文字从“Bikes Continued on”改为“Bikes Continued from”。
4. 选择跳转说明中的页码 3。

现在需要使用字符“上接页码”替换“下转页码”。

5. 选择菜单“文字”>“插入特殊字符”>“标志符”>“上接页码”。

跳转说明变成了“Bikes Continued from page 2”。

复习

复习题

1. 使用哪种工具可串接文本框架?
2. 如何显示载入文本图标?
3. 在鼠标指针形状为载入文本图标的情况下，在栏参考线之间单击将发生什么?
4. 按什么键可自动将文本框架分成多个串接的文本框架?
5. 有种功能可自动添加页面和串接的文本框架以容纳导入文件中的所有文本，这种功能是什么?
6. 要确保在跳转说明中插入正确的“下转页码”和“上接页码”，需要做什么?

复习题答案

1. 选择工具。
2. 选择菜单“文件”>“置入”并选择一个文本文件，或单击包含溢流文本的文本框架的出口。
3. InDesign 将在单击的位置创建文本框架，该框架位于垂直的栏参考线之间。
4. 拖曳时按右箭头键。
5. “智能文本重排”。
6. 包含跳转说明的文本框架必须与包含文章的串接文本框架相连。

第6课 编辑文本

课程概述

在本课中，读者将学习以下内容：

- 处理缺失字体；
- 输入和导入文本；
- 查找并修改文本和格式；
- 在文档中检查拼写；
- 编辑拼写词典；
- 自动更正拼写错误的单词；
- 通过拖放移动文本；
- 使用文章编辑器；
- 显示修订。

学习本课大约需要 60 分钟。

InDesign CS5 中有多种专用字处理程序才有的文本编辑功能，包括查找和替换文本和/或文本格式、检查拼写、输入文本时自动校正拼写错误以及编辑时显示修订。

6.1 概 述

在本课中，用户将完成一本城市杂志的前几页的文本编辑。这些页面包括目录和一篇文章（这些文本已经排入栏中并进行了格式化，可添加诸如图像和引文等版面元素）。

> **ID** | **注意**：如果还没有从配套光盘将本课的资源文件复制到硬盘中，那么现在需要将这些文件复制到硬盘中，详情请参阅“前言”中的“复制课程文件”。

1. 为确保用户使用的 Adobe InDesign CS5 首选项和默认设置与本课使用的相同，请将 InDesign Defaults 文件移到其他文件夹，详情请参阅“前言”中的“存储和恢复 InDesign Defaults”文件。
2. 启动 Adobe InDesign CS5。为确保面板和菜单命令与本课使用的相同，先选择菜单“窗口”>“工作区”>“高级”，再选择菜单“窗口”>“工作区”>“重置‘高级’”。
3. 选择菜单“文件”>“打开”，打开文件夹 InDesignCIB\Lessons\Lesson_06 中的文件 06_Start.indd。
4. 出现“缺失字体”警告对话框时，单击“确定”按钮。如果用户打开的文件使用了系统没有安装的字体，就会显示“缺失字体”警告对话框。

> **ID** | **注意**：如果用户的系统中碰巧安装了字体 Corbel Bold，将不会出现警告消息。用户可看一下替换缺失字体的步骤，再进入下一节。

下一节将使用系统安装的字体替换缺失的字体，从而解决字体缺失的问题。

5. 选择菜单“文件”>“存储为”，将文件重命名为 06_Text.indd，并将其存储到文件夹 Lesson_06 中。
6. 要查看完成后的文档，打开文件夹 Lesson_06 中的文件 06_End.indd，如图 6.2 所示。可让该文件打开以便工作时参考。

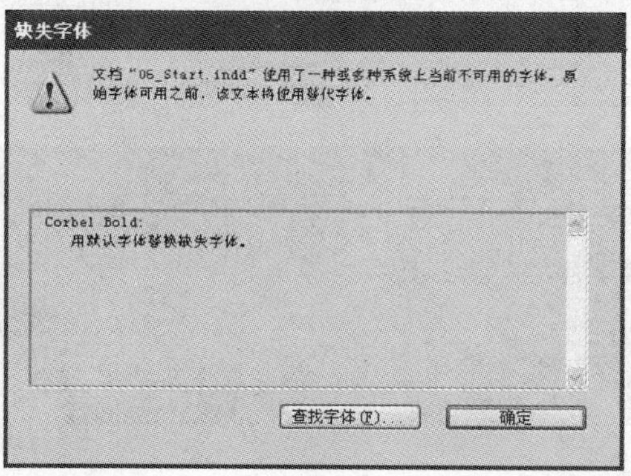

图6.1

图6.2

7. 查看完毕后，单击文档窗口左上角的文件 06_T-ext.indd 的标签以切换到该文档。

6.2 查找并替换缺失字体

前面打开本课的文档时，可能指出缺失字体 Corbel Bold；如果用户的计算机安装了这种字体，将不会出现这种警告，但用户仍可按下面的步骤操作，以便日后参考。下面搜索使用字体 Corbel Bold 的文本，并将这种字体替换为与之相似的字体 Chaparral Pro Bold。

> ID **注意**：对于大多数项目，可能需要在计算机中添加缺失的字体，而不是替换它们。为此，可将字体安装到计算机中、使用字体管理软件激活字体或将字体文件复制到 InDesign 的 Font 文件夹中。有关这方面的详细信息，请参阅 InDesign 帮助。

1. 注意到在第一个跨页中，左对页的引文为粉色，这表明这些文本使用的字体缺失。
2. 选择菜单“文字”>“查找字体”。在“查找字体”对话框中列出了文档使用的所有字体及其类型（如 PostScript、TrueType 或 OpenType），在缺失字体的旁边有警告图标（ ）。
3. 在“文档中的字体”列表中选择 Corbel Bold。
4. 在该对话框底部的“替换为”部分，从“字体系列”下拉列表中选择 Chaparral Pro。
5. 从“字体样式”下拉列表中选择 Bold，如图 6.3 所示。

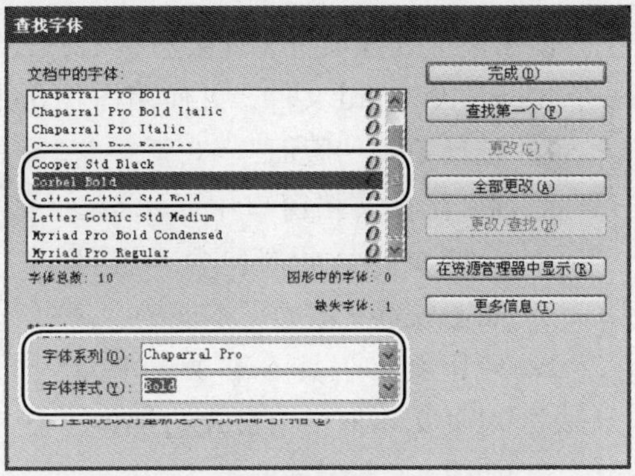

图6.3

6. 单击“全部更改”按钮，再单击“完成”按钮，并在文档中查看替换后的字体。
7. 选择菜单“文件”>“存储”保存所做的工作。

> ID **提示**：如果文档准备用于印刷，用户可使用“打包”功能（位于“文件”菜单中）以确保所有的字体、图形文件、其他辅助文件和信息都可用。将文档打包时，可指定将包含并自动安装的字体。有关打包的更详细信息，请参阅第 13 课。

6.3 输入和导入文本

可将文本直接输入到 InDesign 文档中，也可导入在其他程序（如字处理程序）中创建的文本。要输入文本，需要使用文字工具选择文本框架或文本路径。要导入文本，可从桌面拖曳文件，也可从 Mini Bridge 面板（位于“窗口”菜单中）拖曳文件，这将出现载入文本图标或将文件直接导入到选定的文本框架中。

6.3.1 输入文本

虽然图形设计人员通常不负责版面中的文本或稿件，但他们经常需要根据修订方案进行修改，这些修订方案是以 Adobe PDF 的形式提供的。在这里，用户将使用文字工具添加文本。

1. 调整文档在屏幕上的位置，以便能够看到左对页中的引文。
2. 选择菜单“视图”>“其他”>“显示框架边缘”。文本框架将出现金色轮廓，使用户能看清它们。
3. 使用文字工具（T）在引文下方的单词 Nathan 后面单击。
4. 输入一个逗号，再输入 Yours Partners，如图 6.4 所示。
5. 选择菜单“文件”>“存储”保存所做的工作。

图6.4

6.3.2 导入文本

使用模板处理项目（如杂志）时，设计人员通常将文本导入现有的文本框架。在这里将导入一个 Microsoft Word 文件，并使用样式 body-copy 设置其格式。

1. 选择菜单“版面”>“下一跨页”，在文档窗口中显示第 2 个跨页。每页都包含一个可用于放置文本的文本框架。
2. 使用文字工具（T）单击左对页文本框架中最左边那栏，如图 6.5 所示。

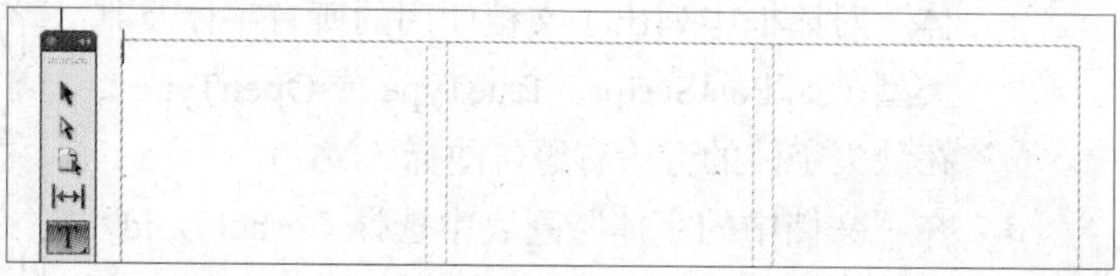

图6.5

3. 选择菜单“文件”>“置入”。在“置入”对话框中，确保没有选中“显示导入选项”复选框。
4. 找到并选择 InDesignCIB\Lessons\Lesson_06 文件夹中的 Biking_Feature_JanFeb2010.doc 文件。
5. 单击“打开”按钮。

文本将从一栏排入另一栏，填满这两个文本框架。

> ID **提示**：在“置入”对话框中，可以按住 Shift 键并单击来选择多个文本文件。这样操作时，鼠标指针将变成载入这些文件的图标，使用户能够在文本框架中或页面上单击以导入每个文件中的文本。这非常适合置入存储在不同文件中的内容，如字幕。

6. 选择菜单“编辑”>“全选”选择文章中的所有文本。
7. 单击段落样式面板图标以显示段落样式面板。单击 Body Copy 样式组旁边的三角形以显示其中的样式。
8. 单击样式 Paragraph Indent 将其应用于所选段落，如图 6.6 所示。

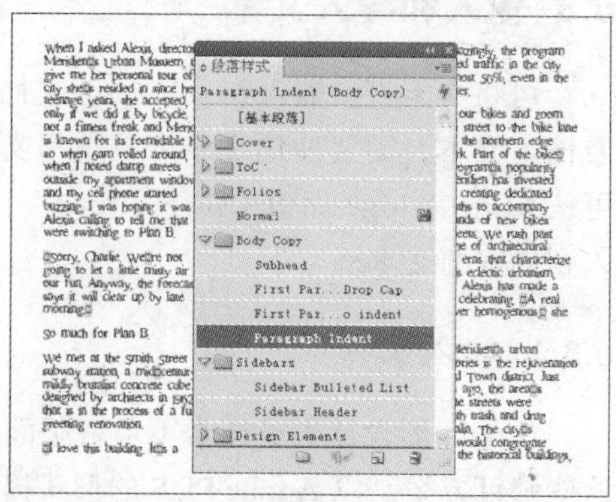

图6.6

由于修改了格式，文本框架无法容纳所有文本。在该跨页的右对页中，文本框架的右下角有个红色加号（+），这表明有溢流文本。后面将使用“文章编辑器”来解决这个问题。

9. 选择菜单“视图”>“其他”>“隐藏框架边缘”。

10. 选择菜单“编辑”>“全部取消选择”，再选择菜单“文件”>“存储”保存所做的工作。

6.4 查找并修改文本和格式

与大多数流行的字处理程序一样，在 InDesign 中也可以查找并替换文本和 / 或格式。通常，在图形设计人员处理版面时，稿件还在不断修订中。当编辑要求进行全局修改时，“查找 / 更改”命令有助于确保所做的修改准确而一致。

6.4.1 查找并修改文本

对于这篇文章，校对人员发现导游的名字没有正确拼写为 Alexes，而拼写成了 Alexis。下面修改文档中所有的 Alexis。

1. 使用文字工具（T）在包含刚导入的文本的文本框架中单击。

2. 选择菜单“编辑”>“查找 / 更改”。如果有必要，在“查找 / 更改”对话框中单击顶部的“文本”标签以显示文本搜索选项。

3. 在“查找内容”文本框中输入 Alexis。

4. 按 Tab 键移到“更改为”文本框，并输入 Alexes。

“搜索”下拉列表指定了搜索范围。因为 Alexis 可能用于文档的任何地方，如目录或标题中，因此需要搜索整个文档。

5. 从“搜索”下拉列表中选择“文档”，如图 6.7 所示。

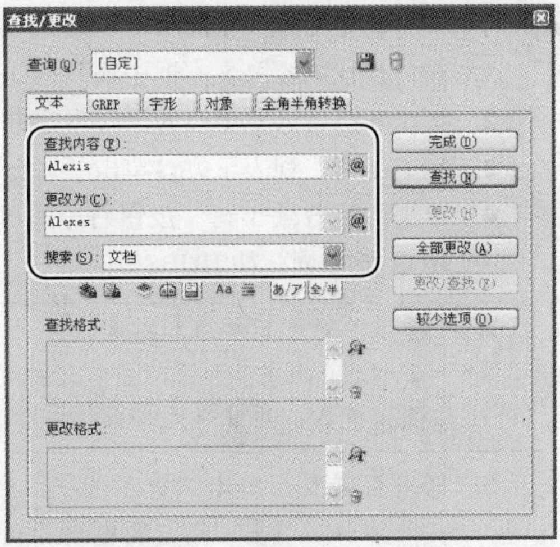

图6.7

> **提示：**通过“查找 / 更改”对话框中的“搜索”下拉列表，可选择搜索所有文档、文档、文章和到文章末尾。要在所有文档中搜索，必须打开多个文件。要在一个文章（一系列链接的文本框架中的文本）中搜索，必须选择一个文本框架。要搜索到文章末尾，需要使用文字工具在文本中单击来指定开始搜索的位置。

使用“查找 / 更改”对话框时，务必对设置进行测试。找到符合搜索条件的文本后，将其替换，并在进行全部修改前审阅文本。也可使用“查找”查看修改后的每块文本，这使用户能够看到修改会如何影响周围的文本和换行符。

6. 单击“查找”按钮。显示第一个 Alexis 时，单击“更改”按钮。

7. 单击“查找下一个”按钮，再单击“全部更改”按钮。将出现一个消息框，指出进行了7次替换（如图6.8所示），单击“确定”按钮。如果消息框指出只进行了6次替换，用户可能忘记了从“搜索”下拉列表中选择“文档”。

图6.8

> **提示**：打开了“查找/更改”对话框时，仍可使用文字工具在文本中单击并进行编辑。通过让“查找/更改”对话框打开，可在编辑文本后继续搜索。

8. 让“查找/更改”对话框继续打开，以供下个练习使用。

6.4.2 查找并修改格式

编辑要求再对这篇文章进行另一项全局性修改——这次修改的是格式而不是拼写。该城市的HUB自行车组织喜欢其名称用小型大写字母，而不是全部大写字母。在这篇文章中，HUB采用的是三个字母都大写，而不是使用“全部大写字母”样式格式化的。因为“小型大写字母”样式只适用于小写字母，因此还需将HUB改为hub，这要求进行区分大小写的修改。

1. 在“查找内容”文本框中输入HUB。
2. 按Tab键进入“更改为”文本框并输入hub。
3. 在“搜索”列表下方，单击“区分大小写”按钮（Aa）。
4. 单击“区分大小写”按钮右边的“全字匹配”按钮（ ）。这可确保不会查找或修改包括HUB的单词，如HUBS。

> **提示**：对于缩略语和缩写，设计人员通常使用样式“小型大写字母”（大写字母的小型版）而不是样式“全部大写字母”。小型大写字母的高度通常与小写字母相同，能够更好地与其他文本融为一体。

5. 如果有必要，单击“更多选项”按钮在对话框中显示查找文本的格式选项。在“更改格式”部分，单击“指定要更改的属性”按钮（ ）。
6. 在“更改格式设置”对话框左边，选择“基本字符格式”。在对话框的主要部分，从“大小写”下拉列表中选择“小型大写字母”，如图6.9所示。
7. 保留其他选项为空，并单击“确定”按钮返回“查找/更改”对话框，如图6.10所示。

注意到文本框“更改为”上方有一个警告标记（ ），这表明InDesign将把文本修改为指定的格式。

8. 通过先单击“查找”再单击“更改”来测试设置。确定HUB被更改为hub后，再单击“全部更改”按钮。
9. 当出现指出进行了多少次修改的消息框时，单击“确定”按钮，再单击“完成”按钮关闭“查找/更改”对话框。
10. 选择菜单“文件”>“存储”保存所做的工作。

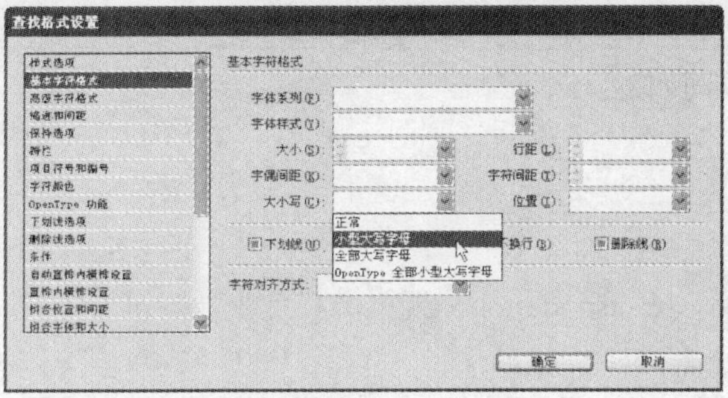

图6.9

图6.10

6.5 拼写检查

InDesign 包含拼写检查功能，该功能与字处理程序使用的拼写检查功能极其相似。可对选定文本、整篇文章、文档中所有的文章或多个打开的文档中所有的文章执行拼写检查。可将单词加入文档的词典中，以指定哪些单词可被视为拼写不正确。还可让 InDesign 在用户输入单词时发现拼写问题并校正拼写错误。

6.5.1 在文档中进行拼写检查

在打印文档或通过电子方式分发它之前，进行拼写检查是个不错的主意。在这里，我们怀疑这篇文章的作者有些马虎，因此在设计版面之前先检查拼写。

> **提示：**务必与客户或编辑讨论是否由用户来进行拼写检查，很多编辑喜欢自己进行拼写检查。

1. 使用文字工具（T）在用户一直处理的文章的第一个单词（When）前面单击。
2. 选择菜单“编辑”>“拼写检查”>“拼写检查”。
3. 在“拼写检查”对话框中，从“搜索”下拉列表中选择“文章”，这将只在选定文章中进行拼写检查。
4. 单击“开始”按钮查找文档中第一个拼写错误的单词。可能拼写错误的单词将出现在“不在词典中”文本框中。
5. 出现的前两个单词是 Alexes 和 Meridien，对于这两个单词都单击“全部忽略”按钮。
6. 出现单词 Musuem 时，查看“建议校正为”列表并选择 Museum，再单击“更改”按钮，如图 6.11 所示。

图6.11

> **提示**：如果遭到怀疑的单词拼写正确且在用户处理的所有文档中都如此，可将其加入到 InDesign 用户词典中。这样，当用户在任何文档中检查拼写时，这个单词就不再被视为拼写错误了。要将单词加入用户词典，可单击“添加”按钮而不是“忽略全部”按钮；还可选择“区分大小写”复选框，将单词的当前大小写加入用户词典。

7. 处理其他可能拼写错误的单词，这些单词如下。

- Meridien：单击“忽略全部”按钮。
- 6am：单击“跳过”按钮。
- brutalist：单击“跳过”按钮。
- transporation：在“更改为”文本框中输入 transportation，再单击“更改”按钮。
- emailed：单击“跳过”按钮。
- in（Uncapitalized Sentence）：单击“跳过”按钮。
- nonprofits、Nehru、pomme、Grayson、Alexes's、Le、vibe：单击“跳过”按钮。

8. 单击“完成”按钮。

9. 选择菜单“文件”>“存储”保存所做的工作。

6.5.2 将单词加入到文档专用的词典中

在 InDesign 中，可将单词加入到用户词典或文档专用的词典中。如果用户与多位客户合作，而他们的拼写习惯可能不同，最好将单词添加到文档专用的词典中。下面将 Meridien 添加到文档专用词典中。

1. 选择菜单“编辑”>“拼写检查”>“词典”打开“词典”对话框。

2. 从“目标”下拉列表中选择“06_Text.indd”。

3. 在“单词”文本框中输入 Meridien。

4. 选中“区分大小写”复选框，如图 6.12 所示，以便仅将“Meridien”添加到字典中。这确保在进行拼写检查时，使用小写字母的单词 meridien 仍被视为拼写错误。

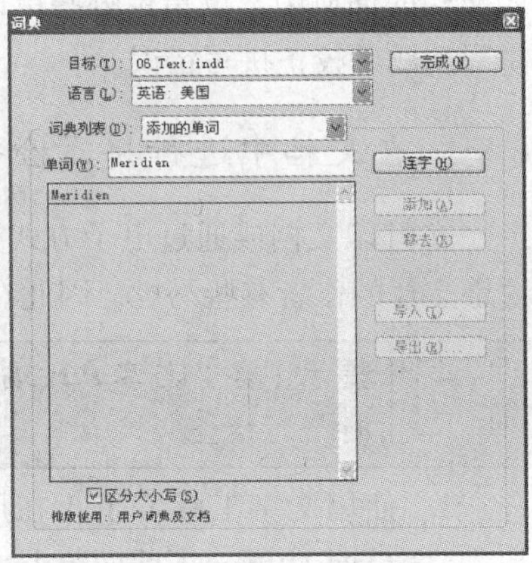

图6.12

5. 单击“添加”按钮，再单击“完成”按钮。

6. 选择菜单“文件”>“存储”保存所做的工作。

> **提示**：如果单词并非特定语言特有的，如人名，可选择“全部语言”将该单词加入到所有语言的拼写词典中。

6.5.3 动态拼写检查

无需等到文档完成后就可检查拼写。InDesign 内置了动态拼写检查功能，使用户能够在输入或导入文本时发现拼写错误的单词。

1. 选择菜单“编辑”>“首选项”>“拼写检查”（Windows）或“InDesign”>“首选项”>“拼写检查”（Mac OS），以显示“拼写检查”首选项。
2. 在“查找”部分指定要指出哪些错误。
3. 确保选中了“启用动态拼写检查”复选框。
4. 在“下划线颜色”部分指定如何指出拼写错误，如图 6.13 所示。

> **提示**：在“拼写检查”首选项的“查找”部分，可指定拼写检查将指出哪些可能的错误：拼写错误的单词、重复的单词、首字母未大写的单词、首字母未大写的句子。例如，如果用户处理的是包含数百个名字的字典，可能想选择“首字母未大写的单词”复选框，但不选择“拼写错误的单词”复选框。

5. 单击“确定”按钮关闭“首选项”对话框并返回到文档。
6. 确保选择了菜单“编辑”>“拼写检查”中的菜单项“动态拼写检查”。根据默认用户词典被认为拼写错误的单词将带下划线，如图 6.14 所示。
7. 使用文字工具（T）在文本中单击，再输入一个拼写不正确的单词以便能够看到下划线。要删除这个单词，选择菜单“编辑”>“还原”。
8. 选择菜单“文件”>“存储”保存所做的工作。

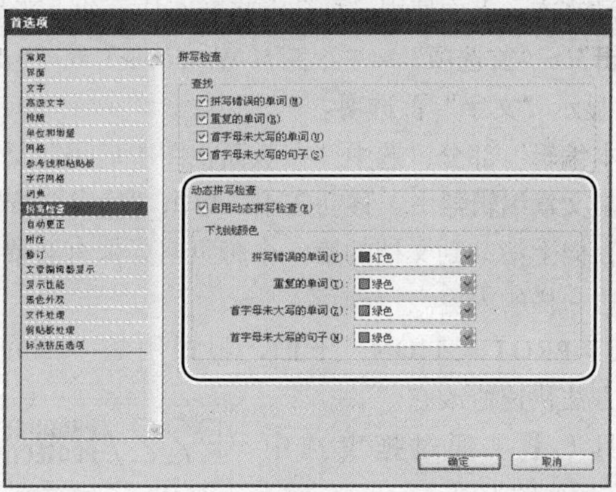

图6.13

hills, so when 6am rolled around, when I noted damp streets outside my apartment window and my cell phone started buzzing, I was hoping it was Alexes calling to tell me that we were switching to Plan B.
"Sorry, Charlie. We're not going to let a little misty air ruin our fun. Anyway, the forecast says it will clear up by late morning."
So much for Plan B.
We met at the Smith Street subway station, a mid-century, mildly brutalist concrete cube designed by architects in 1962 that is in the pro-

图6.14

6.5.4 自动更正拼错的单词

“自动更正”功能比动态拼写检查的概念更进了一步。启用这种功能后，InDesign 将在用户输入拼错的单词时自动更正它们。更改是根据常见的拼错单词列表进行的，如果需要，可将经常拼错的单词（包括其他语言的单词）添加到该列表中。

1. 选择菜单“编辑”>“首选项”>“自动更正”（Windows）或“InDesign”>“首选项”>“自动更正”（Mac OS），以显示“自动更正”首选项。
2. 确保选中了“启用自动更正”复选框，也可选中“自动更正大写错误”复选框。

在默认情况下，列出的是美国英语中常见的错拼单词。

3. 将语言改为法语，并查看该语言中常见的错拼单词。
4. 如果愿意，尝试选择其他语言。执行后续操作前，将语言改回到美国英语。
5. 单击“添加”按钮打开“添加到自动更正列表”对话框。在“拼写错误的单词”文本框中输入 Meredien，在文本框“更正”中输入 Meridien，如图 6.15 所示。

6. 单击“确定”按钮添加该单词，再单击“确定”按钮关闭“首选项”对话框。

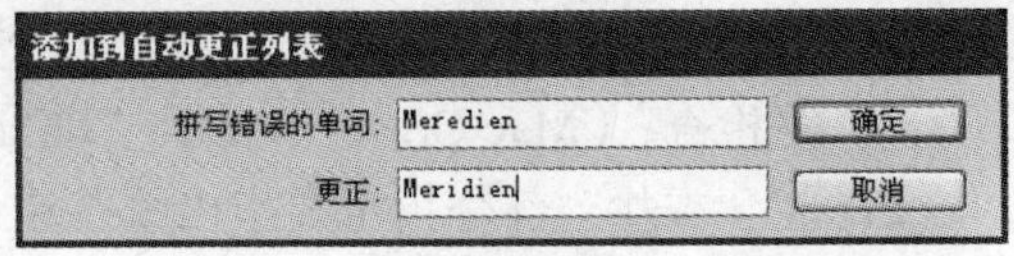

图6.15

7. 使用文字工具（T）在文本的任何位置单击，再输入单词 Meredien。
8. 注意自动更正功能将 Meredien 改为了 Meridien。选择菜单“编辑”>“还原”删除刚才添加的单词。
9. 选择菜单“文件”>“存储”保存所做的工作。

6.6 拖放文本

对于在文档中位置不对的单词，InDesign 提供了拖放文本功能，使用户能够在文章内部、文本框架之间和文档之间移动文本。下面使用这种功能将文本从该杂志文章的一个段落移到另一个段落。

1. 选择菜单“编辑”>“首选项”>“文字”（Windows）或“InDesign”>“首选项”>“文字”（Mac OS），以显示“文字”首选项。
2. 在“拖放式文本编辑”部分，选中“在版面视图中启用”复选框，这使用户能够在版面视图中（而不仅是文章编辑器中）移动文本。单击“确定”按钮。
3. 在文档窗口中，向上滚动到文档的第一个跨页。如果有必要，修改缩放比例以便能够看清右对页中最右边一栏的内容。

在“P22/PRODUCT PROTECTION”下面，习惯用法“using, abusing”被改为“abusing, using”。下面使用拖放方法快速修改它。

4. 使用文字工具（T）通过拖曳选中“abusing”和它后面的逗号。
5. 将鼠标指针指向选定的单词，直到鼠标指针变成拖放图标（▶T）。
6. 将该单词拖放到正确的位置（即单词 using 的后面），如图 6.16 所示。

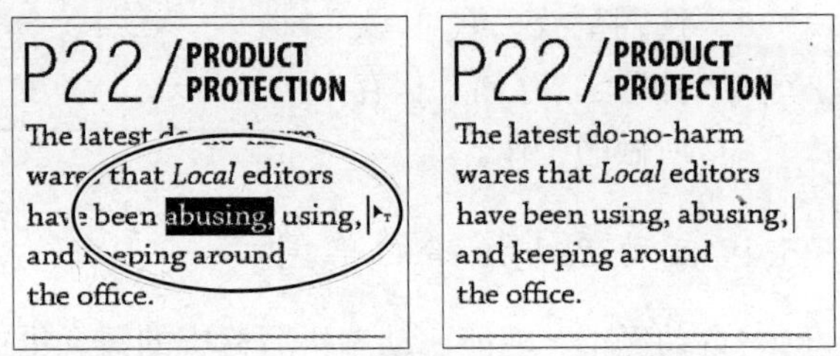

图6.16

> **注意：**如果要复制而不是移动选定的单词，只需在开始拖曳后按住 Alt（Windows）或 Option（Mac OS）键。

7. 选择菜单“文件”>“存储”保存所做的工作。

6.7 使用文章编辑器

如果需要输入很多文本、修改文章或缩短文章，可使用文章编辑器隔离文本。文章编辑器窗口的作用如下。

- 它显示没有应用任何格式的纯文本。所有图形和非文本元素都省略了，这使得编辑起来更容易。
- 文本的左边有一个垂直深度标尺，并显示了应用于每个段落的段落样式名称。
- 显示行号以便参考。
- 与文档窗口中一样，动态拼写检查指出了拼错的单词。
- 如果在“文字”首选项中选择了“在文章编辑器中启用”，将可以像前面那样在文章编辑器中拖放文本。

第 2 个跨页中的文章在现有的两个文本框架中容纳不下，为解决这个问题，下面使用文章编辑器对文本进行编辑。

1. 选择菜单“视图”>“使跨页适合窗口”。
2. 向下滚动到文档的第 2 个跨页。使用文字工具（T）在文章的任何地方单击。
3. 选择菜单“编辑”>“在文章编辑器中编辑”。将“文章编辑器”窗口拖放到跨页最右边一栏的旁边。

> ID **提示：**在“文章编辑器显示”首选项中，用户可指定“文章编辑器”窗口使用的字体、字号、背景颜色等选项。

4. 拖曳“文章编辑器”的垂直滚动条以到达文章末尾，如图 6.17 所示。注意红线表明有溢流文本。

> ID **注意：**如果有必要，删除最后一段中单词 France 后面的回车符号，让文本不再溢流。

5. 在最后一段中，在“creative minds”后面单击并输入一个句点。选择这句话的后半句：逗号、后面的空格、单词“whether they be artists, architects, or chefs”和句点，再按 Backspace 或 Delete 键将其删除。注意版面中的变化——文章不再有溢流文本，如图 6.18 所示。

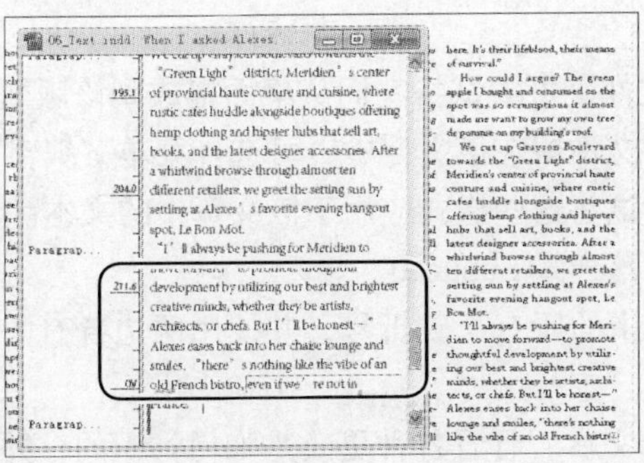

图6.17

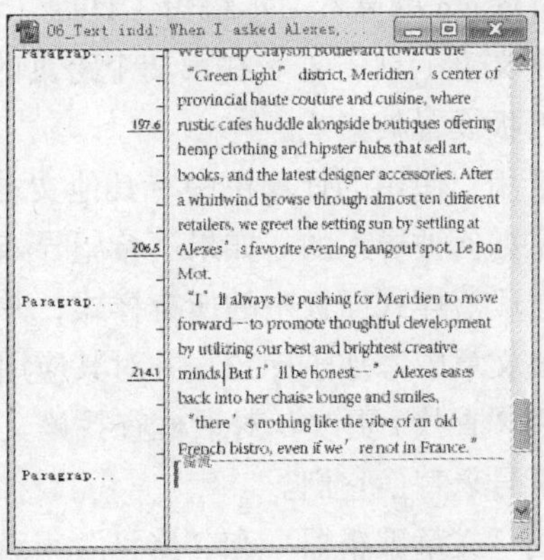

图6.18

6. 让“文章编辑器”窗口继续打开，供下一个练习使用。
7. 选择菜单“文件”>“存储”保存所做的工作。

6.8 显示修订

对有些项目来说，需要在整个设计和审阅过程中看到对文本做了哪些修订，这很重要。另外，审阅者可能提出一些修改建议，而其他用户可能接受，也可能拒绝。与字处理程序一样，使用“文章编辑器”也可以显示被添加、删除或移动的文本。

在这篇文档中，笔者建议修改目录，然后接受修订，从而不再显示修订。

1. 向上滚动到文档的第一个跨页。使用文字工具（T）在第一个目录项（P48/2 WHEELS GOOD）中单击。
2. 选择菜单“文字”>“修订”>“在当前文章中进行修订”。将“文章编辑器”窗口移到目录旁边。
3. 在“文章编辑器”窗口中，选择第一句：“Sometimes the best way to see the city is by bicycle.”。
4. 通过剪切并粘贴或拖放方法将选定句子放到第二句（“Alexis K., director of Meridien's Urban Museum, takes us on a personal tour.”）后面，结果如图 6.19 所示。

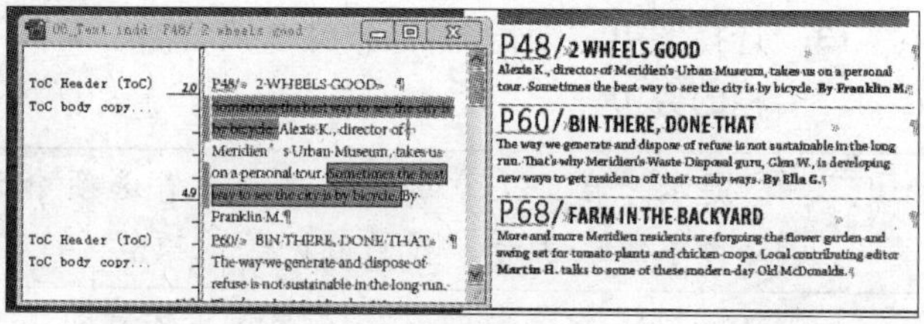

图6.19

请注意“文章编辑器”窗口指出这种修订的方式。

5. 在仍打开了“文章编辑器”窗口的情况下，查看子菜单“文字”>“修订”中接受和拒绝修订的菜单项。查看完毕后，在该子菜单中选择“接受所有更改”>“在此文章中”。
6. 选择菜单“文件”>“存储”保存所做的工作。

6.9 练 习

尝试 InDesign 的基本文本编辑工具后，下面练习使用它们来编辑和格式化这篇文档。

1. 使用文字工具（T）在第 2 个跨页的文章上方新建一个文本框架。输入一个标题并使用控制面板设置其格式。
2. 如果用户使用的计算机中有其他文本文件，可尝试将它们从桌面拖放到该版面中以了解它们是如何被导入的。如果不希望导入的文件留在该文档中，可选择菜单“编辑”>“还原”。
3. 查看段落样式面板中的所有样式，并尝试将这些样式应用于该文章中的文本。
4. 在该文章中添加子标题，并对其应用段落样式 Subhead。
5. 使用“查找 / 更改”对话框查找该文章中的所有长破折号，并使用两边各有一个空格的长破折号来替换它们。
6. 使用“文章编辑器”和“修订”来编辑文章。看看各种更改是如何标识的，并尝试接受和拒绝这些更改。
7. 尝试更改“首选项”中的“拼写检查”、“自动更正”、“修订”和“文章编辑器显示”部分。

复习

复习题

1. 使用哪种工具编辑文本？
2. 用于编辑文本的命令主要集中在哪里？
3. 查找并替换功能叫做什么？
4. 对文档进行拼写检查时，InDesign 指出字典中没有的单词，但这些单词实际上并没有拼写错误。如何解决这个问题？
5. 如果经常错误地拼写某个单词，该如何解决？

复习题答案

1. 文字工具。
2. 菜单“编辑”和“文字”中。
3. “查找 / 更改”（位于菜单“编辑”中）。
4. 将这些单词添加到文档专用词典或 InDesign 默认词典中，并指定用户使用的语言。
5. 在“自动更正”首选项中添加该单词。

第7课 排版艺术

课程概述

在本课中，读者将学习以下内容：

- 定制和使用基线网格；
- 调整文本的垂直和水平间距；
- 修改字体和字体样式；
- 插入 OpenType 字体中的特殊字符；
- 创建跨栏的标题；
- 平衡多栏的文本量；
- 将标点悬挂到边缘外面；
- 添加下沉效果并设置其格式；
- 使用 Adobe 段落书写器和 Adobe 单行书写器；
- 指定带前导符的制表符；
- 悬挂缩进；
- 添加段落线。

学习本课大约需要 60 分钟。

Mangia

*Restaurant*Profile

Assignments Restaurant

Sure, you can get Caesar salad prepared tableside for two at any of the higher-end restaurants in town—for $25 plus another $40 (just for starters) for a single slab of steak. Or you can visit Assignments Restaurant, run by students of the International Culinary School at The Art Institute of Colorado, where tableside preparations include Caesar salad for $4.50 and steak Diane for $19. No, this isn't Elway's, but the chefs in training create a charming experience for patrons from start to finish.

Since 1992, the School of Culinary Arts has trained more than 4,300 chefs—all of whom were required to work in the restaurant. Those chefs are now working in the industry all over the country says Chef Instructor Stephen Kleinman, CEC, AAC. "Whether I go to a restaurant in Manhattan or San Francisco, people know me," Kleinman says, describing encounters with former students. Although he claims to be a "hippy from the '60s," Kleinman apprenticed in Europe, attended a culinary academy in San Francisco and had the opportunity to cook at the prestigious James Beard House three times. He admits that his experience lends him credibility, but it's his warm, easygoing, approachable style that leads to his success as a teacher.

"Some of the best restaurants in the world serve tableside; chefs are more grounded this way," claims Kleinman, who would never be mistaken for a snob. "By having the students come to the front of the house—serving as waitpeople and preparing dishes tableside—we break a lot of barriers.

IF YOU GO

Name .... Assignments Restaurant
Address .... 675 S. Broadway, Denver
Reservations ... call 303-778-6625 or visit www.opentable.com
Hours .... Wednesday–Friday, 11:30 a.m.–1:30 p.m. and 6–8 p.m.

THE RESTAURANT

Assignments Restaurant, tucked back by the Quest Diagnostics lab off South Broadway near Alameda Avenue, seats 71 at its handful of booths and tables. The blissful quiet, a welcome change from the typical hot spot, is interrupted only by solicitous servers dressed in chef attire. Despite decor that is on the edge of institutional with its cream-coloredwalls, faux cherry furniture and kitschy cafe artwork, this is a spot that welcomes intimate conversation with friends and family.

A perusal of the menu, while munching fresh bread and savoring a glass of wine, tempts you with its carefully planned variety. "The menu is all designed to teach cooking methods," says Kleinman. "It covers 80 to 85 percent of what students have been learning in class—saute, grill, braise, make vinaigrettes, cook vegetables, bake and make desserts." In a twist on "You have to know the rules to break them," Kleinman insists that students need to first learn the basics before they can go on to create their own dishes.

For our "test dinner," an amuse bouche, a crab-stuffed mushroom cap, arrives followed by an appetizer of chorizo-stuffed prawns wrapped in applewoodsmoked bacon. The tableside Caesar preparation is a wonderful ritual that tastes as good as it looks. Entrees, all under $20, include grilled trout, sweet and sour spareribs, spinach lasagna, seared duck breast, flatiron steak, steak Diane prepared tableside and pesto-crusted lamb chops. We opted for a succulent trout and tender spareribs, and notice that a $10 macaroni and cheese entree makes Assignments kid-friendly for special occasions.

"Maybe the next celebrity chef to hit town will whip up a tableside bananas Foster for you."

THE GOALS

The purpose of this unique restaurant is to give students practical experience so they can hit the ground running. "The goal is to make the students comfortable, thinking on their feet, getting ready for reality," says Kleinman. He wants students to be able to read tickets, perform, and recover and learn getting valuable front-of-the-house and business experience in addition to cooking.

Five to seven students work in the kitchen at one time, covering stations. Students work toward an associate of applied science degree in culinary arts or a bachelor of arts degree in culinary management.

With degree in hand, the school places 99 percent of its students. While many students are placed at country clubs and resorts that prefer formal training, chefs from all over town—Panzano or Jax Fish House—have trained at Assignments as well. Or try O's Restaurant, whose recent media darling chef Ian Kleinman is not just a former student but Stephen Kleinman's son. Make a reservation, and maybe the next celebrity chef to hit town will whip up a tableside bananas Foster for you.

Kelly Kordes Anton is the editor of Colorado Expression magazine and the co-author of various books on publishing technologies, including Adobe InDesign How-Tos: 100 Essential Techniques.

TRY IT AT HOME

CAESAR SALAD

2 cloves garlic
Taste kosher salt
2 anchovy fillets, chopped
1 coddled egg
½ lemon
½ Tbsp Dijon mustard
¼ cup red wine vinegar
¾ cup virgin olive oil
¼ tsp Worcestershire
Romaine lettuce heart, washed and dried
¼ cup croutons
¼ cup Parmesan cheese
Taste cracked black pepper

Grind together the garlic and salt. Add the chopped anchovies. Stir in the egg and lemon. Add the vinegar, olive oil and Worcestershire sauce, and whip briefly. Pour over lettuce and toss with croutons, Parmesan and black pepper.

CHORIZO-STUFFED PRAWNS

3 prawns, butterflied
3 Tbsp chorizo sausage
3 slices bacon, blanched
1 bunch parsley, fried
2 oz morita mayonnaise (recipe follows)
½ oz olive oil

Heat oven to 350°. Stuff the butterflied prawns with chorizo. Wrap a piece of the blanched bacon around each prawn and place in the oven. Cook until the chorizo is done. Place the fried parsley on a plate and place the prawns on top. Drizzle with the morita mayonnaise.

MORITA MAYONNAISE

1 pint mayonnaise
1 tsp morita powder
1 Tbsp lemon juice
Salt and pepper to taste

Mix ingredients and serve.

2 COLORADO EXPRESSION JANUARY 2010

COLORADO EXPRESSION JANUARY 2010 3

在 InDesign CS5 中提供了很多可用于微调排版方式的功能，包括突出段落的首字下沉、将标点悬挂到框架边缘外面的视觉边距对齐方式、精确控制行间距和字符间距以及自动平衡多栏的文本量。

7.1 概 述

在本课中，读者将处理一篇在高端生活方式杂志上发表的餐厅评论的版面。为满足该杂志对版面美观的要求，精确地设置了文字的间距和格式：使用基线网格来对齐不同栏中的文本和菜谱的不同部分，并使用了装饰内容，如首字下沉和引文。

> ID **注意：** 如果还没有从配套光盘将本课的资源文件复制到硬盘中，那么现在需要将这些文件复制到硬盘中，详情请参阅“前言”中的“复制课程文件”。

1. 为确保用户使用的 Adobe InDesign CS5 首选项和默认设置与本课使用的相同，将 InDesign Defaults 文件移到其他文件夹，详情请参阅“前言”中的“存储和恢复 InDesign Defaults”文件。
2. 启动 Adobe InDesign CS5。为确保面板和菜单命令与本课使用的相同，先选择菜单“窗口”>“工作区”>“高级”，再选择菜单“窗口”>“工作区”>“重置‘高级’”。
3. 选择菜单“文件”>“打开”，并打开硬盘中 InDesignCIB\Lessons\Lesson_07 文件夹中的 07_Start.indd 文件。如果出现有关缺失字体的警告框，单击“确定”按钮。
4. 选择菜单“文件”>“存储为”，将文件重命名为 07_Type.indd，并将其存储到 Lesson_07 文件夹中。
5. 如果要查看完成后的文档，打开 Lesson_07 文件夹中的 07_End.indd 文件，如图 7.1 所示。可让该文件打开以便工作时参考。查看完毕后，单击文档窗口左上角的标签 07_Type.indd 切换到该文档。

图7.1

在本课中，读者将处理大量的文本。为此，可使用控制面板中的“字符格式控制”和“段落格式控制”，也可使用字符面板和段落面板。设置文本的格式时，使用字符面板和段落面板会更容易，因此可根据需要将这些面板拖放到任意位置。

6. 选择菜单“文字”>“字符”和“文字”>“段落”打开这两个用于设置文本格式的面板。并使这些面板一直处于打开状态，直到完成本课。

> ID **注意：** 如果愿意，将段落面板拖放到字符面板中以创建一个面板组。

7.2 调整垂直间距

InDesign 提供了多种方法用于定制和调整框架中文本的垂直间距，用户可以：

- 使用基线网格设置所有文本行的间距；
- 使用字符面板中的“行距”下拉列表设置每行的间距；
- 使用段落面板中的“段前间距”和“段后间距”文本框设置每个段落的间距；
- 使用“文本框架选项”对话框的“垂直对齐”部分的选项对齐文本框架中的文本。

在本节中，用户将使用基线网格来对齐文本。

7.2.1 使用基线网格对齐文本

确定文档正文的字体大小和行间距后，可能想为整个文档设置一个基线网格（也叫行距网格）。基线网格描述了文档正文的行距，用于对齐相邻文本栏中文字的基线。

设置基线网格前，需要查看文档的上边距和正文的行距。通常，用户需要记录这些值，在下面的步骤中，会多次使用这些值。这些元素与网格协同工作，确保设计的外观一致。

1. 要查看页面的上边距，选择菜单“版面”>“边距和分栏”。从“边距和分栏”对话框中可知，上边距为 6p0（6 派卡 0 点），单击“取消”按钮。
2. 要获悉行距，选择工具箱中的文字工具（T）并在文章第一段（它以 Sure 开头）中的任何位置单击。从字符面板的“行距”（）下拉列表中可知，行距为 14 点。

> ID **注意**：要查看默认基线网格的效果，可选择所有文本（选择菜单“编辑”>“全选”），然后从段落面板菜单中选择“网格对齐方式”>“罗马字基线”。请注意行距改变了多少，然后选择菜单“编辑”>“还原”。

3. 选择菜单“编辑”>“首选项”>“网格”（Windows）或“InDesign”>“首选项”>“网格”（Mac OS）以设置网格选项。
4. 在“基线网格”部分，在“开始”文本框中输入 6p0，以便与上边距 6p0 匹配。该选项决定了文档的第一条网格线的位置。如果使用默认值 3p0，第一条网格线将在上边距上方。
5. 在“间隔”文本框中输入 14 点，使其与行距匹配。
6. 从“视图阈值”下拉列表中选择 100%，如图 7.2 所示。

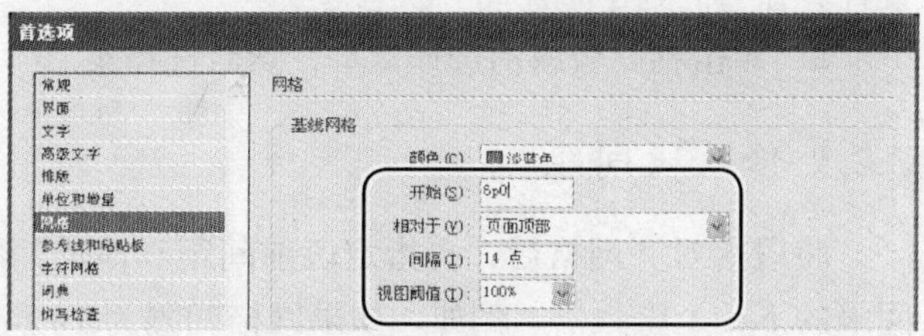

图7.2

视图阈值指定了缩放比例至少为多少时，才能在屏幕上看到基线网格。将其设置为 100% 时，仅当缩放比例不小于 100% 时，才会在文档窗口中显示基线网格。

7. 单击“确定”按钮关闭该对话框。
8. 选择菜单“文件”>“存储”保存所做的工作。

7.2.2 查看基线网格

下面使刚设置的基线网格在屏幕上可见。

1. 要在文档中查看基线网格，选择菜单“视图”>“网格和参考线”>“显示基线网格”，结果如图 7.3 所示。

> **注意:**如果基线网格没有出现,那是因为文档的缩放比例小于基线网格的视图阈值。选择菜单“视图”>“实际尺寸”将视图放大到视图阈值 100%。

可使一个段落、选定段落或文章中的所有段落对齐基线网格；文章指的是一系列串接的文本框架中的所有文本。下面使用段落面板将主文章与基线网格对齐。

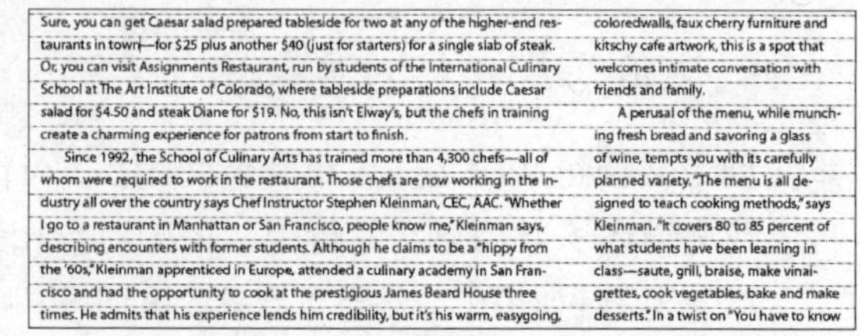
Sure, you can get Caesar salad prepared tableside for two at any of the higher-end restaurants in town—for $25 plus another $40 (just for starters) for a single slab of steak. Or, you can visit Assignments Restaurant, run by students of the International Culinary School at The Art Institute of Colorado, where tableside preparations include Caesar salad for $4.50 and steak Diane for $19. No, this isn't Elway's, but the chefs in training create a charming experience for patrons from start to finish.

Since 1992, the School of Culinary Arts has trained more than 4,300 chefs—all of whom were required to work in the restaurant. Those chefs are now working in the industry all over the country says Chef Instructor Stephen Kleinman, CEC, AAC. "Whether I go to a restaurant in Manhattan or San Francisco, people know me," Kleinman says, describing encounters with former students. Although he claims to be a "hippy from the '60s," Kleinman apprenticed in Europe, attended a culinary academy in San Francisco and had the opportunity to cook at the prestigious James Beard House three times. He admits that his experience lends him credibility, but it's his warm, easygoing,

coloredwalls, faux cherry furniture and kitschy cafe artwork, this is a spot that welcomes intimate conversation with friends and family.

A perusal of the menu, while munching fresh bread and savoring a glass of wine, tempts you with its carefully planned variety. "The menu is all designed to teach cooking methods," says Kleinman. "It covers 80 to 85 percent of what students have been learning in class—saute, grill, braise, make vinaigrettes, cook vegetables, bake and make desserts." In a twist on "You have to know

图7.3

2. 使用文字工具（T）在跨页中第一段的任何地方单击，然后选择菜单“编辑”>“全选”以选择主文章中所有的文本。

> **提示：**设置段落属性时，无需使用文字工具选中整段，只需选中要格式化的段落的一部分即可。如果只格式化一段，只需使用文字工具在该段中单击。

3. 如果段落面板不可见，选择菜单“文字”>“段落”。
4. 在段落面板中，从面板菜单中选择“网格对齐方式”>“罗马字基线”。文本将移动使字符基线与网格线对齐，如图 7.4 所示。

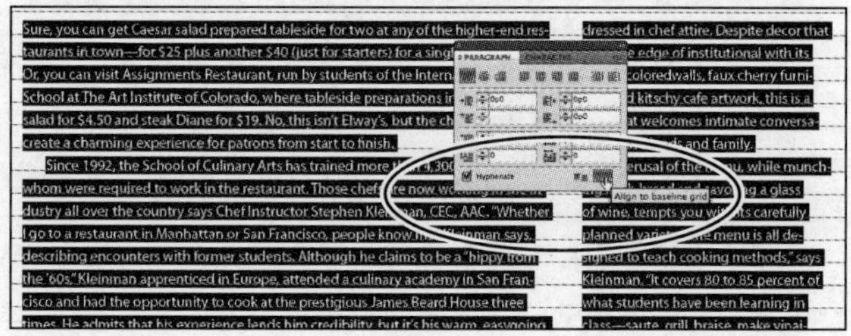

图7.4

在该杂志文章中，引文、文本框和菜谱不与基线网格对齐。为获得颇具创意的版面，设计者让它们处于“浮动”状态。

5. 单击粘贴板取消选择文本，然后选择菜单“文件”>“存储”保存所做的工作。

7.2.3 修改段间距

将段落对齐网格后，再指定段前间距和段后间距时，段前间距和段后间距将自动调整为网格间隔的下一个整数倍。例如，如果网格间隔为 14 点（1p2），而用户将段后间距设置为大于 0 点且小于 14 点的值，InDesign 自动将段后间距增加到 14 点；如果用户指定的值大于 14 点（如 16 点），InDesign 将把它增加到 14 的下一个整数倍，即 28 点。

下面增大主文章中子标题的段前间距，以便子标题更突出。然后更新段落样式，从而将新的段前间距应用于所有子标题。

1. 使用文字工具（T）单击左对页中子标题 THE RESTAURANT 的任何地方。

2. 在段落面板的"段前间距"文本框（ ）中输入 0p6 并按回车键。

点数值将自动转换为派卡值，而该子标题将自动移到与下一条网格线对齐，如图 7.5 所示。

3. 选择菜单"文字" > "段落样式"打开段落样式面板。

4. 在光标仍位于子标题 THE RESTAURANT 中的情况下，注意段落样式面板中样式名称 Subhead 右边有一个加号。

该加号表明，在原有样式的基础上进行了修改选定文本的格式。

5. 从段落样式面板菜单中选择"重新定义样式"（如图 7.6 所示），Subhead 样式将包含选定段落的样式，确却地说是使用新的段前间距。

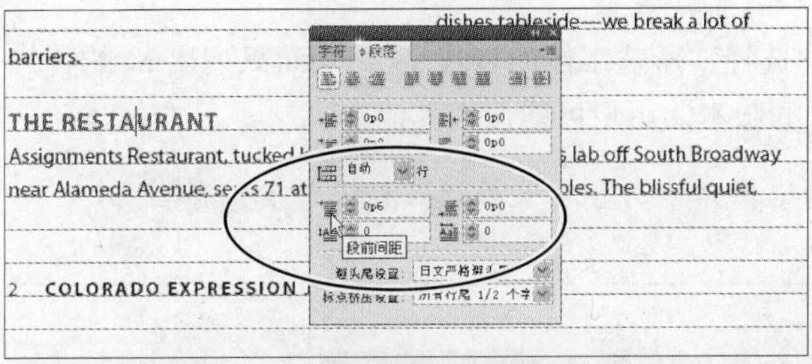

图7.5

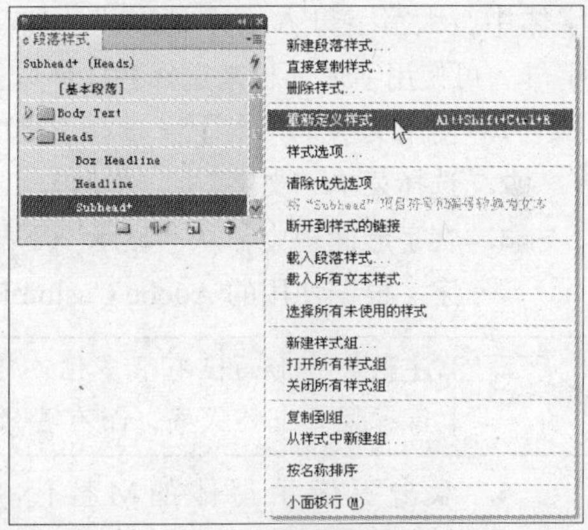

图7.6

注意到样式名称右边的加号消失了，且右对页中子标题 The Goals 的段前间距也相应地增大了。

6. 选择菜单"视图" > "网格和参考线" > "隐藏基线网格"。

7. 选择菜单"编辑" > "全部取消选择"。

8. 选择菜单"文件" > "存储"保存所做的工作。

7.3 修改字体和字体样式

通过修改文本的字体和字体样式，可使文档的外观完全不同。在这里，用户将修改右对页中引文文本的字体、字体样式、大小和行间距。还将插入 OpenType 字体中的一个替代字——花饰字。用户将通过字符面板和字形面板完成这些修改。

1. 放大右对页中的引文。

2. 如果字符面板不可见，选择菜单"文字" > "字符"。

3. 使用文字工具（ T ）在右对页中引文的文本框架中单击，然后单击 4 次以选中整个段落。

4. 在字符面板中设置如下选项（如图 7.7 所示）：

- 字体：Adobe Caslon Pro（该字体被归入 C 中）；
- 字体样式：Bold Italic；
- 字体大小：14 点；

- 行距：30 点。

5. 选择菜单“编辑”>“全部取消选择”。

6. 选择菜单“文件”>“存储”保存所做的工作。

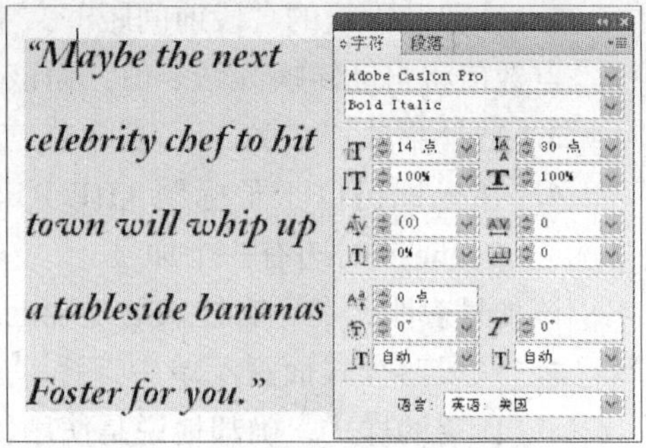

图7.7

7.3.1 使用替代字替换字符

由于 Adobe Caslon Pro 是一种 OpenType 字体（这种字体通常给标准字符提供了多个替代字），因此可选择很多字符的替代字。字形是字符的特定形式。例如，在有些字体中，大写字母 A 有多种形式，如花饰字和小型大写字母。可使用字形面板来选择替代字以及找到一种字体的所有字形。

1. 使用文字工具（T）选择引文中的第一个 M。

2. 选择菜单“文字”>“字形”。

3. 在字形面板中，从“显示”下拉列表中选择“所选字体的替代字”，从而只列出 M 的替代字。根据使用的 Adobe Caslon Pro 字体的版本，用户可能使用其他选项。

> ID **注意：**字形面板有很多控件可用于筛选字体中的字符，如标点和花式字。有些字体有数百个替代字，而有些只有几个。

4. 双击更像手写体的 M 替代字，用它替换引文中原来的 M，如图 7.8 所示。

5. 重复上述过程，将引文末尾的 Foster 中的 F 替换为花饰字 F，如图 7.9 所示。

6. 选择菜单“编辑”>“全部取消选择”。

7. 选择菜单“文件”>“存储”保存所做的工作。

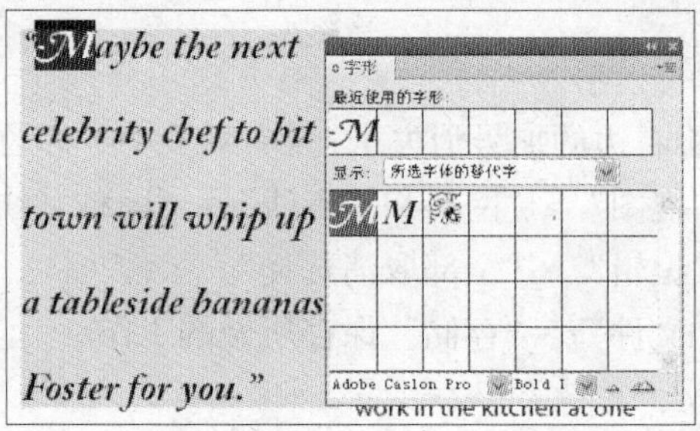

图7.8

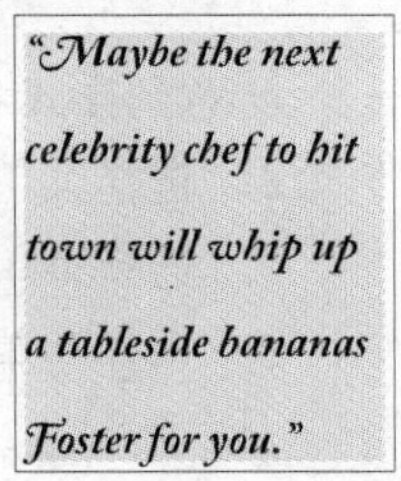

图7.9

7.3.2 添加特殊字符

下面在文章末尾添加一个花饰字和一个右对齐制表符（也称为文章结束字符）。这让用户知道文章到此结束了。

1. 通过滚动或缩放以便能够看到文章正文的最后一段，它以 bananas Foster for you 结束。

2. 使用文字工具（T）在最后一段的句号后面单击。

3. 如果字形面板没有打开，选择菜单“文字”>“字形”。

可以使用字形面板来查看和插入 OpenType 字符，如花饰字、花式字、分数和标准连笔字。

> **提示：** 一些常用的字形（如版权符号和商标符号）也包含在上下文菜单中。要打开上下文菜单，可在光标处单击鼠标右键（Windows）或按住 Control 键并单击（Mac OS）。

4. 从字形面板底部的“字体”下拉列表中选择 Adobe Caslon Pro。
5. 在字形面板中，从“显示”下拉列表中选择“花饰字”。
6. 可从滚动的列表中选择任何喜欢的花饰字，并双击以插入该字符。该字符将出现在文档的插入点处，如图 7.10 所示。

图7.10

7. 使用文字工具（**T**）通过单击将光标插入到最后的句号和花饰字符之间。

> **注意：** 字体 Adobe Caslon Pro 可能包含很多用户以前没有见过的字形，因为它是一种 OpenType 字体。相比于更早的 PostScript 字体，OpenType 字体能够包含更多的字符和字形替代字。Adobe 的 OpenType 字体与 PostScript 字体建立在相同的基础之上。有关 OpenType 字体的更详细信息，请访问 Adobe.com/type。

8. 单击鼠标右键（Windows）或按住 Control 键并单击（Mac OS）以打开上下文菜单，并选择菜单“插入特殊字符”>“其他”>“右对齐制表符”，如图 7.11 所示。
9. 选择菜单“文件”>“存储”，结果如图 7.12 所示。

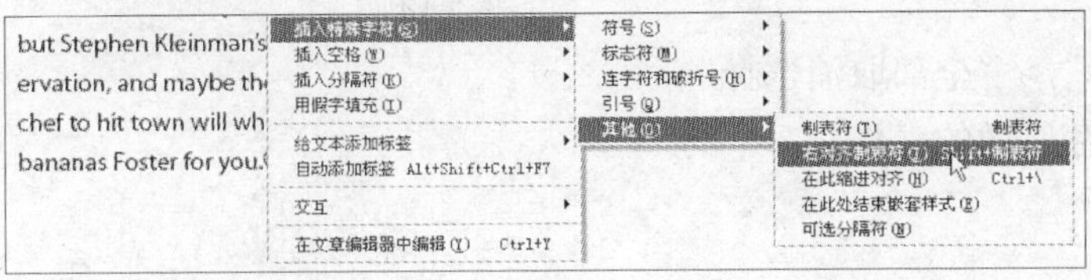

图7.11

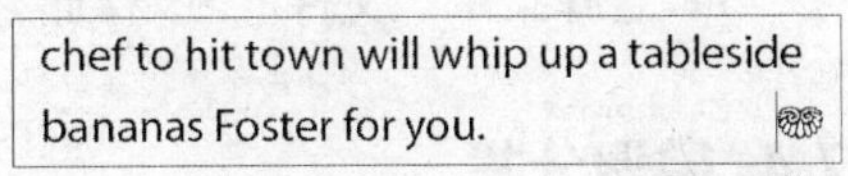

图7.12

7.3.3 插入分数字符

在该文章的菜谱中，使用的并非实际的分数字符，其中的 1/2 是由数字 1、斜线和数字 2 组成的。大多数字符都包含表示常见分数（如 1/2、1/4 和 3/4）的字符。与使用数字和斜线表示的分数相比，这些优雅的分数字符看起来更专业。

> **提示：** 制作菜谱或其他需要各种分数的文档时，大多数字体内置的分数字符并不包含用户需要的所有值。用户需要研究使用有些 OpenType 字体中的分子和分母格式或购买特定的分数字体。

1. 滚动到右对页底部的菜谱。
2. 使用文字工具（T）选择第一个 1/2（菜谱 Caesar Salad 中 1/2lemon 中的 1/2）。
3. 如果没有打开字形面板，选择菜单“文字”>“字形”。
4. 增大该面板以便能够看到更多字符，并在必要时向下滚动以找到分数 1/2。
5. 双击分数字符 ½，以使用它替换选定的文本 1/2，如图 7.13 所示。

注意分数字符 1/2 被存储到字形面板底部的“最近使用的字形”部分中。

下面修改分数 1/4 和 3/4。

6. 在菜谱 Caesar Salad 中，找到并选择 1/4（1/4 cup red wine vinegar）。
7. 在字形面板中，找到并双击分数字符 1/4。
8. 重复第 6~7 步，找到并选择 3/4（3/4 cup virgin olive oil）并在字形面板中使用分数字符 3/4 将其替换。
9. 如果用户愿意，请替换菜谱中余下的 1/2 和 1/4：选择它们，并在字形面板的“最近使用的字形”部分双击相应的字形。最终结果如图 7.14 所示。

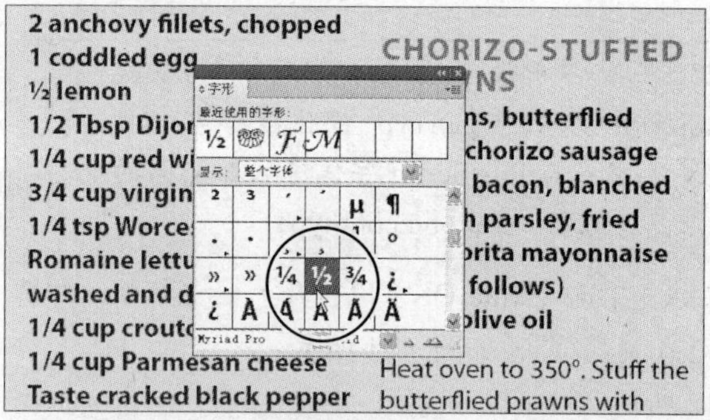

图7.13

图7.14

10. 关闭字形面板，选择菜单“编辑”>“全部取消选择”。
11. 选择菜单“文件”>“存储”保存所做的工作。

7.4 微调分栏

除调整文本框架的栏数、栏宽、栏间距外，还可创建跨栏的标题以及自动平衡多栏中的文本量。

7.4.1 创建跨栏的标题

包含菜谱的旁注文本框中没有标题。下面首先添加一个标题，然后让该标题横跨文本框架中的三栏。

1. 使用文字工具（T）在 CAESAR SALAD 前面单击并输入 TRY IT AT HOME，再按回车键。在 TRY IT AT HOME 中单击。
2. 选择菜单“文字”>“段落样式”。单击文件夹 Heads 左边的三角形以显示为标题创建的所有段落样式。

3. 单击段落样式 Recipe Box HeadLing 应用该样式，结果如图 7.15 所示。
4. 如果段落面板没有打开，选择菜单“文字” > “段落”。
5. 从段落面板菜单中选择“跨栏”。

> ID | **提示：**也可在选择了文字工具的情况下，从控制面板的面板菜单中选择“跨栏”。

6. 在“跨栏”对话框中，从“段落版面”下拉列表中选择“跨栏”。
7. 选择“预览”复选框，从“跨越”下拉列表中选择不同的选项，并观察该标题的外观。然后选择“全部”并单击“确定”按钮，如图 7.16 所示。

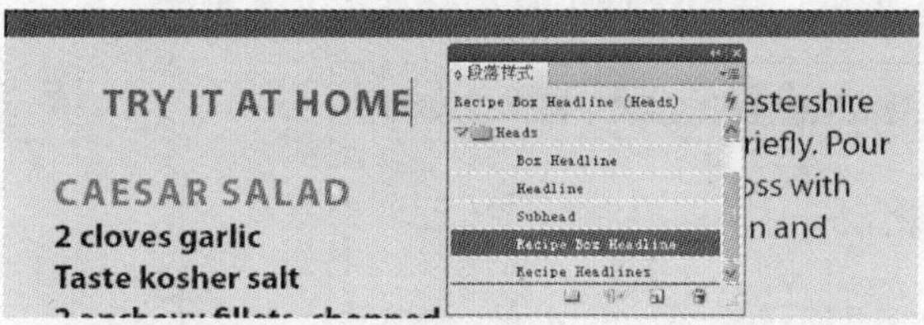

图7.15

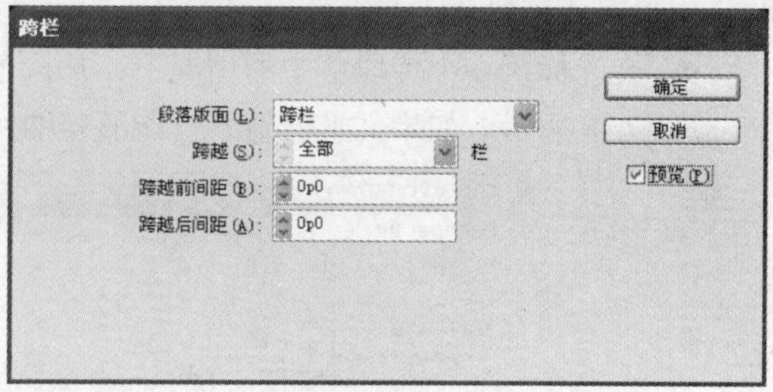

图7.16

8. 选择菜单“文件” > “存储”保存所做的工作。

7.4.2 平衡分栏

添加标题后，下面通过平衡每栏的文本量完成对旁注文本框的微调。可通过插入一个分栏符（“文字” > “插入分隔符” > “分栏符”）手工完成这项任务，但重排文本后，分隔符仍将保留，这常导致文本进入错误的分栏。下面自动平衡分栏。

1. 使用选择工具（ ）单击以选择包含菜谱的文本框架。
2. 单击控制面板中的“平衡栏”按钮（ ），结果如图 7.17 所示。
3. 选择菜单“文件” > “存储”保存所做的工作。

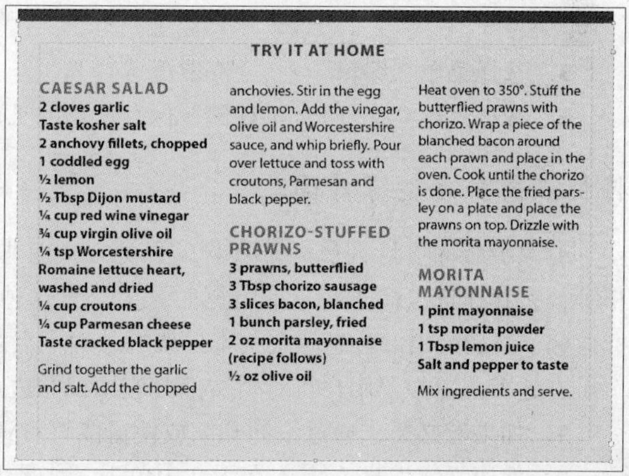

图7.17

> ID | **提示：**也可在“文本框架选项”对话框（位于菜单“对象”中）中选中“平衡栏”复选框。

7.5 修改段落的对齐方式

通过修改水平对齐方式，可轻松地控制段落如何适合其文本框架。可使文本与文本框架的一个或两个边缘对齐，可设置内边距以及让文本的左右边缘都对齐。在本节中，用户将使作者小传与右边距对齐。

1. 如果有必要，滚动并缩放以便能够看到文章最后一段下面的作者小传。
2. 使用文字工具（T）通过单击将光标放在小传内。
3. 在段落面板中单击“右对齐”按钮（≣）。

由于小传中的文本字体很小，导致文本行与基线网格之间的间距看起来太大。为修复这种问题，用户将使该段落不与基线网格对齐。

4. 在光标仍在小传段落中的情况下，从段落面板菜单中选择“网格对齐方式”>“无”，如图7.18所示。如果文本框架不再能够容纳所有文本，使用选择工具稍微加大文本框架。

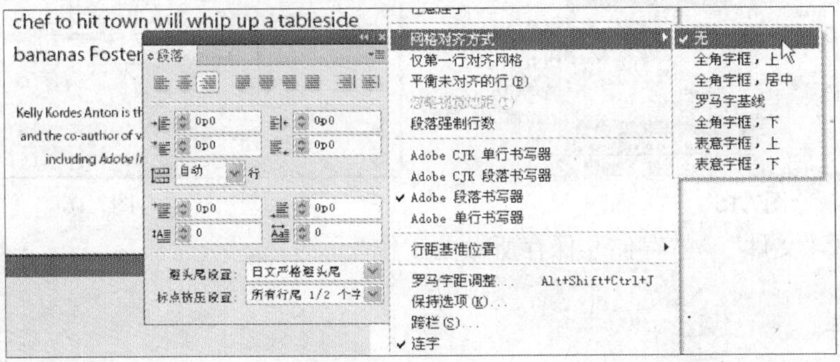

图7.18

5. 选择菜单“编辑”>“全部取消选择”。
6. 选择菜单“文件”>“存储”保存所做的工作。

将标点悬挂在边缘外面

专家级版面设计人员通常喜欢以视觉方式而非数字方式对齐文本。有时候，边距看起来并不相等，尤其在标点位于行首或行尾时。为修复这种视觉差异，设计人员使用视觉边距对齐方式将标点和字符的突出部分悬挂在文本框架的外面一点。

在这个练习中，用户将对引文部分应用视觉边距对齐。

1. 如果有必要，通过滚动和缩放使得能够看到右对页中的引文。
2. 使用文字工具（T）在引文中单击。如果无法在引文中单击，先使用选择工具选择其文本框架。
3. 选择菜单“文字”>“文章”打开文章面板。

> ID | **注意：**选中“视觉边距对齐方式”复选框时，它将应用于文章中的所有文本（一系列串接的文本框架中的所有文本），因此通过文章面板应用它。

4. 选中“视觉边距对齐方式”复选框，如图 7.19 所示。然后关闭文章面板。

注意到现在左引号的左边缘悬挂在文本框架的外面，但文本看起来对齐得更准，如图 7.20 所示。

5. 选择菜单“编辑”>“全部取消选择”。
6. 选择菜单“文件”>“存储”保存所做的工作。

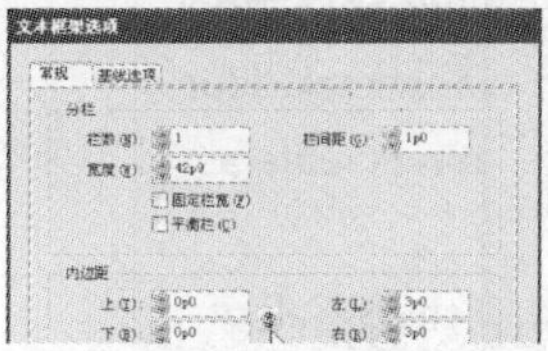

图7.19

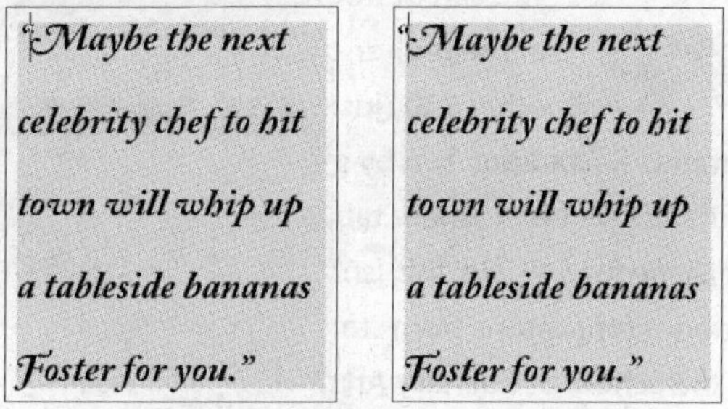

图7.20

应用视觉边距对齐方式之前（左）和之后（右）

7.6 创建下沉效果

使用 InDesign 中特殊的字体功能，可在文档中添加富有创意的点缀。例如，可使段落中第一个字符或单词下沉、使用渐变或颜色填充文本、创建上标和下标字符以及连笔字和默认数字样式。下面给文章第一段的前 5 个字符创建下沉效果。

1. 通过滚动以便看到左对页的第一段，使用文字工具（T）在该段的任何地方单击。
2. 在段落面板中的“首字下沉行数（![]）”文本框中输入 3，让字母下沉 3 行。
3. 在“首字下沉一个或多个字符”（![]）文本框中输入 5 以增大前 5 个字母（Sure 和后面的逗号），然后按回车键，如图 7.21 所示。

图7.21

4. 使用文字工具选择 5 个下沉的字符。

现在，可根据需要应用字符格式了。在很多杂志中，定期发表的文章通常与专题文章一样，给下沉字母设置更华丽的格式。

5. 选择菜单“文字”>“字符样式”打开字符样式面板。
6. 单击样式 Drop Cap 将其应用于选定文本，单击这些文本以取消选择它们并查看下沉效果，结果如图 7.22 所示。
7. 选择菜单“文件”>“存储”保存所做的工作。

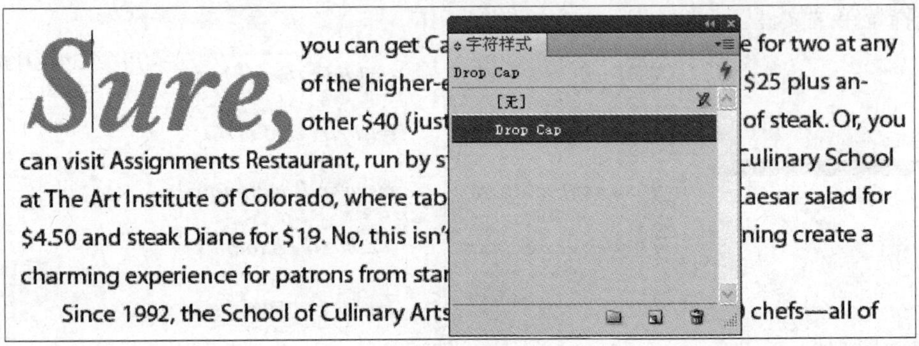

图7.22

7.6.1 给文本添加描边

下面给下沉字母添加描边。

1. 在仍选择了文字工具（T）的情况下，选择下沉字母。
2. 选择菜单“窗口”>“颜色”>“色板”。在色板面板中，单击描边框（ ），然后单击“[黑色]”。

每个字母周围都将出现描边。默认的描边粗细为 1 点，下面将描边粗细改为 1.5 点。

3. 选择菜单“窗口”>“描边”打开描边面板。在描边面板的“粗细”文本框中输入 1.5 点并按回车键。
4. 按 Shift + Ctrl + A（Windows）或 Shift + Command + A（Mac OS）组合键取消选择文本，以查看描边效果，如图 7.23 所示。

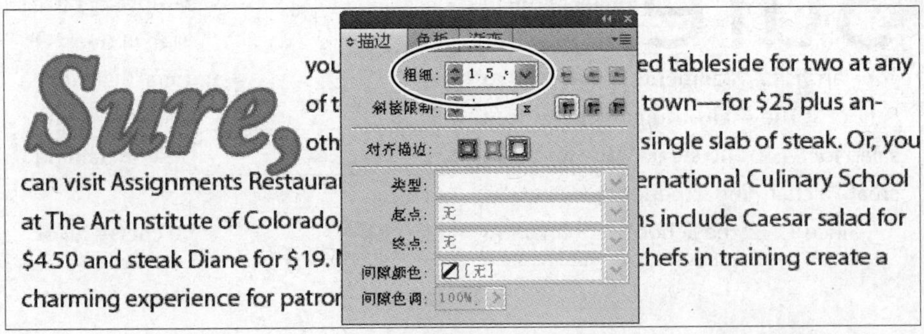

图7.23

即使编辑文本时，描边和下沉效果也会保留下来。为了解这一点，下面使用一个替代字替换 Sure 中的 S。

5. 关闭描边面板，然后选择菜单“文字”>“字形”。
6. 使用文字工具选择 Sure 中的 S。
7. 在字形面板中，从“显示”下拉列表中选择“所选字体的替代字”。
8. 双击花饰字 S 以替换斜体 S。
9. 关闭字形面板。
10. 选择菜单“文件”>“存储”保存所做的工作。

7.6.2 调整下沉字母的对齐方式

可调整下沉字母的对齐方式，还可缩放带下行部分的下沉字母（如 y）。在本节中，用户将调整下沉字母使其更好地对齐左边距。

1. 使用文字工具（T）在包含下沉字母的段落中单击。
2. 选择菜单“文字”>“段落”。从段落面板菜单中选择“首字下沉和嵌套样式”。
3. 选中右边的“预览”复选框，以便能够看到所做的修改。
4. 选中“左对齐”复选框让下沉字母更好地与左边缘对齐，如图 7.24 所示。

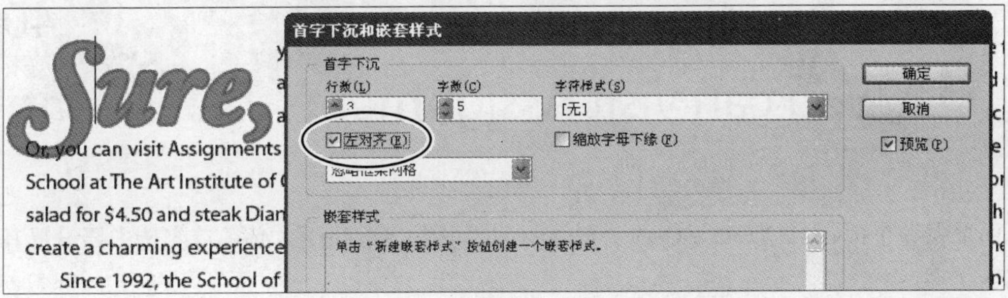

图7.24

5. 选中“缩放字母下缘”复选框，以查看 InDesign 如何补偿 S 下缘的大小。
6. 取消选中“缩放字母下缘”复选框恢复下沉字母的原来大小，然后单击“确定”按钮。
7. 选择菜单“文件”>“存储”保存所做的工作。

7.7 调整字符间距和字间距

使用字符间距调整和字偶间距调整功能可调整字间距和字符间距；还可以使用 Adobe 单行书写器和 Adobe 段落书写器控制整个段落中文本的间距。

7.7.1 调整字偶间距和字符间距

在 InDesign CS5 中，使用字符间距调整和字偶间距调整功能可调整字间距和字符间距。字偶间距调整指的是增大或缩小两个特定字符之间的间距；字符间距调整指的是将一系列的字母之间的间距设置为相同的值。对文本可以同时调整字符间距和字偶间距。

下面手工调整一些下沉字母的字偶间距，然后调整紫色框中的标题 IF YOU GO 的字符间距。

1. 为方便看清字符间距的差别及调整字偶间距后的效果，选择工具箱中的缩放工具（🔍）并拖曳出一个环绕下沉字母的矩形框。
2. 使用文字工具（T）在 Sure 中的 u 和 r 之间单击。
3. 按 Alt + 右方向键（Windows）或 Option + 右方向键（Mac OS）将字母 r 向右移。重复按上述组合键，直到对这两个字母之间的间距满意为止。

> **ID** **注意**：调整字偶间距时，在按住 Alt（Windows）或 Option（Mac OS）键的同时按左方向键将缩小间距，而按右方向键将增大间距。

这里用户按了两次，如图 7.25 所示。字符面板也指出了新的字偶间距。

图7.25

下面增大整个标题 IF YOU GO 的字符间距。要设置字符间距，必须首先选中要设置其字符间距的文本。

4. 选择菜单"编辑">"全部取消选择"。向下滚动以便能够看到单词 Sure 下方的紫色框中的标题 IF YOU GO。
5. 使用文字工具（T）在标题 IF YOU GO 上单击 3 次以选择整个标题（如果这样选择有困难，请首先使用选择工具选择紫色文本框架）。
6. 在字符面板的"字符间距"（AV）下拉列表中选择 50，如图 7.26 所示。

图7.26

7. 在粘贴板中单击以取消选择文本。

8. 选择菜单“视图”>“使跨页适合窗口”以便能够看到最近所做的修改的整体效果。

9. 选择菜单“文件”>“存储”保存所做的工作。

7.7.2 使用 Adobe 段落书写器和 Adobe 单行书写器

段落中文字的疏密程度是由使用的排版方法决定的。排文时，InDesign 根据用户指定的字间距、字符间距、字形缩放和连字选项，评估并选择最佳的换行方式。InDesign 提供了两种排版方法：Adobe 段落书写器和 Adobe 单行书写器，前者考虑段落中所有的行，而后者分别考虑每一行。

用户使用段落书写器时，InDesign 对每行进行排版时都将考虑对段落中其他行的影响，最终的结果是获得最佳的段落排版方式。用户修改某一行的文本时，同一段落中前面的行和后面的行可能改变换行位置，以确保整个段落中文字之间的间距是均匀的。使用单行书写器时（这是其他排版和字处理程序使用的标准排版方式），只有被编辑的文本后面的文本行被重排。

本课的文档使用的是默认排版方法：Adobe 段落书写器。为让用户明白段落书写器和单行书写器之间的差别，下面使用单行书写器重排正文。

1. 使用文字工具（T）在主文章中单击。

2. 选择菜单“编辑”>“全选”。

3. 从段落面板菜单中选择“Adobe 单行书写器”，如图 7.27 所示。如果有必要，增大视图以便能够看出差别。

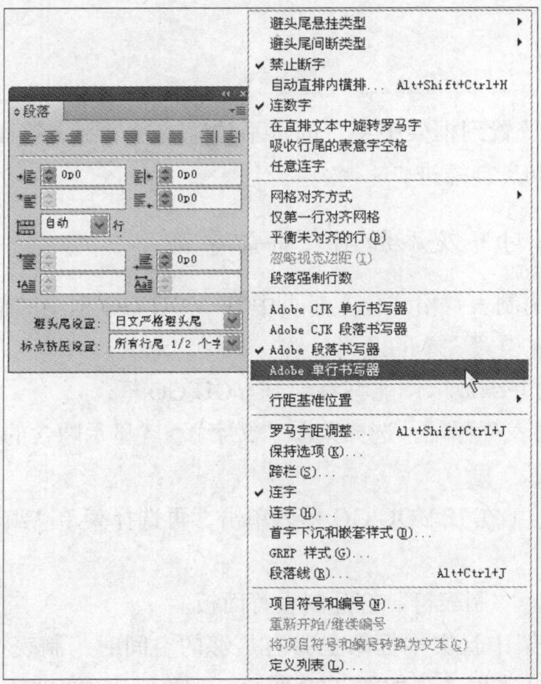

图7.27

单行书写器分别处理每一行，因此可能导致段落中的某些行比其他行更稀疏或更紧密。由于段落书写器同时考虑多行，因此段落中各行的疏密程度更一致。

4. 单击页面的空白区域以取消选择文本，然后查看间距和换行方面的差别，如图 7.28 所示。

5. 为将文章恢复到使用 Adobe 段落书写器，选择菜单“编辑”>“还原”。

6. 选择菜单“文件”>“存储”保存所做的工作。

A perusal of the menu, while munch-
ing fresh bread and savoring a glass
of wine, tempts you with its carefully
planned variety. "The menu is all de-
signed to teach cooking methods," says
Kleinman. "It covers 80 to 85 percent of
what students have been learning in
class—saute, grill, braise, make vinai-
grettes, cook vegetables, bake and make
desserts." In a twist on "You have to know
the rules to break them," Kleinman insists
that students need to first learn the
basics before they can go on to create
their own dishes.

A perusal of the menu, while
munching fresh bread and savoring a
glass of wine, tempts you with its
carefully planned variety. "The menu is
all designed to teach cooking methods,"
says Kleinman. "It covers 80 to 85
percent of what students have been
learning in class—saute, grill, braise,
make vinaigrettes, cook vegetables, bake
and make desserts." In a twist on "You
have to know the rules to break them,"
Kleinman insists that students need to
first learn the basics before they can go
on to create their own dishes.

Adobe段落书写器（左）和Adobe单行书写器（右）

图7.28

7.8 设置制表符

可使用制表符将文本放置到框架中特定的水平位置。通过制表符面板，可组织文本、指定制表符前导符以及设置缩进和悬挂缩进。

7.8.1 让文本与制表符对齐及添加制表符前导符

在本节中，用户将使用制表符格式化左对页中 IF YOU GO 框中的信息。已经在文本中输入了制表符标记，因此用户只需设置文本的最终位置。

1. 如果有必要，滚动并缩放以便能够看到 IF YOU GO 框。

2. 要看到文本中的制表符标记，选择菜单“文字”>“显示隐含的字符”，并确保在工具箱中选择了“正常模式”（▣）。

3. 使用文字工具（T）在 IF YOU GO 框内单击，再选择菜单“编辑”>“全选”以选择所有文本。

4. 选择菜单“文字”>“制表符”打开制表符面板。

当插入点位于文本框架中且文本框架上方有足够的空间时，制表符面板将与文本框架对齐，使制表符面板中的标尺与文本对齐，如图 7.29 所示。无论制表符面板位于什么地方，都可通过输入值来精确地设置制表符。

ID **注意：**如果修改缩放比例，制表符面板可能不再与包含插入点的文本框架对齐。要重新对齐制表符面板，可单击该面板中的“将面板放在文本框架上方”（ ）图标。

图7.29

5. 在制表符面板中，单击“左对齐制表符”按钮（ ）让文本与左端的制表符位置对齐。
6. 在文本框“X”输入 5p5 并按回车键。

现在，在选定文本中，每个制表符标记后面的信息都与新的制表符位置对齐。制表符位置位于制表符面板中标尺的上方。

7. 在文本仍被选中且制表符面板仍打开的情况下，单击新制表符位置将其选择。在“前导符”文本框中输入一个句点和一个空格。通过在前导符中使用空格，可增大一系列句点之间的间距。
8. 按回车键让前导符生效，如图 7.30 所示。让制表符面板打开，并保持其位置不变，以方便下一节使用。

在文本框“前导符”中指定的字符将用于填补文本和制表符位置之间的空白。在目录中通常需要使用前导符。

图7.30

9. 选择菜单“文件”>“存储”保存所做的工作。

7.8.2 设置悬挂缩进

悬挂缩进指的是制表符标记前面的文本向左缩进，这在项目符号列表或编号列表中经常见到。为给 IF YOU GO 框中的信息设置悬挂缩进，用户可使用制表符面板。也可使用段落面板中的“左缩进”（ ）和“首行左缩进”（ ）。

1. 使用文字工具（T）选中 IF YOU GO 框中的文本。
2. 确保制表符面板仍与该文本框架对齐。

> ID **注意：**如果制表符面板移动了，单击制表符面板右边的“将面板放在文本框架上方”（ ）图标。

3. 在制表符面板中，向右拖曳标尺左端的缩进标记，直到 X 的值为 5p5。拖曳下面的标记将同时移动两个标记，注意所有文本都向右移动，且段落面板中的左缩进值为 5p5。

下面将分类标题恢复到原来的位置，以创建悬挂缩进。

4. 在段落面板中，在“首行左缩进”（ ）文本框中输入 –5p5，如图 7.31 所示。取消选中文本以查看悬挂缩进效果。

> ID **提示：**也可通过拖曳制表符标尺上方的上面那个标记来调整选定段落的首行缩进，但将难以选择该标记，试图选择它时可能不小心创建或修改制表符位置。

图7.31

5. 关闭制表符面板。

文本框架右下角的红色加号指出现在的文本框架存在溢流文本。修复这种问题的方法有多种，包括增大文本框架、调整字符间距或编辑文本。这里将采用编辑文本的方法。

6. 使用文字工具双击 Hours 部分的单词 through。

7. 选择菜单“文字”>“插入特殊字符”>“连字符和破折号”>“半角破折号”。删除破折号两边的空格。

在很多情况下，编辑更喜欢在指定取值范围时使用半角破折号而不是连字符。

8. 选择菜单“文件”>“存储”保存所做的工作。

使用制表符

提示：处理制表符时，选择菜单“文字”>“显示隐含的字符”以显示制表符将有所帮助。在字处理文件中，创建者经常为对齐文本而输入了多个制表符，甚至输入空格而不是制表符。要处理并修复这样的问题，唯一的途径是显示隐藏的字符。

InDesign中用于创建和定制制表符的控件与字处理器中的控件极其相似。用户可精确地指定制表符的位置、在栏中重复制表符、为制表符指定前导符、指定文本与制表符的对齐方式以及轻松地修改制表符。制表符是一种段落格式，因此它们应用于插入点所在的段落或选定段落。所有用于处理制表符的控件都在制表符面板中，可通过选择菜单“文字”>“制表符”打开该面板。下面是制表符控件的工作原理。

- 输入制表符：要在文本中输入制表符，可按 Tab 键。
- 指定制表符对齐方式：要指定文本与制表符位置的对齐方式（如传统的左对齐或对齐小数点），可单击制表符面板左上角的一个按钮。这些按钮分别是“左对齐制表符”、“居中对齐制表符”、“右对齐制表符”和“对齐小数位（或其他指定字符）制表符”。
- 指定制表符的位置：要指定制表符位置，单击对齐方式按钮之一，然后在文本框“X”中输入一个值并按回车键。也可单击对齐方式按钮之一，再单击标尺上方的空白区域。
- 重复制表符：要创建多个间距相同的制表符位置，选择标尺上的一个制表符位置，再从制表符面板菜单中选择“重复制表符”。这将根据选定制表符位置与前一个制表符位置之间的距离（或左缩进量）创建多个覆盖整栏的制表符位置。
- 指定文本中对齐的字符：要指定文本中哪个字符（如小数点）与制表符位置对齐，单击“对齐小数位（或其他指定字符）制表符”按钮，然后在“对齐位置”文本框中输入或粘贴一个字符（如果文本没有包含该字符，文本将与制表符位置左对齐）。

- 指定制表符前导符：要填充文本和制表符位置之间的空白区域，例如在目录中的文本和页码之间添加句点，可在“前导符”文本框中输入将重复的字符，最多可输入 8 个这样的字符。
- 移动制表符位置：要调整制表符位置，选择标尺上的制表符位置，再在文本框“X”中输入新值，然后按回车键。也可将标尺上的制表符位置拖放到新地方。
- 删除制表符位置：要删除制表符位置，将其拖离标尺；也可选择标尺上的制表符位置，然后从制表符面板菜单中选择“删除制表符”。
- 重置默认制表符：要恢复默认制表符位置，从制表符面板菜单中选择“清除全部”。默认制表符的位置随在“首选项”对话框的“单位和增量”中所做的设置而异。例如，如果水平标尺的单位被设置为英寸，则默认每隔 0.5 英寸放置一个制表符。
- 修改制表符对齐方式：要修改制表符对齐方式，可在标尺上选择制表符，然后单击其他制表符按钮。也可按住 Alt（Windows）或 Option（Mac OS）键并单击标尺上的制表符，这将在四种对齐方式之间切换。

ID **注意**：在 Mac OS 中，输入制表符的新位置后，如果按数字键盘中的回车键，将新建一个制表符，而不是移动选定的制表符。

7.9 在段落前面添加段落线

可以在段落前面和后面添加段落线。使用段落线而不是绘制一条直线的优点是，可对段落线应用段落样式，且重排文本时，段落线将随段落一起移动。下面在文章后面的作者小传前面添加段落线。

1. 滚动到包含作者小传的右对页的第 3 栏。
2. 使用文字工具（T）在作者小传中单击。
3. 从段落面板菜单中选择“段落线”。
4. 从“段落线”对话框左上角的下拉列表中选择“段前线”，并选中复选框“启用段落线”。
5. 选中复选框“预览”。将对话框移到一边，以便能够看到段落。
6. 在“段落线”对话框中设置如下选项（如图 7.32 所示）：

- 从“粗细”下拉列表中选择 1 点。
- 从“颜色”下拉列表中选择 PANTONE 584 PC。

- 从“宽度”下拉列表中选择“栏”。
- 在文本框“位移”中输入 0p9。

7. 单击“确定”按钮让修改生效。

作者小传上方将出现一条石灰绿的段落线。

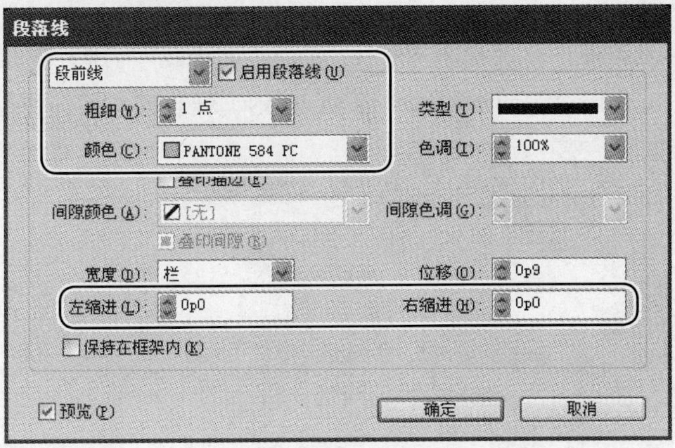

图7.32

8. 要查看结果。

- 选择菜单“视图”>“使跨页适合窗口”。
- 在屏幕顶部的应用程序栏中，从“屏幕模式”下拉列表（ ）中选择“预览”。
- 按 Tab 键隐藏所有面板。

9. 选择菜单“文件”>“存储”保存所做的工作。

为制作好这篇文章，用户还可能需要与编辑或校对人员一起修复文本行过紧或过松、换行位置不合适、孤寡词等问题。

7.10 练 习

学习了对 InDesign 文档中的文本进行格式化的基本知识后，可以自己来使用这些技巧。尝试完成下述任务，以提高排版技能。

1. 使用文字工具在各种段落中单击，并尝试通过段落面板菜单启用和禁用连字功能。选中一个用连字符连接的单词，并从字符面板菜单中选择“不换行”，以避免用连字符连接单词。
2. 尝试各种连字设置。首先选择主文章中的所有文本，然后从段落面板菜单中选择“连字”。在“连字设置”对话框中，选中“预览”复选框，并尝试各种设置。例如，对于这些文本，选中了“连字大写的单词”复选框，但编辑可能想禁用这项功能，以免在厨师的姓名中添加连字符。

3. 尝试各种对齐设置。首先选择全部文本，然后在段落面板中单击“双齐末行齐左”按钮（ ）。从段落面板单击“全部强制双齐”按钮，然后查看使用Adobe单行书写器和Adobe段落书写器时有何不同。

4. 打开菜单“文字”>“插入特殊字符”，并查看其中的各种选项，如“符号”>“项目符号字符”和“连字符和破折号”>“全角破折号”。使用这些字符而不是连字符可极大地提高版面的专业水准。打开菜单“文字”>“插入空格”，注意到其中包含一个“不间断空格”选项。可使用它将两个单词（如Mac OS）粘起，使其即使位于行尾也不会分开。

复习

复习题

1. 如何显示基线网格？
2. 什么情况下在什么地方使用右对齐制表符？
3. 如何将标点悬挂在文本框架边缘的外面？
4. 如何平衡分栏？
5. 字符间距和字偶间距之间有何区别？
6. Adobe 段落书写器和 Adobe 单行书写器之间有何区别？

复习题答案

1. 要显示基线网格，选择“视图”>“网格和参考线”>“显示基线网格”。仅当文档的缩放比例不小于在首选项“基线网格”中设置的视图阈值时，才会显示基线网格。默认情况下，视图阈值为 75%。
2. 右对齐制表符自动将文本与段落的右边缘对齐，这在添加文章结束符号时很有用。
3. 选择文本框架，再选择菜单“文字”>“文章”。选中“视觉边距对齐方式”复选框，这将自动将这种对齐方式应用于文章中所有的文本。
4. 使用选择工具选择文本框架，然后单击控制面板中的“平衡栏”按钮，也可在“文本框架选项”对话框（“对象”>“文本框架选项”）中选中“平衡栏”复选框。
5. 字偶间距调整的是两个字符之间的间距；字符间距是指一系列选定字符之间的间距。
6. 段落书写器在确定最佳换行位置时同时评估多行；而单行书写器每次只考虑一行。

第8课 处理颜色

本课简要地介绍如何使用和管理颜色，读者将学习以下内容：

- 在开始创建颜色和导入彩色图像前考虑输出方法；
- 在色板面板中添加颜色；
- 将颜色应用于对象和文本；
- 创建虚线描边；
- 创建并应用渐变色板；
- 调整渐变的混合方向；
- 创建并应用色调；
- 创建并应用专色。

学习本课大约需要 60 分钟。

用户可以创建、保存印刷色和专色并将其应用于对象、描边和文本。存储的颜色包括色调、混合油墨和渐变。使用印前检查配置文件有助于确保颜色正确输出。

8.1 概 述

在本课中，将为一家虚构的巧克力公司 Tifflins Truffles 处理一幅广告画——向其中添加颜色、色调和渐变效果。这幅广告画包括 CMYK 和专色，以及导入的 CMYK 图像。下面使用印前检查配置文件查看导入图像的颜色模式。

> ID **注意：**如果还没有从配套光盘将本课的资源文件复制到硬盘中，那么现在需要将这些文件复制到硬盘，详情请参阅“前言”中的“复制课程文件”。

1. 为确保用户使用的 Adobe InDesign CS5 首选项和默认设置与本课使用的相同，在使用前请将 InDesign Defaults 文件移到其他文件夹，详情请参阅“前言”中的“存储和恢复 InDesign Defaults”文件。
2. 启动 Adobe InDesign CS5。为确保面板和菜单命令与本课使用的相同，先选择菜单“窗口”>“工作区”>“高级”，再选择菜单“窗口”>“工作区”>“重置‘高级’”。
3. 选择菜单“文件”>“打开”，打开硬盘中文件夹 InDesignCIB\Lessons\Lesson_08 中的文件 08_Start.indd。
4. 选择菜单“文件”>“存储为”，将文件重命名为 08_Color.indd 并存储到文件夹 Lesson_08 中。
5. 如果想查看最终的文档，可打开文件夹 Lesson_08 中的 08_End.indd，如图 8.1 所示。可以使该文件处于打开状态，以供工作时参考。查看完毕后，单击文档窗口左上角的标签“08_Color.indd”切换到该文档。

图8.1

8.2 确定印刷要求

无论处理的文档是以印刷、PDF 方式，还是以交互式方式提供，开始处理文档之前都应了解输出要求。例如，对于要打印的文档，应与印前服务提供商联系，同他们讨论文档的设计和如何使用颜色。由于印前服务提供商知道其设备的功能，可以向用户提供一些建议，帮助用户节省时间和费用、提高质量以及避免代价高昂的印刷或颜色问题。本课使用的杂志文章将被设计成由采用 CMYK 颜色模型的商业印刷厂印刷。

> **ID** **提示：**输出提供商或商业印刷厂可能提供印前检查配置文件，其中包含有关输出的所有规范。可导入该配置文件，并检查用户的作品是否满足其中指定的条件。

为核实文档是否满足印刷需求，可使用印前检查配置文件，它包含一组有关文档的尺寸、字体、颜色、图像、出血等方面的规则。印前检查面板将指出文档存在的问题，即没有遵循配置文件中规则的地方。在本节中，将导入杂志印刷商提供的印前检查配置文件，本课的广告将由该印刷商印刷。

1. 选择菜单“窗口”>“输出”>“印前检查”。
2. 从印前检查面板菜单中选择“定义配置文件”。
3. 在“印前检查配置文件”对话框中，单击左边的印前检查配置文件列表底部的按钮“印前检查配置文件菜单”（![]），并选择“载入配置文件”。
4. 选择硬盘中文件夹 InDesignCIB\Lessons\Lesson_08 中的 Magazine Profile.idpp，再单击“打开”按钮。
5. 在选择了 Magazine Profile 的情况下，查看为该广告指定的输出设置，如图 8.2 所示。选定的复选框表示 InDesign 将把它标记为不正确。例如，由于选中了 RGB 复选框，因此 RGB 图像将被视为错误。
6. 单击“确定”按钮关闭“印前检查配置文件”对话框。

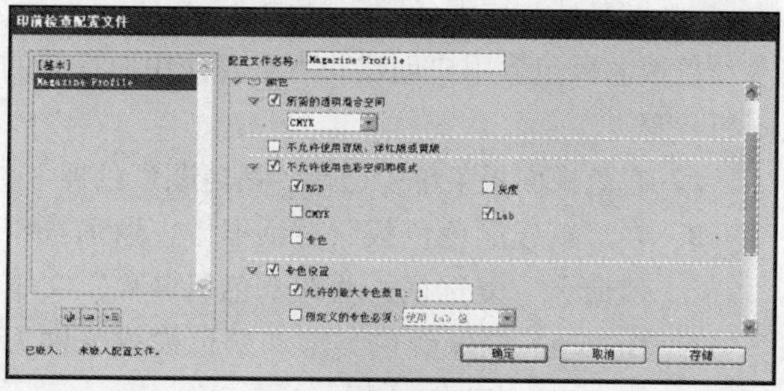

图8.2

7. 在印前检查面板中，从下拉列表“配置文件”中选择 Magazine Profile。

注意该配置文件检测到导入的 Illustrator 文件存在一个问题。如果要在杂志中使用该广告，必须先修改这个错误。

> **ID** **提示：**文档窗口左下角总是显示文档中有多少个印前检查错误。如果看到有很多错误，可打开印前检查面板查看更多信息。

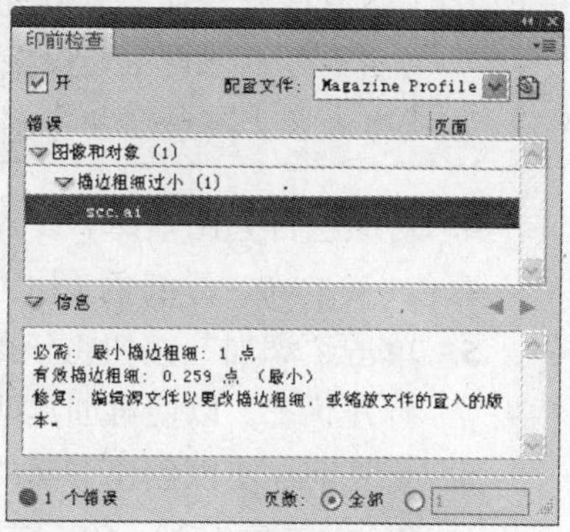

图8.3

8. 要查看这个错误，单击“图像和对象”旁边的三角形，再单击“描边粗细过小”旁边的三角形，然后双击图形文件名 scc.ai 以查看有问题的图像，如图 8.3 所示。
9. 关闭印前检查面板。
10. 选择菜单“文件”>“存储”保存文档。

8.3 创建和应用颜色

为最大限度地提高设计的灵活性，InDesign 提供了很多创建并应用颜色和渐变的方法，这便于用户进行各种尝试，同时确保输出正确。在本节中，读者将学习各种创建并应用颜色的方法。

8.3.1 在色板面板中添加颜色

可以结合使用面板和工具给对象添加颜色。InDesign CS5 色彩工作流程以色板面板为中心。可使用色板面板给颜色命名，这样便于将颜色应用于文档中的对象以及编辑和更新其颜色。虽然也可使用颜色面板将颜色应用于对象，但其没有更新这些颜色（被称为未命名颜色）的快速方法，而必须分别更新每个对象的未命名颜色。

> ID **注意：**完成本课的任务时，请根据需要随意移动面板和修改缩放比例。有关这方面的更详细信息，请参阅第 1 课的“修改文档的缩放比例”一节。

下面创建将在该文档中使用的大部分颜色。由于该文档将用于商业出版，因此将创建 CMYK 印刷色。

1. 确保没有选中任何对象，然后单击色板面板的标签（如果色板面板不可见，可选择菜单“窗口”>“颜色”>“色板”）。

色板面板包含用户创建并为重复使用而存储的颜色、色调和渐变。

2. 在色板面板菜单中选择“新建颜色色板”。

3. 在“新建颜色色板”对话框中，取消选中“以颜色值命名”复选框，并在“色板名称”文本框中输入 Brown。确保颜色类型和颜色模式分别为印刷色和 CMYK，如图 8.4 所示。

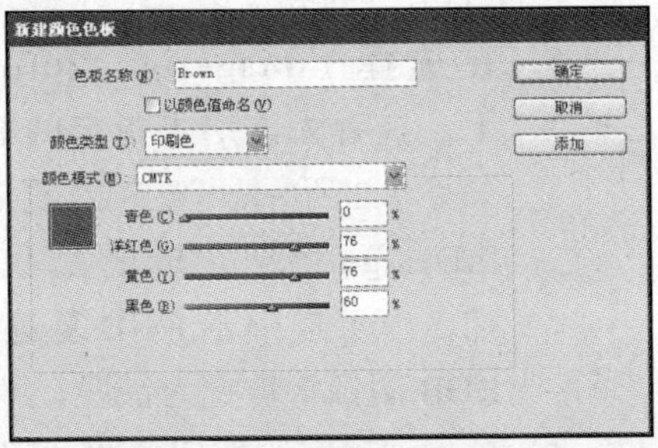

图8.4

> ID **注意：**选中“以颜色值命名”复选框时，将使用输入的颜色值给颜色命名，并在用户修改颜色值时自动更新名称。该选项仅用于印刷色，当用户想在色板面板中获悉印刷色色板的组成时十分有用。对于这个新色板，取消选中“以颜色值命名”复选框，可给它指定名称 Brown，这将更容易识别。

4. 对颜色百分比做如下设置：

青色（C）=0，洋红色（M）=76，黄色（Y）=76，黑色（K）=60。

5. 单击“添加”按钮将该颜色添加到色板面板中，同时对话框仍将处于打开状态，以便再创建两种颜色。

6. 重复前 3 步以创建下面的颜色，并给它们命名：

- Blue：青色（C）=60，洋红色（M）=20，黄色（Y）=0，黑色（K）=0；
- Tan：青色（C）=5，洋红色（M）=13，黄色（Y）=29，黑色（K）=0。

7. 完成后在“新建颜色色板”对话框中单击“完成”按钮。现在色板面板如图 8.5 所示。

图8.5

> ID **提示：**如果忘记输入颜色的名称或输入的颜色值不正确，可双击色板，修改其名称或颜色值，然后单击“确定”按钮。

添加到色板面板中的颜色只与当前文档一起存储，但可将它们导入到其他文档中。下面将这些颜色应用于该文档中的文本、图像和描边。

8. 选择菜单“文件”>“存储”保存文档。

8.3.2 使用色板面板将颜色应用于对象

可使用色板面板或控制面板应用色板颜色。应用色板颜色的三个基本步骤如下：选中文本或对象；根据要求在工具箱中选择描边框或填色框；在色板面板中选择颜色。也可将色板从色板面板中直接拖放到对象上。在本小节中，将使用色板面板将颜色应用于描边和填充。

1. 选择工具箱中的缩放工具（），在文档右上角拖曳出一个包含三个菱形的方框。放大视图，使方框内的区域充满文档窗口。

> ID | **提示：**要增大缩放比例，可按 Ctrl + =（Windows）或 Command + =（Mac OS）；要缩小缩放比例，可按 Ctrl + –（Windows）或 Command + –（Mac OS）。

2. 使用选择工具（）单击中间的菱形。选择色板面板中的描边框，然后选择颜色 Green（可能需要向下滚动才能看到它），如图 8.6 所示。

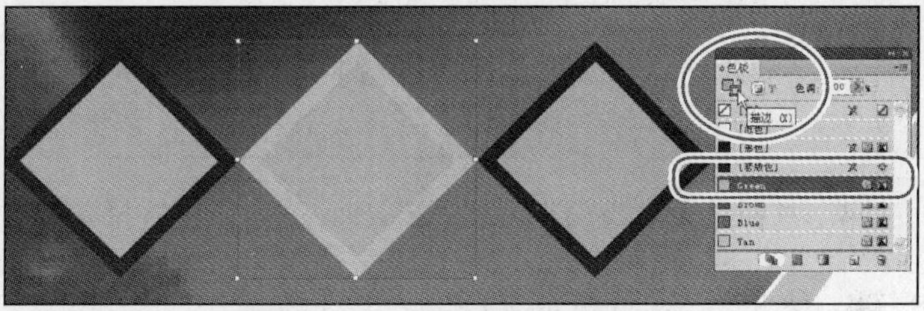

图8.6

描边 / 填色框能够指定颜色应用于对象边缘（描边）或对象内部（填色）。无论什么时候应用颜色，都要注意描边 / 填色框，因为容易将颜色应用到对象的错误部分。

现在该菱形的描边变成了绿色。

3. 选择左边的菱形。在色板面板中选择 Brown 以应用棕色描边。

4. 在左边的菱形仍被选中的情况下，先在色板面板中单击填色框（），然后选择色板 Green，如图 8.7 所示。

图8.7

> ID | **提示：**如果将颜色应用到了错误的对象或对象的错误部分，可以选择菜单“编辑”>“还原”，然后重试。

8.3.3 使用吸管工具应用颜色

右边的菱形也需要使用棕色描边和绿色填充，可以使用吸管一次性复制左边菱形的描边和填充属性。另外，还将尝试使用工具箱（而非色板面板）中的填色框。

1. 选择吸管工具（ ）并单击左边的菱形。

鼠标变成了被填充的吸管图标（ ），这表明它获得了被单击的对象的属性，如图 8.8 所示。

2. 使用吸管工具单击右边菱形的灰色背景。

该菱形将获得左边菱形的填充色和描边属性，如图 8.9 所示。

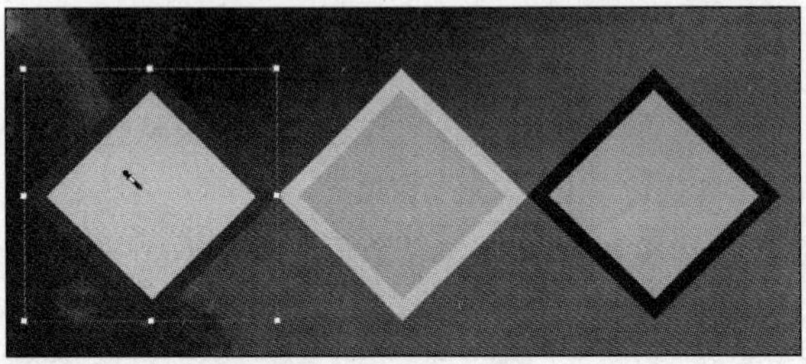

图8.8

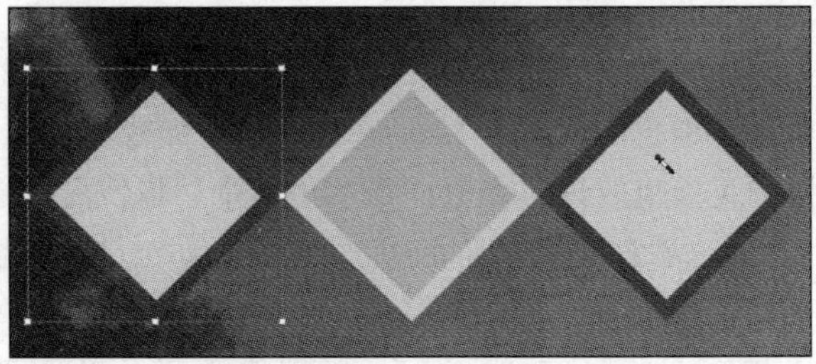

图8.9

下面将中间菱形的颜色改为 [纸色]。

3. 使用选择工具（ ）单击中间的菱形。先单击工具箱中的填色框（ ），再单击色板面板中的“[纸色]”。

> **提示：**纸色是一种模拟印刷纸张颜色的特殊颜色。对于位于纸色对象后面的对象，被纸色对象遮住的部分将不会打印，而是为纸色。

4. 选择菜单“编辑”>“全部取消选择”，再选择菜单“视图”>“使页面适合窗口”。

8.3.4 使用控制面板将颜色应用于对象

下面使用棕色给广告画底部的 6 个小菱形描边。

1. 按住 Shift 键并通过使用选择工具（ ）单击选择广告画底部的 6 个小菱形，也可以选择它们后面的线条。

2. 在控制面板中央，找到“填色”和“描边”控件。单击“描边”下拉列表以查看其中的颜色。

3. 选择色板 Brown（如果有必要，向下滚动以便能够看到它），如图 8.10 所示。

图8.10

8.3.5 创建虚线描边

下面将广告画周围的黑色边框改为自定义的虚线。由于该自定义虚线只用于一个对象，因此将使用描边面板来创建它。如果要保存描边以便在当前文档中重复使用，可创建一种描边样式。有关保存描边样式（包括虚线、点线和条纹线）的详细信息，请参阅 InDesign 帮助。

在本小节中，将为该广告的框架指定一种虚线描边，然后定制该虚线。

1. 取消选择所有对象。如果有必要，选择菜单“视图”>“使页面适合窗口”。
2. 使用选择工具（ ）选择广告画周围的黑色轮廓。
3. 如果描边面板不可见，选择菜单“窗口”>“描边”。
4. 从下拉列表“类型”中选择“虚线”（最后一项）。

描边面板底部出现三个“虚线”文本框和三个“间隔”文本框。要创建虚线，需要指定虚线长度及虚线之间的间隔（间距）。通常需要尝试这些值以获得理想的效果。

5. 从“间隙颜色”下拉列表中选择 Brown，以使用棕色填充间隙。
6. 在“虚线”文本框和“间隔”文本框中依次输入 12 点、4 点、2 点、4 点、2 点和 4 点（输入每个值后按 Tab 键进入下一个文本框），如图 8.11 所示。
7. 取消选择轮廓线并关闭描边面板。
8. 选择菜单“文件”>“存储”。此时的广告画如图 8.12 所示。

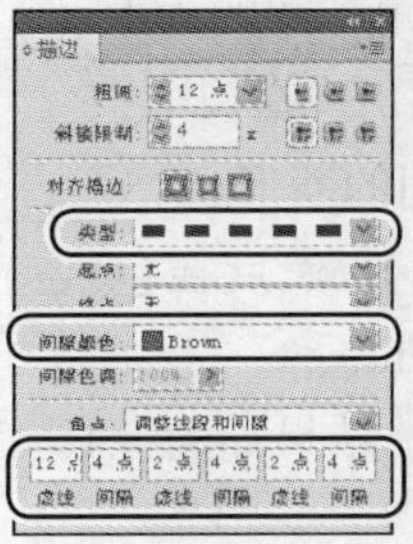

图8.11

图8.12

8.4 使用渐变

渐变是逐渐混合多种颜色或同一种颜色的不同色调。可创建线性渐变或径向渐变，如图 8.13 所示。在本节中，将使用色板面板创建一种线性渐变，将其应用于多个对象，并使用渐变色板工具调整渐变。

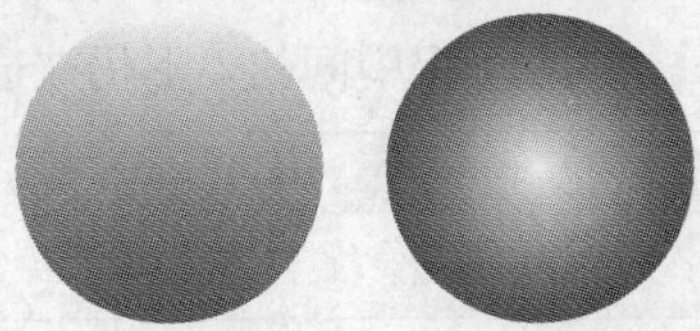
A. 线性渐变　B. 径向渐变

图8.13

8.4.1 创建并应用渐变色板

每种 InDesign CS5 渐变至少有两个颜色站点。通过编辑每个站点的颜色混合以及新增颜色站点，可以创建自定渐变。

译者注：在帮助文档中，Stop 被翻译成“色标”；而在界面中，Stop 被汉化为“站点”。这里按界面汉化方式进行翻译。

1. 确保没有选中任何对象。
2. 从色板面板菜单中选择“新建渐变色板”。

在“新建渐变色板”对话框中，渐变是在渐变曲线中使用一系列颜色站点定义的。站点是渐变从一种颜色变成下一种颜色的地方，由一个位于渐变曲线下方的方块标识。

3. 在文本框“色板名称”中输入 Brown/Tan Gradient；保留“类型”设置“线性”。
4. 单击左站点标记（ ），从“站点颜色”下拉列表中选择“色板”，然后滚动色板列表并选择 Brown，如图 8.14 所示。

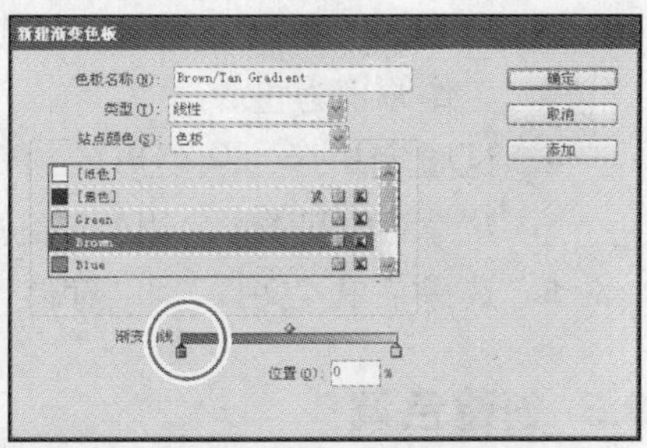

图8.14

注意到渐变曲线的左端变成了棕色。

5. 单击右站点标记，从“站点颜色”下拉列表中选择“色板”，然后向下滚动色板列表并选择 Tan，如图 8.15 所示。

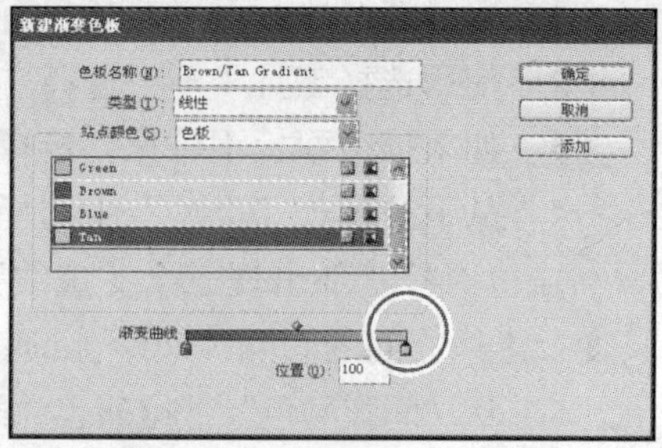

图8.15

渐变曲线显示了棕色和茶色之间的混合。

6. 单击“确定”按钮，新建的渐变色板出现在色板面板中。

下面使用该渐变来填充页面右上角中间的菱形。

7. 放大页面的右上角使三个菱形出现在视图中。
8. 使用选择工具（ ）选择中间的菱形。
9. 在工具箱中单击填色框（ ），然后在色板面板中单击 Brown/Tan Gradient。
10. 选择菜单“文件”>“存储”，结果如图 8.16 所示。

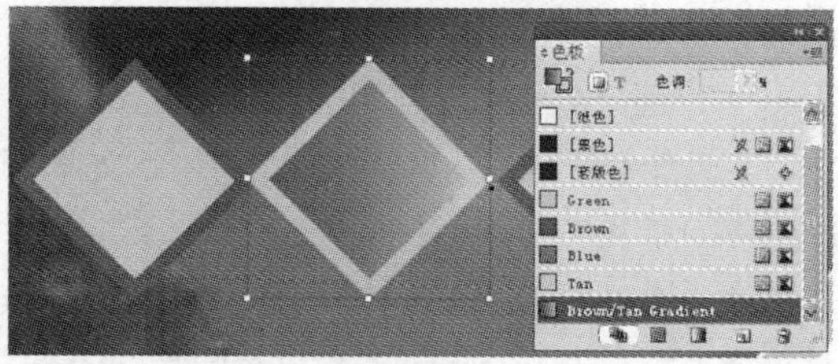

图8.16

8.4.2 调整渐变的混合方向

使用渐变填充对象后，可修改渐变。为此，可使用渐变色板工具沿所需方向拖曳一条虚构直线，沿该直线重新绘制填充。该工具能够修改渐变的方向以及起点和终点。

1. 确保中间的菱形仍被选中，然后选择工具箱中的渐变色板工具（ ）。

> **ID** 提示：使用渐变色板工具时，拖曳的起点离对象的外边缘越远，渐变的变化程度越平缓。

下面探索如何使用渐变色板工具修改渐变的方向和强度。

2. 为创建更平缓的渐变效果，将鼠标指针指向选定菱形的外面，并按如图 8.17 所示拖曳。

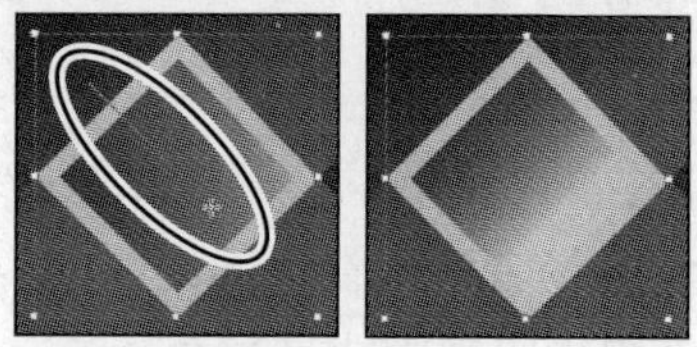
图8.17

释放鼠标左键后，将发现从棕色到茶色的渐变比以前更平缓。

3. 要创建更强烈的渐变，可使用渐变色板工具在菱形内部拖曳更短的距离。继续尝试使用渐变色板工具，直到理解其工作原理为止。
4. 试验完毕后，从菱形的顶角拖曳到底角，如图 8.18 所示。这是对中间菱形应用的最终渐变。
5. 选择菜单“文件”>“存储”保存文档。

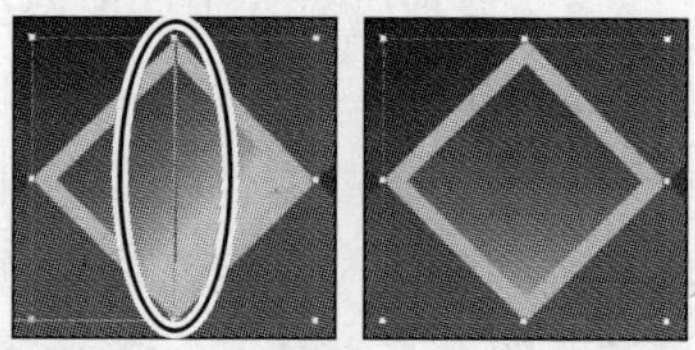
图8.18

8.5 创建色调

除添加颜色和渐变外，还可在色板面板中添加色调。色调是某种颜色经过加网而变得较浅的版本。下面创建本课前面存储的 Brown 色板的 30% 色调。

提示：色调很有用，因为 InDesign CS5 维持色调同其父颜色的关系。例如，如果将 Brown 色板改为其他颜色，创建的色调色板将变成新颜色的较浅版本。

1. 选择菜单“视图”>“使页面适合窗口”使页面位于文档窗口中央。
2. 取消选择所有对象。
3. 单击色板面板中的 Brown，然后从色板面板菜单中选择“新建色调色板”。
4. 在“新建色调色板”对话框中，只有底部的“色调”可以修改，在“色调”文本框中输入 30，然后单击“确定”按钮。

新建的色调色板出现在色板列表末尾。色板面板的顶部显示了有关选定色板的信息，填色 / 描边框表明该色板为当前选定的填充色，“色调”下拉列表的值表明该颜色为 Brown 颜色的 30%，如图 8.19 所示。

5. 使用选择工具（ ）单击页面中央的文本“!Si!”。
6. 确保选中了填色框，然后在色板面板中单击刚创建的 Brown 色调。注意到颜色发生了变化，如图 8.20 所示。

图8.19

图8.20

7. 选择菜单“文件”>“存储”保存文档。

专色和印刷色

专色是一种预先混合好的特殊油墨，用于替代或补充CMYK印刷油墨，印刷时需要专门的印版。当指定的颜色较少且对颜色准确性要求较高时使用专色。专色油墨可准确地重现印刷色色域外的颜色。然而，印刷出的专色取决于印刷商混合的油墨和印刷纸张，因此，并不受用户指定的颜色值或色彩管理影响。指定专色值时，只是在为显示器和复合打印机描述该颜色的模拟外观（受这些设备的色域限制的影响）。

印刷色是使用以下四种标准印刷色油墨的组合进行印刷的：青色、洋红色、黄色和黑色（CMYK）。当作业需要的颜色较多，导致使用专色油墨的成本很高或不可行时（如印刷彩色照片），需要使用印刷色。指定印刷色时，请记住下列原则：

- 要使高品质印刷文档呈现最佳效果，请参考印刷在四色色谱（印刷商可能会提供）中的 CMYK 值来指定颜色。

- 印刷色的最终颜色值是其 CMYK 值，因此如果使用 RGB 或 LAB 指定印刷色，在分色时，这些颜色值将转换为 CMYK 值。转换方式将随色彩管理设置和文档配置文件而异。
- 除非正确地设置了色彩管理系统，且了解它在预览颜色方面的局限性，否则不要根据显示器上的显示指定印刷色。
- 由于 CMYK 的色域比典型显示器小，因此不要在只供在线查看的文档中使用印刷色。

有时候，在同一作业中同时使用印刷色油墨和专色油墨是可行的。例如，在年度报告的同一个页面上，可使用专色油墨来印刷公司徽标的精确颜色，而使用印刷色重现照片。还可使用一个专色印版，在印刷色作业区域中应用上光色。在这两种情况下，印刷作业共使用五种油墨：四种印刷色油墨和一种专色油墨或上光色。可将印刷色和专色相混合以生成混合油墨颜色。

——摘自InDesign帮助

注意：每使用一种专色，印刷时都将增加一个专色印版。一般而言，商业印刷厂可提供双色印刷（黑色和一种专色）以及增加一种或多种专色的 4 色 CMYK 印刷。使用专色通常会增加印刷费用。在文档中使用专色之前，应向印刷商咨询。

8.6 创建专色

该广告画将由采用标准 CMYK 颜色模型的商业印刷机印刷，这种印刷机需要使用四个分色印版——分别用于青色、洋红色、黄色和黑色。然而，CMYK 颜色模型的颜色范围是有限的，这为专色提供了用武之地。因此，专色用于创建 CMYK 色域外的颜色或一致的专用颜色（如公司徽标使用的颜色）。

该广告画要求使用 CMYK 颜色模型中没有的专色，下面添加颜色库中的一种专色。

1. 取消选择所有对象。
2. 从色板面板菜单中选择“新建颜色色板”。
3. 在“新建颜色色板”对话框中，从“颜色类型”下拉列表中选择“专色”。
4. 从“颜色模式”下拉列表中选择 PANT-ONE solid coated。
5. 在 PANTONE 和 C 之间的文本框中输入 567，将在 Pantone 色板列表中自动滚动到本项目所需的颜色：PANTONE 567 C。
6. 单击“确定”按钮，指定的专色被加入到色板面板中。在色板面板中，该颜色旁边的图标（ ）表明它是一种专色，如图 8.21 所示。

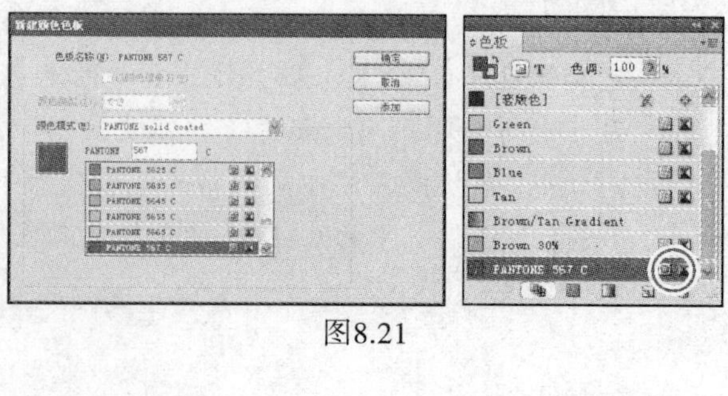

图8.21

8.7 将颜色应用于文本和对象

创建颜色色板后，可将其应用于选定文本和对象的填充和/或描边，这包括转换为轮廓的文本，例如这幅广告画中间的文本。

8.7.1 将颜色应用于文本

和图像一样，也可将描边和填色应用于文本。下面将颜色应用于文档顶部和底部的文本。

1. 使用选择工具（ ）选择包含文本“INDULGENT?”的文本框架。
2. 在工具箱中单击填色框下面的“格式针对文本”按钮（ ），然后确保选择了填色框（ ），如图 8.22 所示。

图8.22

3. 在色板面板中单击 PANTONE 567 C，然后单击文档窗口的空白区域，以取消选择这个文本框架。现在文本的颜色为指定的专色。
4. 按 T 键选择文字工具（ T ），选择右下角的单词“Paris · Madrid · New York”。
5. 在控制面板中，单击“字符格式控制”按钮（ ）。
6. 找到控制面板中间的“填色”和“描边”控件，单击“填色”下拉列表以查看其中的颜色。
7. 选择色板 PANTONE 567 C（如果有必要，向下滚动以便能够看到它），如图 8.23 所示。
8. 选择菜单“编辑”>“全部取消选择”，再选择菜单“文件”>“存储”保存文档。

图8.23

8.7.2 给其他对象应用颜色

广告画中央的文本都被转换为轮廓，每个单词都被视为一个对象。下面将文本“Oui!”的颜色应用于文本“Yes!”。首先，放大文本“Oui!”以便看清其颜色。

1. 选择工具箱中的缩放工具（ ），并拖曳出一个环绕页面中央文本的方框。
2. 使用选择工具（ ），并单击文本“Oui!”。

选择对象后，在色板面板中应用于该对象的色板将被选中，如图 8.24 所示。

下面将这种颜色应用于文本“Yes!”。

3. 将色板 Green 从色板面板拖曳到文本“Yes!”上，如图 8.25 所示。务必在鼠标指针位于对象内部而不是对象的描边上时释放鼠标左键。将色板拖曳到文本的填充区域时，鼠标将变成带黑框的箭头（ ）；如果鼠标指针位于文本的描边上，鼠标将变成带斜线的箭头（ ）。确保色板面板中的色调值为 100%。

图8.24

图8.25

8.7.3 再创建一种色调

下面创建一种基于颜色 Blue 的色调。当编辑颜色 Blue 时，基于该颜色的色调将随之变化。

1. 取消选择所有对象。
2. 单击色板面板中的 Blue，从色板面板菜单中选择“新建色调色板”。在“色调”文本框中输入 40，然后单击“确定”按钮。
3. 使用选择工具（ ）选择文本“!Si!”并使用 Blue 40% 进行填充，如图 8.26 所示。

图8.26

下面修改颜色 Blue。Blue 40% 是基于色板 Blue 的，因此该色调也将相应地变化。

4. 取消选择所有对象。
5. 双击色板 Blue（而不是 Blue 40%）修改该颜色。在“色板名称”文本框中输入 Violet Blue，对颜色百分比做如下设置：C=59，M=80，Y=40，K=0。
6. 单击“确定”按钮。

在色板面板中，该颜色色板及基于它的色调的名称和颜色都已更新。

7. 选择菜单“文件”>“存储”保存文档。

8.8 使用高级渐变技术

在 InDesign CS5 中，也可创建由多种颜色组成的渐变，并控制颜色的混合位置。另外，可将渐变分别应用于每个对象，也可同时将渐变应用于一组对象。

8.8.1 创建一种由多种颜色组成的渐变

在本课的前面部分，创建了一种由两种颜色（棕色和茶色）组成的渐变。下面创建一种包含三个站点的渐变，使得从两端的黄色 / 绿色逐渐变成中间的白色。执行下面的操作前，应确保没有选择任何对象。

1. 从色板面板菜单中选择“新建渐变色板”，然后在“色板名称”文本框中输入 Green/White Gradient。

对话框底部的渐变曲线显示的仍旧是前一次创建渐变时使用的颜色。

2. 单击左站点标记（ ），从“站点颜色”下拉列表中选择“色板”，并在列表框中选择 Green。
3. 单击右站点标记（ ），从“站点颜色”下拉列表中选择“色板”，并在列表框中选择 Green。

4. 在右站点标记仍被选中的情况下，从“站点颜色”下拉列表中选择 CMYK，按住 Shift 键并向左拖曳“黄色”滑块，直到其值为 40% 时释放鼠标左键。

现在渐变曲线由绿色和浅绿色组成。下面在中间添加一个站点，使得颜色向中央逐渐变成白色。

> **注意**：调整一种颜色值时，如果按住 Shift 键，其他颜色也将按比例调整。

5. 在渐变曲线中央的下方单击以添加一个站点。
6. 在“位置”文本框中输入 50，确保该站点位于正中央。按 Tab 键应用该值。
7. 从“站点颜色”下拉列表中选择 CMYK，然后将 4 个颜色滑块都拖曳到 0，以得到白色，如图 8.27 所示。
8. 单击“确定”按钮，再选择菜单“文件”>“存储”保存文档。

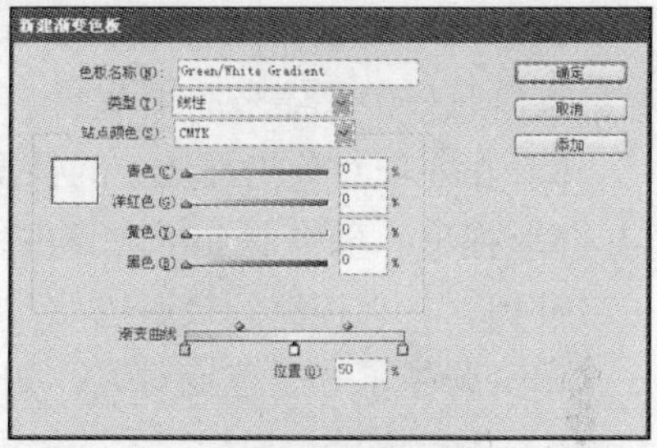

图8.27

8.8.2 将渐变应用于对象

下面应用刚创建的渐变填色。首先，修改视图缩放比例以便能够看到整个页面。

1. 选择菜单“视图”>“使页面适合窗口”，也可双击工具箱中的抓手工具（ ）获得相同的效果。
2. 使用选择工具（ ）单击选中巧克力右边的绿色条带（它可能呈黄绿色）。
3. 在工具箱中单击填色框（ ），然后在色板面板中选择 Green/White Gradient。
4. 为调整颜色过渡，选择工具箱中的渐变色板工具（ ），并在对象中向右上方拖曳，如图 8.28 所示。其结果取决于从哪里开始拖曳。
5. 选择菜单“编辑”>“全部取消选择”，再选择菜单“文件”>“存储”保存文档。

图8.28

8.8.3 将渐变应用于多个对象

在本课的前面部分，已使用渐变色板工具更改渐变的方向以及起点和终点。下面将使用渐变色板工具使渐变横跨多个对象——页面底部的 6 个菱形，然后以演示文稿模式查看最终的版面。

> **提示**：在演示文稿模式下，InDesign CS5 界面完全被隐藏，文档充满了整个屏幕。这种模式非常适合使用笔记本电脑向客户演示设计理念。可使用键盘上的箭头键来导览页面。

1. 使用缩放工具（ ）放大文本“Paris • Madrid • New York”下方的 6 个菱形。

2. 使用选择工具（ ），按住 Shift 键并单击来选择这 6 个菱形，如图 8.29 所示。

图8.29

下面将渐变 Green/White Gradient 应用于这 6 个菱形。

3. 确保在色板面板中选中了填色框。
4. 在工具箱中，单击并按住"应用颜色"按钮，然后从下拉列表中选择"应用渐变"，如图 8.30 所示。这将应用上一次使用的渐变。

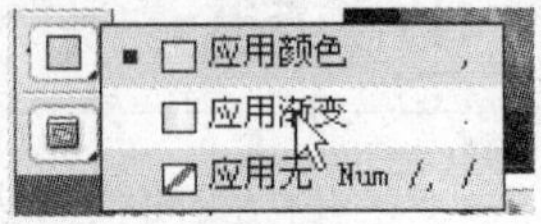

图8.30

注意到渐变被分别应用于每个对象。下面使用渐变色板工具将 6 个选定对象作为一个整体来应用渐变。

5. 在 6 个对象仍被选中的情况下，选择工具箱中的渐变色板工具（ ）。
6. 拖曳一条穿越全部对象的线条，从最左边的对象开始，一直拖曳到最右边的对象。

渐变跨越了 6 个选定对象，如图 8.31 所示。

图8.31

7. 选择菜单"编辑" > "全部取消选择"，再选择菜单"文件" > "存储"。
8. 单击并按住工具箱底部的模式按钮（ ），然后从下拉列表中选择"演示文稿"（ ）。查看完文档后，按 Esc 键。

8.9 练 习

按下面的步骤学习更多有关导入颜色和使用渐变色板的知识：

1. 选择菜单"文件" > "新建" > "文档"，然后在"新建文档"对话框中单击"边距和分栏"，再在"边距和分栏"对话框中单击"确定"按钮创建一个新文档。
2. 如果有必要，选择菜单"窗口" > "颜色" > "色板"打开色板面板。
3. 从色板面板菜单中选择"新建颜色色板"。
4. 从"颜色模式"下拉列表中选择"其他库"，然后在"打开文件"对话框中切换到文件夹 Lesson_08。
5. 双击 08_End.indd，本课前面创建的颜色都出现在"新建颜色色板"对话框的列表中。
6. 选择 Brown/Tan Gradient 并单击"添加"按钮。
7. 继续选择其他色板并单击"添加"按钮，以便将颜色加载到新文档中。
8. 添加完颜色后单击"完成"按钮。
9. 使用框架工具创建几个矩形和椭圆形，然后练习使用渐变色板工具。注意，拖曳较短的距离和较长的距离时渐变有何区别。
10. 双击色板"[纸色]"，并修改其颜色组成。为获得更真实的预览，可将页面颜色修改为反映用于打印文档的纸张颜色。

> ID | **提示：**除导入其他文档中选定的颜色外，还可快速导入其他文档中的所有颜色，为此从色板面板菜单中选择"载入色板"。

复习

复习题

1. 使用色板面板应用颜色有何优点？
2. 相比于使用印刷色，使用专色有何优缺点？
3. 创建渐变并将其应用于对象后，如何调整渐变的混合方向？
4. 应用色板颜色的三个基本步骤是什么？

复习题答案

1. 如果使用色板面板将同一种颜色应用于文本和对象，然后发现需要使用另一种颜色，则无需分别更新每个对象，只需在色板面板中修改这种颜色，所有这些对象的颜色都将自动更新。
2. 通过使用专色，可确保颜色的准确性。然而，印刷时每种专色都需要一个独立的印版，因此使用专色是极其昂贵的。当作业使用的颜色非常多，导致使用专色油墨将非常昂贵或不现实时（如打印彩色照片时），可使用印刷色。
3. 要调整渐变的混合方向，可使用渐变色板工具沿所需方向拖曳一条虚构直线，沿该直线重新绘制填充。
4. 应用色板颜色的基本步骤如下：选择文本或对象；根据要求在工具箱中选择描边框或填色框；选择颜色。可从色板面板和控制面板中选择颜色，在工具箱中也可快速访问到上次使用的颜色。

第9课 使用样式

本课简要地介绍如何使用 InDesign 样式，读者将学习以下内容：

- 创建和应用段落样式；
- 创建和应用字符样式；
- 在段落样式中嵌套字符样式；
- 创建和应用对象样式；
- 创建和应用单元格样式；
- 创建和应用表样式；
- 全面更新段落样式、字符样式、对象样式、单元格样式和表样式；
- 导入并应用其他 InDesign 文档中的样式；
- 创建样式组。

本课学习大约需要 60 分钟。

在 Adobe InDesign CS5 中，可创建样式（一组格式属性）并将其应用于文本、对象、表等。修改样式时，将自动影响应用了该样式的所有文本或对象。通过使用样式，可快速、一致地设置文档的格式。

9.1 概 述

在本课中，将为 Expedition Tea Company 处理一个包含 3 页的产品目录。该文档的多项内容（包括文本和图形）都已置入，用户的任务是创建样式（一组用于控制格式的属性）并将其应用于这些内容。

> **注意**：如果还没有从配套光盘将本课的资源文件复制到硬盘中，那么现在需要将这些文件复制到硬盘，详情请参阅“前言”中的“复制课程文件”。

1. 为确保用户使用的 Adobe InDesign CS5 首选项和默认设置与本课使用的相同，在使用前请将 InDesign Defaults 文件移到其他文件夹，详情请参阅“前言”中的“存储和恢复 InDesign Defaults”文件。
2. 启动 Adobe InDesign CS5。为确保面板和菜单命令与本课使用的相同，先选择菜单“窗口”>“工作区”>“高级”，再选择菜单“窗口”>“工作区”>“重置‘高级’”。

为了开始工作，需要打开一个现有的 InDesign 文档。

3. 选择菜单“文件”>“打开”，打开硬盘中文件夹 InDesignCIB\Lessons\Lesson_09 中的文件 09_Start.indd。
4. 选择菜单“文件”>“存储为”，将文件重命名为 09_Styles.indd，并将其保存到文件夹 Lesson_09 中。
5. 如果想查看最终的文档，请打开文件夹 Lesson_09 中的 09_End.indd，如图 9.1 所示。如果有必要可使该文档处于打开状态，以便工作时参考。查看完毕后，单击文档窗口左上角的标签“09_Styles.indd”即可切换到该文档。

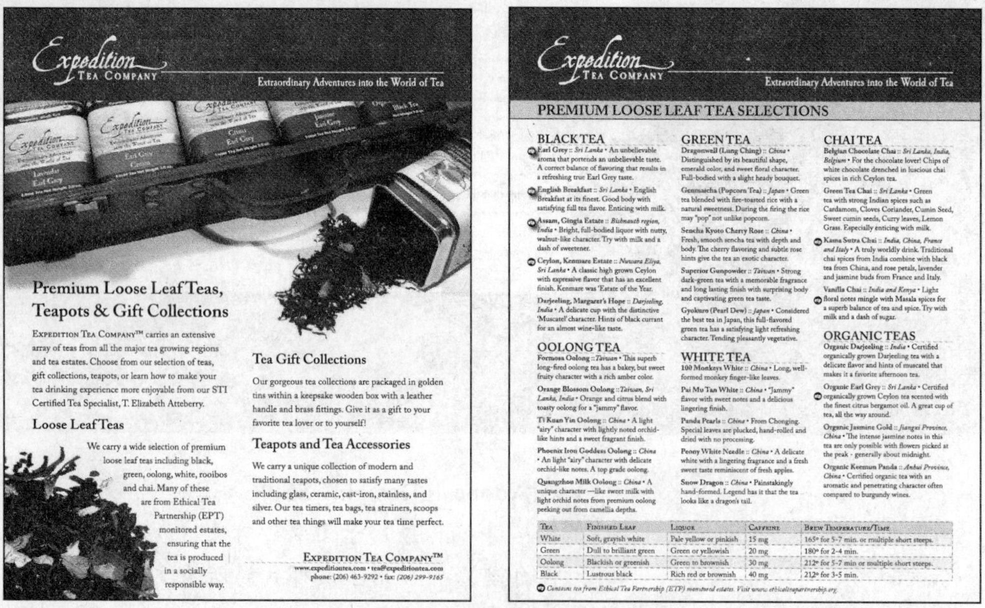

图9.1

9.2 创建和应用段落样式

段落样式使用户能够将样式应用于文本以及对格式进行全局性修改，这样可提高效率以及整体设计的一致性。段落样式涵盖了所有的文本格式元素，包含字体、字体大小、字体样式和颜色等字符属性，以及缩进、对齐、制表符和连字等段落属性。段落样式不同于字符样式，它们应用于整个段落，而不仅仅是选定字符。

9.2.1 创建段落样式

在本小节中，用户将创建一种段落样式，并将其应用于选定段落。首先，设置文档中部分文本的格式（即不基于样式），然后让 InDesign 使用这些格式新建一种段落样式。

1. 在文档 09_Styles.indd 的第 1 页，调整缩放比例以便看清第一栏中的文本。

2. 使用文字工具（T），单击选中并拖曳子标题 Loose Leaf Teas，其位于第 1 栏中第一段的后面，如图 9.2 所示。

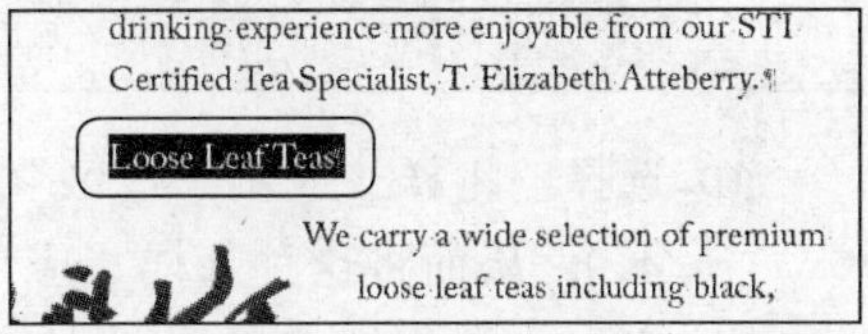

图9.2

3. 在控制面板中，单击“字符格式控制”按钮（A），然后做如下设置（如图 9.3 所示）：

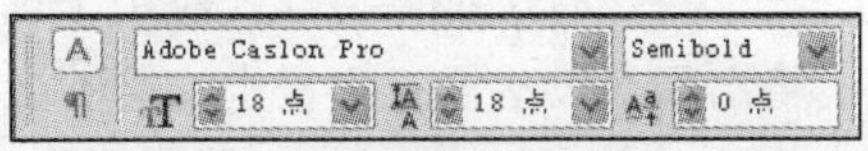

图9.3

- 字体样式：Semibold；
- 大小：18 点；

保留其他设置为默认值。

4. 在控制面板中，单击“段落格式控制”按钮（¶），并将段前间距（ ）增加到 p3。

下面将根据这些格式创建一种段落样式，以便使用它来设置文档中其他子标题的格式。

> **提示**：创建段落样式的最简单方法是，以局部（不是基于样式）方式设置一个段落的格式，再根据该段落新建一种样式。这可使用户能够在创建样式前看到其外观，然后将样式应用于文档的其他部分。

5. 确保文本光标置于刚设置其格式的文本中。如果段落样式面板不可见，可选择菜单“文字”>“段落样式”显示。

注意该面板中有多种样式，其中包括默认样式 [基本段落]。

6. 从段落样式面板菜单中选择“新建段落样式”以创建一种新的段落样式。在出现的“新建段落样式”对话框中，“样式设置”部分显示了刚才使用的格式。

注意新样式基于样式 Body Text。由于创建样式时，子标题应用了样式 Body Text，因此新样式将自动基于 Body Text。通过使用“新建段落样式”对话框的“常规”部分的“基于”选项，可以现有样式为起点来创建新样式。

> **提示**：如果修改基于的样式（如修改其字体），将自动更新基于该样式的所有样式，而这些样式的独特特征将保持不变。如果要创建一系列相关的样式，如 Body Copy、Body Copy No Indent、Bulleted Copy 等，而将样式基于其他样式将很有帮助。

7. 在对话框顶部的“样式名称”文本框中，输入 Head2，因为该样式用于设置二级标题的格式。

在 InDesign 中输入文本时，为快速设置文本的格式，可为“下一样式”指定一种段落样式。按回车键时，InDesign 将自动应用“下一样式”。例如，段落正文可能自动应用它前面的标题使用的样式。

8. 从下拉列表“下一样式”中选择 Body Text，因为这是 Head2 标题后面的文本的样式。

还可指定快捷键以方便应用该样式。

9. 在文本框“快捷键”中单击，然后按住 Ctrl（Windows）或 Command（Mac OS）键并按数字键盘中的数字 9（InDesign 要求样式快捷键包含一个修正键）。注意，在 Windows 中，必须按住数字键盘中的数字键以创建或应用样式快捷键。

> ID | **注意**：如果使用的是没有数字键盘的笔记本电脑，可跳过这一步。

10. 选择“将样式应用于选区”复选框（如图 9.4 所示），从而将这种新样式应用于刚设置了格式的文本。

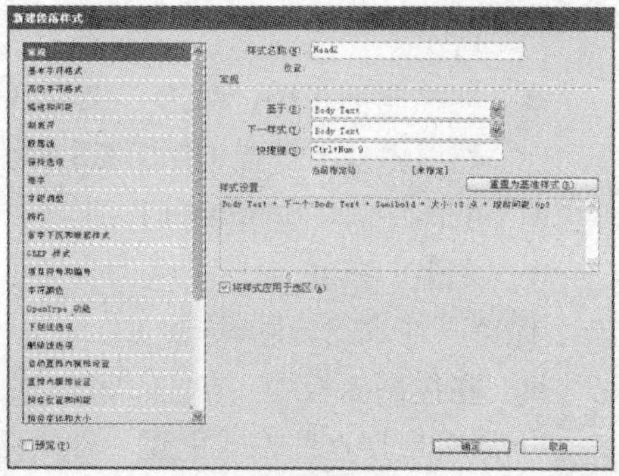

图9.4

如果没有选择“将样式应用于选区”复选框，则新样式将出现在段落样式面板中，但不会自动应用于刚设置了格式的文本，因此如果以后更新样式 Head2，这些文本将不会自动更新。

11. 单击“确定”按钮关闭“新建段落样式”对话框。

新样式 Head2 将出现在段落样式面板中且被选中，这表明该样式被应用于选定段落。

12. 选择菜单“编辑”>“全部取消选择”，然后选择菜单“文件”>“存储”保存文档。

9.2.2 应用段落样式

下面将新建的段落样式应用于文档另一部分的选定文本。

1. 如果有必要，向右滚动以便能够看到第 2 栏中的文本。
2. 使用文字工具（T）单击将光标置于 Tea Gift Collections 中。
3. 在段落样式面板中单击样式 Head2，将其应用于这些文本。文本属性将根据应用的段落样式发生相应的变化。
4. 重复第 2~3 步将样式应用于第 2 栏中的文本 Teapots and Tea Access-ories，如图 9.5 所示。

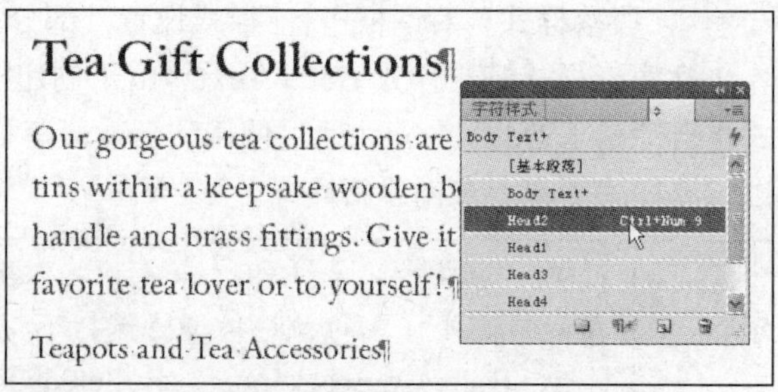

图9.5

5. 使用页面面板在页面之间导航，并重复第 2~3 步将样式 Head2 应用于：

- 第 2 页顶部的 PREMIUM LOOSE LEAF TEA SELECTIONS（如图 9.6 所示）；

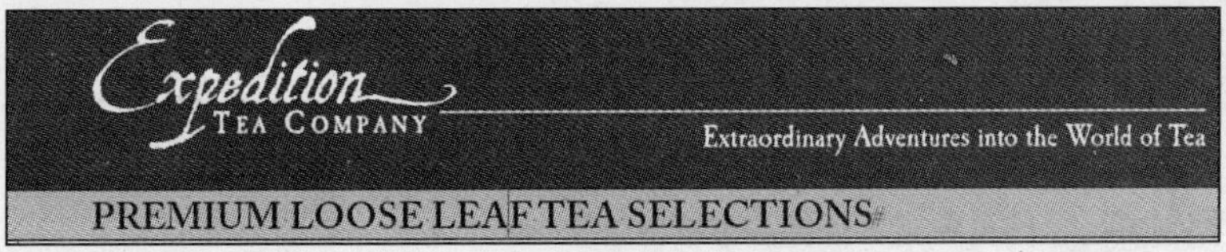

图9.6

- 第 3 页顶部的 ABOUT TEA AND TRAINING（如图 9.7 所示）。

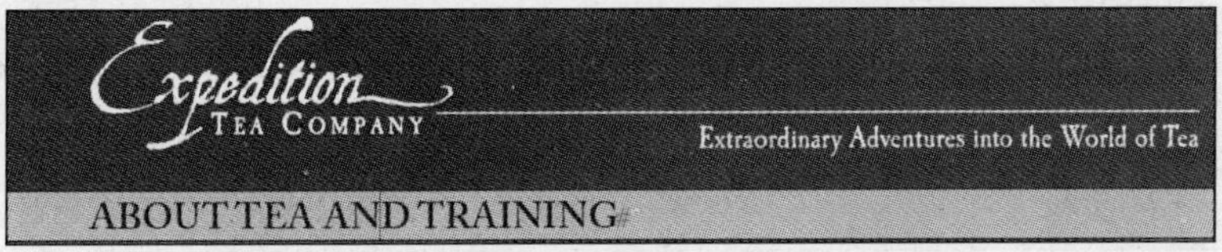

图9.7

> **注意**：也可使用前面定义的快捷键（Ctrl/Command + 9）来应用样式 Head2。要在 Windows 中应用样式，应确保按的是数字键盘中的数字键。

6. 选择菜单“编辑”>“全部取消选择”，再选择菜单“文件”>“存储”保存文档。

9.3 创建和应用字符样式

在前一节中，段落样式使用户只需单击鼠标或按快捷键就能设置字符和段落格式。同样，字符样式也可使用户能够一次性将多种属性（如字体、字号和颜色）应用于文本。不同于段落样式，字符样式将格式应用于段落中特定范围内的文本（即一个字符、一个单词或一组单词）。

> **提示**：字符样式可用于设置开头的字符，如项目符号、编号列表中的数字和下沉字母；还可用于突出正文中的文本，例如，股票名通常使用粗体和小型大写字母。

9.3.1 创建字符样式

下面创建一种字符样式并将其应用于选定文本，将会演示字符样式在效率和确保一致性方面的优点。

1. 在第 1 页中滚动，以便能够看到第 1 栏中的第 1 段。

2. 如果字符样式面板不可见，可选择菜单“文字”>“字符样式”打开它。该面板中只包含默认样式 [无]，如图 9.8 所示。

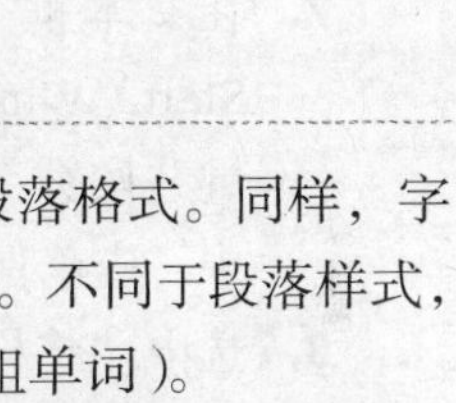

图9.8

与在前一节中创建段落样式相同，这里也将基于现有文本格式来创建字符样式。这种方法可使用户在创建样式前就能“看到”其格式。在这里，将设置公司名 Expedition Tea Company 的格式，并使用这些格式创建一种字符样式，以便能够在整个文档中高效地重复使用它。

3. 使用选择文字工具（T）选择第 1 页第 1 栏中的 Expedition Tea Company，如图 9.9 所示。
4. 在控制面板中，单击“字符格式控制按钮（A），然后单击“小型大写字母”按钮（Tr）。

设置文本的格式后，下面新建一种字符样式。

5. 从字符样式面板菜单中选择“新建字符样式”。在打开的“新建字符样式”对话框中，“样式设置”部分列出了刚才应用于文本的格式。

图9.9

> **提示：**可在任何 InDesign 样式面板（字符样式、对象样式、表样式等）中创建新样式，为此，可从面板菜单中选择“新建样式”或单击面板底部的“创建新样式”按钮。

6. 在对话框顶部的“样式名称”文本框中输入 Company 指出该样式的用途。

像创建段落样式一样，下面指定快捷键以方便应用该样式。

> **注意：**如果使用的是没有数字键盘的笔记本电脑，可跳过这一步。

7. 在文本框“快捷键”中单击，然后按住 Shift（Windows）或 Command（Mac OS）键并按数字键盘中的数字 8。在 Windows 中，应确保按的是数字键盘中的数字 8。
8. 选中“将样式应用于选区”复选框（如图 9.10 所示），新样式将应用于前面选定的文本。

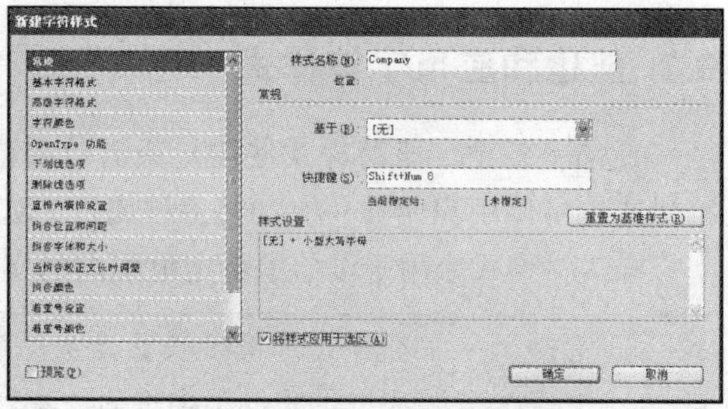

图9.10

如果不选中复选框，该样式也将出现在字符样式面板中，但不会自动应用于前面选定的文本，因此如果以后更新样式 Company，这些文本将不会自动更新。

至此，创建了一种字符样式。

9. 单击“确定”按钮关闭“新建字符样式”对话框。新样式 Company 出现在字符样式面板中，如图 9.11 所示。
10. 选择菜单“编辑”>“全部取消选择”，再选择菜单“文件”>“存储”保存文档。

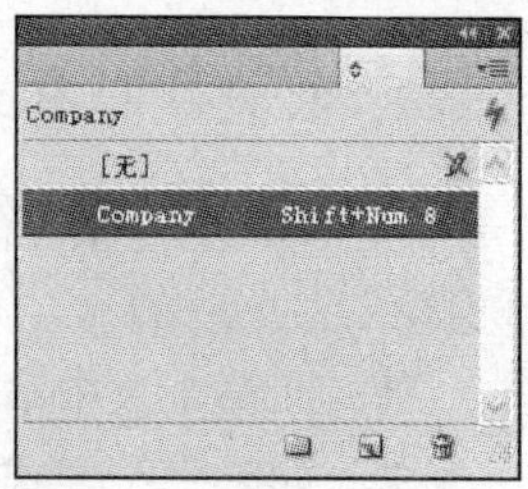

图9.11

9.3.2 应用字符样式

现在可以将字符样式应用于已置入到文档中的文本了。和段落样式一样，通过使用字符样式，可避免手工分别将文字属性应用于不同的文本。

1. 在第 1 页中向下滚动，以便能够看到第 2 栏底部的文本 EXPEDITION TEA COMPANY。为保持公司名的外观一致，将应用字符样式 COMPANY。

2. 使用文字工具（T）选择 EXPEDITION TEA COMPANY。

3. 在字符样式面板中单击样式 Company 将其应用于这些文本，其字体将发生变化，以反映刚创建的字符样式，如图 9.12 所示。

图9.12

> **注意**：也可使用前面定义的快捷键（Shift/Command + 8）来应用样式 Company。

4. 使用字符样式面板或键盘快捷键将字符样式 Company 应用于第 3 页底部的两个 EXPEDITION TEA COMPANY，结果如图 9.13 所示。

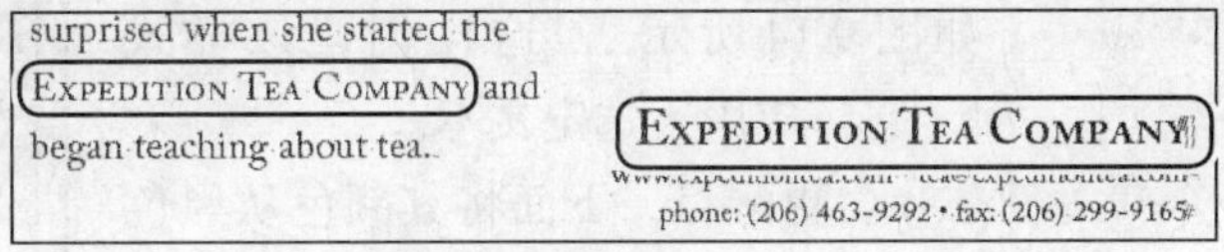

图9.13

5. 选择菜单"编辑">"全部取消选择"，再选择菜单"文件">"存储"保存文档。

9.4 在段落样式中嵌套字符样式

为了使样式使用起来更方便、功能更强大，InDesign 支持在段落样式中嵌套字符样式。这些嵌套样式让用户能够将字符格式应用于段落的一部分（如第一个字符、第二个单词或第三个句子），同时应用段落样式。这使得嵌套样式非常适合用于接排标题，即一行或一段的开头部分与其他部分使用不同的格式。

9.4.1 创建用于嵌套的字符样式

要创建嵌套的样式，首先需要创建一种字符样式和一种嵌套该字符样式的段落样式。在本小节中，将创建两种字符样式，然后将它们嵌套到现有的段落样式 Tea Body 中。

> **提示**：通过使用功能极其强大的嵌套样式，可根据特定模式在段落中应用不同的格式。例如，在目录中，可将文本设置为粗体、修改制表符前导符（页码前面的句点）的字偶间距以及修改页码的字体和颜色。

1. 在页面面板中双击第 2 页的图标，再选择菜单"视图">"使页面适合窗口"。

如果正文段落太小，无法看清，可放大标题 Black Tea 下面以 Earl Gray 开头的第 1 段。这里将创建两种嵌套样式，用于将茶叶名同其产地区分开来。注意到当前使用了两个冒号（::）将茶叶名和产地分开，且产区后面有一个项目符号（•）。这些字符对创建嵌套样式来说十分重要。

2. 使用文字工具（T）选择第 1 栏中的 Earl Gray。
3. 在控制面板中单击“字符格式控制”按钮（A），从“字体样式”下拉列表中选择 Bold，并保留其他设置的默认值不变。

通过在控制面板、段落面板和字符面板中指定设置（而不是应用样式）来格式化文本称为局部格式化。现在可根据这些格式新建一种字符样式。

4. 如果字符样式面板不可见，可选择菜单“文字”>“字符样式”显示。
5. 从字符样式面板菜单中选择“新建字符样式”。在出现的“新建字符样式”对话框中，显示了刚才设置的格式。
6. 在对话框顶部的“样式名称”文本框中输入 Tea Name，以指出它将应用于哪些文本。
7. 选中“将样式应用于选区”复选框（如图 9.14 所示），这样创建该样式时，它将应用于选定文本。

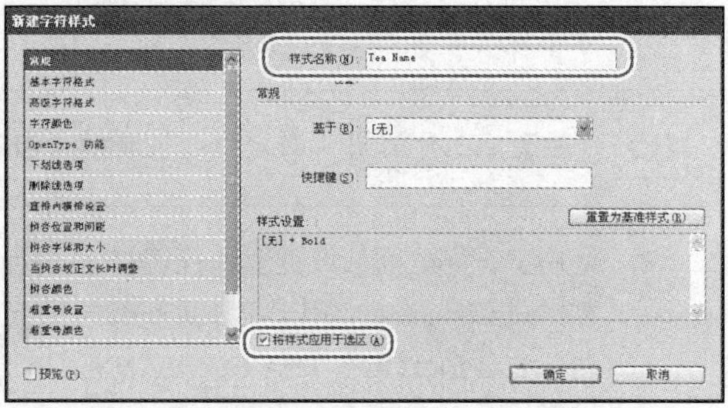

图9.14

为使茶叶名更醒目，下面将其颜色从黑色改为紫红色。

8. 在对话框左边的列表中，单击“字符颜色”。
9. 在对话框右边的“字符颜色”部分，选择紫色（C=43、M=100、Y=100、K=30），如图 9.15 所示。
10. 单击“确定”按钮关闭“新建字符样式”对话框，新建的样式 Tea Name 将出现在字符样式面板中。

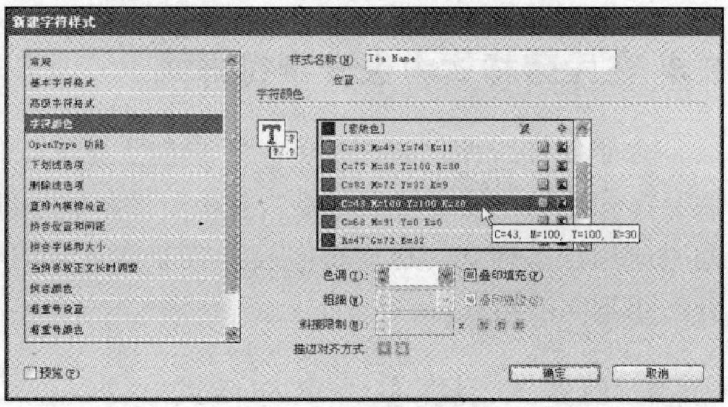

图9.15

下面创建另外一种用于嵌套的字符样式。

11. 选择文本 Sri Lanka，它位于刚设置过格式的文本 Earl Gray 的右边。然后，将该文本设置为 Adobe Caslon Pro Italic。
12. 重复第 4~7 步新建一个名为 Country 的字符样式。完成后单击“确定”按钮关闭“新建字符样式”对话框，新样式 Country 将出现在字符样式面板中，如图 9.16 所示。
13. 选择菜单“编辑”>“全部取消选择”，再选择菜单“文件”>“存储”保存文档。

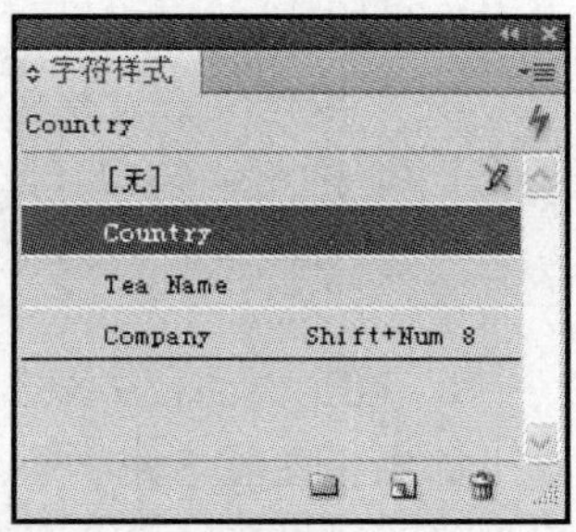

图9.16

用户已成功地创建了两种新的字符样式，加上原有的段落样式 Tea body，现在可以创建并应用嵌套样式了。

9.4.2 创建嵌套样式

在现有段落样式中创建嵌套样式时，实际上创建了 InDesign 格式化段落时应遵循的一套辅助规则。在本小节中，可使用前面创建的两种字符样式中的一种在样式 Tea body 中创建一种嵌套样式。

> **提示**：除嵌套样式外，InDesign 还提供了嵌套行样式，让用户能够指定段落中各行的格式，如下沉字母后面为小型大写字符，这在杂志文章中的第一段十分常见。如果修改了文本或其他对象的格式，导致文本重排，InDesign 将调整格式，使其只应用于指定的行。创建嵌套行样式的控件位于“段落样式选项”对话框的“首字下沉和嵌套样式”面板中。

1. 使第 2 页位于文档窗口中央。
2. 如果段落样式面板不可见，请选择菜单“文字”>“段落样式”。
3. 在段落样式面板中双击样式 Tea body 打开“段落样式选项”对话框
4. 在左边的类别列表中，选择“首字下沉和嵌套样式”，如图 9.17 所示。
5. 在“嵌套样式”部分，单击“新建嵌套样式”按钮新建一种嵌套样式，将会显示样式“[无]”。
6. 单击“[无]”打开一个下拉列表。选择 Tea Name，这是第一个嵌套样式。
7. 单击“包括”打开另一个下拉列表。该列表只包含两个选项：“包括”和“不包括”。由于用户将把该嵌套样式应用于 Earl Gray 后的第一个冒号前，因此选择“不包括”。

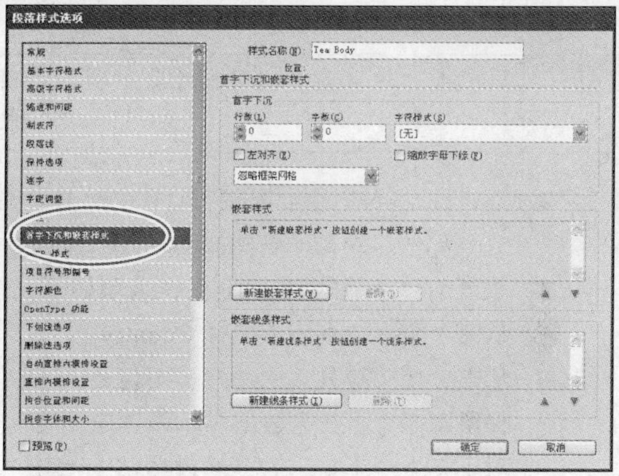

图9.17

8. 单击“不包括”旁边的“1”显示一个文本框，可在其中输入数字，以指定嵌套样式将应用于多少个指定字符之前。虽然这里有两个冒号，但只需引用第一个冒号，因此保留该选项的默认值 1 不变。
9. 单击“字符”显示另一个下拉列表。单击向下的箭头打开该下拉列表，其中包含很多元素选项（包括句子、字符和空格），用于指定要将样式应用于什么元素之前（或包括该元素）。这里不需要选择其中的任何列表项，而要在其中输入一个冒号，因此关闭该列表并输入 :，如图 9.18 所示。

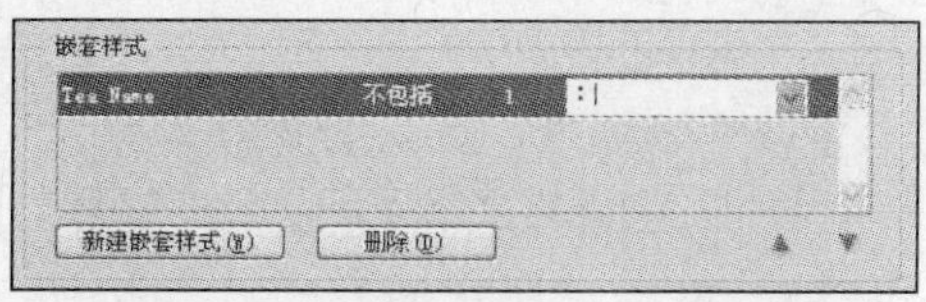

图9.18

10. 如果还未选中“预览”复选框，选中并将“段落样式选项”对话框移到一边。将看到冒号前面的每个茶叶名都为粗体和紫色。单击“确定”按钮，结果如图 9.19 所示。

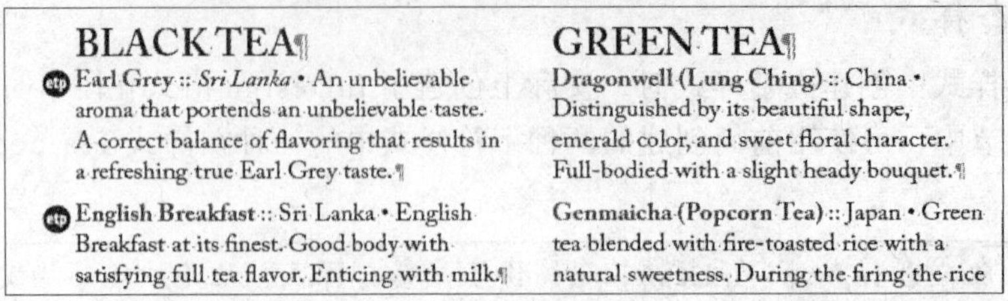

图9.19

11. 选择菜单“编辑”>“全部取消选择”，再选择菜单“文件”>“存储”保存文档。

9.4.3 添加另一种嵌套样式

下面添加另一种嵌套样式，但首先需要从文档中复制项目符号。由于下面创建的嵌套样式将应用于项目符号前面的文本，但在对话框中无法输入项目符号，因此需要粘贴该项目符号。

1. 在第 1 栏的 Black Tea 后面，找到 Sri Lanka 后面的项目符号并选择它，再选择菜单“编辑”>“复制”。

> **ID** | **注意**：在 Mac 中，用户可复制和粘贴项目符号，也可按 Option + 8 在文本框中插入一个项目符号。

2. 双击段落样式面板中的样式 Tea body。在“段落样式选项”对话框的“首字下沉和嵌套样式”部分，单击“新建嵌套样式”按钮新建另一个嵌套样式。

3. 重复前一小节的第 6~10 步，采用如下设置创建该嵌套样式：

- 从第 1 个下拉列表中选择 Country；
- 从第 2 个下拉列表中选择“不包括”；
- 保留第 3 个下拉列表的默认设置 1 不变；
- 对于第 4 个下拉列表，通过粘贴（“编辑”>“粘贴”）输入前面复制的项目符号。

4. 如果有必要，可选中对话框左下角的“预览”复选框。将“段落样式选项”对话框移到一边，以便能够看到茶叶产地都为斜体。然而，茶叶名和产地之间的两个冒号也为斜体，这不符合设计要求，如图 9.20 所示。

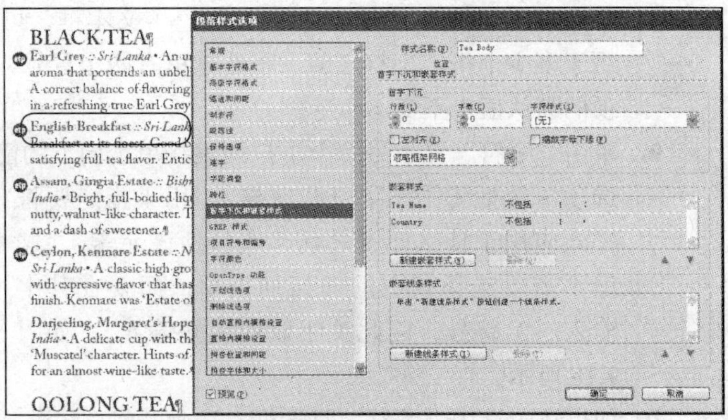

图9.20

为解决这种问题，将创建另一个嵌套样式，它将样式[无]应用于冒号。

5. 单击“新建嵌套样式”按钮再创建一种嵌套样式。

6. 重复前一小节的第 6~9 步，对这个新嵌套样式做如下设置：

- 从第 1 个下拉列表中选择“[无]”；
- 从最右边的下拉列表中选择“包括”；
- 对于第 2 个下拉列表，输入 2；
- 对于第 3 个下拉列表，输入冒号。

至此，创建好了所需的嵌套样式，但必须将它放在嵌套样式 Tea Name 和 Country 之间。

7. 在选定了嵌套样式“[无]”的情况下，单击上移箭头按钮一次，将其移到其他两种嵌套样式之间，如图 9.21 所示。

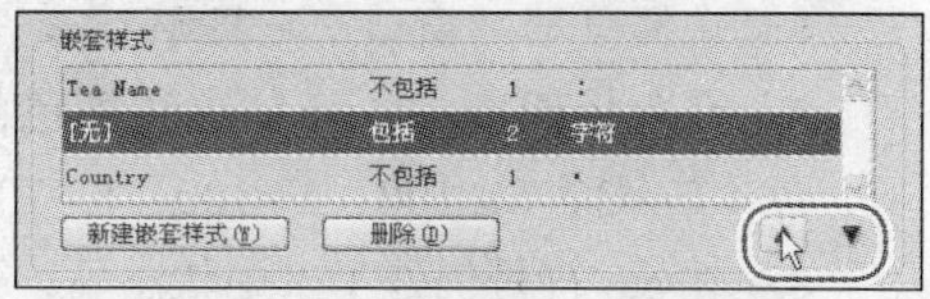

图9.21

8. 单击“确定”按钮使修改生效。至此，嵌套样式便创建完成，它将字符样式 Tea Name 和 Country 应用于所有使用段落样式 Tea body 的段落，如图 9.22 所示。

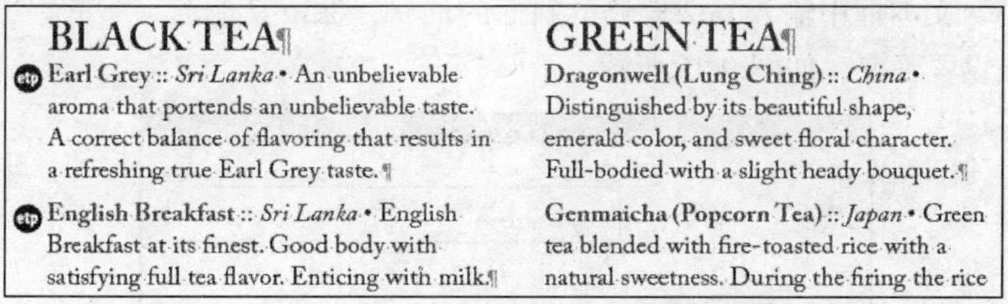

图9.22

9. 选择菜单“编辑”>“全部取消选择”，再选择菜单“文件”>“存储”保存文档。

9.5 创建和应用对象样式

对象样式让用户能够将格式应用于图形和框架以及对这些格式进行全局性更新。这些格式属性（包括填色、描边、透明度和文本绕排选项）不仅使整体设计更加一致，并且提高了完成繁琐任务的速度。

9.5.1 设置对象的格式以便创建样式

在本节中，将创建一种对象样式并将其应用于第 2 页中包含文本 etp 的黑色圆圈，其中 etp 表示 Ethical Tea Partnership（茶叶供货商）。由于需要根据黑色圆圈的格式来新建对象样式，因此将对黑色圆圈应用内斜面效果并修改其颜色，然后定义新样式。

1. 在页面面板中双击第 2 页的图标，使该页面位于文档窗口中央。

2. 选择工具箱中的缩放工具（🔍），并提高缩放比例，以便能够看清 Earl Gray 附近的 etp。

3. 使用选择工具（▶）单击 Earl Gray 旁边的黑色圆圈，确保选择的是文本框架而不是文本。

为设置这个符号的格式，用户将使用紫色填充并应用内斜面效果。为便于完成这项任务，所有与 etp 符号相关的文字和圆圈都要放在独立图层中：文字放在图层 Etp Type 中，而圆圈放在图层 Etp Circle 中。

4. 选择菜单“窗口”>“图层”打开图层面板。

5. 单击图层 Etp Type 左边的方框显示锁定图标（🔒），如图 9.23 所示。将锁定该图层，以免用户编辑对象时不小心修改了文本。

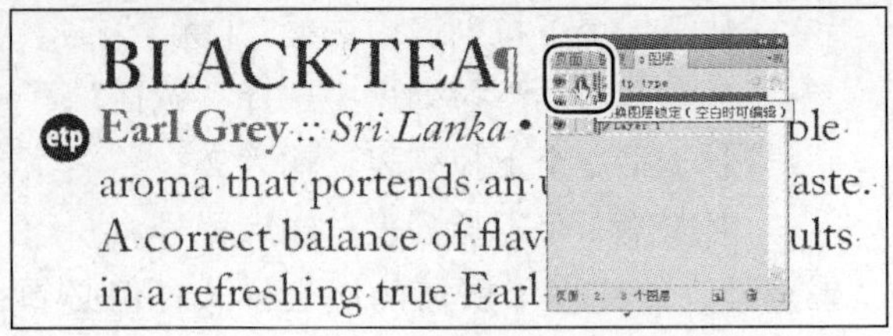

图9.23

6. 选择菜单“窗口”>“颜色”>“色板”。

7. 在色板面板中，将描边和填色都改为紫色（C=43、M=100、Y=100、K=30），如图 9.24 所示。

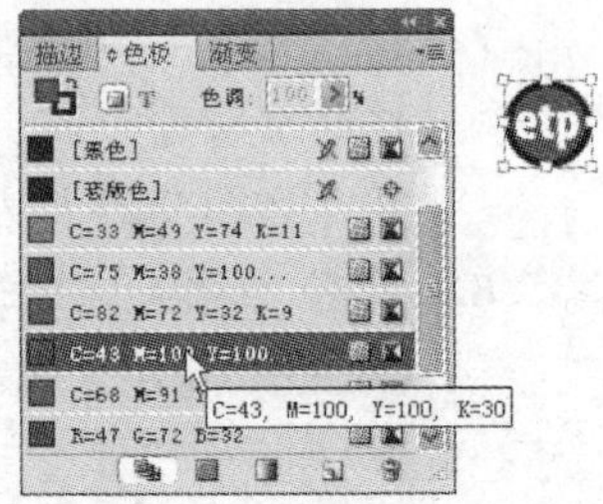

图9.24

8. 在 etp 符号仍处于选中状态下，选择菜单“对象”>“效果”>“斜面和浮雕”。在对话框的“结构”部分，从下拉列表“样式”中选择“内斜面”（如果当前选择的不是该选项），确保选中了“预览”复选框，并将“效果”对话框移到一边。

9. 在“大小”文本框中输入 op2 以修改斜面的形状，保留其他选项的默认设置不变，如图 9.25 所示。

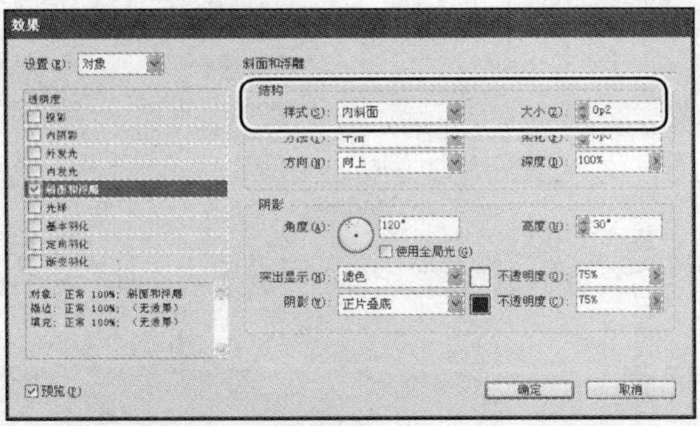

图9.25

10. 单击“确定”按钮，选定符号将呈现浮雕效果。

9.5.2 创建对象样式

正确设置 etp 符号的格式后，即可基于其格式创建对象样式。

> **提示：**像段落样式和字符样式一样，也可基于一种对象样式来创建另一种对象样式。修改对象样式时，将更新基于它的所有对象样式（这些样式特有的属性将保持不变）。“基于”选项位于“新建对象样式”对话框的“常规”面板中。

1. 选择菜单“窗口”>“样式”>“对象样式”打开对象样式面板。确保选定了 etp 符号，以便根据其格式新建一种对象样式，如图 9.26 所示。

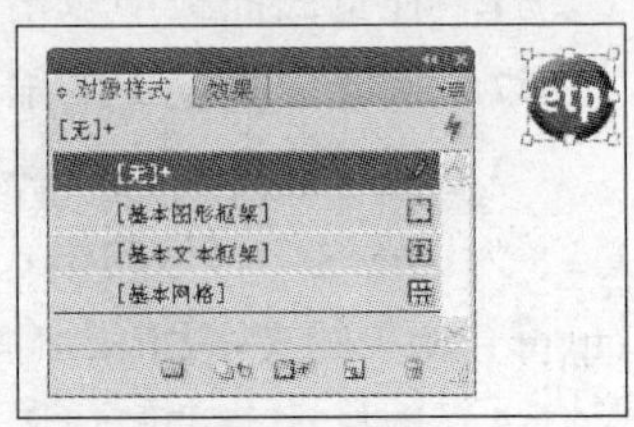

图9.26

2. 从对象样式面板菜单中选择“新建对象样式”。打开的“新建对象样式”对话框提供了设置样式的格式选项。

3. 在对话框顶部的“样式名称”文本框中输入 ETP Symbol 以描述该样式的用途。

4. 选中“将样式应用于选区”复选框（如图 9.27 所示），以便将新对象样式应用于前面已设置格式的圆圈。如果不选中该复选框，该样式也将出现在对象样式面板中，但不会自动应用于选定的圆圈，因此以后如果更新样式 ETP Symbol，该圆圈将不会自动更新。

对话框左边的复选框指出了使用该样式时将应用哪些属性。下面选择其中一些属性，对 ETP Symbol 样式稍作修改。

5. 为将投影加入到样式中，可选择左边列表中的“投影”复选框。如果有必要，单击“投影”字样以显示“投影”设置。

6. 对投影选项做如下设置（如图 9.28 所示）：

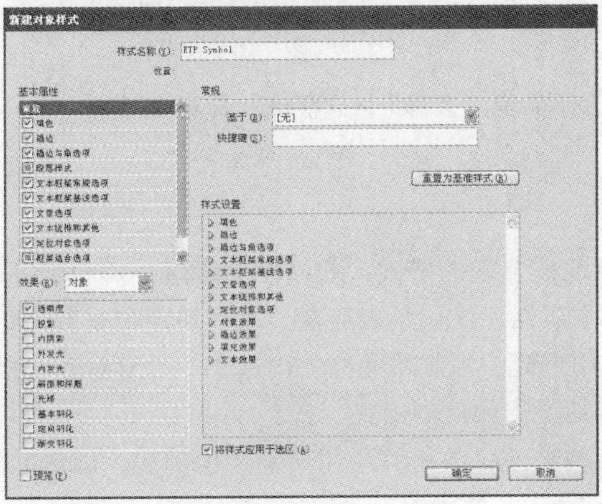

图9.27

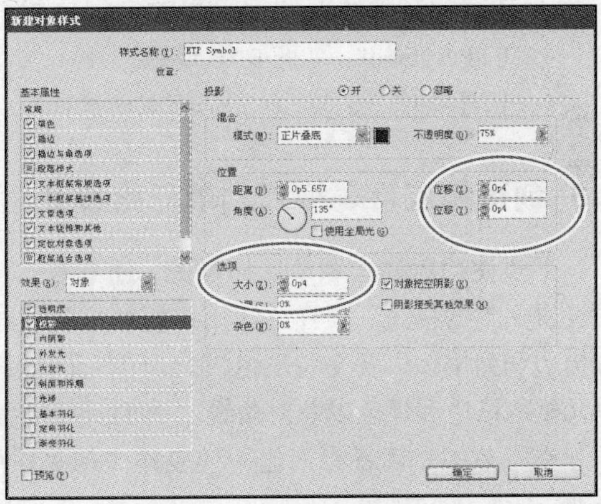

图9.28

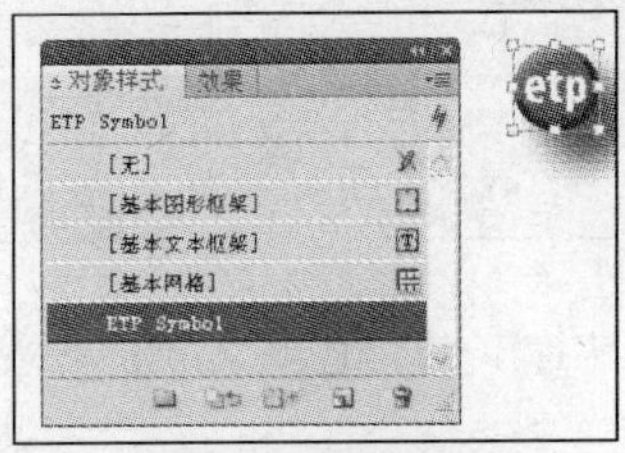

图9.29

- 确保“模式”下拉列表旁边的色板为黑色，这是投影的颜色。
- 将 X 位移设置为 op4；
- 将 Y 位移设置为 op4；
- 将大小设置为 op4；

7. 单击“确定”按钮关闭“新建对象样式”对话框，新建的 ETP Symbol 样式将出现在对象样式面板中，如图 9.29 所示。

提示：修改样式时，应用样式的文本、表或对象将自动更新。如果不希望更新特定的文本、表或对象，可断开它与样式的链接。每个样式面板（段落样式面板、单元格样式面板等）的菜单中都有“断开到样式的链接”命令。

8. 选择菜单“编辑”>“全部取消选择”，再选择菜单“文件”>“存储”保存文档。

9.5.3 应用对象样式

下面将该对象样式应用于第 2 页的其他圆圈。通过使用对象样式，可自动修改圆圈的格式，而无需分别对每个圆圈手工应用颜色、投影和浮雕效果。

1. 在第 2 页中，调整缩放比例并在必要时滚动页面，以便能够看到第 1 栏顶部的四个 ept 符号。
2. 使用选择工具（ ）选择第 2 个圆圈，然后在对象样式面板中单击样式 ETP Symbol，该圆圈的格式将与第 1 个圆圈完全相同。
3. 为提高速度，可按住 Shift 键单击选择第 2 页的其他所有圆圈，再对它们应用样式 ETP Symbol，如图 9.30 所示。

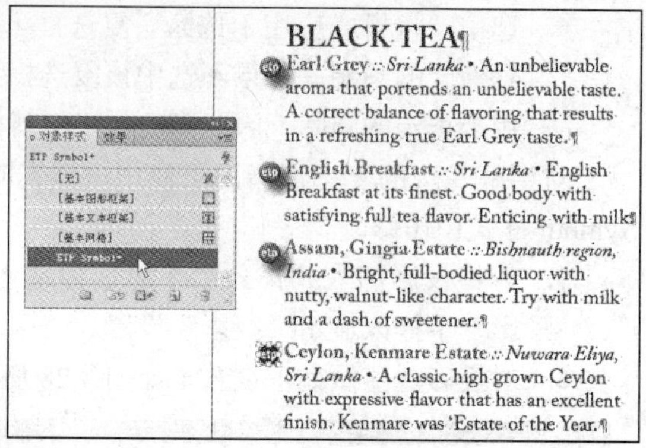

图9.30

4. 选择菜单“编辑”>“全部取消选择”，再选择菜单“文件”>“存储”保存文档。

9.6 创建和应用表样式、单元格样式

通过使用表样式和单元格样式，可轻松、一致地设置表的格式，如同使用段落样式和字符样式设置文本的格式。表样式让用户能够控制表的视觉属性，这包括表边框、表前间距和表后间距、行描边和列描边以及交替填色模式。单元格样式让用户能够控制单元格的内边距、垂直对齐方式、单元格的描边和填色以及对角线。第 11 课将更详细地介绍如何创建表。

在本节中，读者将创建一种表样式和两种单元格样式，并将其应用于文档中的表，以帮助区分对茶叶的不同描述。

> ID **提示：**对文本、对象和表的外观有大概的想法后，用户便可以开始创建并应用样式。然后，在尝试不同的设计和修改时，只需更新样式定义即可，将会自动更新应用了该样式的对象的格式。

9.6.1 创建单元格样式

首先创建两种单元格样式，分别用于设置表头行和表体行的格式，该表格位于第 2 页底部。再把这两种样式嵌套到表样式中，就像将字符样式嵌套到段落样式中一样。下面创建两种单元格样式。

1. 如果当前显示的不是第 2 页，请在页面面板中双击第 2 页的图标，再选择菜单“视图”>“使页面适合窗口”。
2. 使用缩放工具（ ）拖曳出一个环绕页面底部表格的方框，以便能够看清该表格。
3. 使用文字工具（ T ）选择表头行的前两个单元格，它们分别包含文本 TEA 和 FINISHED LEAF，如图 9.31 所示。

TEA#	FINISHED LEAF#	LIQUOR#	CAFFEINE#
White#	Soft, grayish white#	Pale yellow or pinkish#	15 mg#
Green#	Dull to brilliant green#	Green or yellowish#	20 mg#
Oolong#	Blackish or greenish#	Green to brownish#	30 mg#
Black#	Lustrous black#	Rich red or brownish#	40 mg#

图9.31

4. 选择菜单“表”>“单元格选项”>“描边和填色”。在“单元格填色”部分，从“颜色”下拉列表中选择淡黄色（C=4、M=15、Y=48、K=0），再单击“确定”按钮，如图 9.32 所示。

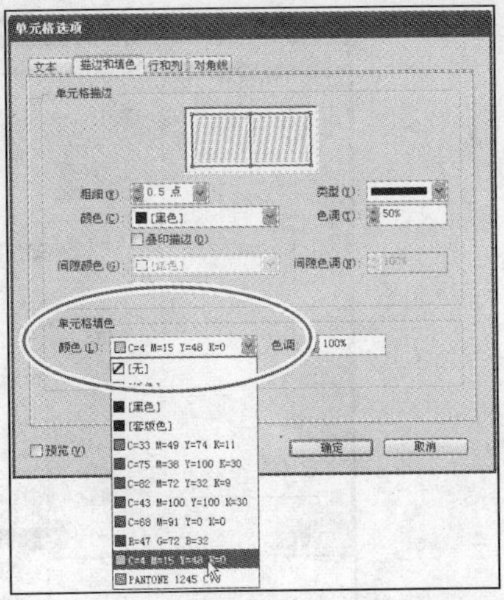

图9.32

5. 在单元格仍处于选中状态下，选择菜单“窗口”>“样式”>“单元格样式”打开单元格样式面板。
6. 从单元格样式面板菜单中选择“新建单元格样式”。

在打开的对话框中，“样式设置”部分将显示前面对选定单元格应用的单元格格式。注意该对话框左边还有其他单元格格式选项，但这里只指定表头使用的段落样式。

7. 在对话框顶部的“样式名称”文本框中输入 Table Head。
8. 从“段落样式”下拉列表中选择 Head4（该段落样式已包含在文档中），并单击“确定”按钮，如图 9.33 所示。

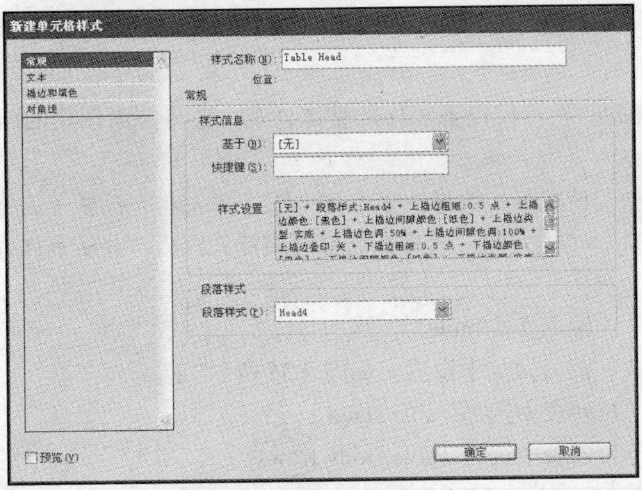

图9.33

下面创建一种用于表体行的单元格样式。

9. 使用文字工具（T）选择表格第 2 行的前两个单元格，它们分别包含“White”和“Soft, grayish white”。
10. 从单元格样式面板菜单中选择“新建单元格样式”。
11. 通过“样式名称”文本框将样式命名为 Table Body Rows。
12. 从“段落样式”下拉列表中选择 Table Body（该段落样式已包含在文档中），如图 9.34 所示。
13. 单击“确定”按钮，新建的两种单元格样式出现在单元格样式面板中，如图 9.35 所示。

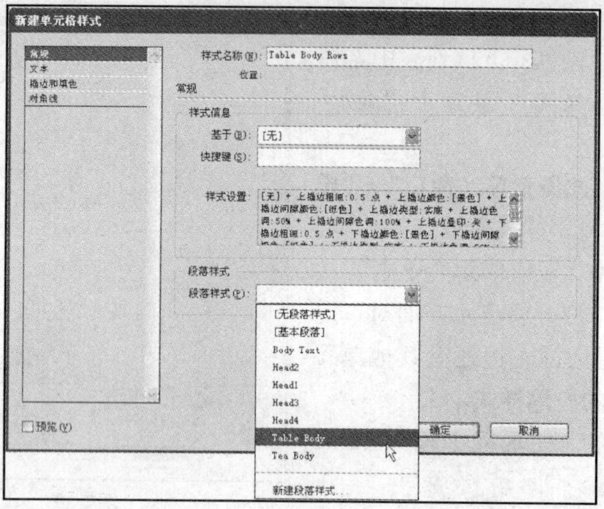

图9.34

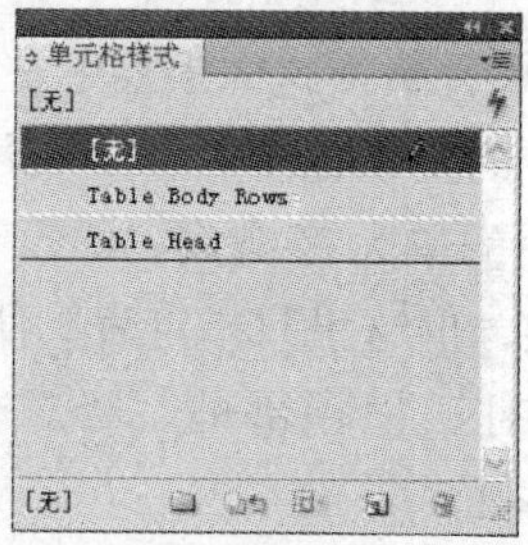

图9.35

14. 选择菜单“编辑”>“全部取消选择”，再选择菜单“文件”>“存储”保存文档。

9.6.2 创建表样式

下面创建一种表样式，它不仅设置表格的整体外观，还将前面创建的两种单元格样式分别应用于表头行和表体行。

1. 在能够看到表格的情况下，选择文字工具（T）单击将光标置于表格中。

2. 选择菜单“窗口”>“样式”>“表样式”打开表样式面板，并从表样式面板菜单中选择“新建表样式”。

3. 在“样式名称”中输入 Tea Table。

4. 在“单元格样式”部分做如下设置（如图 9.36 所示）：

- 从“表头行”下拉列表中选择 Table Head；
- 从“表体行”下拉列表中选择 Table Body Rows。

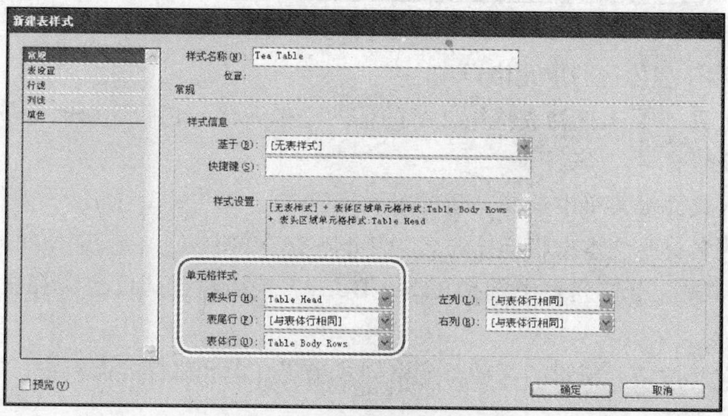

图9.36

下面设置该表格样式使表体行交替改变颜色。

5. 在“新建表样式”对话框中，在左边的列表中选择“填色”，并从“交替模式”下拉列表中选择“每隔一行”，“交替”部分的选项将变得可用。

6. 对交替选项做如下设置（如图 9.37 所示）：

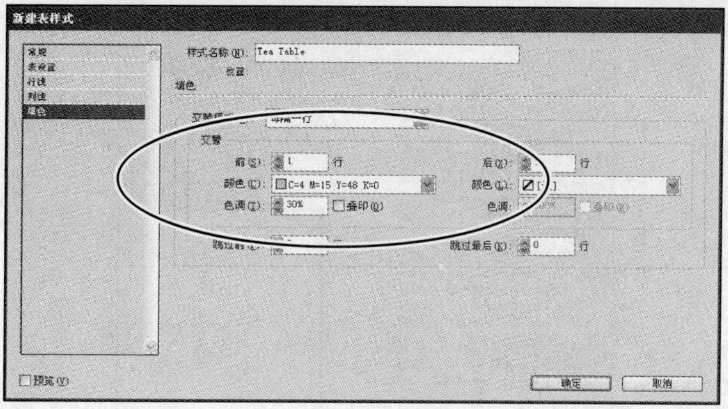

图9.37

- 从“颜色”下拉列表中选择淡黄色（C=4、M=15、Y=48、K=0）。
- 将色调设置为 30%。

7. 单击“确定”按钮，新建的样式 Tea Table 将出现在表样式面板中，如图 9.38 所示。

8. 选择菜单“编辑”>“全部取消选择”，再选择菜单“文件”>“存储”保存文档。

图9.38

9.6.3 应用表样式

下面将刚创建的表样式应用于文档中的两个表格。

1. 在能够在屏幕上看到表格的情况下，使用文字工具（T）单击将光标置于表格的任何位置。
2. 单击表样式面板中的样式 Tea Table，将使用前面创建的表样式和单元格样式重新设置该表格的格式，如图 9.39 所示。

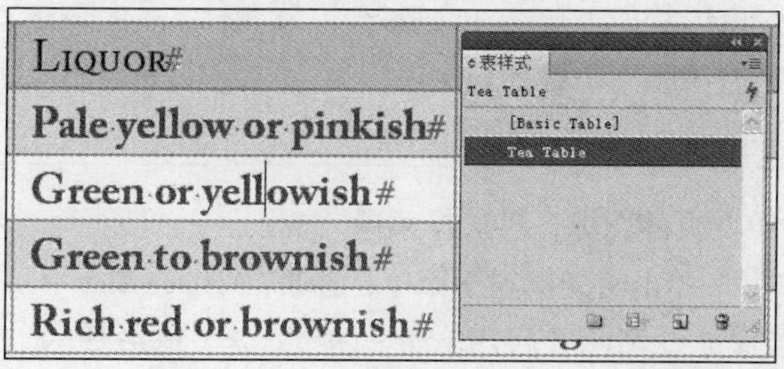

图9.39

3. 在页面面板中双击第 3 页的图标，再选择菜单“视图”>“使页面适合窗口”，然后将光标置于表格的任何位置。

4. 单击表样式面板中的样式 Tea Table，将使用前面创建的单元格样式和表样式重新设置该表格的格式，如图 9.40 所示。

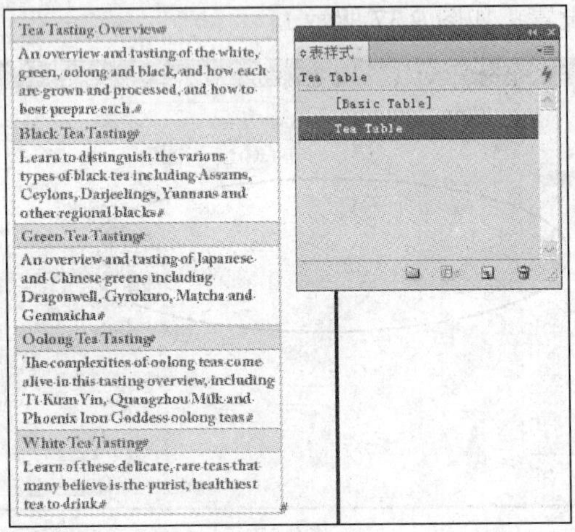

图9.40

注意该表格与前一个表格有些不同，因为它没有表头，因此将忽略单元格样式 Table Head。

5. 选择菜单“编辑”>“全部取消选择”，再选择菜单“文件”>“存储”保存文档。

9.7 更新样式

在 InDesign 中，有两种更新段落样式、字符样式、对象样式、表样式和单元格样式的方法。第一种方法是打开样式本身并对格式选项进行修改。由于样式同其应用于的文本之间存在父子关系，因此所有文本都将更新以反映修改后的样式。

另一种更新样式的方法是，通过局部格式来修改文本，然后根据修改后的文本重新定义样式。在本节中，将修改样式 Head3 使其包含段后线。

> **注意**：像这样重新定义样式时，将让样式与新格式匹配。但是可执行相反的操作，强制已修改的格式与样式匹配（如果选定对象不与样式匹配，样式名旁边将出现一个加号）。每个样式面板（段落样式面板、对象样式面板等）底部都有一个“清除覆盖”按钮，它由一个图标和一个加号表示。要了解如何清除覆盖，请将鼠标指针指向该按钮。

1. 双击页面面板中第 2 页的图标，再选择菜单“视图”>“使页面适合窗口”。
2. 使用文字工具（T）单击将光标置于第 1 栏顶部的 Black Tea 中。
3. 如果段落样式面板不可见，可选择菜单“文字”>“段落样式”打开。注意选择了样式 Head3，表明该样式被应用于选定文本。
4. 选择菜单“文字”>“段落”以显示段落面板。从段落面板菜单中选择“段落线”。

5. 在“段落线”对话框中，从顶部的下拉列表中选择“段后线”，并选中复选框“启用段落线”；确保选中了“预览”复选框，并将对话框移到一边，以便能够在屏幕上看到文本 Black Tea。

6. 对段后线做如下设置（如图 9.41 所示）：

- 粗细：1 点；
- 颜色：C=4、M=15、Y=48、K=0（浅黄色）；
- 位移：op2；

保留其他选项为默认值。

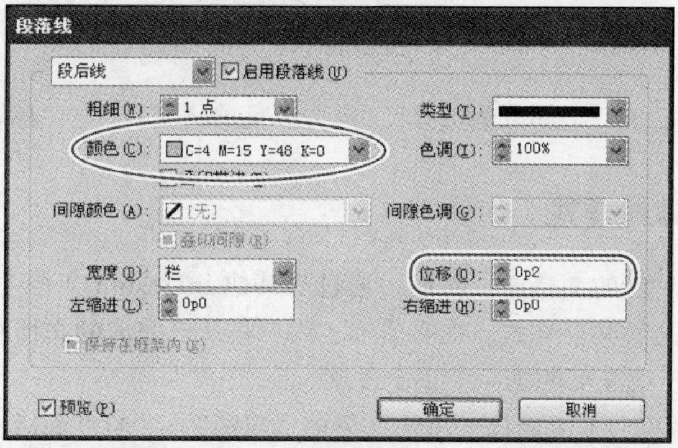

图9.41

7. 单击“确定”按钮，文本 BLACK TEA 下方将出现一条黄线，如图 9.42 所示。

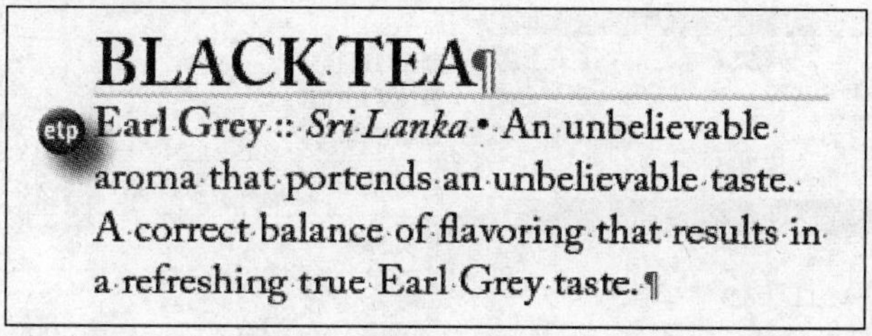

图9.42

在段落样式面板中，样式 Head3 右边将出现一个加号，这表明除样式 Head3 外，还对选定文本设置了局部格式，这些格式覆盖了应用的样式。下面重新定义样式，将局部修改应用于使用样式 Head3 的所有标题。

> ID **注意**：可使用第 8 步中的方法，基于局部格式重新定义任何类型的样式。

8. 从段落样式面板菜单中选择“重新定义样式”，如图 9.43 所示。样式 Head3 右边的加号将消失，而文档中使用样式 Head3 的所有标题都将更新以反映所做的修改。

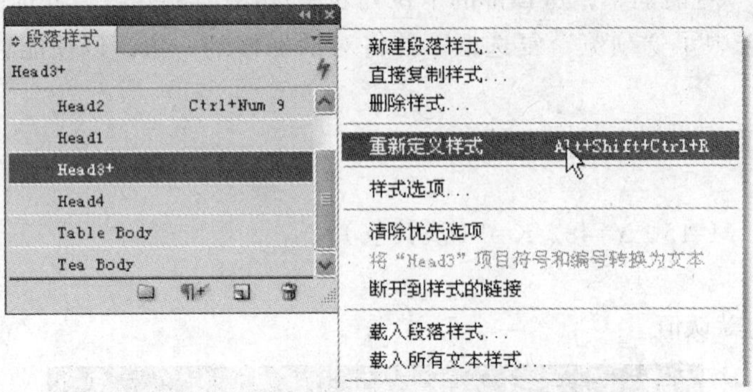

图9.43

9. 选择菜单"编辑">"全部取消选择",再选择菜单"文件">"存储"保存文档。

9.8 从其他文档中载入样式

样式只出现在创建它们的文档中。然而,通过从其他 InDesign 文档中载入(导入)样式,可轻松地在 InDesign 文档之间共享样式。在本节中,用户将从已完成的文档 09_End.indd 中导入一种段落样式,并将其应用于第 3 页的第一个正文段落。

1. 双击页面面板中第 3 页的图标,再选择菜单"视图">"使页面适合窗口"。
2. 如果段落样式面板不可见,可选择菜单"文字">"段落样式"显示。
3. 从段落样式面板菜单中选择"载入所有文本样式",如图 9.44 所示。

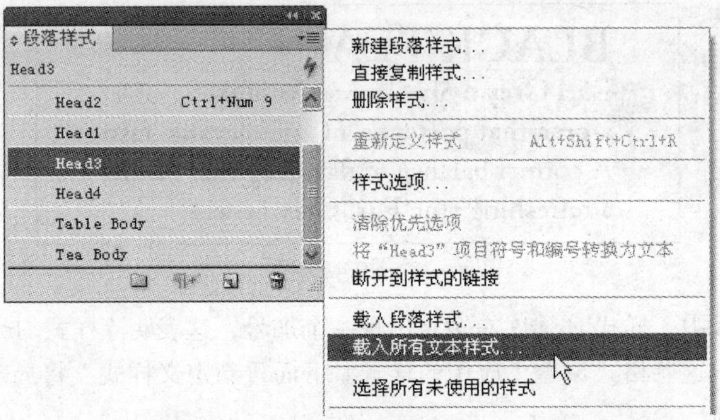

图9.44

4. 在"打开文件"对话框中双击文件夹 Lesson_09 中的 09_End.indd,即可出现"载入样式"对话框。
5. 为避免导入样式时覆盖现有样式,单击"全部取消选中"按钮。
6. 选中 Drop Cap Body 复选框。向下滚动到 Drop Cap,并确保选中了该复选框,如图 9.45 所示。

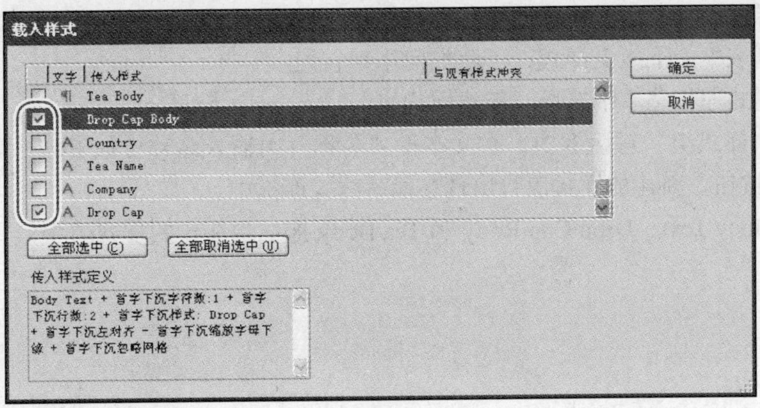

图9.45

7. 单击“确定”按钮载入这两种样式。

8. 使用文字工具（T）单击将光标置于以“Tea，Tay”开头的第一个段落中，然后在段落样式面板中单击样式 Drop Cap Body。首字母 T 将下沉并变成紫红色，如图 9.46 所示。

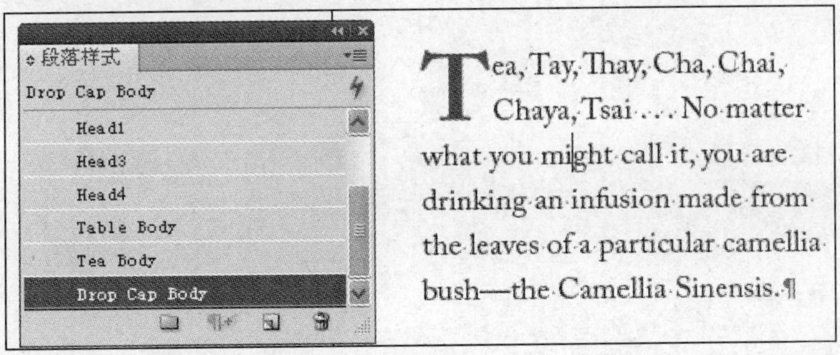

图9.46

9. 选择菜单“编辑”>“全部取消选择”，再选择菜单“文件”>“存储”保存文档。

下面进行最后一步，预览完成后的文档。

1. 单击工具箱底部的“预览”按钮，如图 9.47 所示。
2. 选择菜单“视图”>“使页面适合窗口”。
3. 按 Tab 键隐藏所有面板，预览最终的文档。

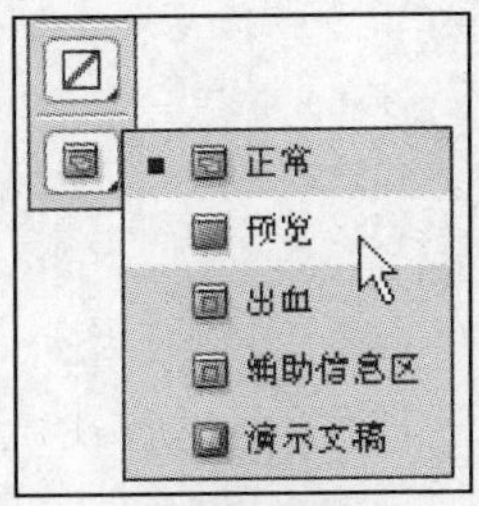

图9.47

9.9 练 习

在冗长而复杂的文档中，用户可能需要创建大量样式。事实上，杂志和报纸使用 100 多种样式的情况很常见。InDesign 中的每个样式面板都提供了各种组织样式的选项。在处理的课程文档仍处于打开状态下，可尝试组织一下段落样式。

1. 选择菜单“文字”>“段落样式”打开段落样式面板。

2. 从段落样式面板菜单中选择“按名称排序”。这是默认设置，按字母顺序排列样式。
3. 尝试在列表中上下拖曳样式，了解如何排列它们。
4. 从段落样式面板菜单中选择“新建样式组”。
5. 在“新建样式组”对话框中，在文本框“名称”中输入名称（如 Body Style），然后单击“确定”按钮。新建的样式组将出现在段落样式面板中。
6. 将样式 Body Text、Drop Cap Body 和 Tea Body 拖放到新建的样式组中。

复习

复习题

1. 使用对象样式为什么能提高工作效率?
2. 要创建嵌套样式，首先必须创建什么?
3. 对已应用于 InDesign 文档的样式进行全局更新的方法有哪两种?
4. 如何从其他 InDesign 文档导入样式?

复习题答案

1. 使用对象样式可以组合一组格式属性，并将其快速应用于图形和框架，从而节省时间。如果需要更新格式，无需分别对使用样式的每个对象进行修改，只需修改对象样式，所有使用该样式的框架都将自动更新。
2. 创建嵌套样式前，必须首先创建一种字符样式，并创建一种嵌套该字符样式的段落样式。
3. 在 InDesign 中更新样式的方法有两种：一是打开样式本身并对格式选项进行修改；二是使用局部格式修改一个实例，然后基于该实例重新定义样式。
4. 导入样式非常容易。只需从对象样式面板、字符样式面板、段落样式面板、表样式表面或单元格样式面板的面板菜单中选择合适的载入样式选项，然后找到要从中载入样式的 InDesign 文档。样式将载入到相应的面板中，并可在当前文档中使用它们。

第10课 导入和修改图层

在本课中，读者将学习以下内容：

- 区分矢量图和位图；
- 置入使用 Adobe Photoshop 和 Adobe Illustrator 创建的图形；
- 使用链接面板管理置入的文件；
- 调整图形的显示质量；
- 使用路径和 Alpha 通道修改图形的外观；
- 创建定位的图形框架；
- 使用 Adobe Bridg 导入图形；
- 创建和使用对象库。

学习本课大约需要 60 分钟。

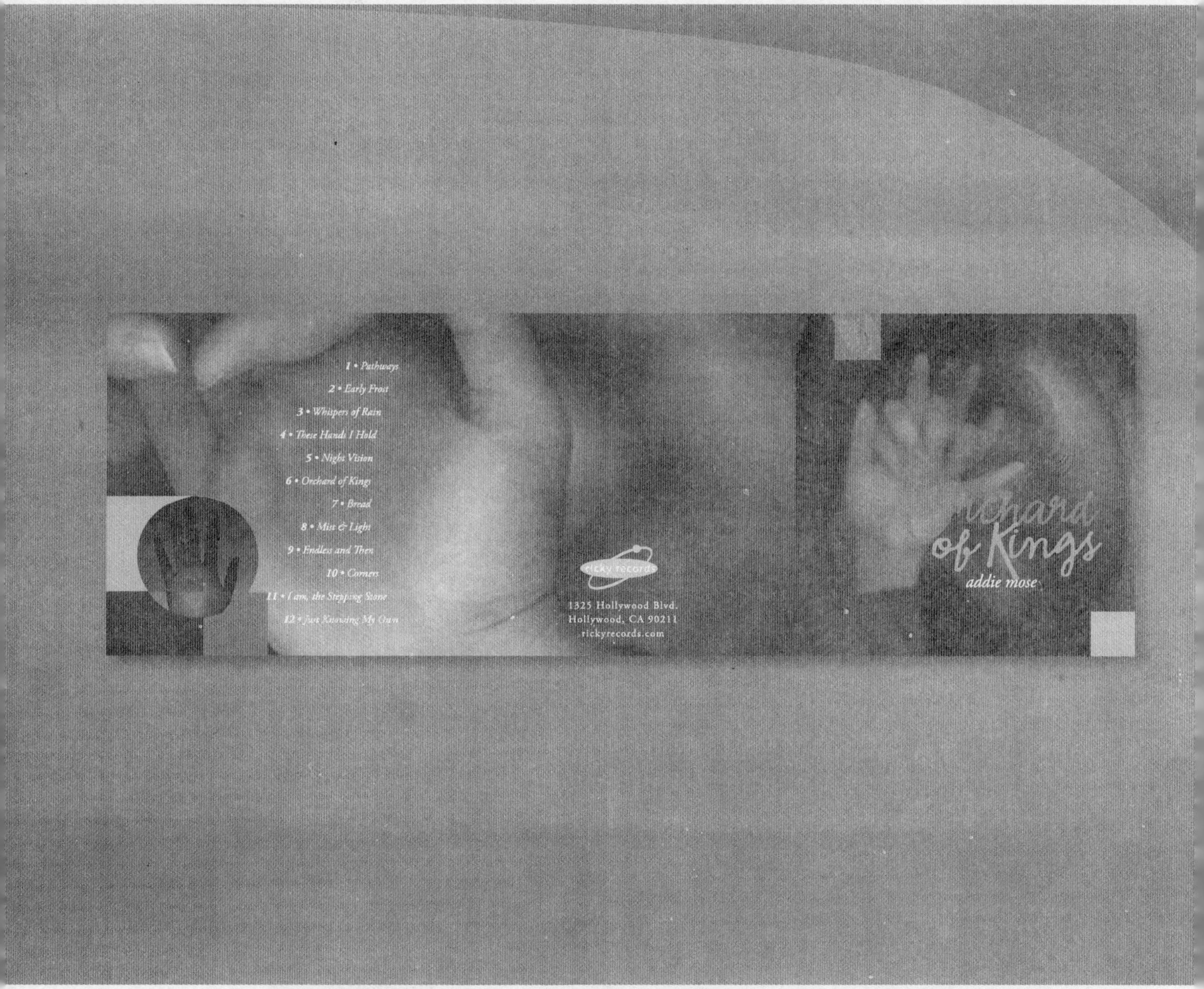

通过导入在 Adobe Photoshop、Adobe Illustrator 或其他图形程序中创建的照片和图稿，可轻松地改善文档。如果这些导入的图形被修改，InDesign 会指出有新版本，用户可随时更新或替换导入的图形。

10.1 概 述

在本课中，读者将通过导入和管理来自 Adobe Photoshop、Adobe Illustrator 和 Adobe Acrobat 的图形制作一个 CD 封套。经过印刷和裁切后，封套将被折叠，以适合 CD 盒的大小。

本课包含可使用 Adobe Photoshop 完成的工序——如果您的计算机安装了该软件。

> **注意：**如果还没有从配套光盘将本课的资源文件复制到硬盘中，那么现在需要将这些文件复制到硬盘，详情请参阅“前言”中的“复制课程文件”。

1. 为确保用户使用的 Adobe InDesign CS5 首选项和默认设置与本课使用的相同，在使用前请将 InDesign Defaults 文件移到其他文件夹，详情请参阅“前言”中的“存储和恢复 InDesign Defaults”文件。
2. 启动 Adobe InDesign CS5。为确保面板和菜单命令与本课使用的相同，选择菜单“窗口”>“工作区”>“高级”，再选择菜单“窗口”>“工作区”>“重置‘高级’”。
3. 选择菜单“文件”>“打开”，打开硬盘中文件夹 InDesignCIB\Lessons\Lesson_10 中的文件 10_a_Start.indd。会出现一个消息框，指出该文档包含指向修改过的文件的链接。
4. 单击“不更新链接”按钮，用户将在本课后面对此进行修复。
5. 如果必要，关闭链接面板以免它遮住文档。每当用户打开包含缺失或已修改链接的 InDesign 文档时，链接面板都将自动打开。
6. 如果要查看最终的文档，打开文件夹 Lesson_10 中的文件 10_b_End.indd，如图 10.1 所示。如果有必要，可让该文档处于打开状态供工作时参考。查看完毕后，选择菜单“窗口”>“10_a_Start.indd”。

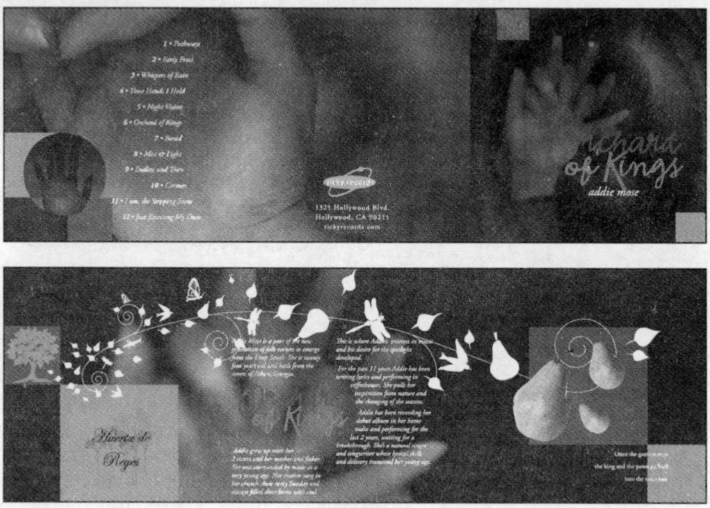

图10.1

7. 选择菜单“文件”>“存储为”，将该文件重命名为 10_cdbook.indd，并将其存储在文件夹 Lesson_10 中。

> **注意**：完成本课的任务时，请根据需要移动面板和修改缩放比例。有关这方面的详细信息，请参阅第 1 课的“修改文档的缩放比例”一节。

10.2 添加来自其他程序的图形

InDesign 支持很多常见的图形文件格式。虽然这代表可以使用在各种图形程序中创建的图形，但 InDesign 同其他 Adobe 专业图形程序（如 Photoshop、Illustrator 和 Acrobat）协作时最顺畅。

默认情况下，导入的图像是链接的，这表示虽然 InDesign 在版面上显示图形文件的预览，但并没有将整个图形文件复制到 InDesign 文档中。

链接图形文件的主要优点有两个。首先，可节省磁盘空间，尤其是在很多 InDesign 文档中重用同一个图形时；其次，可使用创建链接图形的程序进行编辑，然后在 InDesign 链接面板中更新链接。更新链接文件时，将保持图形文件的位置和设置不变，因此无需重做。

链接面板中列出了链接的所有图形和文本文件，该面板提供了用于管理链接的按钮和命令。使用 PostScript 或便携式文档格式（PDF）创建最终输出时，InDesign 将根据链接，使用外部存储的置入图形的原始版本提供尽可能高的品质。

10.3 比较矢量图和位图

Adobe InDesign 和 Adobe Illustrator 绘图工具创建的是矢量图形，这种图形是基于数学表达式的形状组成的。矢量图形由平滑线组成，缩放时仍然是清晰的。这适用于插图、文字以及徽标等通常将缩放到不同的尺寸。

位图图像基于像素网格，由诸如 Adobe Photoshop 等图像编辑程序创建。处理位图图像时，编辑的是各个像素而不是对象或形状。由于位图图像能够呈现细微的颜色和色调层次，因此适合连续调整图像，如照片或在绘画程序中创建的作品。位图图像的一个缺点是，放大时不再清晰且出现锯齿，如图 10.2 所示。另外，位图图像文件通常比类似的矢量文件大。

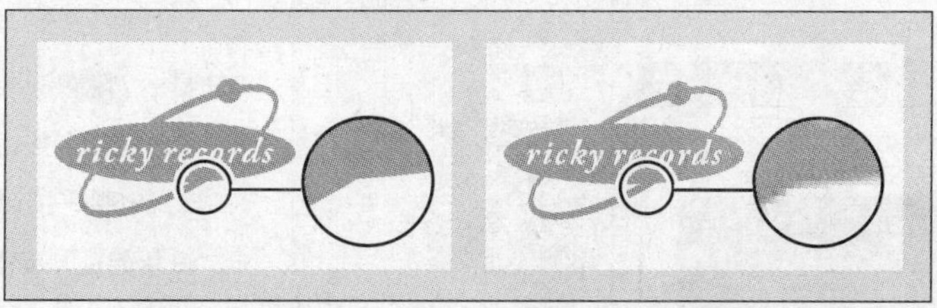

绘制为矢量图形的徽标（左） 光栅化为位图图像后（右）

图10.2

一般而言，使用矢量绘图工具来创建线条清晰的线条图或文字，如名片和招贴画上的徽标，它们在任何尺寸下都是清晰的。可使用 InDesign 的绘图工具来创建矢量图，也可利用 Illustrator 中品种繁多的矢量绘图工具。可使用 Photoshop 来创建具有绘图或摄影般柔和线条的位图图像以及对线条图应用特殊效果。

10.4 管理导入文件的链接

用户打开本课的文档时，看到一个警告消息框，它指出了链接文件存在的问题。下面使用链接面板解决这些问题，该面板提供了有关文档中所有链接的文本和图形文件的完整状态信息。

通过使用链接面板，还可以众多其他的方式管理置入的图形，如更新或替换文本或图形。在本课学习的所有管理链接文件的方法都适用于置入文档中的图形文件和文本文件。

10.4.1 查找导入的图像

为查找已导入文档中的部分图像，用户可采用两种使用链接面板的方法。在本课后面，还将使用链接面板来编辑和更新导入的图形。

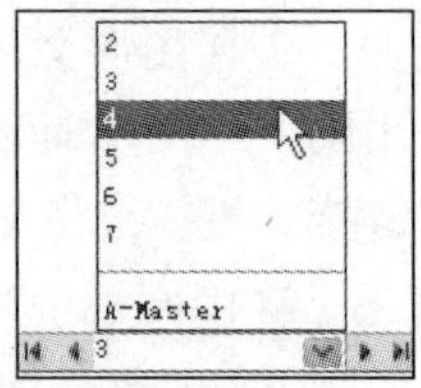

图10.3

1. 从文档窗口左下角的“页面”下拉列表中选择 4，如图 10.3 所示，让该页面在文档窗口中居中显示。
2. 如果链接面板不可见，选择菜单“窗口”>“链接”。
3. 使用选择工具（ ）选择第 4 页（第一个跨页的右页面）中的标识文字 Orchard of Kings。在版面中选中该图形时，在链接面板中该图形的文件名 10_i.ai 将被选中，如图 10.4 所示。

A. 文件名栏

B. 状态栏

C. 页面栏

D.“显示 / 隐藏链接信息”按钮

E.“重新链接”按钮

F.“转到链接”按钮

G.“更新链接”按钮

H.“编辑原稿”按钮

图10.4

下面使用链接面板查找版面上的图形。

4. 在链接面板中选择 10_g.psd，然后单击“转到链接”按钮（ ）。该图形将被选中且位于文档窗口中央。在知道文件名的情况下，这是一种快速查找图形的方法。

在本课中以及需要处理大量导入的文件时，这些识别和查找链接图形的方法都很有用。

10.4.2 查看有关链接文件的信息

通过使用链接面板，处理链接的图形和文本文件以及显示更多有关链接文件的信息将更容易。

> ID | **提示：**通过拖曳链接面板的标签可将链接面板同其所属的面板组分开。将面板分离后，便可通过拖曳其右下角来调整宽度和高度。

1. 如果链接面板不可见，可选择菜单“窗口”>“链接”来显示。如果在不滚动的情况下无法看到所有链接文件的名称，请拖曳链接面板中间的分隔条以扩大该面板的上半部分，以便看到所有链接。
2. 选择链接 10_g.psd，链接面板的下半部分“链接信息”将显示有关选定链接的信息。
3. 单击“在列表中选择下一个链接”按钮（▶）以查看链接面板列表中下一个文件（10_f.pdf）的信息。以这种方式可快速查看所有链接的信息。当前，每个链接的状态栏都显示一个警告图标（⚠），这表明存链接在问题，稍后将解决这些问题。查看完链接信息后，单击“链接信息”上方的“显示 / 隐藏链接信息”按钮（▽）以隐藏“链接信息”部分。

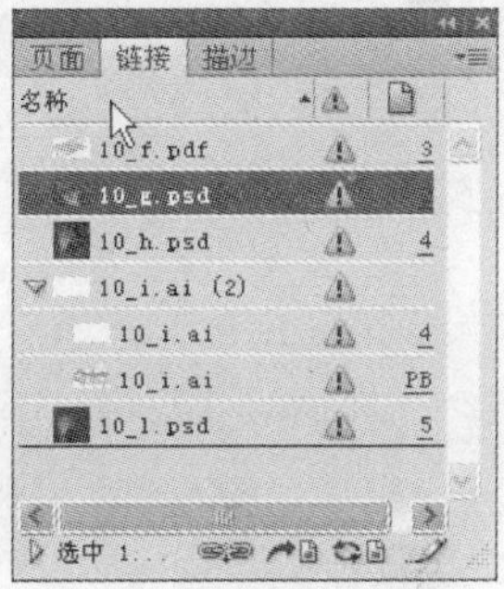

图10.5

默认情况下，存储在链接面板中的文件是按照页码排序的。也可以其他方式对文件列表进行排序。

4. 单击链接面板中名称栏标题，链接将按字母排序，如图 10.5 所示。每当用户单击栏标题时，链接都将在升序和降序排列之间切换。

> ID | **提示：**要重新排列链接面板中的各栏，可拖曳栏标题。

10.4.3 在资源管理器（Windows）或 Finder（Mac OS）中显示文件

虽然链接面板提供了有关导入的图形文件的属性和位置等信息，但并不能让用户修改文件或文件名。通过使用“在资源管理器中显示”（Windows）或“在 Finder 中显示”（Mac OS），可访问导入图形文件的原始文件。

1. 如果当前没有选择图形 10_g.psd，选择该图形。从链接面板菜单中选择“在资源管理器中显示”（Windows）或“在 Finder 中显示”（Mac OS），这将打开链接文件所在的文件夹并选择该文件。这种功能对于在硬盘中查找文档并在必要时对其重命名很有用。
2. 关闭资源管理器或 Finder 并返回 InDesign。

10.5 更新链接

即使将文本或图形文件置入 InDesign 文档后，也可使用其他程序修改这些文件。链接面板会指出哪些文件在 InDesign 外被修改过，让用户能够使用这些文件的最新版本更新 InDesign 文档。

在链接面板中，文件 10_i.ai 的状态栏有一个警告图标（ ），这表明原稿被修改过。正是该文件及其他一些文件导致打开 InDesign 文档时出现警告消息。下面更新该文件的链接，让 InDesign 文档使用最新的版本。

1. 在链接面板中，单击文件 10_i.ai 左边的展开按钮（ ），以显示该导入文件的两个实例。选择位于第 4 页的 10_i.ai 并单击“转到链接”按钮（ ），以便在放大的视图下查看该图形，如图 10.6 所示。更新链接时并非一定要执行这一步，但如果要核实将更新的是哪一个导入的文件并查看结果，这是一种快速的方法。

> ID | **提示：**要让链接的文件显示在文档窗口中央，可在链接面板中单击链接名右边的页码。

图10.6

2. 单击“更新链接”按钮（ ），文档中图像的外观将发生变化以呈现最新的版本，如图 10.7 所示。

> ID | **提示：**链接面板底部所有的按钮在链接面板菜单中都有相应的命令。

图10.7

3. 选择其他有警告图标（ ）的链接并单击“更新链接“按钮。要一次更新多个链接，可在链接面板中按住 Shift 键并单击以选择多个相邻的文件，也可按住 Ctrl（Windows）或 Command（Mac OS）键并单击以选择多个不相邻的链接。

下面将第一个跨页（第 2~4 页）中的手形图像替换为修改后的图像。使用“重新链接”按钮给链接指定另一个图形。

4. 切换到第一个跨页（第 2~4 页）并选择菜单“视图”>“使跨页适合窗口”。

5. 使用选择工具（ ）选择图像 10_h.psd，这是第 4 页上一幅两只手交叉握在一起的照片。如果在内容手形抓取工具中单击，您选择的将是图形而非框架，但在本节中，用户可任意选择。可根据链接面板中选定的文件名来判断是否选择了正确的图像。

6. 在链接面板中单击“重新链接”按钮（ ）。
7. 选择文件夹 Lesson_10 中的 10_j.psd，然后单击“打开”按钮。新的图像版本（其背景不同）将替换原来的图像，链接面板也相应地更新。
8. 单击粘贴板的空白区域以取消选择跨页中的对象。
9. 选择菜单“文件”>“存储”保存所做的工作。

ID | **提示：**要定制链接面板中显示的栏和信息，可从链接面板菜单中选择“面板选项”。添加栏后，可调整它们的大小和位置。

在链接面板中查看链接状态

在链接面板中，链接图形以下列方式之一出现：

- 最新的图形只显示其文件名和所在的页面。
- 修改过的文件显示一个警告图标（ ）。该警告图标表明磁盘上的文件版本比文档中的版本新。例如，如果用户将一个 Photoshop 图形导入到 InDesign 中，然后另一位美工使用 Photoshop 编辑并保存了原始图形，将出现该图标。
- 缺失的文件显示一个带问号的六边形（ ）。这表明文件不在最初被导入时所在的位置，可能在其他地方。如果原始文件导入后，有人将其移到其他文件夹或服务器，将出现这种情形。在找到缺失文件之前，无法知道它是否是最新的。如果在出现该图标时打印或导出文档，相应的图形可能不会以全分辨率打印或导出。

——摘自InDesign帮助

10.6 调整显示质量

解决所有的文件链接问题后，便可以添加其他图形了。但在此之前，将调整本课前面更新的 Illustrator 文件 10_i.ai 的显示质量。

用户将图像置入文档时，InDesign 根据当前在“首选项”的“显示性能”部分所做的设置自动创建其低分辨率（代理）版本。当前，该文档中所有的图像都是低分辨率代理，这就是图像的边缘呈锯齿状的原因。降低置入图形的屏幕质量可提高页面的显示速度，而不会影响最终输出的质量。可对 InDesign 用来显示置入图形的详细程度进行控制。

1. 在链接面板中，选择在前一节中更新的图像 10_i.ai（在第 4 页上）。单击“转到链接”按钮（ ）在放大的视图中查看该图形。
2. 在图像 Orchard of Kings 上单击鼠标右键（Windows）或按住 Control 并单击（Mac OS），然后从上下文菜单中选择“显示性能”>“高品质显示”。该图像将以全分辨率显示，如图 10.8 所示。通过使用这种方法，可确定在 InDesign 文档中置入的各个图形的清晰度、外观或位置。

使用“典型显示”　　“高品质显示”

图10.8

3. 选择菜单“视图”>“显示性能”>“高品质显示”。这将修改当前文档的默认显示性能，所有图形都将以高品质显示。

使用老式计算机或文档中包含大量导入的图形时，这种设置可能导致屏幕重绘速度降低。在大多数情况下，将“显示性能”设置为“典型显示”，然后根据需要修改某些图形的显示质量是个明智的选择。

4. 选择菜单“文件”>“存储”保存所做的工作。

10.7 使用剪切路径

在 InDesign 中，可删除图像中不想要的背景。在本节中，用户将获得一些这方面的经验。除使用 InDesign 删除背景外，还可在 Photoshop 中创建路径或 Alpha 通道，然后将其用于指定置入到 InDesign 版面中的图像的轮廓。

稍后将置入的图像的背景是一个实心矩形，使用户无法看到它后面的区域。可使用剪切路径（绘制的矢量轮廓，被用作蒙版）隐藏不想要的图像部分。InDesign 可从多种图像创建出剪切路径。

- 如果在 Photoshop 中绘制一条路径并将其随图像保存，InDesign 能够使用它来创建剪切路径。
- 如果在 Photoshop 中绘制一个 alpha 通道并将其随图像保存，InDesign 将能够使用它来创建剪切路径。alpha 通道包含透明和不透明区域，通常是用于照片或视频合成的图像中创建的。
- 如果图像背景的颜色很淡或为白色，InDesign 能够自动检测出对象和背景之间的边缘，并创建一条剪切路径。

用户置入的梨子图像没有剪切路径和 alpha 通道，但其背景是纯白色的，利用 InDesign 能够将其删除。

下面删除梨子图像的白色背景。可使用“剪切路径”对话框中的“检测边缘”选项将图像的纯白色背景删除。“检测边缘”选项通过修改包含图像的框架的形状并在必要时添加锚点，来隐藏图像的某些区域。

1. 在页面面板中双击第 7 页的图标切换到文档的第 7 页。选择菜单“文件”>“置入”，然后双击文件夹 Lesson_10 中的文件 10_c.psd，鼠标指针将变成载入图形图标。
2. 确保在图层面板中选择了图层 Photos，以便将图像放在该图层中。

3. 将鼠标指针指向紫色方框左边缘的外部——在紫色方框上边缘的左下方一点（确保没有将鼠标指针放在方框内），然后单击以置入一个背景为白色的梨子图像，如图 10.9 所示。如果需要调整图像的位置，可按以上方式操作。
4. 选择菜单“对象”>“剪切路径”>“选项”。如果有必要拖曳“剪切路径”对话框以便能够看到梨子图像。
5. 从“类型”下拉列表中选择“检测边缘”。选中“预览”复选框，图像的白色背景几乎消失。
6. 拖曳“阈值”滑块并同时查看第 7 页的图像，直到隐藏了大部分白色背景但没有隐藏梨子图像。这里使用的值为 20，如图 10.10 所示。

> **注意：** 如果无法找到删除了所有背景而有不影响梨子的阈值设置，指定一个保留完整的梨子和少量白色背景的值。将在接下来的步骤中通过微调剪切路径来消除残留的白色背景。

图10.9

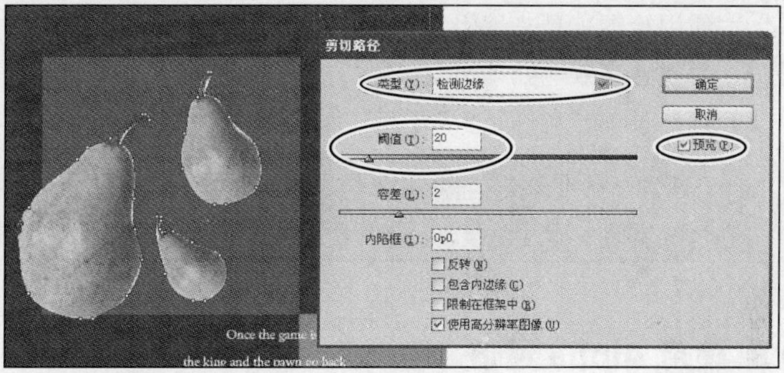

图10.10

“阈值”选项从白色开始隐藏图像的淡色区域。当向右拖曳以指定更大的值时，越来越暗的色调会包含在将被隐藏的色调范围内。不要试图找到刚好只留下梨子图像的设置，稍后将介绍如何微调剪切路径。

7. 轻轻向左拖曳“容差”滑块直到容差值大约为 1，如图 10.11 所示。

“容差”选项决定了用多少个点定义将自动生成的框架。当向右拖曳时，InDesign 会使用较少的点，因此剪切路径与图像的适合程度较低（容差较大）。在路径上使用较少的点可提高文档的打印速度，但也可能降低精度。

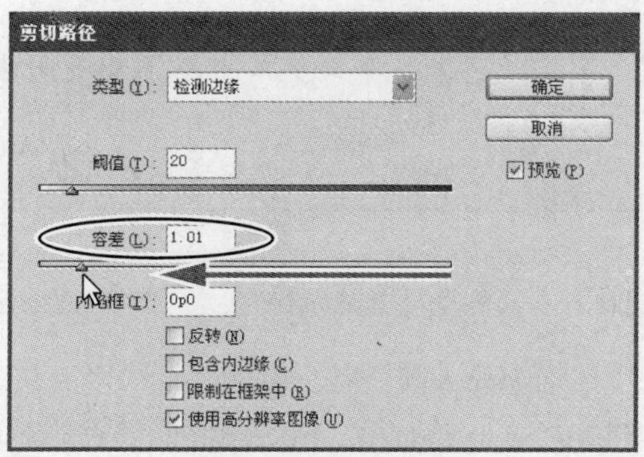

图10.11

8. 对于“内陷框”，指定一个与余下的背景区域大小接近的值，这里使用 0p1（0 派卡 1 点）。该选项可均匀地收缩剪切路径的当前形状（如

图 10.12 所示），而不影响图像的亮度。单击“确定”按钮关闭“剪切路径”对话框。

应用内陷值 1 点之前和之后

图10.12

9.（可选）可以手工微调剪切路径。为此，切换到直接选择工具（ ），然后拖曳各个锚点并使用绘图工具来编辑梨子周围的剪切路径。对于边缘很复杂的图像，可能需要放大视图以便能够高效地处理锚点。

10. 选择菜单“文件”>“存储”保存文件。

> ID **注意：**也可使用“检测边缘”功能来删除纯黑色背景。为此，只需选中“反转”和“包含内边缘”复选框并指定较高的阈值（255）。

10.8 使用 Alpha 通道

当图像的背景不是纯白色或纯黑色时，“检测边缘”功能可能无法有效地删除背景。对于这种图像，如果根据调整背景的亮度值来隐藏背景，也可能隐藏主体中使用相同亮度值的区域。在这种情况下，可使用 Photoshop 中的高级背景删除工具，用路径或 Alpha 通道来标记透明区域，再让 InDesign 根据这些区域创建剪切路径。

> ID **注意：**如果置入由图像和透明背景组成的 Photoshop 文件（.psd），InDesign 将根据透明背景进行剪切，而无需依赖于剪切路径或 Alpha 通道。在置入有羽化边缘的图像时，透明背景很有用。

10.8.1 导入 Photoshop 文件和 Alpha 通道

前面导入图像时，使用的是“置入”命令；这里使用另一种方法：将 Photoshop 图像直接拖曳到 InDesign 跨页中。InDesign 能够直接使用 Photoshop 路径和 Alpha 通道，无需将 Photoshop 文件保存为另一种文件格式。

1. 在图层面板中确保选择了图层 Photos，这样图像将放到该图层中。

2. 切换到文档的第 2 页，并选择菜单“视图”>“使页面适合窗口”。

3. 在资源管理器窗口（Windows）或 Finder 窗口（Mac OS）中，切换到文件 10_d.psd 所在的 Lesson_10 文件夹。

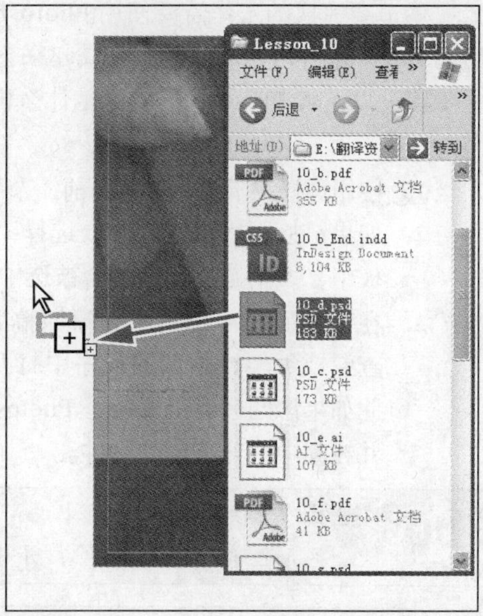

图10.13

重新调整资源管理器窗口（Windows）或 Finder 窗口（Mac OS）和 InDesign 窗口的位置和大小，以便能够同时看到 Lesson_10 文件夹中的文件列表和 InDesign 文档窗口。确保第 2 页左下角的 1/4 是可见的。

4. 将文件 10_d.psd 拖曳到 InDesign 文档的第 2 页并将其放在粘贴板中，如图 10.13 所示。在粘贴板上单击切换到 InDesign 文档，再次单击图像将以 100% 的比例置入。

5. 使用选择工具（ ）调整图形的位置，使其位于页面的左下角，如图 10.14 所示。

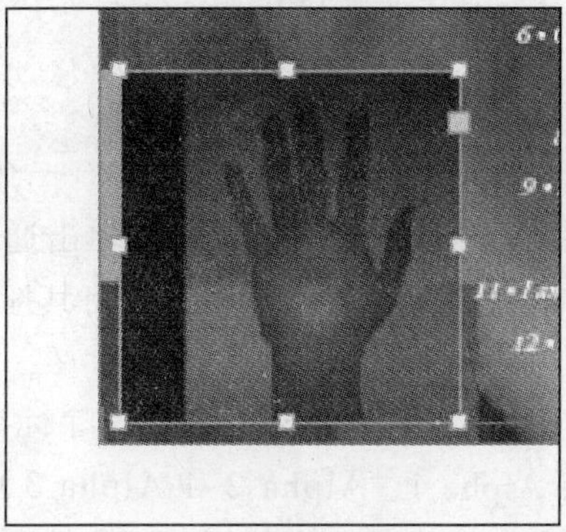

图10.14

> **注意：** 置入该文件时，一定要将其拖曳到第 2 页左边的粘贴板上再放下。如果在现有框架中放下，将放到该框架内。如果发生这种情况，选择菜单“编辑”>“还原”，然后重试。

6. 如果有必要，将最大化 InDesign 窗口恢复到以前的大小。即完成了置入文件的工作。

10.8.2 查看 Photoshop 路径和 Alpha 通道

在刚拖入 InDesign 中的 Photoshop 图像中，手形图像和背景的很多亮度值相同。因此，使用“剪切路径”对话框中的“检测边缘”选项难以将背景分离。

设置 InDesign，使其使用来自 Photoshop 的路径或 Alpha 通道。首先，使用链接面板在 Photoshop 中打开该图像，以查看它包含哪些路径或 alpha 通道。

本节要完成的工作需要使用 Photoshop 4.0 或更高版本，如果计算机有足够的内存，能够同时启动 InDesign 和 Photoshop，完成起来会更容易。如果计算机不能满足上述两个要求，仍可阅读这些步骤，以了解 Photoshop 通道是什么样的、有何用途，然后接着做下一节的工作。

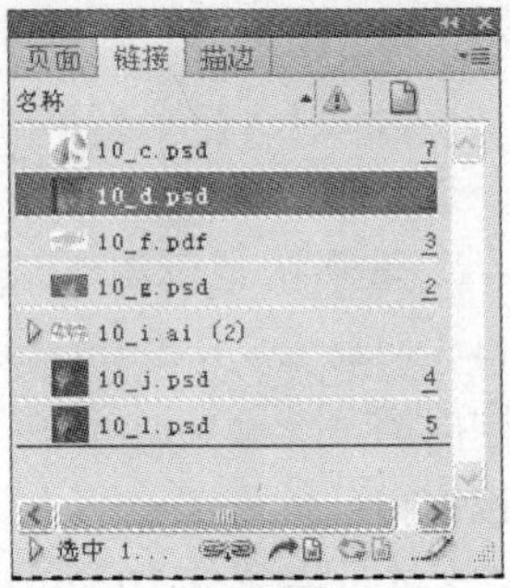

图10.15

1. 使用选择工具（ ）选择前一节导入的图像 10_d.psd。
2. 如果链接面板没有打开，选择菜单“窗口”>“链接”。在链接面板中，该图像的文件名会被选中，如图 10.15 所示。
3. 在链接面板中单击“编辑原稿”按钮（ ）。这将在一个能够查看或编辑该图像的程序中打开它。该图像来自 Photoshop，因此如果您的计算机安装了 Photoshop，Indesign 将启动 Photoshop，并在其中打开选定的文件。

> ID **提示**：除使用链接面板中的“编辑原稿”按钮编辑选定图像外，还可从链接面板菜单中选择“编辑工具”，并从中选择要使用的应用程序。

> ID **注意**：有时单击“编辑原稿”按钮不会在 Photoshop 或创建图像的程序中打开文件。在安装软件时，有些安装程序会修改操作系统中有关文件和程序的关联设置。“编辑原稿”按钮使用有关文件和程序的关联设置。要修改这种设置，请参阅操作系统文档。

4. 在 Photoshop 中，选择菜单“窗口”>“通道”或单击通道面板图标以显示通道面板。单击通道面板顶部的标签并将其拖曳到文档窗口中。
5. 如果有必要，增大通道面板的高度以便能够查看除标准 RGB 通道外的其他 3 个通道（Alpha 1、Alpha 2 和 Alpha 3），如图 10.16 所示。这些通道是在 Photoshop 中使用蒙版和绘画工具绘制的。
6. 在 Photoshop 的通道面板中，单击 Alpha 1 进行查看，然后单击 Alpha 2 和 Alpha 3，对它们进行比较。
7. 在 Photoshop 中，选择菜单“窗口”>“路径”或单击路径面板图标打开路径面板，如图 10.17 所示。

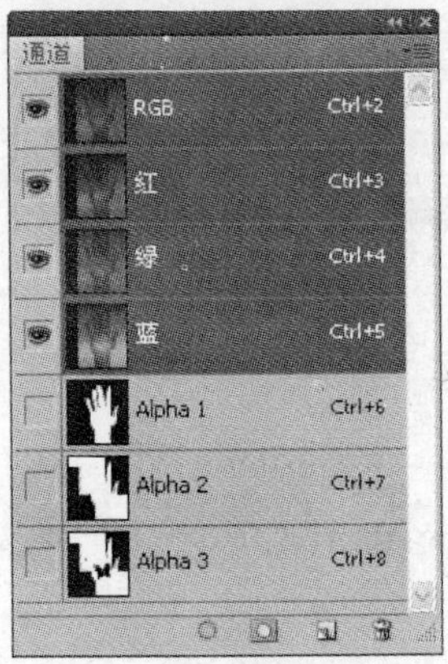

包含 3 个 Alpha 通道的 Photoshop 文件

图10.16

路径面板中包含两条已命名的路径：Shapes 和 Circle，这些路径是在 Photoshop 中使用钢笔工具（ ）及其他路径工具绘制的，也可在 Illustrator 中绘制，然后粘贴到 Photoshop 中。

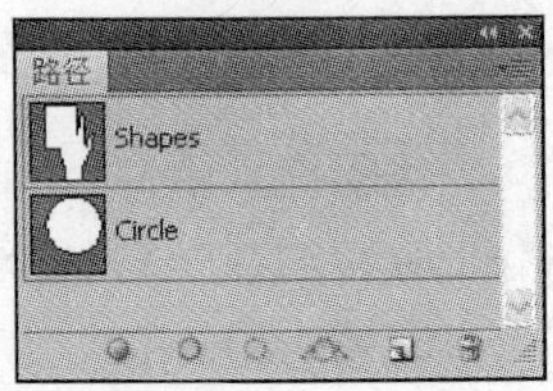

图10.17

8. 在 Photoshop 路径面板中，单击 Shapes 以查看该路径，然后单击 Circle。
9. 退出 Photoshop，因为本课中不再需要使用该程序。

10.8.3 在 InDesign 中使用 Photoshop 路径和 Alpha 通道

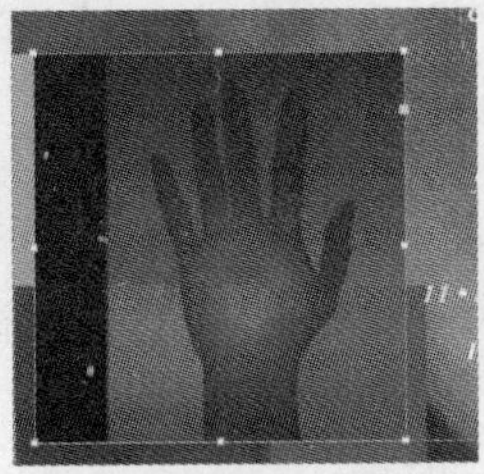

图10.18

下面返回到 InDesign，并探索如何使用 Photoshop 路径和 Alpha 通道创建不同的剪切路径。

1. 切换到 InDesign。确保仍选中了页面中的 10_d.psd 文件如图 10.18 所示。
2. （可选）在该图像上单击鼠标右键（Windows）或按住 Control 键并单击（Mac OS），然后从上下文菜单中选择菜单“显示性能”>“高品质显示”。这一步并非必需的，但能够在后续步骤中更准确地预览。

> **提示：**可像本课前面那样，通过调整选项“阈值”和“容差”来微调 InDesign 根据 Alpha 通道创建的剪切路径。根据 Alpha 通道创建剪切路径时，应从较小的阈值（如 1）开始向上调整。

3. 在仍选择了手形图像的情况下，选择菜单“对象”>“剪切路径”>“选项”打开“剪切路径”对话框，如果有必要，将该对话框移到一边以便在工作时能够看到图像。
4. 确保选中了“预览”复选框，然后从“类型”下拉列表中选择“Alpha 通道”。将出现“Alpha”下拉列表，其中列出了您在 Photoshop 中看到的 3 个通道。
5. 从“Alpha”下拉列表中选择 Alpha 1。InDesign 将使用该 Alpha 通道创建一条剪切路径；然后从该下拉列表中选择 Alpha 2，并对结果进行比较。
6. 从“Alpha”下拉列表中选择 Alpha 3，然后选中“包含内边缘”复选框，如图 10.19 所示。注意图像发生的变化。

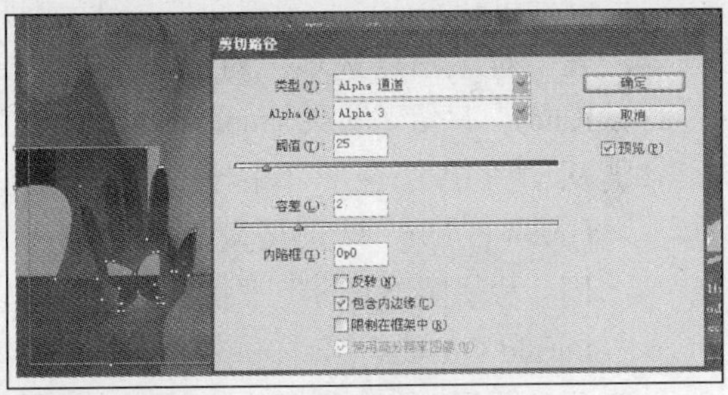

图10.19

选中“包含内边缘”复选框后，InDesign 将能够识别 Alpha 3 内部的蝴蝶形空洞，并将其边缘加入到剪切路径中。

> **提示：**在 Photoshop 中，可通过查看原始 Photoshop 文件中的通道 Alpha 3 获悉蝴蝶形空洞的形状。

7. 从“类型”下拉列表中选择“Photoshop 路径”，然后从“路径”下拉列表中选择 Shapes。InDesign 将调整图像的框架形状使其与 Photoshop 路径匹配。
8. 从“路径”下拉列表中选择 Circle，并单击“确定”按钮，结果如图 10.20 所示。

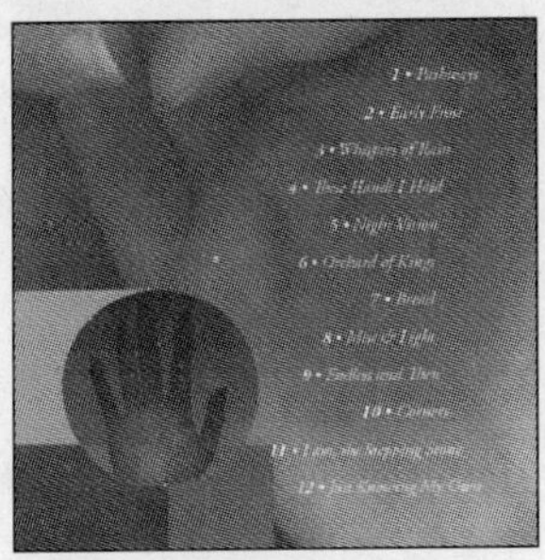

图10.20

10.9 置入本机文件

InDesign 使用户能够以独特的方式导入 Adobe 本机（Native）文件，如 Photoshop、Illustrator 和 Acrobat 文件，并提供了控制如何显示文件的选项。例如，在 InDesign 中，用户可调整 Photoshop 图层的可视性，还可查看不同的复合。同样，将使用 Illustrator 创建的包含图层的 PDF 文件导入到 InDesign 版面中时，也可通过调整图层的可视性来改变插图。

10.9.1 导入带图层和图层复合的 Photoshop 文件

在前一节中，已导入了一个包含路径和 Alpha 通道的 Photoshop 文件，但该文件只有背景图层。导入包含多个图层的 Photoshop 文件时，可调整每个图层的可视性，还可查看各个图层复合。

图层复合是在 Photoshop 中创建的，并随文件一起存储，它通常用于创建图像的多个版本以便对不同样式或效果进行比较。将文件置入 InDesign 中后，可对不同复合与整个版面的配合情况进行预览。下面来查看一些图层复合。

1. 在链接面板中单击 10_j.psd 文件的链接，然后单击“转到链接”按钮（ ）以选择该图像并使其位于文档窗口中央。该文件包含 4 个图层和 3 个图层复合。
2. 选择菜单“对象”>“对象图层选项”打开“对象图层选项”对话框。在该对话框中，可显示 / 隐藏图层以及在图层复合之间切换。
3. 移动“对象图层选项”对话框，以便能够更清晰地查看选定图像。选中“预览”复选框，这样可在不关闭“对象图层选项”对话框的情况下看到图像变化。
4. 在“对象图层选项”对话框中，单击图层 hands 左边的眼睛图标（ ），这将隐藏图层 hands，只留下图层 simple background 可见。在图层 hands 左边的方框中单击以显示该图层。
5. 从“图层复合”下拉列表中选择 Green Glow。该图层复合的背景不同。从“图层复合”下拉列表中选择 Purple Opacity，该图层复合的背景不同且图层 hands 是部分透明的，如图 10.21 所示。单击“确定”按钮。

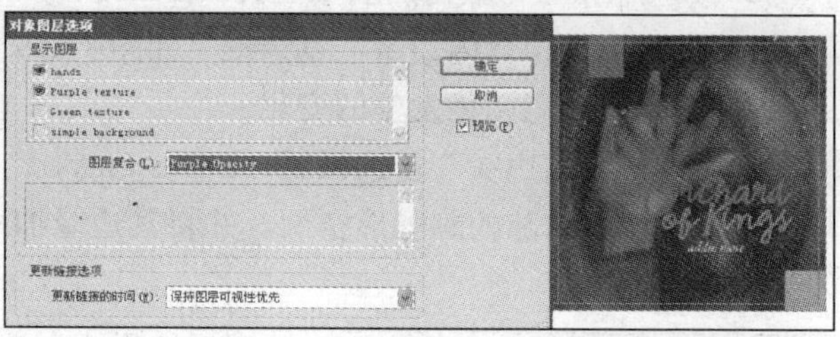

图10.21

图层复合不仅仅是不同图层的排列，还能够存储 Photoshop 图层效果、可视性和位置。用户修改了包含多个图层的文件的可视性时，InDesign 将在链接面板的“链接信息”部分指出这一点。

6. 如果链接面板底部的“链接信息”部分不可见，可单击“显示 / 隐藏链接信息”按钮（ ）以显示。找到“图层优先选项”，其中显示“是（2）”，这表明有两个图层被覆盖。如果没有覆盖图层，将显示“否”。
7. 选择菜单“文件”>“存储”保存所做的工作。

10.9.2 创建定位的图形框架

定位的图形框架随文本一起编排。在本小节中，将把 CD 封套徽标定位到第 6 页的文本框架中。

1. 在页面面板中双击第 2 个跨页，然后选择菜单“视图”>“使跨页适合窗口”。如果有必要，可向下滚动文档窗口。在粘贴板底部有徽标 Orchard of Kings。下面将该图形插入到该页面的一个段落中。
2. 使用选择工具（ ）单击该徽标，并选择菜单“编辑”>“剪切”将其放到剪贴板中，如图 10.22 所示。

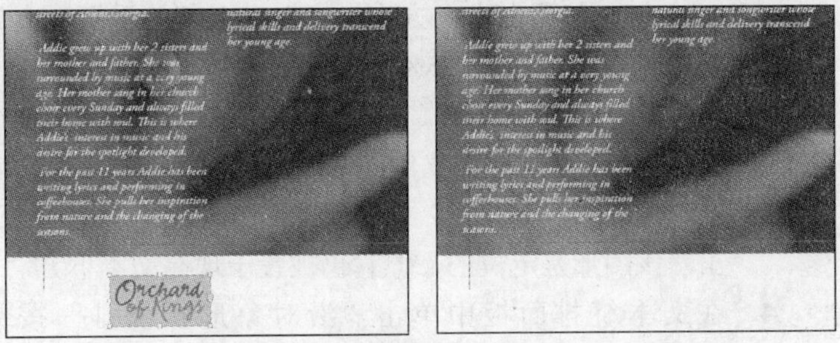

图10.22

3. 按 Z 键暂时切换到缩放工具或选择缩放工具（ ），单击第 6 页的文本框架以放大视图，这里将其放大到 150%。
4. 选择菜单“文字”>“显示隐含的字符”以显示文本中的空格和换行符。这有助于确定在哪里粘贴该框架。

> ID | **注意**：置入定位的图形时，并非必须显示隐含的字符；这里这样做旨在帮助用户了解文本的结构。

5. 使用文字工具（T）通过单击将光标置于单词 streets 下方的换行符前面。选择菜单“编辑”>“粘贴”将图形放在两个段落之间。置入图像后，图像后面的文本将重排。

下面通过设置段前间距增大图形与其周围的文本之间的间距。

6. 在控制面板中单击“段落格式控制”按钮（¶）。单击文本框“段前间距”（ ）中的上箭头，将值改为 0p4。当增大这个值时，定位的图形框架及其后面的文本将稍微向下移动，如图 10.23 所示。

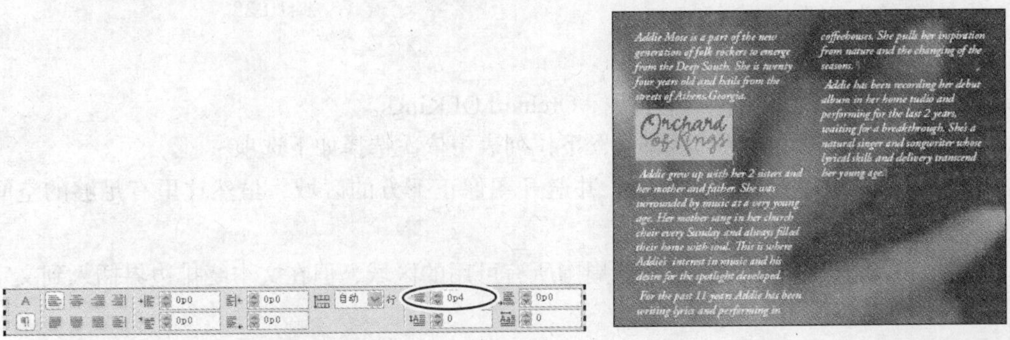

图10.23

7. 选择菜单“文件”>“存储”保存所做的工作。

10.9.3 给定位的图形框架设置文本绕排

给定位的图形设置文本绕排的方法非常简单。该功能让用户尝试不同的布局并可立刻看到结果。

1. 使用选择工具（ ）选择刚置入的图形 Orchard of Kings。

2. 按住 Ctrl + Shift（Windows）或 Command + Shift（Mac OS）键，然后向右上方拖曳框架右上角的手柄，直到将图形放大到大约 25% 位于第 2 栏中，如图 10.24 所示。按住 Ctrl + Shift（Windows）或 Command + Shift（Mac OS）键能够按比例同时缩放图形及其框架。

图10.24

3. 选择菜单“窗口”>“文本绕排”打开文本绕排面板。虽然该图形是定位的，但它仍被置于现有文本下方。
4. 在文本绕排面板中单击“沿对象形状绕排”按钮（ ），为图形设置文本绕排方式。
5. 为增大定界框与环绕文本之间的间距，单击“上位移”文本框中的上箭头（ ），将值增大到 1p0。

也可让文本沿图形形状绕排，而不是沿定界框绕排。

6. 为了看得更清楚，可单击粘贴板取消选择所有对象，然后单击徽标 Orchard of Kings，再按斜杠键（/）应用无填色。
7. 在文本绕排面板中，从“类型”下拉列表中选择“检测边缘”。由于该图像是矢量图形，因此将沿该图中文字的边缘绕排文本。为了便于更清楚地查看文档，可单击粘贴板取消选择该图形，然后选择菜单“文字”>“不显示隐藏字符”以隐藏换行符和空格，结果如图 10.25 所示。

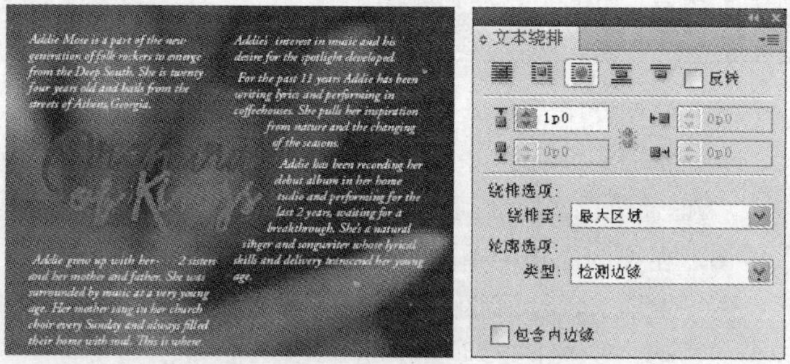

图10.25

8. 再次使用选择工具（ ）选择徽标 Orchard Of Kings。
9. 在文本绕排面板中，从“绕排到”下拉列表中依次选择如下选项：

- “右侧”：文字将移到图像右边，并避开图像正下方的区域，虽然这里有足够的空间显示文字。
- “左侧和右侧”：文字将占据图像周围所有可用的区域，但在文本绕排边界插入到文字中的区域，文字之间有一些间隙。
- “最大区域”：文字将移到文本绕排边界的空间较大的一侧。

10.（可选）使用直接选择工具（ ）单击该图形，以查看用于文本绕排的锚点。使用“检测边缘”选项时，可以手工调整用于定义文本绕排的锚点。为此，可单击锚点并将其拖曳到其他地方。
11. 关闭文本绕排面板。
12. 选择菜单“文件”>“存储”保存所做的工作。

10.9.4 导入 Illustrator 文件

InDesign 可充分利用矢量图形（如来自 Adobe Illustrator 的矢量图形）提供的平滑线条。在 InDesign 中使用高品质屏幕显示时，在任何尺寸或放大比例下，矢量图形和文字的边缘都是平滑的。大多数矢量图形不需要剪切路径，因为大多数程序将它们存储为采用透明背景。在本小节中，将把一个 Illustrator 图形置入到 InDesign 文档中。

1. 在图层面板中选择图层 Graphics。选择菜单“编辑”>“全部取消选择”确保没有选择文档中的任何对象。
2. 选择菜单“视图”>“使跨页适合窗口”以便能够看到整个跨页。
3. 选择菜单“文件”>“置入”，选择文件夹 Lesson_10 中的 10_e.ai，确保没有选中“显示导入选项”复选框，再单击“打开”按钮。
4. 单击第 5 页的左上角将 Illustrator 文件加入到该页面中，再将其移到如图 10.26 所示的位置。在 Illustrator 中创建的图形的背景是透明的。

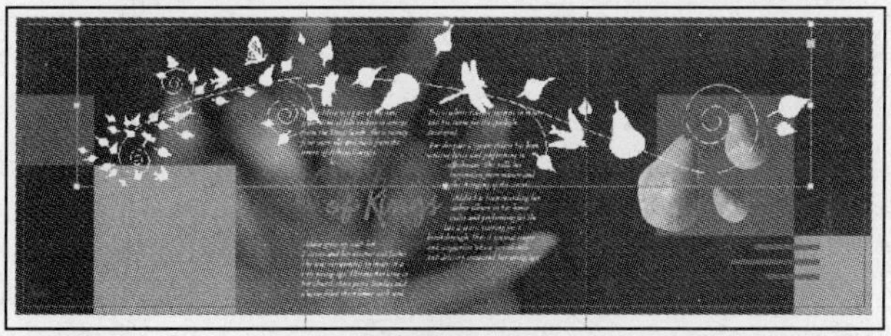

图10.26

5. 选择菜单“文件”>“存储”保存所做的工作。

10.9.5 导入包含多个图层的 Illustrator 文件

可以将本机包含图层的 Illustrator 文件导入到 InDesign 版面中，并控制图层的可视性以及调整图形的位置，但不能编辑路径、对象或文本。

1. 单击文档窗口中的粘贴板以确保没有选择任何对象。
2. 选择菜单“文件”>“置入”，在“置入”对话框的左下角选中“显示导入选项”复选框，再选择文件 10_n.pdf 并单击“打开”按钮。选中了“显示导入选项”复选框时，将打开“置入 PDF”对话框。
3. 在“置入 PDF”对话框中，确保选中“显示预览”复选框。在“常规”选项卡中，从“裁切到”下拉列表中选择了“定界框（所有图层）”，并确保选中了“透明背景”复选框。
4. 单击查看“图层”标签图层。该文件包含 3 个图层：一个由树木构成的背景图像（Layer 3）、一个包含英文文本的图层（English Title）和一个包含西班牙语文本的图层（Spanish Title），如图 10.27 所示。

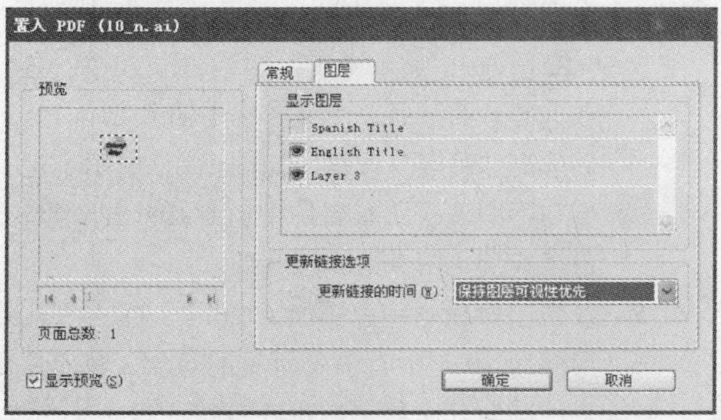

图10.27

虽然在这里可指定要导入哪些图层，但过小的预览区域使得用户难以看清结果。

5. 单击“确定”按钮。选择在文档中要导入的图层。
6. 将变成了载入图形图标（ ）的鼠标指针指向第 5 页中较大的蓝色框左边。但不要将鼠标指针指向蓝色框内，否则将把图形插入到该框架内。单击置入该图形，然后使用选择工具（ ）调整图形的位置，使其在蓝色框上面居中。
7. 使用缩放工具（ ）放大图形。
8. 在该图形仍处于选中状态下，选择菜单“对象”>“对象图层选项”。如果有必要，移动“对象图层选项”对话框以便能够看到文档中的图形。
9. 选中“预览”复选框，然后单击图层 English Title 左边的眼睛图标（ ）将该图层隐藏。接着单击图层 Spanish Title 左边的空框以显示该图层。单击“确定”按钮，然后单击粘贴板以取消选择图形。结果如图 10.28 所示。

图10.28

使用包含多个图层的 Illustrator 文件使用户能够将插图用于不同的用途，而无需根据每种用途创建不同的文档。

10. 选择菜单“文件”>“存储”保存所做的工作。

10.10 使用库管理对象

对象库能够存储和组织常用的图形、文本和页面。对象库作为文件存储在硬盘中。也可以将标尺参考线、网格、绘制的形状和编组的图像加入到库中。每个库都出现在一个独立的面板中，用户可以根据自己的喜好将其同其他面板编组。可根据需要创建任意数量的库，如每个项目或客户一个库。在本节中，将导入一个当前存储在库中的图形，然后创建一个库。

1. 如果当前不在第 5 页，则在文档窗口左下角的“页面”下拉列表中输入 5 并按回车键。
2. 选择菜单“视图”>“使页面适合窗口”以便能够看到整个页面。
3. 选择菜单“文件”>“打开”，选择文件夹 Lesson_10 中的文件 10_k.indl，并单击“打开”按钮。拖曳面板的右下角以显示更多项目。
4. 在库面板 10_k 中单击“显示库子集”按钮（ ）。在“显示子集”对话框中，在“参数”部分的最后一个文本框中输入 tree，然后单击“确定”按钮，如图 10.29 所示。这会在库中搜索所有名称中包含 tree 的对象，最终找到了两个这样的对象。

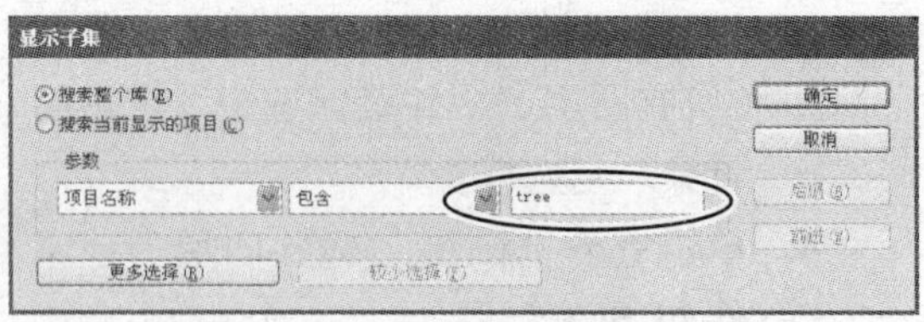

图10.29

5. 在图层面板中确保图层 Graphics 为目标图层。打开链接面板。
6. 库面板 10_k 中有两个可见的对象，将其中的 Tree.psd 拖放到第 5 页。该图像将加入到第 5 页，同时其文件名出现在链接面板中。

> **注意：**由于已将 Tree.psd 从配套光盘复制到了硬盘中，因此 InDesign 可能在链接面板中显示链接丢失图标（）或警告图标（）。要消除这种警告，可单击链接面板中的“更新链接”按钮；也可单击“重新链接”按钮，然后切换到文件夹 Lesson_10 并选择文件 Tree.psd。

7. 使用选择工具（）移动图像 Tree.psd 的位置，使其位于小蓝色框架中央，如图 10.30 所示。当该图形位于小蓝色方框中央时，将显示水平和垂直智能参考线，且这两条参考线在图形的中心点相交。

图10.30

10.11 创建库

接下来用户将创建自己的库并向其中添加文本和图形。将图形加入到 InDesign 库中时，InDesign 并不会将原始文件复制到库中，而建立一个到原始文件的链接。要打印存储在库中的图形，需要使用高分辨率的原始文件。

1. 选择菜单“文件”>“新建”>“库”。将库文件命名为 CD Projects，切换到文件夹 Lesson_10 并单击“保存”按钮。这个库将与前面打开的库 10_k 位于同一面板组中。
2. 切换到第 3 页，使用选择工具（）将徽标 Ricky Records 拖放到刚创建的库中，如图 10.31 所示。现在，这个徽标存储在库 CD Projects 中，可在其他 InDesign 文档中使用它。
3. 在库 CD Projects 中双击徽标 Ricky Records，在“项目名称”文本框中输入 Logo，然后单击“确定”按钮。
4. 使用选择工具将地址文本块拖曳到库面板 CD Projects 中。
5. 在库面板 CD Projects 中双击该地址文本块，在“项目名称”文本框中输入 Address，然后单击“确定”按钮。结果如图 10.32 所示。

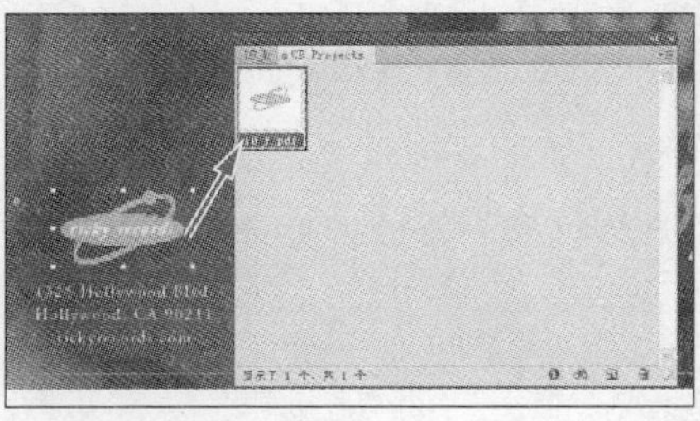

图10.31

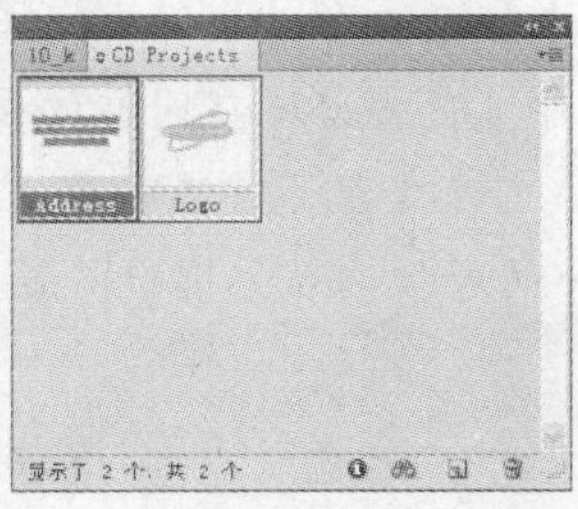

图10.32

现在，这个库包含文本和图形。用户对库进行修改后，InDesign 将立刻存储所做的修改。

6. 单击库面板组右上角的关闭按钮将两个库面板关闭，然后选择菜单“文件”>“存储”保存所做的工作。

使用片段

片段是一个文件，它用于存放对象并描述对象在页面或页面跨页中彼此之间的相对位置。使用片段可以方便地再次使用页面对象及调整其位置。通过将对象存储在片段文件中可以创建片段，其扩展名为.IDMS（以前的InDesign版本使用扩展名.INDS）。将片段文件置入InDesign中时，可以决定是将对象按其原始位置放置，还是将对象放在单击鼠标的位置。可以将片段存储在对象库和Adobe Bridge中，也可以存储在硬盘中。

置入时，片段内容将保留其图层关联。如果片段包含资源定义，且这些定义也包含在片段被复制到的文档中，则片段将使用该文档中的资源定义。

在InDesign CS5中创建的片段无法在以前的InDesign版本中打开。

要创建片段，请执行如下操作之一：

- 使用选择工具选择一个或多个对象，然后选择菜单“文件”>“导出”。从“保存类型”（Windows）或“存储格式”（MacOS）下拉列表中选择“InDesign片段”。输入文件名称，然后单击“保存”按钮。
- 使用选择工具选择一个或多个对象，然后将所选项目拖放到桌面。这将创建一个片段文件。重命名该文件。
- 将“结构视图”中的项目拖放到桌面。

要将片段添加到文档中：

1. 选择菜单“文件”>“置入”。
2. 选择一个或多个片段（*.IDMS 或 *.INDS）文件，再单击“打开”按钮。
3. 在希望片段文件左上角出现的位置单击。

   如果光标位于文本框架中，片段将作为定位对象置于该文本框架中。

   置入片段后，所有对象将保持选中状态。通过拖曳可调整所有对象的位置。
4. 如果载入了多个片段，则通过滚动并单击鼠标可置入其他片段。

可以将片段对象按其原始位置置入，而不是根据单击位置置入片段对象。例如，如果文本框架在作为片段的一部分导出时出现在页面中间，则将该文本框架作为片段置入时，它将出现在同样的位置。

- 在“文件处理”首选项中，选中“置于原始位置”单选按钮将保留对象在片段中的原始位置；选中“置于光标位置”将根据单击的页面位置置入片段。

——摘自InDesign帮助

10.12 使用 Adobe Bridge 导入图形

Adobe Bridge 是一个随 Adobe InDesign CS5 一起安装的独立应用程序。它是一个跨平台应用程序，让用户能够在本地和网络计算机上查找文件，然后将其导入到 InDesign 中。

1. 选择菜单“文件”>“在 Bridge 中浏览”打开 Adobe Bridge。

在 Adobe Bridge 窗口中，左上角的收藏夹面板和文件夹面板列出了可使用 Bridge 在其中浏览文档的各种位置。

> ID **提示：**除使用 Adobe Bridge 导入图形外，还可使用 InDesign CS5 新增的 Mini Bridge 面板。要打开该面板，可选择菜单“窗口”>“Mini Bridge”。使用该面板中的控件可找到并选择要导入的图形，然后将它们拖曳到版面中。

2. 根据文件夹 Lesson_10 所在的位置执行如下操作之一：

- 如果文件夹 Lesson_10 位于桌面，单击收藏夹面板中的“桌面”，找到并双击该文件夹，以便在 Adobe Bridge 窗口中显示其内容。
- 如果文件夹 Lesson_10 位于其他地方，单击文件夹面板中的“我的电脑”，然后不断单击每个文件夹左边的三角形，直到切换到文件夹 Lesson_10。单击文件夹图标可在 Adobe Bridge 窗口中央显示其内容，如图 10.33 所示。

Adobe Bridge 让用户能够查看所有图像的缩览图

图10.33

3. Adobe Bridge 提供了一种查找并重命名文件的简单途径。单击名为 Leaf.psd 的图形，然后单击文件名。将其重命名为 10_o.psd 并按回车键提交修改。如图 10.34 所示。

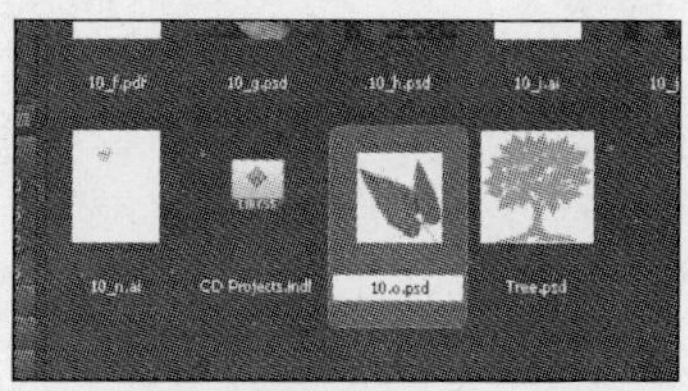

图10.34

4. 要缩小 Bridge 窗口，单击窗口右上角的“切换到紧凑模式”按钮（ ），然后将文件 10_o.psd 拖放到 InDesign 文档的粘贴板中，如图 10.35 所示。单击切换到 InDesign 文档，再次单击置入该图形。

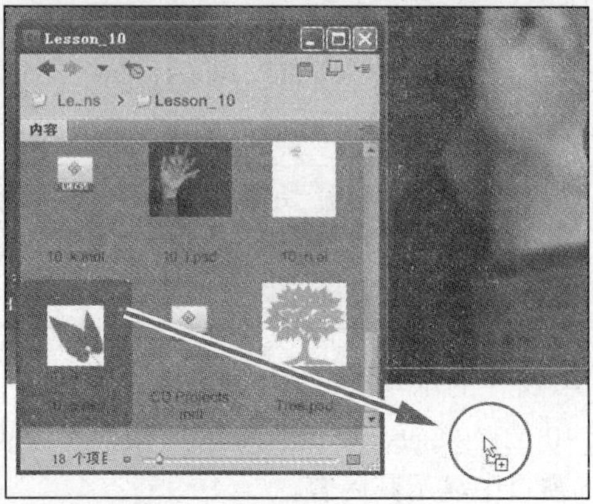

图10.35

5. 单击 Bridge 窗口右上角的“切换到完整模式”按钮放大该窗口，再选择菜单“文件”>“返回 Adobe InDesign”返回到 InDesign。

6. 选择菜单“视图”>“使跨页适合窗口”，再使用选择工具将叶子图形放在第 4 页右上角的紫色框上，如图 10.36 所示。

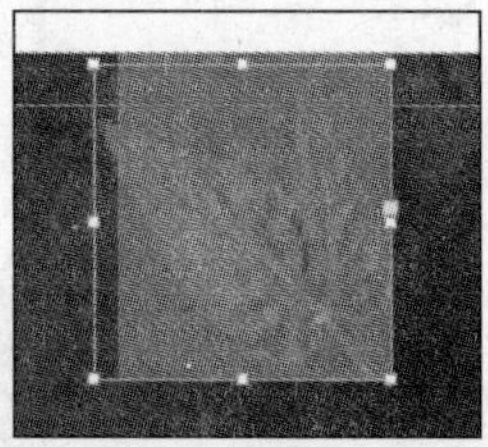

图10.36

将图形文件导入 InDesign 后，便可利用 Adobe Bridge 和 Adobe InDesign 之间的集成关系轻松地找到并访问原始文件。

7. 在链接面板中单击文件 10_j.psd，然后在该链接上单击鼠标右键（Windows）或按住 Control 键并单击（Mac OS），再从上下文菜单中选择“在 Bridge 中显示”。

ID **提示：**如果用户更喜欢在资源管理器（Windows）或 Finder（Mac OS）中选择文件 10_j.psd，可从上下文菜单中选择“在资源管理器中显示”（Windows）或“在 Finder 中显示”（Mac OS）。

这将从 InDesign 切换到 Bridge，并在 Bridge 中选择文件 10_j.psd。

8. 返回 InDesign 并保存文件。

通过导入、更新和管理多种图形文件格式的图形，此时用户已制作出了一个 CD 封套。

10.13 练 习

在积累了一些处理导入文件的经验后，请完成下面的练习：

1. 置入不同格式的文件，在“置入”对话框中选中“显示导入选项”复选框，以了解每种格式将出现哪些导入选项。有关每种格式的所有导入选项的完整描述，请参阅 InDesign 帮助。

2. 置入一个多页 PDF 文件，在“置入”对话框中选中“显示导入选项”复选框，以便从该文件中导入不同的页面。

3. 根据工作需要创建一个包含文本和图形的库。

复习

复习题

1. 如何获悉导入到文档中的图形的文件名?
2. 在“剪切路径”对话框中，“类型”下拉列表中包含哪四个选项? 导入的图形中必须包含哪些内容这些选 184 项才可用?
3. 更新文件的链接和重新链接文件之间有何不同?
4. 当图形的更新版本可用时，如何确保在 InDesign 文档中该图形是最新的?

复习题答案

1. 先选择图形，然后选择菜单“窗口”>“链接”，并在链接面板中查看该图形的文件名是否被选中。如果图形是通过选择菜单“文件”>“置入”或将其从资源管理器（Windows）或 Finder（Mac OS）拖曳到版面中来导入的，其文件名将出现在链接面板中。
2. 在“剪切路径”对话框中，可使用下列选项根据导入的图形创建剪切路径：

- “检测边缘”：图形包含纯黑色或纯白色背景时；
- “Photoshop 路径”：导入的 Photoshop 文件包含一条或多条路径；
- “Alpha 通道”：图形包含一个或多个 Alpha 通道；
- “用户修改的路径”：如果选定的剪切路径被修改过，将显示该选项。

3. 更新文件的链接只是使用链接面板来更新屏幕上的图形表示，使其呈现原稿的最新版本。重新链接是使用“置入”命令在选定图形的位置插入另一个图形。如果要修改已置入图形的导入选项，必须替换图形。
4. 在链接面板中，应确保没有警告图标。如果有警告图标，只需选择对应的链接并单击“更新链接”按钮（如果文件没有移到其他地方）；如果文件被移到其他地方，可单击“重新链接”按钮找到该文件。

第11课 创建表格

在本课中，读者将学习以下内容：

- 将文本转换为表格、从其他应用程序导入表格以及新建表格；
- 修改行数和列数；
- 调整行高和列宽；
- 使用描边和填色设置表格的格式；
- 为长表格指定重复的表头和表尾；
- 在单元格中置入图形；
- 创建和应用表样式、单元格样式。

学习本课大约需要 45 分钟。

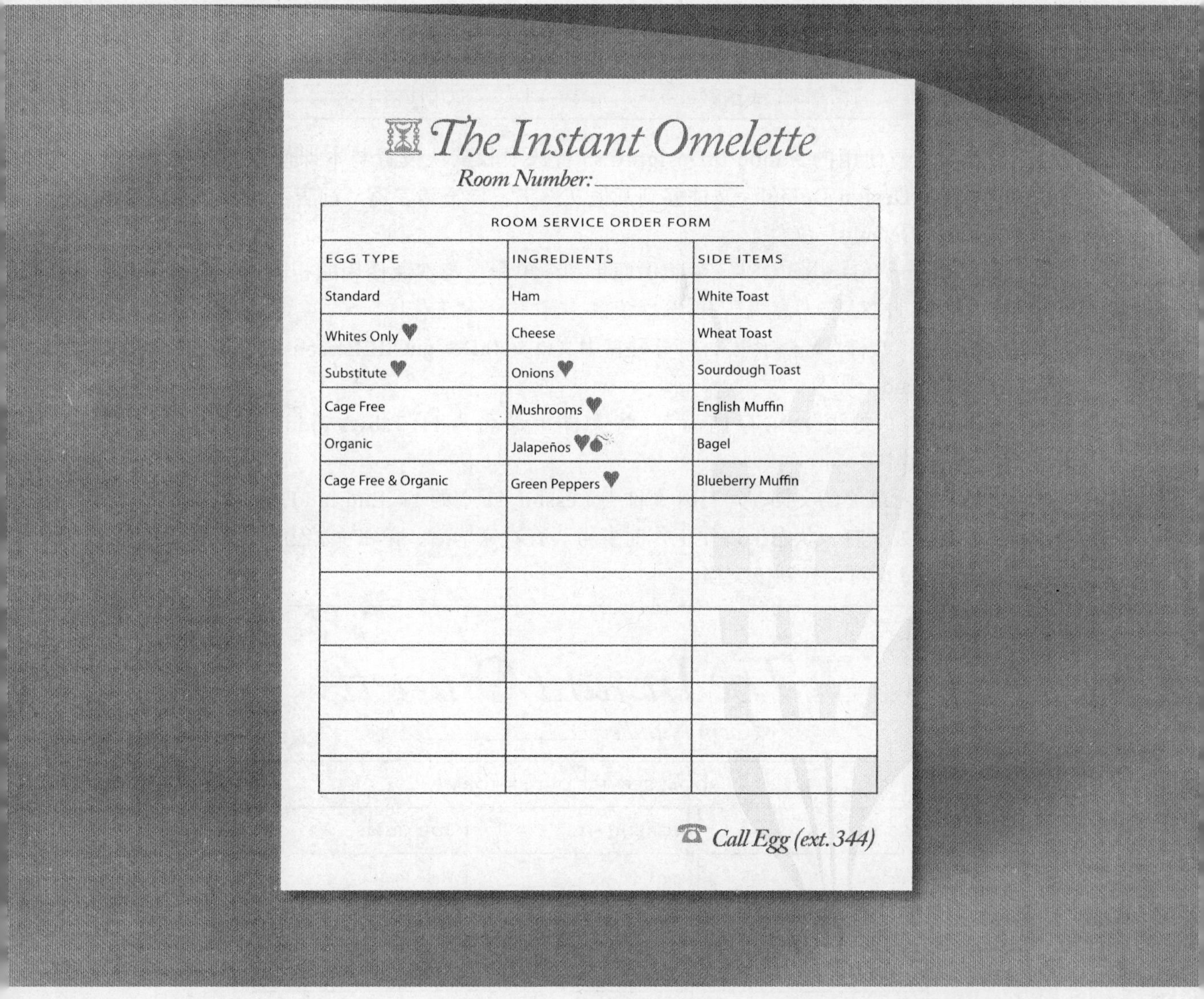

The Instant Omelette

Room Number: ____________

ROOM SERVICE ORDER FORM		
EGG TYPE	INGREDIENTS	SIDE ITEMS
Standard	Ham	White Toast
Whites Only ♥	Cheese	Wheat Toast
Substitute ♥	Onions ♥	Sourdough Toast
Cage Free	Mushrooms ♥	English Muffin
Organic	Jalapeños ♥	Bagel
Cage Free & Organic	Green Peppers ♥	Blueberry Muffin

☎ Call Egg (ext. 344)

在 InDesign 中，可轻松地创建表格、将文本转换为表格或导入在其他程序中创建的表格；可将众多格式选项（包括表头、表尾以及行和列的交替模式）存储为表样式和单元格样式。

11.1 概 述

在本课中，将处理一个虚构的客房送餐菜单，旨在让该菜单具有吸引力，易于使用和修改。先将文本转换为表格，然后使用“表”菜单和表面板中的选项设置表格的格式。如果这个表横跨多页，则包括重复的表头行。最后创建一个表样式和一个单元格样式，以便将这种格式快速、一致地应用于其他表格。

> **注意：**如果还没有从配套光盘将本课的资源文件复制到硬盘中，那么现在需要将这些文件复制到硬盘，详情请参阅“前言”中的“复制课程文件”。

1. 为确保用户使用的 Adobe InDesign CS5 首选项和默认设置与本课使用的相同，在使用前请将 InDesign Defaults 文件移到其他文件夹，详情请参阅“前言”中的“存储和恢复 InDesign Defaults”文件。
2. 启动 Adobe InDesign CS5。为确保面板和菜单命令与本课使用的相同，先选择菜单“窗口”>“工作区”>“高级”，再选择菜单“窗口”>“工作区”>“重置‘高级’”。
3. 选择菜单“文件”>“打开”，打开硬盘中文件夹 InDesignCIB\Lessons\Lesson_11 中的文件 11_Start.indd。
4. 选择菜单“文件”>“存储为”，将文件重命名为 11_Tables.indd，并存储到文件夹 Lesson_11 中。
5. 如果要查看最终的文档，可打开文件夹 Lesson_11 中的 11_End.indd，如图 11.1 所示。可使该文件处于打开状态，以便工作时参考。查看完毕后，单击文档窗口左上角的标签 11_Tables.indd 即可切换到该文档。

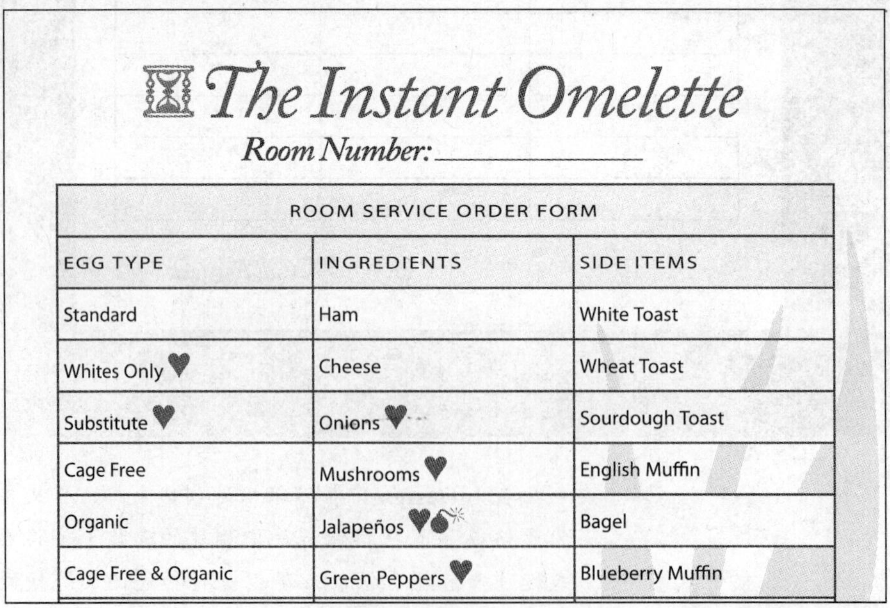

The Instant Omelette

Room Number: ____________

ROOM SERVICE ORDER FORM		
EGG TYPE	INGREDIENTS	SIDE ITEMS
Standard	Ham	White Toast
Whites Only	Cheese	Wheat Toast
Substitute	Onions	Sourdough Toast
Cage Free	Mushrooms	English Muffin
Organic	Jalapeños	Bagel
Cage Free & Organic	Green Peppers	Blueberry Muffin

图11.1

11.2 将文本转换为表格

表格是一组排成行（垂直）和列（水平）的单元格。通常，表格使用的文本已经以“用制表符分隔的文本”形式存在，即列之间用制表符分隔，行之间用段落标记分隔。在这里，菜单信息是厨师通过电子邮件发送过来的，然后粘贴到文档中。下面选择这些文本并将其转换为表格。

1. 选择菜单“文字”>“显示隐含的字符”。注意列之间是用制表符分隔的，而行之间是用段落标记分隔的。
2. 使用文字工具（T）选择 EGG TYPE 到 Blueberry Muffin 之间的文本，包括最后的段落标记，如图 11.2 所示。

> **提示**：用户将使用文字工具完成所有的创建表格、设置表格格式和编辑表格任务。

> **注意**：在本课中，请根据显示器和视力调整缩放比例。

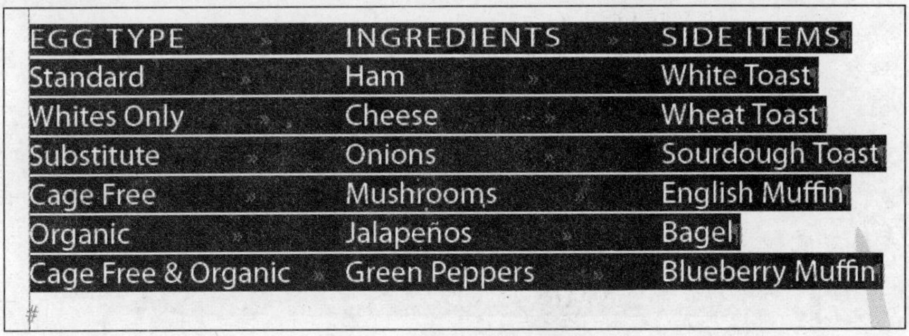

图11.2

3. 选择菜单“表”>“将文本转换为表”。

在“将文本转换为表”对话框中，将指出选定的文本当前是如何分隔的。

4. 从“列分隔符”下拉列表中选择“制表符”，从“行分隔符”下拉列表中选择“段落”，再单击“确定”按钮，如图 11.3 所示。

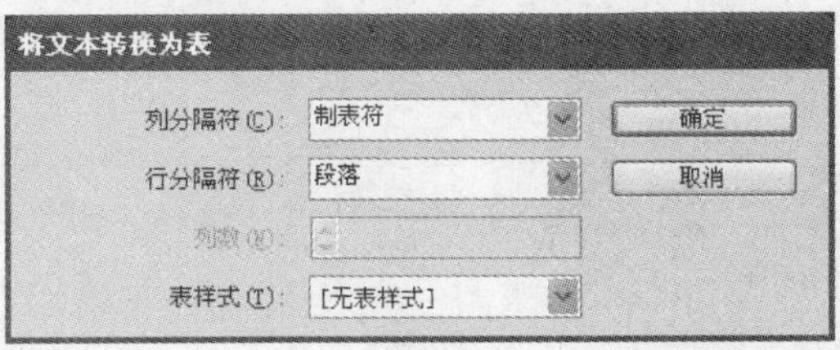

图11.3

新表格将自动定位于包含文本的文本框架中。在 InDesign 中，表格总是定位于文本框架中。

5. 选择菜单“文件”>“存储”保存文档。

导入表格

InDesign CS5可以导入在其他应用程序（包括Microsoft Word和Microsoft Excel）中创建的表格。置入表格时，可创建到外部文件的链接，如果更新了Word或Excel文件，可轻松地在InDesign文档中更新相应的信息。

要导入表格，具体步骤如下：

1. 使用文字工具通过单击将光标置于文本框架中。
2. 选择菜单“文件”>“置入”。
3. 在“置入”对话框中，选中“显示导入选项”复选框。
4. 选择包含表格的 Word 文件（.doc）或 Excel 文件（.xls）。
5. 单击“打开”按钮。
6. 在“导入选项”对话框中，可指定如何处理 Word 表格的格式，如图 11.4 所示。对于 Excel 文件，可指定要导入哪个工作表及如何处理格式。

要在导入表格时链接到它，具体步骤如下：

1. 选择菜单“编辑”>“首选项”>“文件处理”（Windows）或“InDesign”>“首选项”>“文件处理”（Mac OS）。
2. 在“链接”部分，选中“置入文本和电子表格文件时创建链接”复选框，然后单击“确定”按钮。
3. 如果源文件中的数据被修改了，则使用链接面板更新 InDesign 文档中的表格。

注意，更新链接的表格时，在InDesign中应用的局部表格和文本格式将丢失。通过单元格样式和表样式对电子表格应用的修改将保留。

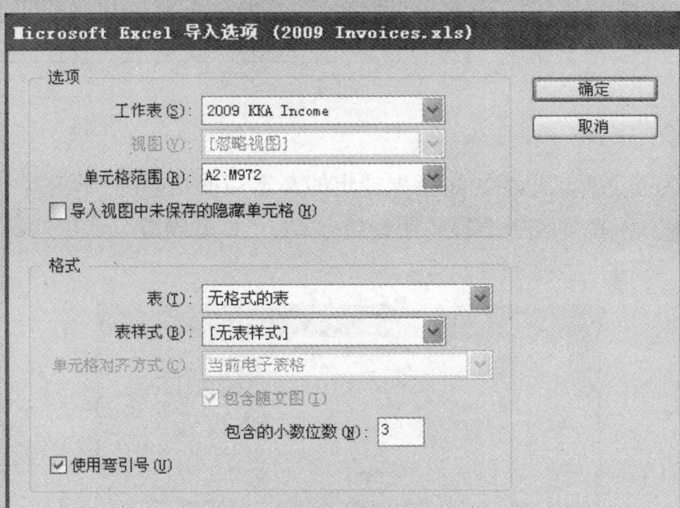

导入 Excel 电子表格时出现的“导入选项”对话框

图11.4

11.3 设置表格的格式

表格是一组排成行（垂直）和列（水平）的单元格。表格边框是整个表格周围的描边。单元格描边是表格内部将各个单元格彼此分隔的线条。InDesign CS5 包含很多易于使用的表格格式选项，使用这些选项可让表格更具吸引力且使用户更容易找到所需的信息。在本节中，将添加和删除行、合并单元格以及指定表格的填色和描边。

11.3.1 添加和删除行

可以在选定行的上方或下方添加行，也可删除选定行。添加或删除列的控件与添加和删除行相同。下面在表格顶部添加一行用于包含表头，然后删除表格底部多余的一行。

1. 使用文字工具（T）单击选择表格第一行（该行以 EGG TYPE 开头）。
2. 选择菜单“表”>“插入”>“行”。

> ID **提示：**要选择多行并将其删除，可将文字工具指针指向表格的左边缘，等鼠标指针变成箭头后拖曳选择这些行。要选择多列并将其删除，可将文字工具指针指向表格的上边缘，等鼠标指针变成箭头后拖曳选择。

3. 在“插入行”对话框中，在“行数”文本框中输入 1，选中单选按钮“上”（如图 11.5 所示），再单击“确定”按钮即可添加一行。
4. 单击表格的最后一行。
5. 选择菜单“表”>“删除”>“行”。

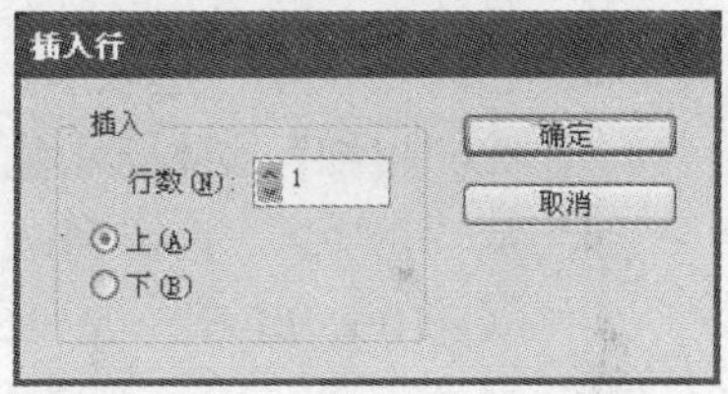

图11.5

11.3.2 合并单元格和调整单元格的大小

可以将选定的几个相邻单元格合并成一个单元格。下面合并第一行的单元格，使表头横跨整个表格。

1. 在新增行的第一个单元格中单击，然后拖曳选择该行的所有单元格。
2. 单击鼠标右键（Windows）或按住 Ctrl 键并单击（Mac OS），再从上下文菜单中选择“合并单元格”，如图 11.6 所示。

图11.6

3. 在合并得到的单元格中单击，并输入 ROOM SERVICE ORDER FORM。
4. 在控制面板中，单击“段落格式控制”按钮（¶）。
5. 单击“居中对齐”按钮（≡）使单元格中的文本居中对齐。
6. 将鼠标指针指向第一行下方的描边上，当鼠标指针变成双箭头（T）后向下拖曳即可增加该行的高度，如图 11.7 所示。

图11.7

11.3.3 添加边框和填色

要在周围的文本中突出表格，可以对表格边缘应用描边。另外，还可以给整个表格指定填色以及给行或列指定填色模式。例如，可以每隔一行或每隔两列应用填充色。下面将给这个表格的边缘描边以创建边框，使背景变成透明的并每隔一行应用填色。

1. 选择文字工具（T），将鼠标指针指向表格的左上角，当鼠标指针变成斜箭头（↘）时单击选择整个表格，如图 11.8 所示。如果斜箭头没有出现，请提高缩放比例。

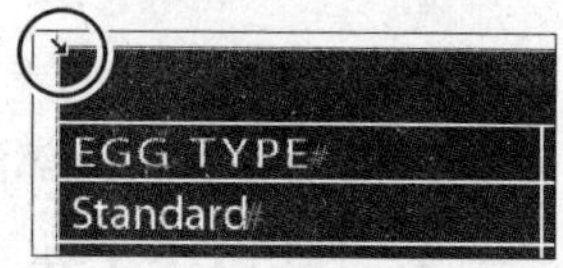

图11.8

> **提示：**要选择整个表格，另一种方法是在表格内单击，再选择菜单“表”>“选择”>“表”。

2. 选择菜单“表”>“表选项”>“表设置”打开“表选项”对话框。
3. 在“表设置”选项卡的“表外框”部分，在“粗细”文本框中输入 1.5。
4. 从“颜色”下拉列表中选择蓝色色板（C=100、M=90、Y=10、K=0），如图 11.9 所示。
5. 在“表选项”对话框的顶部，单击“填色”标签并做如下设置（如图 11.10 所示）：

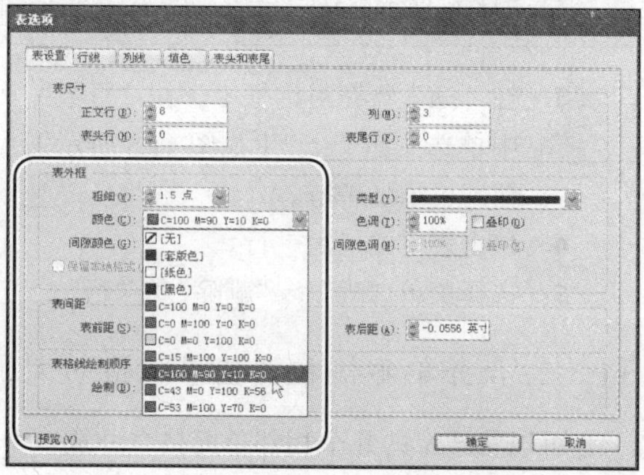

图11.9

- 从“交替模式”下拉列表中选择“每隔一行”。
- 从左边的“颜色”下拉列表中选择黄色（C=0、M=0、Y=100、K=0），确认“色调”设置为 20%。
- 确认右边的“颜色”下拉列表中选择的是“无”。

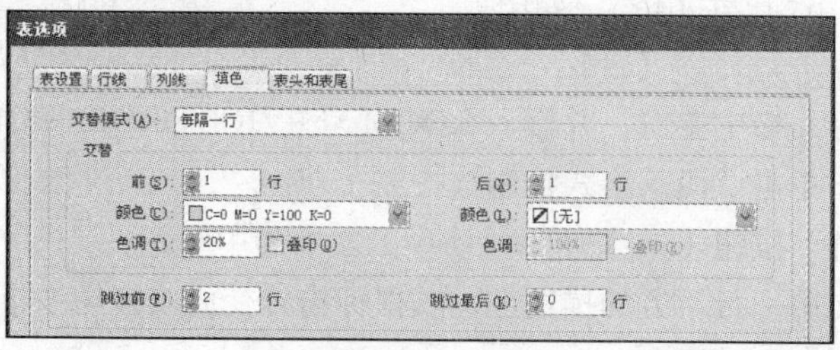

图11.10

- 在“跳过前”文本框中输入 2，以便从第三行开始应用填色（前两行为表头行）。

6. 单击“确定”按钮，再选择菜单“编辑”>“全部取消选择”以便能够看清结果。
7. 选择菜单“文件”>“存储”保存文档。

现在，表格中每隔一行采用了浅黄色背景，如图 11.11 所示。

ROOM SERVICE ORDER FORM		
EGG TYPE	INGREDIENTS	SIDE ITEMS
Standard	Ham	White Toast
Whites Only	Cheese	Wheat Toast
Substitute	Onions	Sourdough Toast
Cage Free	Mushrooms	English Muffin
Organic	Jalapeños	Bagel
Cage Free & Organic	Green Peppers	Blueberry Muffin

图11.11

11.3.4 编辑单元格描边

单元格描边是各个单元格的边框，用户可以删除或修改选定的单元格或整个表格的描边。在本小节中，将修改单元格描边使其与新的表格边框匹配。

1. 选择文字工具（T）并将鼠标指针指向表格左上角，等鼠标指针变成斜箭头（↘）后单击选中整个表格。
2. 选择菜单“表”>“单元格选项”>“描边和填色”。
3. 在该对话框的“单元格描边”部分，在“粗细”文本框中输入 1.5。
4. 从“颜色”下拉列表中选择蓝色（C=100、M=90、Y=10、K=0），如图 11.12 所示。

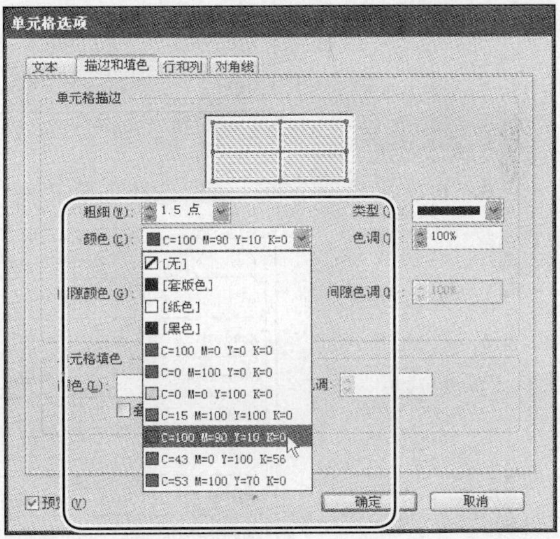

图11.12

提示： 用户可以尝试使用“类型”下拉列表中的其他选项和各种色调，使选定单元格的描边获得不同的外观。

5. 单击“确定”按钮，然后选择菜单“编辑”>“全部取消选择”以查看格式化结果。
6. 选择菜单“文件”>“存储”保存文档。

11.3.5 调整行高和列宽

默认情况下，表格中的单元格向垂直方向扩大以容纳其内容，因此如果用户不断地在一个单元格中输入文字，该单元格将扩大。然而，可指定固定行高，也可让 InDesign 在表格中创建高度相等的行和宽度相等的列。在这里，将指定固定行高、调整各行中文本的位置以及调整列宽。

1. 使用文字工具（T）在表格中单击，然后选择菜单“表”>“选择”>“表”。
2. 选择菜单“窗口”>“文字和表”>“表”打开表面板。
3. 在表面板中，从“行高”下拉列表中选择“精确”，然后在该下拉列表右边的文本框中输入 0.5 英寸并按回车键。

4. 在仍选择了表格的情况下，单击表面板中的“居中对齐”按钮，如图 11.13 所示。

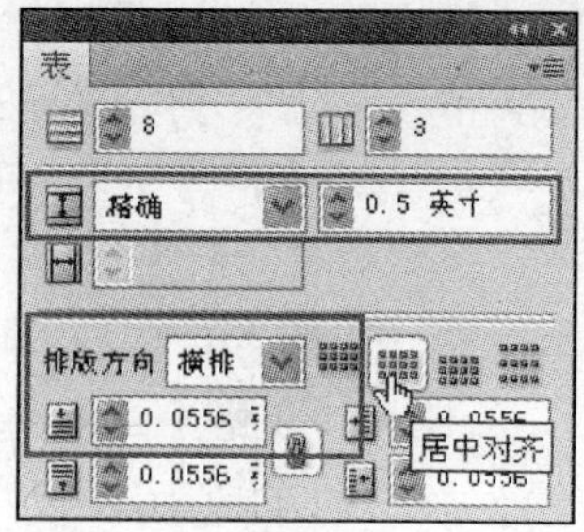

图11.13

这让每个单元格中的文本垂直居中对齐。

5. 在表格内的任意地方单击以取消选择单元格。
6. 选择文字工具，将鼠标指针指向两列之间的垂直描边，当鼠标指针变成双箭头（‡）时向左或右拖曳调整列宽，如图 11.14 所示。
7. 选择菜单“编辑”>“还原‘调整列大小’。

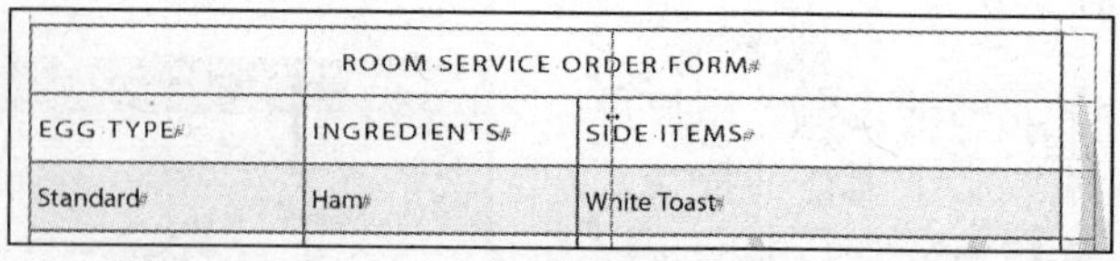

ROOM SERVICE ORDER FORM		
EGG TYPE	INGREDIENTS	SIDE ITEMS
Standard	Ham	White Toast

图11.14

8. 再次选择整个表，然后选择菜单“表”>“均匀分布列”，结果如图 11.15 所示。

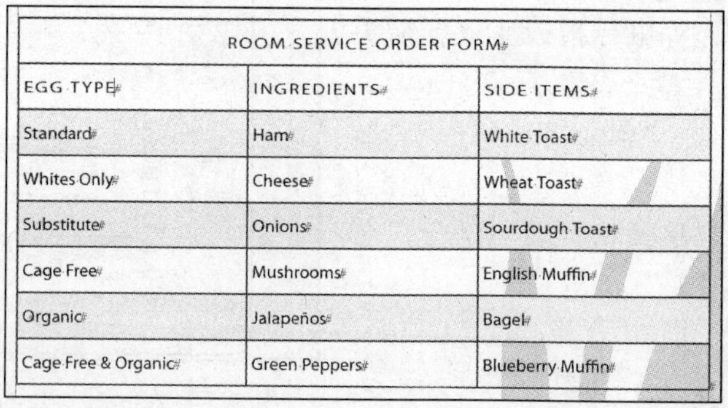

ROOM SERVICE ORDER FORM		
EGG TYPE	INGREDIENTS	SIDE ITEMS
Standard	Ham	White Toast
Whites Only	Cheese	Wheat Toast
Substitute	Onions	Sourdough Toast
Cage Free	Mushrooms	English Muffin
Organic	Jalapeños	Bagel
Cage Free & Organic	Green Peppers	Blueberry Muffin

图11.15

9. 选择菜单“编辑”>“全部取消选择”，再选择菜单“文件”>“存储”保存文档。

11.4 创建表头行

通常对表格名称和列标题应用格式，使其在表格中更突出。为此，可选择包含表头信息的单元格并设置其格式。如果表格横跨多页，则需要重复表头信息。在 InDesign 中，可以指定表格延续到下一栏或下一页时需要重复的表头行和表尾行。下面首先设置表格前两行（表格名称和列标题）的格式，并将它们指定为重复的表头行。

> ID | **提示：**编辑表头行中的文本时，其他表头行中的文本也将自动更新。用户只能编辑源表头行中的文本，其他表头行将被锁定。

1. 选择文字工具（T），将鼠标指针指向第一行的左边缘，直到鼠标指针变成水平箭头（➜）。
2. 单击选择第一行，再拖曳鼠标选择第二行，如图 11.16 所示。

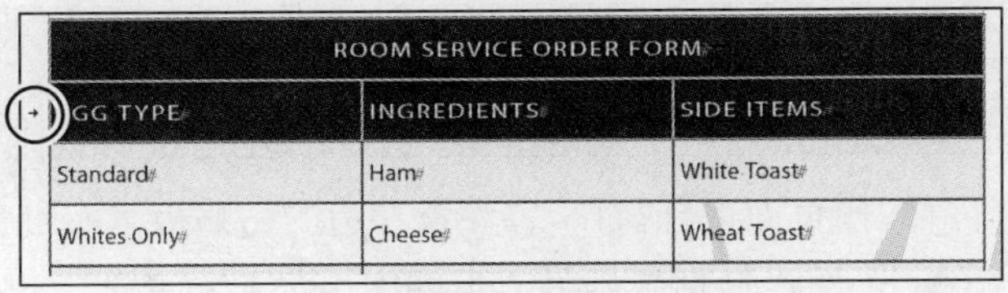

图11.16

3. 选择菜单"表">"单元格选项">"描边和填色"。
4. 在"单元格填色"部分，从"颜色"下拉列表中选择黄色色板（C=0、M=0、Y=100、K=0）。
5. 在"色调"文本框中输入 50%，再单击"确定"按钮，如图 11.17 所示。
6. 在仍选择了这两行的情况下，选择菜单"表">"转换行">"到表头"。

为查看表头行的行为，下面在该表格中添加行，让表格延续到下一页。在客房送餐菜单中添加项目时，只需在表格中输入该项目，并按 Tab 键在单元格之间切换。

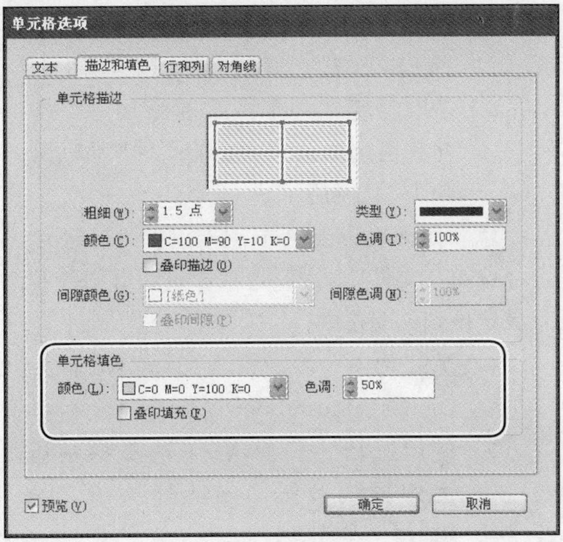

图11.17

7. 单击表格的最后一行，再选择菜单"表">"插入">"行"。
8. 在"插入行"对话框中，在"行数"文本框中输入 25，选中单选按钮"下"，再单击"确定"按钮。
9. 选择菜单"版面">"下一页"，以查看第二页重复的表头行，如图 11.18 所示。返回到文档第一页。

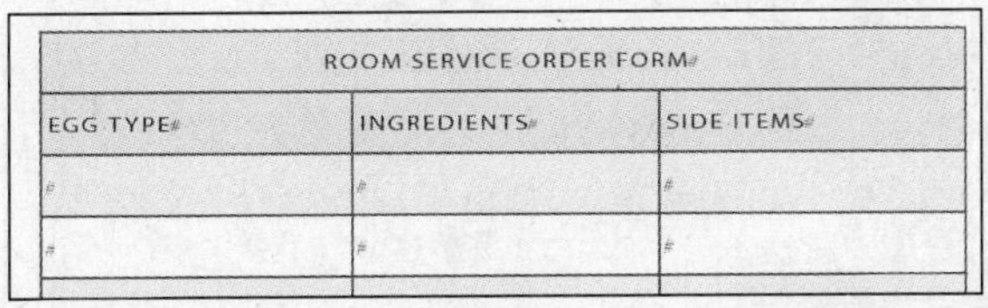

图11.18

> ID | 提示：在"表选项"对话框的"表头和表尾"选项卡中，可指定什么时候重复表头和表尾。

10. 选择菜单"文件">"存储"保存文档。

11.5 在单元格中添加图形

在 InDesign 中，可使用表格高效地将文本、照片和插图组合在一起。单元格实际上就是小型文本框架，因此可在其中添加图形。将图形定位于单元格可能导致文本溢流，在单元格中使用红点指出。要解决这种问题，可拖曳单元格的边框以调整其大小。在这里，将在菜单中有益于心脏的菜品旁边添加心形图案，并在辛辣的菜品旁边添加鞭炮图案。

> **提示：**必须使用文字工具将内容置入或粘贴到单元格中，而不能将其拖曳到单元格中。通过拖放只能将图像放在表格的上面或下面，而不能将其放到单元格内。

1. 选择菜单“视图”>“使页面适合窗口”。注意左边的粘贴板上有红色心形图案和鞭炮图案。
2. 使用选择工具（ ）选择粘贴板中的心形图案。如果有必要，可调整缩放比例以便看清表格中的文本。
3. 选择菜单“编辑”>“复制”。
4. 选择文字工具（T）（或在表格中双击自动切换到文字工具）。在表格第一列中，在 EGG TYPE 下方的 White Only 右边单击。
5. 按空格键在心形图案前添加一个空格，再选择菜单“编辑”>“粘贴”，如图 11.19 所示。

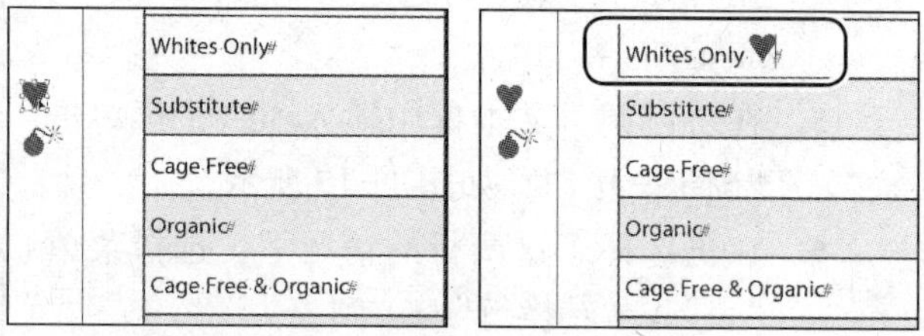

图11.19

除将图形粘贴到文本插入点处外，还可选择菜单“文件”>“置入”置入图形文件并将其定位到单元格中。

6. 重复第 4~5 步，将心形图案放在 EGG TYPE 列的 Substitute 以及 INGREDIENTS 列的 Onions、Mushrooms、Jalapenos 和 Green Peppers 右边。
7. 使用选择工具（ ）选择粘贴板上的鞭炮图案，再选择菜单“编辑”>“复制”。
8. 选择文字工具（T），在 INGREDIENTS（表格第二列）下方的 Jalapenos 后面的心形图案旁边单击。
9. 选择菜单“编辑”>“粘贴”，结果如图 11.20 所示。

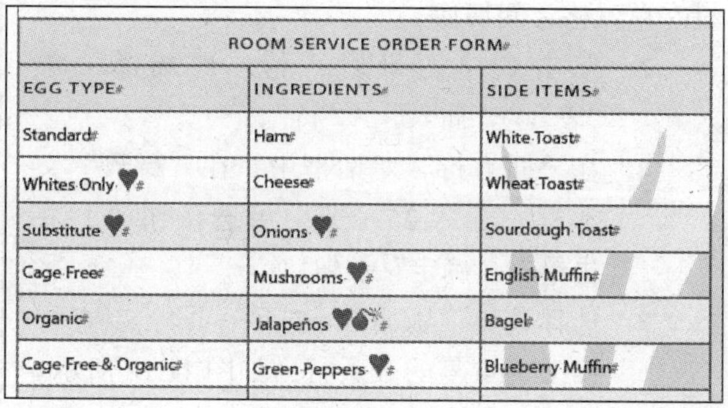

图11.20

10. 按住 Shift 键并使用选择工具单击粘贴板上的心形图案和鞭炮图案，再选择菜单“编辑”>“清除”。
11. 选择菜单“文件”>“存储”保存文档。

11.6 创建并应用表样式和单元格样式

为快速而一致地设置表格的格式，可创建表样式和单元格样式。表样式适用于整个表格，而单元格样式适用于选定的单元格、行和列。下面创建表样式和单元格样式，以便将这种格式迅速应用于菜单的其他部分。

11.6.1 创建表样式和单元格样式

在这个练习中，将创建一种表样式（用于设置表格的格式）和一种单元格样式（用于设置表头行的格式）。这里将基于表格使用的格式创建样式，而不是指定样式中的格式。

1. 使用文字工具（T）在表格中的任意位置单击。
2. 选择菜单“窗口”>“样式”>“表样式”。
3. 在表样式面板菜单中选择“新建表样式”，如图 11.21 所示。
4. 在“样式名称”文本框中输入 Menu Tables，单击左边列表中的“表设置”标签，以查看选定表格的“表外框”选项，如图 11.22 所示。

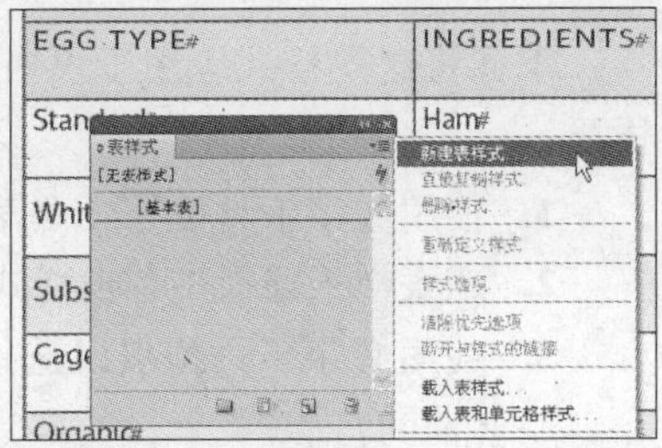

图11.21

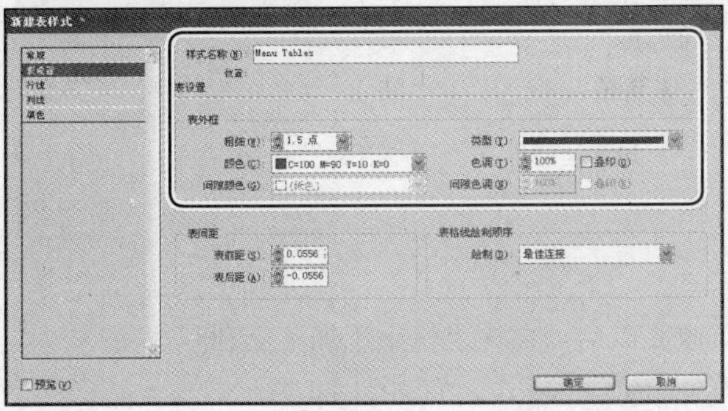

图11.22

5. 单击“确定”按钮。新建的样式将出现在表样式面板中。
6. 选择文字工具（T）在表头行的任意位置单击。
7. 选择菜单“窗口”>“样式”>“单元格样式”。
8. 在单元格样式面板菜单中选择“新建单元格样式”，如图 11.23 所示。
9. 在“样式名称”文本框中输入 Header Rows。

下面修改单元格样式 Header Rows 的段落样式。

10. 从“段落样式”下拉列表中选择 Table Header（如图 11.24 所示），这是已应用于表头行中文本的段落样式。
11. 单击“确定”按钮，新建的样式即可出现在单元格样式面板中。
12. 选择菜单“文件”>“存储”保存文档。

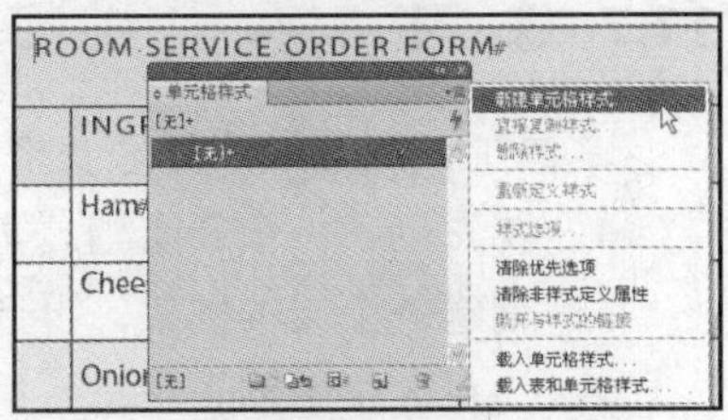

图11.23

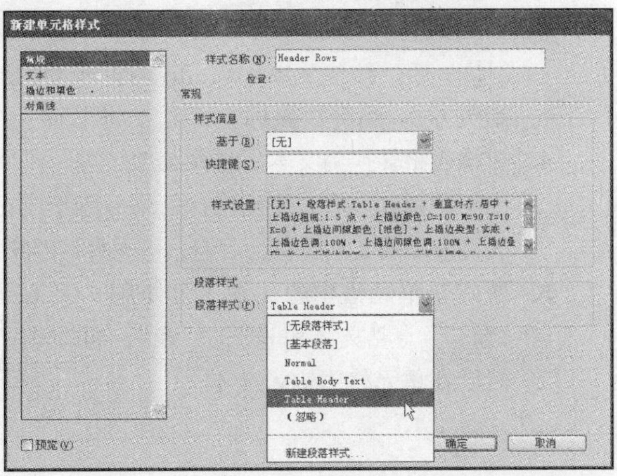

图11.24

11.6.2 应用表样式和单元格样式

下面将这些样式应用于表格，以后要对表格样式进行全面修改时，只需编辑表样式和单元格样式。

1. 使用文字工具（T）在表格内的任意位置单击。
2. 在表样式面板中单击样式 Menu Tables。
3. 使用文字工具拖曳以选择表格中的表头行（前两行）。
4. 在单元格样式面板中单击样式 Header Rows，如图 11.25 所示。
5. 全部取消选择，选择菜单“视图”>“使页面适合窗口”，再选择菜单“文件”>“存储”保存文档。

图11.25

11.6.3 完成

最后一步是预览该菜单。以后可在该表格中添加菜品和其他项目。

1. 单击工具箱底部的“预览”模式，如图 11.26 所示。
2. 按 Tab 键隐藏所有面板，并查看结果。

图11.26

11.7 练 习

掌握在 InDesign 中处理表格的基本技能后，可尝试其他创建表格的技巧。

1. 首先创建一个新文档。页面大小和其他规格都无关紧要。为创建新表格，可拖曳文字工具创建一个文本框架，再选择菜单“表”>“插入表”并输入要创建的表格的行数和列数。
2. 为在表格中输入信息，确保光标位于第一个单元格中并输入。要移到右边的单元格，可按 Tab 键；要移到下面的单元格，可按下方向键。
3. 要通过拖曳添加一列，将文字工具指向表格中某列的右边缘，当鼠标指针变成双箭头（T）后，按住 Alt（Windows）或 Option（Mac OS）键并向右拖曳一小段距离（大约半英寸）。当释放鼠标左键后，将出现一个新列，其宽度与拖曳的距离相等。
4. 要将表格转换为文本，选择菜单“表”>“将表转换为文本”；可以使用制表符来分隔同一行中不同列的内容，使用换行符来分隔不同行的内容，也可以修改这些设置。同样，要将用制表符分隔的文本转换为表格，可选择这些文本，然后选择菜单“表”>“将文本转换为表”。
5. 要旋转单元格中的文本，可使用文字工具在单元格中单击以放置一个插入点。选择菜单“窗口”>“文字和表”>“表”，再在表面板中从“排版方向”下拉列表中选择“直排”，然后在单元格中输入文本。

复习

复习题

1. 与输入文本并使用制表符将各列分开相比，使用表格有何优点？
2. 什么情况下单元格可能溢流？
3. 处理表格时最常用的是哪种工具？

复习题答案

1. 表格提供了更大的灵活性，格式化起来更容易。在表格中，文本可在单元格中自动换行，因此无需添加额外的行，单元格就能容纳很多文本。另外，可给选定的单元格、行或列指定样式（包括字符样式甚至段落样式），因为每个单元格都类似于一个独立的文本框架。
2. 当单元格无法容纳其内容时将发生溢流。仅当用户指定了单元格的行高时，才会发生溢流，否则，将文本置入单元格时，文本将在单元格中换行，而单元格将沿垂直方向扩大以容纳所有文本。将图形置入没有固定行高的单元格时，单元格也会沿垂直方向扩大，但不会沿水平方向扩大，因此列宽保持不变。
3. 要对表格做任何处理，必须选择文字工具。可以使用其他工具来处理单元格中的图形，但要处理单元格本身，如选择行或列、插入文本或图形内容、调整表格的尺寸等，必须使用文字工具。

第12课 处理透明度

在本课中，读者将学习以下内容：

- 为导入的黑白图像着色；
- 修改在 InDesign 中绘制的对象的不透明度；
- 为导入图形指定透明度设置；
- 为文本指定透明度设置；
- 设置重叠对象的混合模式；
- 羽化对象；
- 将多种效果应用于对象；
- 编辑和删除效果。

学习本课大约需要 45 分钟。

InDesign CS5 提供了一系列的透明度功能，以满足用户的想象力和创造性，这包括控制不透明度、效果和颜色混合。用户还可导入有透明度设置的文件并对其应用其他透明度效果。

12.1 概 述

本课的项目是一家虚构餐厅 Bistro Nouveau 的菜单。用户将通过使用一系列图层来应用透明度效果，创建出视觉效果丰富的设计。

> **ID** **注意：**如果还没有从配套光盘将本课的资源文件复制到硬盘中，那么现在需要将这些文件复制到硬盘，详情请参阅“前言”中的“复制课程文件”。

1. 为确保用户使用的 Adobe InDesign CS5 首选项和默认设置与本课使用的相同，在使用前请将 InDesign Defaults 文件移到其他文件夹，详情请参阅“前言”中的“存储和恢复 InDesign Defaults”文件。
2. 启动 Adobe InDesign CS5。为确保面板和菜单命令与本课使用的相同，选择菜单“窗口”>“工作区”>“高级”，再选择菜单“窗口”>“工作区”>“重置‘高级’”。

为开始工作，将打开一个已部分完成的 InDesign 文档。

3. 选择“文件”>“打开”，打开硬盘中文件夹 InDesignCIB\Lessons\Lesson_12 中的文件 12_a_Start.indd。
4. 选择“文件”>“存储为”，将文件重命名为 12_Menu.indd，并存储到文件夹 Lesson_12 中。

由于所有图层都被隐藏，因此该菜单呈现为一个狭长的空页面。用户将在需要时显示各个图层，以便能够将注意力集中在特定对象及本课要完成的任务上。

5. 如果想查看最终的文档，选择菜单“文件”>“打开”，打开文件夹 Lesson_12 中的文件 12_b_End.indd，如图 12.1 所示。
6. 查看完毕后，可关闭文件 12_b_End.indd，也可使其处于打开状态，供工作时参考。要返回到课程文档，可选择菜单“窗口”>“12_Menu.indd”，也可单击文档窗口左上角的标签“12_Menu.indd”。

图12.1

12.2 导入黑白图像并为它着色

首先处理菜单的 Background 图层。该图层用作带纹理的菜单背景，将透过它上面的带透明度设置的对象显示出来。通过应用透明度效果，可创建透明对象，可透过它看到下面的对象。

由于图层 Background 位于图层栈的最下面，因此无需对该图层中的对象应用透明效果。

1. 选择菜单“窗口”>“图层”打开图层面板。
2. 如果有必要，在图层面板中向下滚动，找到并选择位于最下面的图层 Background。用户将把导入的图像放到该图层中。
3. 确保该图层可见（有眼睛图标）且没有被锁定（没有图层锁定图标（ ）），如图 12.2 所示。图层名右边的钢笔图标（ ）表明，导入的对象和新建的框架将放在该图层中。

4. 选择菜单“视图”>“网格和参考线”>“显示参考线”。将使用页面中的参考线来对齐导入的背景图像。

5. 选择菜单“文件”>“置入”，然后打开文件夹 Lesson_12 中的文件 12_c.tif。这是一个灰度 TIF 图像。

6. 鼠标指针将变成载入图形图标（ ），将其指针指向页面左上角的外面，并单击红色出血参考线的交点。这样置入的图像将占据整个页面，包括页边距和出血区域。使图形框架处于选中状态，如图 12.3 所示。

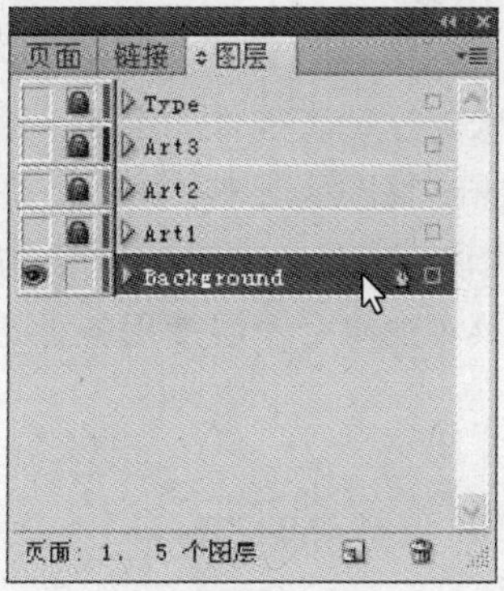

图12.2

图12.3

7. 选择菜单“窗口”>“颜色”>“色板”。用户将使用色板面板为该图像着色，但首先需要调整将要使用的色板的色调。

8. 在色板面板中，选择填色框（ ）。向下滚动色板列表，找到并选择色板 Light Green；单击色板面板顶部的“色调”下拉列表，并将滑块拖曳到 76%。

现在图像的白色区域为 76% 的绿色，但灰色区域没有变化。

9. 使用选择工具（ ）在内容手形抓取工具的圆环形状内移动鼠标，鼠标指针变成手形（ ）后单击选择框架中的图形，然后在色板面板中选择 Light Green。颜色 Light Green 将替换图像中的灰色，但颜色为 Light Green 76% 的区域不变，如图 12.4 所示。

给框架应用填色和色调后　　给图形应用颜色以后

图12.4

如果先选择了图形框架中的图形再应用填色，填色将应用于图像的灰色部分，而不是如同第 8 步中选择框架时那样应用于框架的背景。

10. 在图层面板中单击图层名 Background 左边的空框将该图层锁定，如图 12.5 所示。让图层 Background 可见，以便能够看到设置其他图层的透明度的结果。

11. 选择菜单“文件”>“存储”保存所做的工作。

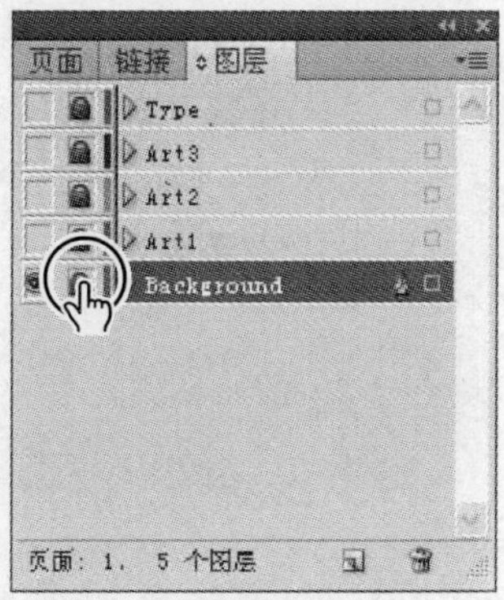

图12.5

至此，用户已学习了给灰度图像快速着色的方法。虽然这种方法对于合成图像很有效，但对于创建最终的作品而言，Adobe Photoshop CS5 的颜色控制功能会更有效。

12.3 应用设置透明度

InDesign CS5 有大量透明度控件。例如，通过降低对象、文本设置和导入图形的不透明度，可让它下面原本不可见的对象显示出来。另外，诸如混合模式、投影、边缘羽化和发光以及斜面和浮雕效果等透明度功能提供了大量的选项，让用户能够创建特殊视觉效果，本课后面将介绍这些功能。

在本节中，将对菜单的每个图层使用各种透明度选项。

12.3.1 效果面板简介

使用效果面板（(可选择菜单“窗口”>“效果”打开它）可指定对象或对象组的不透明度和混合模式，对特定组执行分离混合、挖空组中的对象或应用透明度效果，如图 12.6 所示。

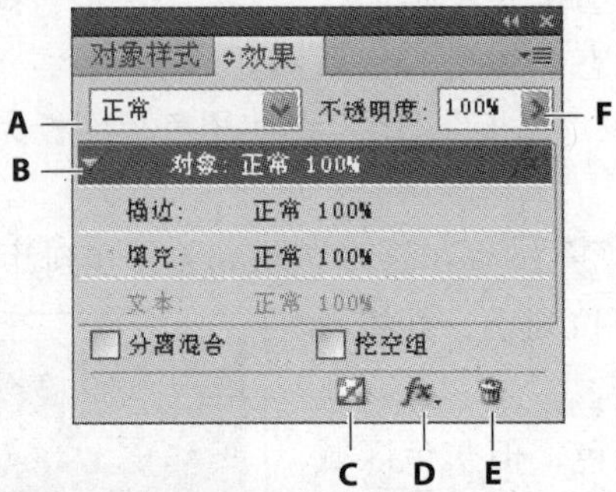

A. 混合模式

B. 级别

C. 清除效果

D. *fx* 按钮

E. 删除

F. 不透明度

图12.6

> **效果面板概述**
>
> **混合模式**：指定如何混合重叠对象的颜色。
>
> **不透明度**：降低对象的不透明度时，对象将更透明，因此它下面的对象将更清晰。
>
> **级别**：指出选定对象的“对象”、“描边”、“填色”和“文本”的不透明度设置以及是否应用了透明度效果。单击字样“对象”（“组”或“图形”）左侧的三角形可隐藏或显示这些级别设置。为某级别应用透明度设置后，该级别将显示*fx*图标，双击该*fx*图标可编辑这些设置。
>
> **分离混合**：将混合模式应用于选定对象组，但不影响下面的不属于该组的对象。
>
> **挖空组**：使组中每个对象的不透明度和混合属性挖空或遮蔽组中的底层对象。
>
> **清除全部按钮**：清除对象（描边、填色或文本）的效果，将混合模式设置为“正常”，并将选定的整个对象的不透明度设置更改为100%。
>
> ***fx*按钮**：打开透明度效果列表。

12.3.2 修改纯色对象的不透明度

处理好背景图形后，便可给它上面的图层应用透明度效果了。首先处理一系列使用 InDesign

CS5 绘制的简单形状。

1. 在图层面板中，选择图层 Art 1 使其成为活动图层，然后单击图层名称左边的锁图标解除对该图层的锁定。单击图层 Art 1 最左边的方框以显示眼睛图标，这表明该图层是可见的，如图 12.7 所示。

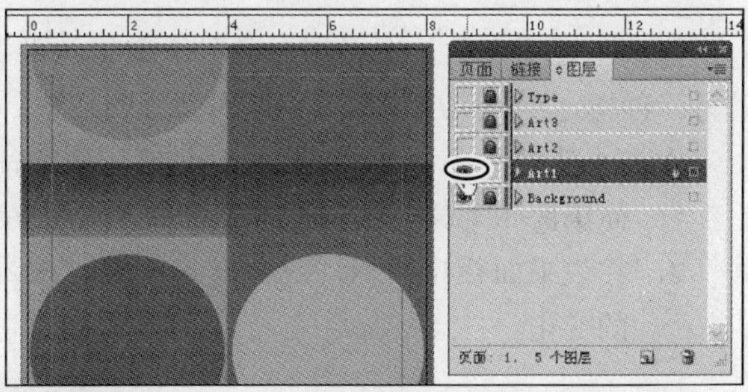

图12.7

2. 使用选择工具（ ）单击页面右边使用 Yellow/Green 颜色填充的圆圈，这是一个在 InDesign 中绘制的使用纯色填充的椭圆形框架。

> **注意：**如果色板面板没有打开，可选择菜单“窗口”>“颜色”>“色板”打开。本节提到形状时，使用用于填充它的色板作为其名称。

3. 选择菜单“窗口”>“效果”打开效果面板。
4. 在效果面板中单击“不透明度”下拉列表右边的箭头，将会打开不透明度滑块。将该滑块拖曳到 70%，如图 12.8 所示。也可在“不透明度”文本框中输入 70%，并按回车键。

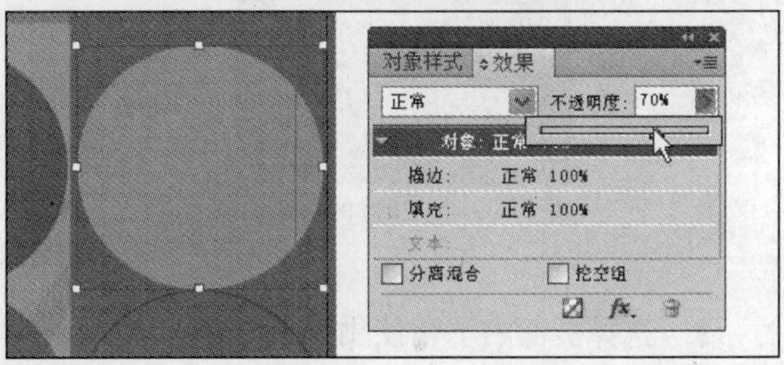

图12.8

调整圆圈 Yellow/Green 的不透明度后，它将变成半透明的，最终的颜色是由圆圈的填充色 Yellow/Green 和它下面覆盖页面右半部分的紫色混合而成的。

5. 在文档窗口中，选择页面左上角使用 Light Green 填充的半圆；在效果面板中将不透明度设置为 50%。由于背景的影响，该半圆的颜色发生了细微的变化，如图 12.9 所示。

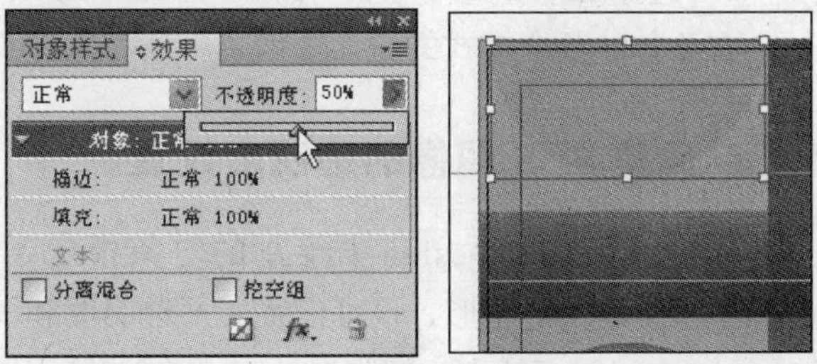

图12.9

6. 重复第 5 步，使用下面的设置修改图层 Art 1 中其他圆圈的不透明度：
   - 左边中间使用颜色 Medium Green 填充的圆：60%；
   - 左边底部使用颜色 Light Purple 填充的圆：70%；
   - 右边使用颜色 Light Purple 填充且描边为黑色的圆：60%；
   - 右边底部使用颜色 Light Green 填充的半圆：50%。
7. 选择菜单“文件”>“存储”保存所做的工作。

12.3.3 指定混合模式

修改不透明度后，将得到当前对象颜色及其下面的对象颜色组合得到的颜色。混合模式提供了另一种指定不同图层中的对象如何交互的途径。

在本小节中，将对页面中的三个对象应用混合模式。

1. 使用选择工具（）选择页面右边使用 Yellow/Green 填充的圆。
2. 在效果面板中，从“混合模式”下拉列表中选择“叠加”，如图 12.10 所示。请注意颜色的变化。

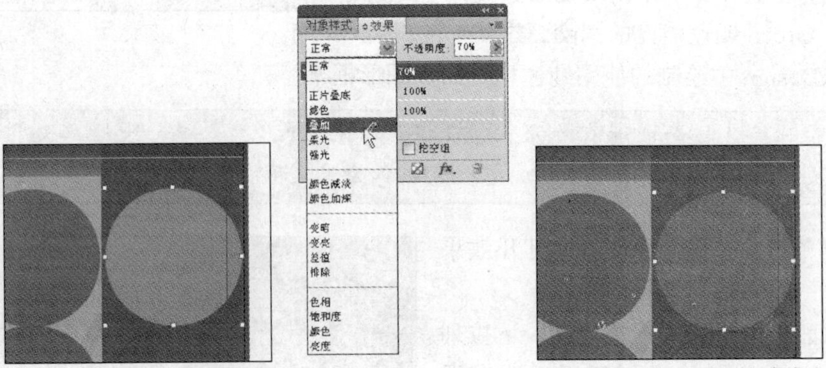

左边：应用 70% 的不透明度　　右边：应用不透明度和混合模式

图12.10

3. 选择页面右下角使用 Light Green 填充的半圆，然后按住 Shift 键并选择页面左上角的半圆。
4. 在效果面板中，从“混合模式”下拉列表中选择“正片叠底”。
5. 选择菜单“文件”>“存储”保存所做的工作。

有关各种混合模式的更详细信息，请参阅 InDesign 帮助中的“指定颜色混合方式”。

12.4 调整 EPS 图像的透明度设置

前面已为在 InDesign 中绘制的对象指定了各种透明度设置，对于从其他程序（如 Adobe Illustrator）导入的图形，也可设置其不透明度和混合模式。

1. 在图层面板中，解除对 Art2 图层的锁定并使其可见。
2. 在工具箱中，确保选择的是选择工具（）。
3. 单击页面左边的黑色螺旋图像（它位于使用颜色 Medium Green 填充的圆圈上面），然后按住 Shift 键并单击页面右边的螺旋图像（它位于使用 Light Purple 填充的圆圈上面）。选择这两个图像时，应确保鼠标指针形状为箭头（）而不是手形（）（如果单击时鼠标指针形状为手形，选择的将是图形而非框架）。现在，两个螺旋图像都已被选中，如图 12.11 所示。

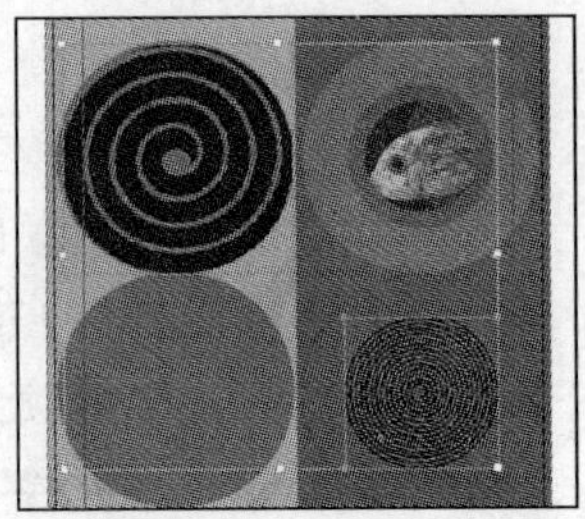

图12.11

4. 在效果面板中，从“混合模式”下拉列表中选择“颜色减淡”，并将不透明度设置为 30%。

下面设置小鱼图像的描边的混合模式。

5. 使用选择工具（ ）单击页面右边的小鱼图像。确保单击时鼠标指针形状为箭头（ ）而不是手形（ ）。

6. 在效果面板中，单击“对象”下方的“描边”，这样对不透明度或混合模式所做的修改将应用于选定对象的描边。

级别包括“对象”、“描边”、“填色”和“文本”等，它指出了当前的不透明度设置、混合模式以及是否应用了透明度效果。要隐藏 / 显示这些级别设置，可单击“对象”（“组”或“图形”）左边的三角形。

7. 从“混合模式”下拉列表中选择“强光”，如图 12.12 所示。

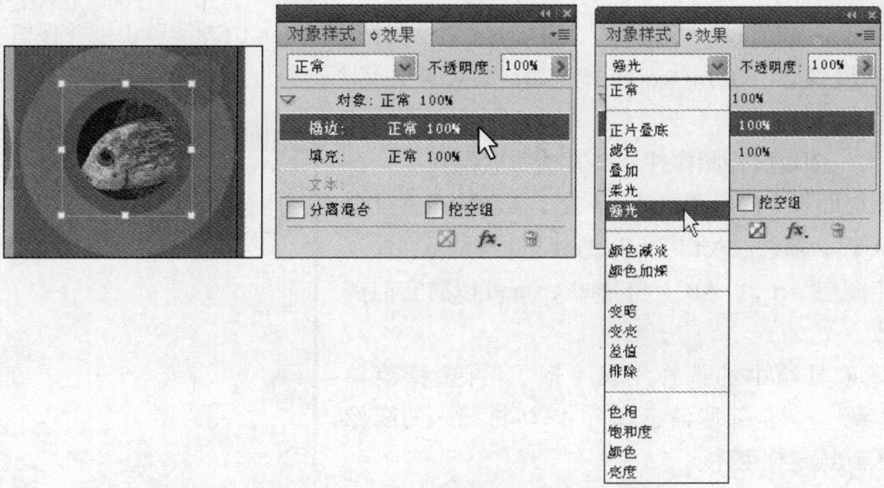

选择图像（左）；选择“描边”（中）；将混合模式设置为“强光”（右）

图12.12

8. 选择菜单“文件”>“存储”保存所做的工作。

12.5 调整图像的透明度

下面设置导入的 Photoshop 图像的透明度。虽然这里使用的是单色图像，但也可在 InDesign 中设置复杂的彩色照片的透明度。其方法与设置其他 InDesign 对象的不透明度相同。

1. 在图层面板中选择图层 Art 3，解除对该图层的锁定并使其可见。可隐藏图层 Art 1 和 Art 2 以便处理起来更容易。确保至少让 Art 3 下面的一个图层可见，以便能够看到设置透明度后的结果。

2. 使用选择工具（ ）单击页面右边的黑色星爆式图像，如图 12.13 所示。

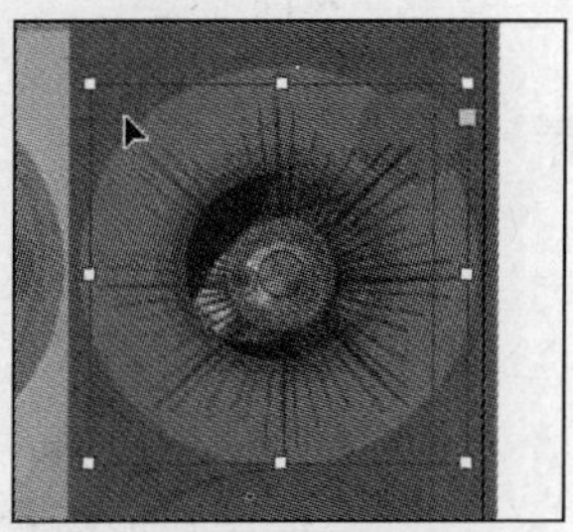

图12.13

3. 在效果面板中将“不透明度”设置为 70%。

4. 在黑色星爆式图像中间的内容手形抓取工具中移动鼠标，当鼠标指针变成手形（）后单击，以选择框架中的图像。

5. 在色板面板中，单击填色框（），然后选择色板 Red，以便用红色替换图像中的黑色。

如果图层 Art 3 下面有其他图层可见，星爆式图像将为淡橙色；如果没有其他图层可见，星爆式图像将为红色。

6. 如果当前没有选择星爆式图像，可通过在内容手形抓取工具上单击来选择它。
7. 在效果面板中，从“混合模式”下拉列表中选择“滤色”，保留“不透明度”为 100%。星爆式图像将根据其下面可见的图层改变颜色。
8. 选择菜单“文件”>“存储”保存所做的工作。

12.6 导入并调整使用了透明度设置的 Illustrator 文件

用户将 Adobe Illustrator 文件导入 InDesign 文档时，InDesign CS5 能够识别并保留在 Illustrator 中应用的透明度设置。在 InDesign 中，用户还可调整其不透明度设置、添加混合模式和应用其他透明度效果。

下面置入一幅玻璃杯图像并调整其透明度设置。

1. 在图层面板中确保图层 Art 3 处于活动状态，且图层 Art 3、Art 2、Art 1 和 Background 都可见。
2. 锁定图层 Art 2、Art 1 和 Background 以防它们被修改。
3. 选择工具箱中的选择工具（），再选择菜单“编辑”>“全部取消选择”，以防将导入的图像置入到选定框架中。
4. 选择菜单“视图”>“使页面适合窗口”。
5. 选择菜单“文件”>“置入”。在“置入”对话框中选中“显示导入选项”复选框，如图 12.14 所示。

图12.14

6. 找到文件夹 Lesson_12 中的文件 12_d.ai，双击置入该文件。
7. 在“置入 PDF”对话框中，确保从“裁切到”下拉列表中选择了“定界框（所有图层）”，如图 12.15 所示。

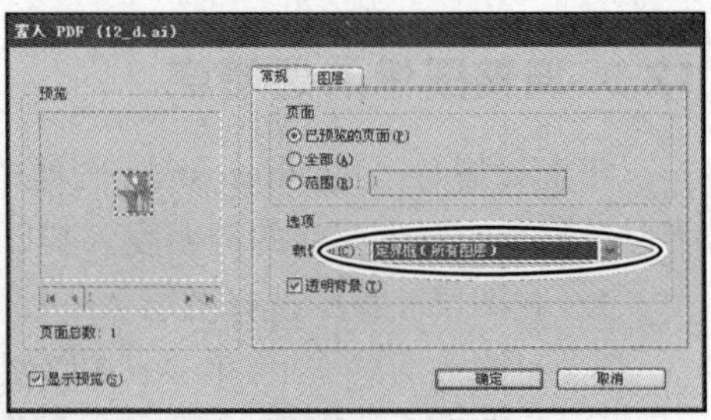

图12.15

8. 单击“确定”按钮关闭对话框，鼠标指针将变成载入图形图标（）。
9. 将鼠标指针（）指向页面右边的淡紫色圆圈并单击置入图像。如果有必要，可拖曳该图像使其基本位于紫色圆圈中央，如图 12.16 所示。
10. 在图层面板中，通过单击隐藏图层 Art2、Art1 和 Back-ground，使得只有图层 Art 3 可见，以便用户能够看清置入图像的透明度。

11. 在图层面板中通过单击使图层 Art 2、Art 1 和 Background 可见。注意白色橄榄形状是完全不透明的，而其他玻璃杯形状是部分透明的。

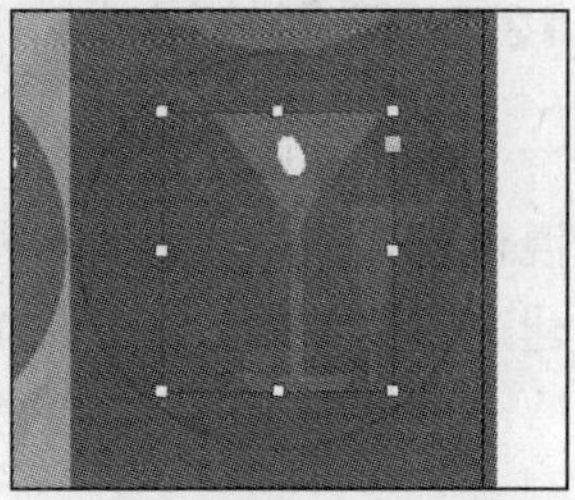

图12.16

12. 在玻璃杯图像仍被选中的情况下，在效果面板中将“不透明度”设置为 60%。不要取消选择该图像。现在能够看到白色橄榄后面的螺旋，且玻璃杯的颜色更淡。
13. 在效果面板中将“混合模式”设置为“颜色加深”，该图像的颜色和透明度已截然不同。
14. 选择菜单“文件”>“存储”保存所做的工作。

12.7 设置文本的透明度

修改文本的不透明度就像对图形对象应用透明度设置一样简单，下面修改一些文本的不透明度，同时将会改变文本的颜色。

1. 在图层面板中，锁定图层 Art3，再解除对图层 Type 的锁定并使其可见。
2. 选择工具箱中的选择工具（![]），然后单击文本框“I THINK, THEREFORE I DINE”。如果有必要，可放大视图以便能够看清文本。

要对文本或文本框架及其内容应用透明度设置，必须使用选择工具选择框架。如果使用文字工具选择文本，将无法指定其透明度设置。

3. 在效果面板中选择“文本”，以便对不透明度或混合模式所做的修改只影响文本。
4. 从“混合模式”下拉列表中选择“叠加”，并将“不透明度”设置为 70%，如图 12.17 所示。
5. 选择菜单“编辑”>“全部取消选择”。

图12.17

下面修改一个文本框架填色的不透明度。

6. 选择工具箱中的选择工具（![]），并单击页面底部包含文本“Boston | Chicago | Denver | Huston | Minneapolis”的文本框架。如果有必要，可放大视图以便能够看清文本。
7. 在效果面板中选择“填充”，并将不透明度改为 70%，如图 12.18 所示。
8. 选择菜单“编辑”>“全部取消选择”，然后选择菜单“文件”>“存储”保存所做的工作。

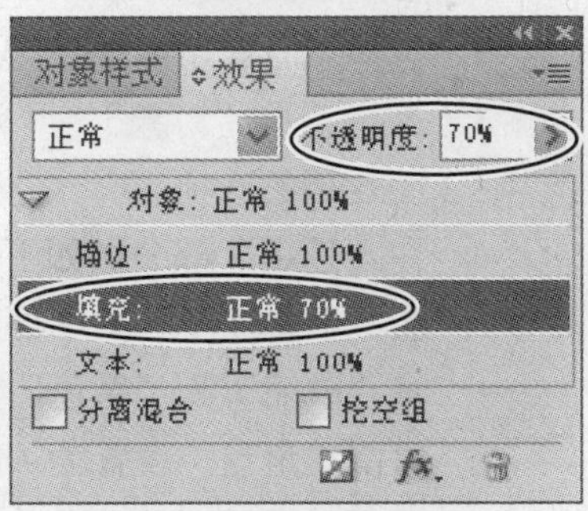

图12.18

12.8 使用效果

在本课的前面部分，读者学习了如何修改在 InDesign 中绘制的对象、导入的图形以及文本的混合模式和不透明度。另一种应用透明度设置的方法是使用 InDesign 提供的 9 种透明度效果。创建这些效果时，很多设置和选项都是类似的。

下面尝试使用一些透明度效果来调整菜单。

透明度效果

投影：在对象、描边、填色或文本的后面添加阴影。

内阴影：紧靠在对象、描边、填色或文本的边缘内添加阴影，使其具有凹陷外观。

外发光和内发光：添加从对象、描边、填色或文本的边缘外或边缘内发射出来的光。

斜面和浮雕：添加各种高亮和阴影的组合使文本和图像具有三维外观。

光泽：添加形成光滑光泽的内部阴影。

基本羽化、定向羽化和渐变羽化：通过使对象的边缘渐隐为透明，实现边缘柔化。

12.8.1 对图像边缘应用基本羽化

羽化是另一种对对象应用透明度的方法。通过羽化，可在对象和底层图像之间实现平滑过渡。InDesign CS5 提供了三种羽化效果：

- 基本羽化对指定距离内的对象边缘进行柔化或渐隐；
- 定向羽化通过将指定方向的边缘渐隐为透明来柔化边缘；
- 渐变羽化通过渐隐为透明来柔化对象的区域。

下面首先应用基本羽化，然后应用渐变羽化。

1. 在图层面板中，如果图层 Art1 被锁定，则解除该图层的锁定。
2. 选择工具箱中的选择工具（ ），并选择页面左边使用颜色 Light Purple 填充的圆圈。
3. 选择菜单“对象”>“效果”>“基本羽化”，将打开“效果”对话框，其中包含各种透明度效果的选项。
4. 在“选项”部分做如下设置：

- 在“羽化宽度”文本框中输入 0.375 英寸；
- 将“收缩”和“杂色”都设置为 10%；
- 保留“角点”设置为“扩散”。

5. 确保选中了“预览”复选框（如图 12.19 所示）。如果有必要，可将对话框移至一侧以便查看效果。注意紫色圆圈的边缘变得模糊了。
6. 单击“确定”按钮让设置生效，并关闭“效果”对话框。

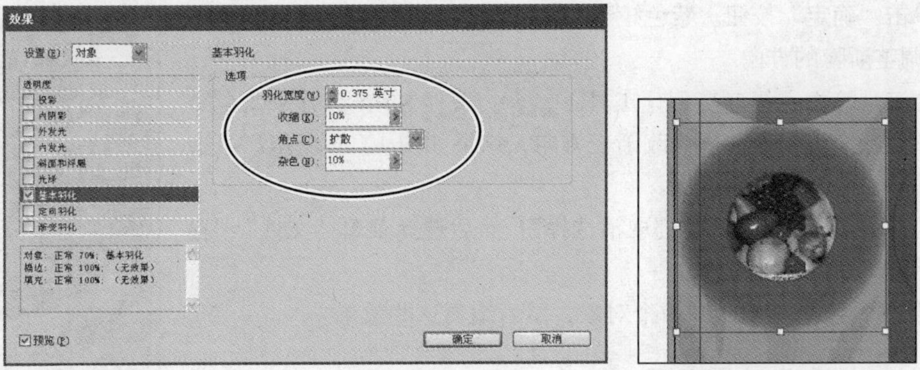

图12.19

7. 选择菜单“文件”>“存储”保存所做的工作。

> ID | **注意：**通过选择菜单“对象”>“效果”或从效果面板菜单中选择“效果”，再从子菜单中选择一个菜单项，也可使用透明度效果。

12.8.2 应用渐变羽化

可使用渐变羽化效果将对象区域渐隐为透明，从而柔化它们。

1. 使用选择工具（ ）单击页面右边使用颜色 Light Purple 填充的垂直矩形。

2. 单击效果面板底部的 *fx* 按钮（*fx*）并从下拉列表中选择“渐变羽化”，如图 12.20 所示。这将打开“效果”对话框，并显示渐变羽化的选项。

3. 在“效果”对话框的“渐变色标”部分，单击“反向渐变”按钮（ ）以反转纯色和透明的位置，如图 12.21 所示。

> ID | **注意：**在“效果”对话框中，指出了哪些效果（对话框左边被选中的效果）被应用于选定对象，用户可将多种效果应用于同一个对象。

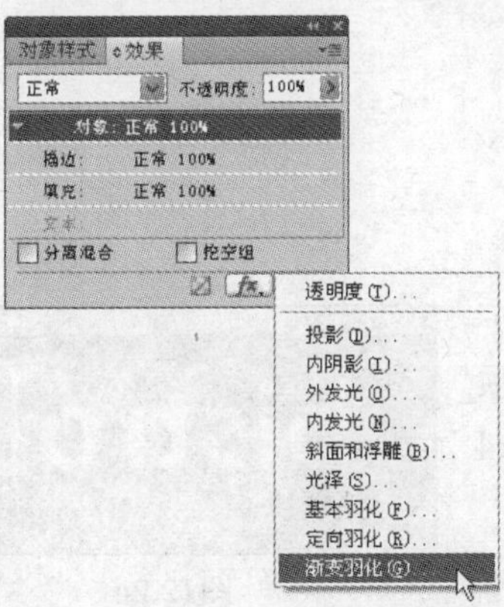

图12.20

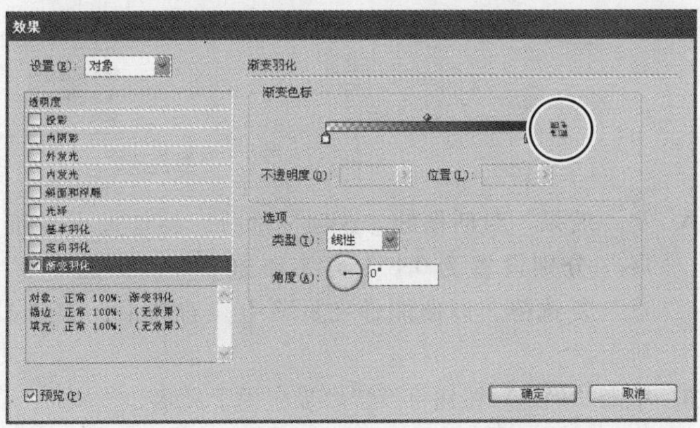

图12.21

4. 单击“确定”按钮。紫色矩形将从右至左渐隐为透明。

下面调整渐隐的方向。

5. 在工具箱中选择渐变羽化工具（ ）。按住 Shift 键并从紫色矩形底部拖曳到顶部以修改渐变方向，结果如图 12.22 所示。可根据需要编辑渐变任意次。
6. 选择菜单“编辑”>“全部取消选择”，然后选择菜单“文件”>“存储”保存所做的工作。

图12.22

下面将多种效果应用于同一个对象，然后编辑这些效果。

12.8.3 给文本添加投影效果

给对象添加投影效果时，使对象看起来如同漂浮在页面上，并在页面和下面的对象上投射阴影，从而呈现出三维效果。可给任何对象添加投影，还可独立地给对象的描边 / 填色或文本框架中的文本添加投影。

下面尝试使用这种效果，给文本 bisto 添加投影。

1. 使用选择工具（ ）选择包含单词 bistro 的文本框架。按 Z 键暂时切换到缩放工具，或选择缩放工具（ ）放大该框架，以便能够看清它。
2. 选择效果面板中的“文本”。
3. 单击效果面板底部的 *fx* 按钮（ ）并从下拉列表中选择“投影”，如图 12.23 所示。

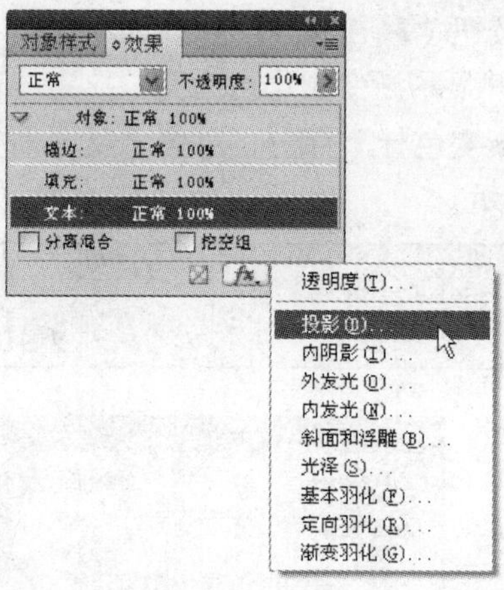

图12.23

4. 在“效果”对话框的“选项”部分，将“大小”和“扩展”分别设置为 0.125 英寸和 20%。确保选中了“预览”复选框，以便能够在页面中查看效果，如图 12.24 所示。
5. 单击“确定”按钮将投影效果应用于文本。
6. 选择菜单“文件”>“存储”保存所做的工作。

图12.24

12.8.4 将多种效果应用于同一个对象

可将多种透明度效果应用于同一个对象，例如，可使用斜面和浮雕效果让对象具有凸出的效果，还可使用发光效果让对象周围产生发光的效果。

下面将斜面和浮雕效果以及外发光效果应用于页面中的两个半圆。

1. 选择菜单“视图”>“使页面适合窗口”。
2. 使用选择工具（▶）选择页面左上角使用颜色 Light Green 填充的半圆。
3. 单击效果面板底部的 *fx* 按钮（*fx*.）并从下拉列表中选择“斜面和浮雕”。
4. 在“效果”对话框中，确保选中了“预览”复选框，以便能够在页面上查看效果。然后在“结构”部分做如下设置（如图 12.25 所示）。

- 大小：0.3125 英寸。
- 柔化：0.3125 英寸。
- 深度：30%。

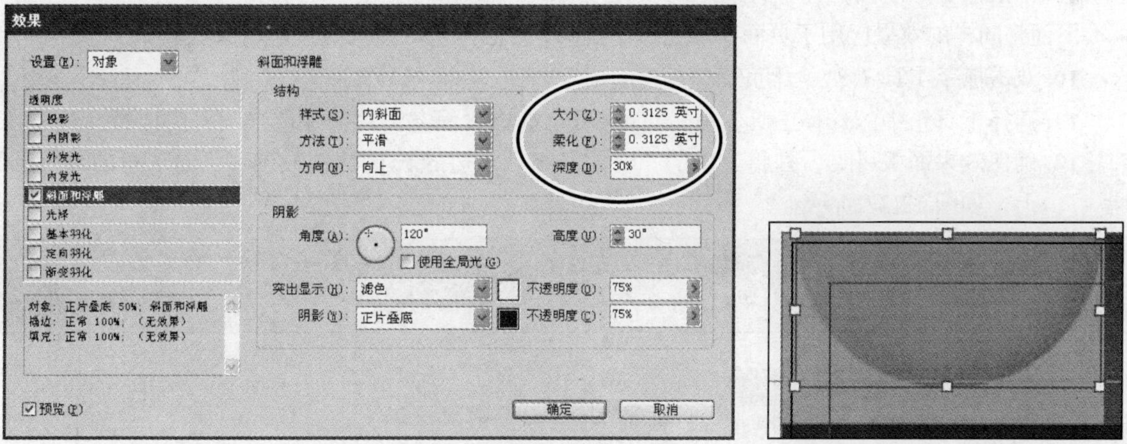

图12.25

5. 保留其他设置不变，并使对话框处于打开状态。
6. 单击“效果”对话框左边的“外发光”复选框，这将为选定的半圆添加外发光效果。
7. 单击“外发光”字样以便能够编辑这种效果，然后做如下设置，如图 12.26 所示：

- 模式：“正片叠底”。
- 不透明度：80%。
- 大小：0.25 英寸。
- 扩展：10%。

8. 单击“模式”下拉列表右边的“设置发光颜色”色板。在出现的“效果颜色”对话框中，确保从“颜色”下拉列表中选择了“色板”，从颜色列表中选择黑色，再单击“确定”按钮。

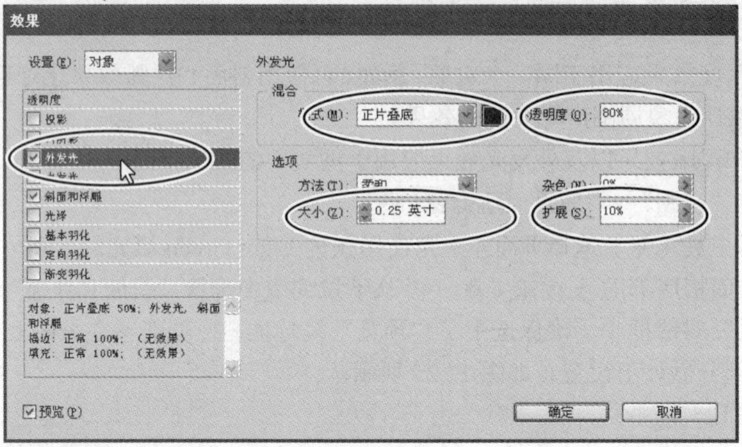

图12.26

9. 单击“确定”按钮让多种效果的设置生效。

下面将同样的效果应用于页面中的另一个半圆，方法是将效果面板中的 *fx* 图标拖放到该半圆上。

10. 双击抓手工具（）让页面适合窗口。
11. 选择工具箱中的选择工具（），如果没有选择页面左上角的绿色半圆，请选择。
12. 确保效果面板可见，并将其中的“对象”级别右边的 *fx* 图标拖放到页面右下角的绿色半圆上，如图 12.27 所示。

注意：如果未能拖放到绿色半圆上，可选择菜单“编辑”>“还原‘移动对象效果’”，然后重试。

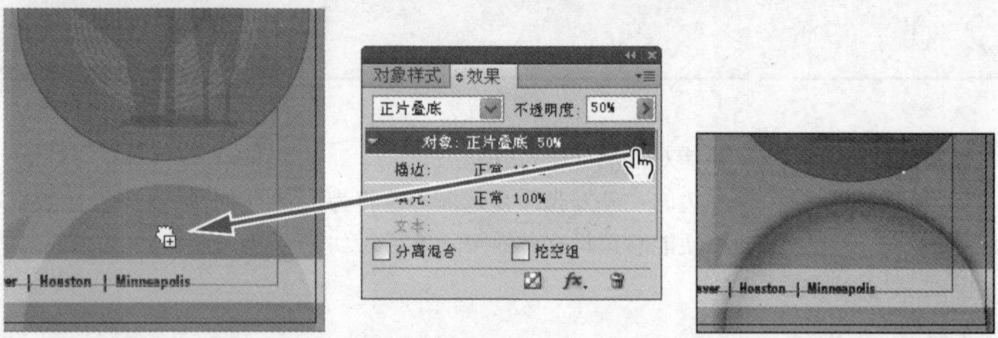

将 *fx* 拖放到另一个半圆上（左图）；结果（右图）

图12.27

下面将这些效果应用于页面中的小型灰色圆圈。

13. 在图层面板中，单击图层 Art3 的眼睛图标将该图层隐藏，并解除对图层 Art2 的锁定。
14. 确保当前仍选定了绿色半圆。在效果面板中，单击 *fx* 图标并将其拖放到小鱼图像右上方的灰色圆圈上。
15. 选择菜单“文件”>“存储”保存所做的工作。

12.8.5 编辑和删除效果

可轻松地编辑和删除效果，还可快速获悉是否对对象应用了效果。

下面首先编辑餐馆名称后面的渐变填充，然后删除应用于一个圆圈的效果。

1. 在图层面板中，确保图层 Art1 没有锁定且可见。
2. 使用选择工具（ ）单击文本 bistro Nouveau 后面的使用渐变填充的框架。
3. 单击效果面板底部的 *fx* 按钮（ ），在出现的下拉列表中，注意“渐变羽化”效果左边有一个勾号，这表明对选定对象应用了该效果。从该下拉列表中选择“渐变羽化”。
4. 在“效果”对话框的“渐变色标”部分，单击渐变条右边的色标，然后将“不透明度”改为 30%，将“角度”改为 90°，如图 12.28 所示。

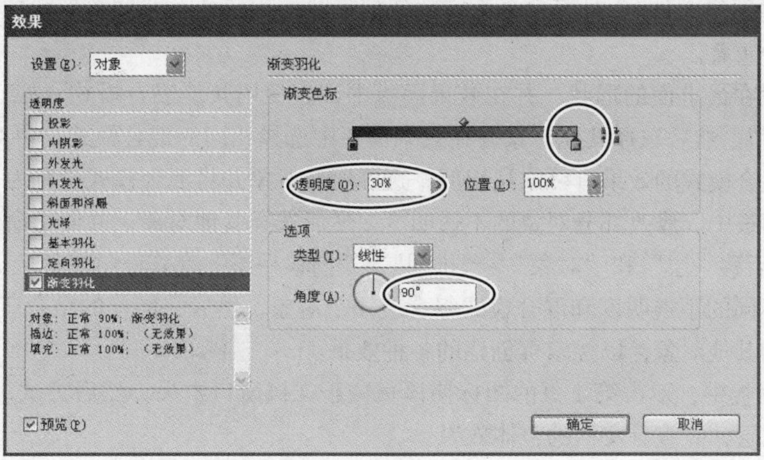

图12.28

5. 单击“确定”按钮更新渐变羽化效果。

下面删除应用于一个对象的所有效果。

6. 使用选择工具（ ）单击页面右边的小型灰色圆圈，其位于小鱼图像的右上方。
7. 单击效果面板底部的“清除效果”按钮（ ），将应用于该圆圈的所有效果都删除，如图 12.29 所示。

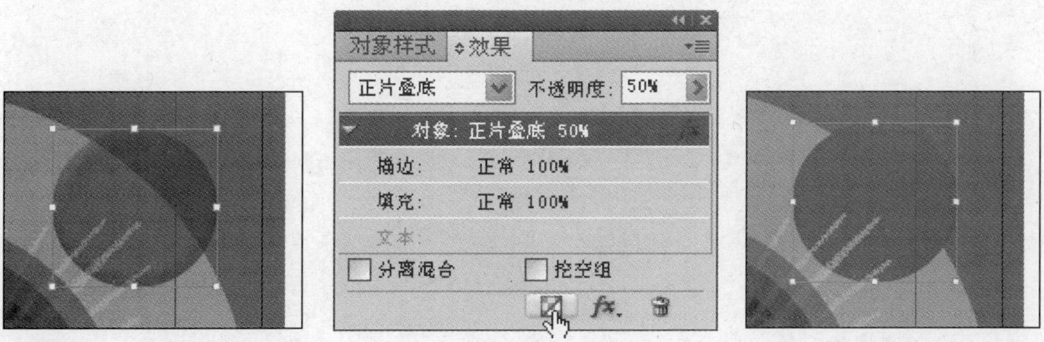

图12.29

ID | **注意**：单击“清除效果”按钮也将删除对象的透明度设置，如不透明度。

8. 在图层面板中，显示所有图层。
9. 选择菜单“文件”>“存储”保存所做的工作。

12.9 练 习

尝试下列使用 InDesign 透明度选项的方法：

1. 滚动到粘贴板的空白区域，并在一个新图层中创建一些形状（使用绘画工具或导入本课使用的一些图像文件）。对不包含内容的任何形状应用填色，并调整形状的位置使这些形状至少部分重叠。

- 选择堆叠在最上面的形状，并在效果面板中试验使用其他混合模式，如“亮度”、“强光”和“差值”。然后选择其他对象并在效果面板中选择相同的混合模式，再对结果进行比较。对各种混合模式的效果有一定认识后，选择所有对象并将混合模式设置为“正常”。
- 在效果面板中，修改部分对象的不透明度；然后选择其他对象，并使用命令“对象”>“排列”>“后移一层”和“对象”>“排列”>“前移一层”来查看结果。
- 尝试将不同的不透明度和混合模式组合应用于对象，然后将同样的组合应用于与该对象部分重叠的其他对象，以探索可创建的各种效果。

2. 在页面面板中，双击第 1 页的图标使该页位于文档窗口中央。然后尝试每次隐藏 / 显示一个 Art 图层，并查看文档的整体效果。
3. 在图层面板中，确保所有图层都没有锁定。在文档窗口中，通过单击选择玻璃杯图像，然后使用效果面板对其应用投影效果。

复习

复习题

1. 如何修改黑白图像中白色区域的颜色？如何修改灰色区域的颜色？
2. 在不修改对象的不透明度的情况下，如何修改透明度效果？
3. 处理透明度时，图层及其中的对象的堆叠顺序有何重要性？
4. 将透明度效果应用于对象后，要将这些效果应用于其他对象，最简单的方法是什么？

复习题答案

1. 要修改黑白图像中白色区域的颜色，可使用选择工具选择图形框架，然后在色板面板中选择所需的颜色；要修改灰色区域的颜色，可通过在内容手形抓取工具上单击选择框架中的图形，然后在色板面板中选择所需的颜色。
2. 除选择对象并在效果面板中修改不透明度外，还可通过修改混合模式、以多种方式羽化图像以及添加投影、斜面和浮雕等效果来创建透明度效果。混合模式决定了如何合并基色和混合色以得到最终的颜色。
3. 对象的透明度决定了它后面（下面）的对象是否可见。例如，透过半透明的对象，可看到它下面的对象，就像彩色胶片后面的对象一样。不透明的对象会遮住它后面的区域，而不管它后面的对象的不透明度是否更低以及羽化设置、混合模式和其他效果如何。
4. 选择已对其应用了透明度效果的对象，然后将效果面板右边的 *fx* 图标拖放到另一个对象上。

第13课 输出和导出

在本课中，读者将学习以下内容：

- 检查文档是否存在潜在的印刷问题；
- 确认 InDesign 文件及其元素可以打印；
- 收集所有必需的文件以便打印或提交给服务提供商或印刷厂；
- 生成用于校样的 Adobe PDF 文件；
- 打印前在屏幕上预览文档；
- 为字体和图形选择合适的打印设置；
- 打印文档的校样；
- 创建打印预设以自动化打印工作；
- 管理文档中的颜色。

学习本课大约需要 45 分钟。

无论是何种输出设备，都可使用 Adobe InDesign CS5 的高级打印和印前功能来管理打印设置。可轻松地将文档发送给激光打印机、喷墨打印机、高分辨率胶片或印版机进行打印。

13.1 概 述

在本课中，将处理一个杂志封面，该杂志封面中有彩色图像并使用了专色。用户将使用彩色喷墨打印机或激光打印机打印校样，然后在高分辨率印刷设备(如印版机或胶印机)上印刷。打印前，将在 Adobe InDesign CS5 中将文件导出为 Adobe PDF 文件，并发送供审阅。

> ID **注意：**如果还没有从配套光盘将本课的资源文件复制到硬盘中，那么现在需要将这些文件复制到硬盘，详情请参阅“前言”中的“复制课程文件”。

> ID **注意：**即使没有打印机或只能使用黑白打印机，也可完成本课的操作步骤。在这种情况下，可使用一些默认打印设置，以更深入地了解 InDesign CS5 在打印和成像方面提供的控制和功能。

图13.1

1. 为确保用户使用的 Adobe InDesign CS5 首选项和默认设置与本课使用的相同，在使用前请将 InDesign Defaults 文件移到其他文件夹，详情请参阅“前言”中的“存储和恢复 InDesign Defaults”文件。
2. 启动 Adobe InDesign CS5。为确保面板和菜单命令与本课使用的相同，选择菜单“窗口”>“工作区”>“高级”，再选择菜单“窗口”>“工作区”>“重置‘高级’”。
3. 选择菜单“文件”>“打开”，打开硬盘中文件夹 InDesignCIB\Lessons\Lesson_13 中的文件 13_Start.indd，如图 13.1 所示。
4. 将会出现一个消息框，指出文档包含缺失或已修改的链接。单击“不更新链接”按钮，本课后面将修复这种问题。

> ID **提示：**InDesign CS5 有一个首选项，让用户指定打开包含缺失或已修改连接的文档时是否显示警告消息。要禁止显示警告消息，可取消选中“打开文档前检查链接”复选框，该复选框位于“首选项”对话框的“文件处理”部分。

用户打印或生成 Adobe PDF 文件时，InDesign CS5 必须使用置入到版面中的原稿。如果原稿已移动、其名称已修改或其存储位置不存在，InDesign CS5 将指出找不到原稿。这种警告会在文档被打开、打印或导出以及使用印前检查面板对文档进行印前检查时发出。InDesign CS5 在链接面板中显示打印所需的所有文件的状态。

5. 选择菜单“文件”>“存储为”，将文件重命名为 13_Cover.indd，并将其存储在文件夹 Lesson_13 中。

13.2 印前检查

Adobe InDesign CS5 集成了对文档质量进行检查的控制，可在打印文档或将文档交给服务提供商前执行这样的检查，这被称为印前检查。在第 2 课的“在工作时执行印前检查”一节，读者学习了如何使用 InDesign CS5 的实时印前检查功能，并在制作文档的早期指定印前检查配置文件。这让用户能够在制作文档期间对其进行监视，以防发生潜在的印刷问题。

可通过印前检查面板核实文件使用的所有图形和字体都可用，且没有溢流文本。在这里，将使用印前检查面板找出示例文档中缺失的图形。

1. 选择菜单“窗口”>“输出”>“印前检查”。
2. 在印前检查面板中，确保选中了“开”复选框并在“配置文件”下拉列表中选择了“[基本]（工作）”。注意列出了一个错误。括号中的 3 表明有三个与链接相关的错误。

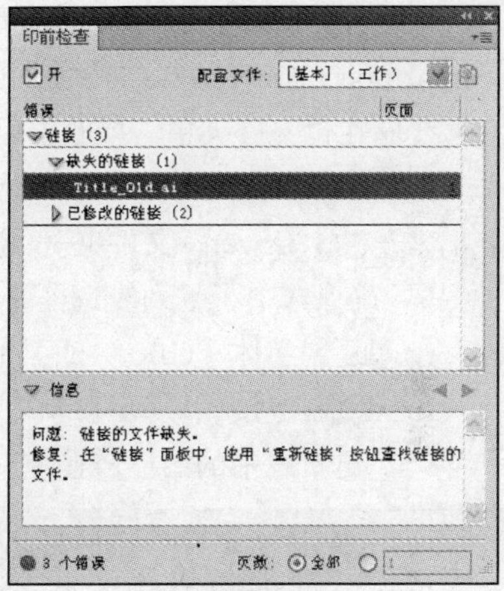

图13.2

在“错误”部分，注意没有“文本”错误，这表明该文档没有缺失的字体或溢流文本。

3. 单击“链接”左边的三角形，然后单击“缺失的链接”左边的三角形，这将显示缺失的图形文件的名称。双击 Title_Old.ai，该图形将显示在文档窗口中央，且其所属的图形框架被选中。
4. 在印前检查面板底部，单击“信息”左边的三角形以显示有关缺失的文件的信息，如图 13.2 所示。

在这里，出现的问题是链接的文件缺失，而修复方法是使用链接面板找到链接的文件。下面使用修订后的版本（修改了颜色）替换杂志标题的老版本。

5. 在链接面板中，确保选择了文件 Title_Old.ai，然后从面板菜单中选择“重新链接”。切换到文件夹 Lesson_13\Links，并双击文件 Title_New.ai。现在链接的是新文件，而不是原始文件。
6. 要更新修改过的两幅图形的链接，可从链接面板菜单中选择“更新所有链接”。
7. 选择菜单“文件”>“存储”保存对文档所做的修改。

13.3 将文件打包

可使用“打包”命令将 InDesign 文档及其链接的项目（包括图形）组合到一个文件夹中；InDesign 还将复制所有的字体供打印时使用。下面将杂志封面所需的文件打包，以便将它们发送给印刷提供商，这样可确保提供了输出时所需的所有文件。

1. 选择菜单“文件”>“打包”。在“打包”对话框中的“小结”部分，列出了另外两个印刷方面的问题（如图 13.3 所示）：

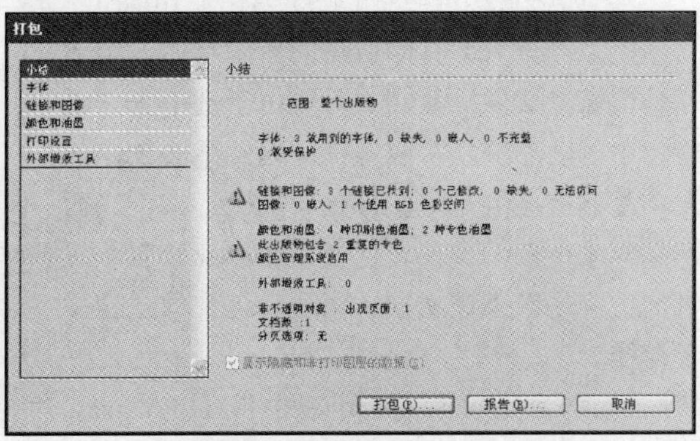

图13.3

- 由于该文档包含一个 RGB 图形，因此 InDesign CS5 指出了这一点。在本课后面，将把它转换为 CMYK。
- 该文档还包含两种重复的专色。在本课后面，将使用“油墨管理器”解决这个问题。

2. 单击“打包”按钮。
3. 在“打印说明”对话框中，输入将随 InDesign 文档一起提供的说明文件的文件名（如 Info for Printer），并提供联系信息。单击“继续”按钮。

Adobe InDesign CS5 将使用这些信息创建一个说明文件，它将随 InDesign 文档、链接和字体一起存储在包文件夹中。接收方可根据该文件了解用户要做什么以及有问题时如何与用户联系。

4. 在“打包出版物”对话框中，切换到文件夹 Lesson_13。注意为这个包创建的文件夹名为“‘13_Cover’文件夹”，InDesign 将会自动根据本课开始时指定的文档名为该文件夹命名。
5. 确保选中了下列复选框：

- “复制字体（CJK 除外）”；
- “复制链接图形”；
- “更新包中的图形链接”。

> **提示：**如果在“打包出版物”对话框中选中了“复制字体（CJK 除外）”复选框，InDesign 将在包文件夹中生成一个名为“Document fonts”的文件夹。如果打开与“Document fonts”文件夹位于同一个文件夹中的文件，InDesign 将自动安装这些字体，并且这些字体只用于该文件。当关闭该文件时，这些字体将被卸载。

6. 单击“打包”按钮，如图 13.4 所示。
7. 阅读出现的“警告”消息框，其中指出了各种许可限制可能影响用户能否复制字体，然后单击“确定”按钮。
8. 打开资源管理器（Windows）或 Finder（Mac OS），切换到硬盘中的文件夹 InDesignCIB\Lessons\Lesson_13，并打开“‘13_Cove’文件夹”。

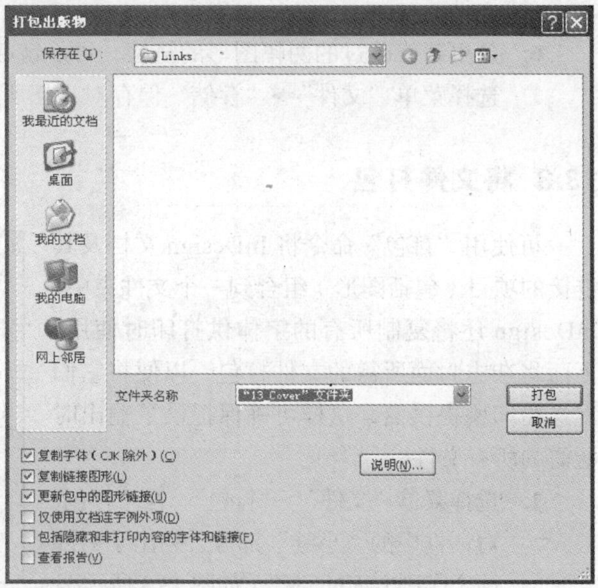

图13.4

注意 Adobe InDesign CS5 创建了 InDesign 文档以及高分辨率打印所需的所有字体、图形和其他链接文件的复制文件。由于选中了“更新包中的图形链接”复选框，因此该 InDesign 文档复制链接的是包文件夹中的图形文件，而不是原来链接的文件。这会使印刷商和服务提供商更容易管理该文档，同时使包文件适合用于存档。

9. 查看完毕后，关闭文件夹“‘13_Cover’文件夹”并返回到 InDesign CS5。

创建印前检查配置文件

启用实时印前检查功能（在印前检查面板中选中“开”复选框）时，将使用默认的印前检查配置文件（“[基本]（工作）”）对文档进行印前检查。该配置文件检查基本的输出条件，如缺失或已修改的图形文件、溢流文本和缺失字体。

用户可自己创建印前检查配置文件，也可载入印刷输出提供商或他人提供的印前检查配置文件。创建自定义的印前检查配置文件时，可定义要检测的条件。下面创建一个配置文件，它在用户在文档中使用了非CMYK颜色时发出警告。

1. 选择菜单“窗口”>“输出”>“印前检查”，然后从印前检查面板菜单中选择“定义配置文件”。
2. 单击“印前检查配置文件”对话框左下角的“新建印前检查配置文件”按钮（）新建一个印前检查配置文件。在“配置文件名称”文本框中输入 CMYK Colors Only。
3. 单击“颜色”左边的三角形以显示与颜色相关的选项。选中“不允许使用色彩空间和模式”复选框，然后选中除 CMYK 外的其他所有模式（RGB、灰度、Lab 和专色），如图 13.5 所示。

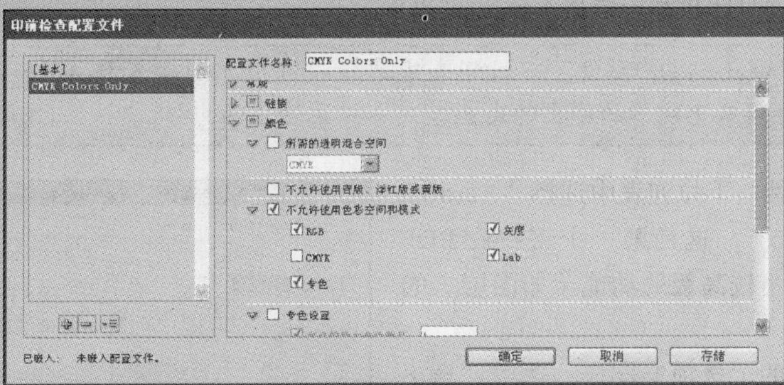

图13.5

4. 保留“链接”、“图像和对象”、“文本”和“文档”的印前检查条件不变，单击“存储”按钮，再单击“确定”按钮。
5. 在印前检查面板中，从“配置文件”下拉列表中选择 CMYK Colors Only，注意“错误”部分列出了其他错误。
6. 单击“颜色”左边的三角形，然后单击“不允许使用色彩空间和模式”左边的三角形，将看到一个没有使用 CMYK 颜色模型的对象的列表。单击各个对象，以查看有关问题及如何修复的信息。确保印前检查面板中的“信息”部分可见。如果看不到“信息”部分，单击“信息”左边的三角形以显示该部分。
7. 在印前检查面板中，从“配置文件”下拉列表中选择“[基本]（工作）”，返回到本课使用的默认配置文件。

13.4 创建 Adobe PDF 校样

如果文档需要由他人审阅，可创建 Adobe PDF（便携文档格式）文件以便传输和共享。使用这种文件格式有多个优点：文件被压缩得更小、所有字体和链接都包含在单个复合文件中、在屏幕上显示和打印的字体相同（不管是在 Mac 还是 PC 中打开）。Adobe InDesign CS5 可将文档直接导出为 Adobe PDF 文件。

在印刷时，将文档存储为 Adobe PDF 格式也有很多优点：将创建一个更紧凑的可靠文件，用户或服务提供商可查看、编辑、组织和校样。然后，服务提供商可直接输出 Adobe PDF 文件，也可使用各种工具执行印前检查、陷印、整版、分色等。

下面将创建一个适合用于审阅和校样的 Adobe PDF 文件。

1. 选择菜单“文件” > “导出”。
2. 从“保存类型”（Windows）或“格式”（Mac OS）下拉列表中选择 Adobe PDF（打印），并在“文件名”文本框中输入 13_Cover_Proof。如果有必要，可切换到文件夹 Lesson_13，然后单击“保存”按钮，将出现“导出 Adobe PDF”对话框。
3. 从“Adobe PDF 预设”下拉列表中选择“[高质量打印]”。该设置创建适合在屏幕上校样以及在桌面打印机和校样机上输出的 PDF 文件。

> **注意**：“Adobe PDF 预设”下拉列表中的预设可用于创建各种 Adobe PDF 文件：从适合在屏幕上观看的小文件到适合高分辨率输出的文件。

4. 从“兼容性”下拉列表中选择“Acrobat 6 (PDF 1.5)”，这是第一个支持在 PDF 文件中使用较高级的功能（如图层）的版本。
5. 在对话框的“选项”部分，选中“导出后查看 PDF”和“创建 Acrobat 图层”两个复选框（如图 13.6 所示）。

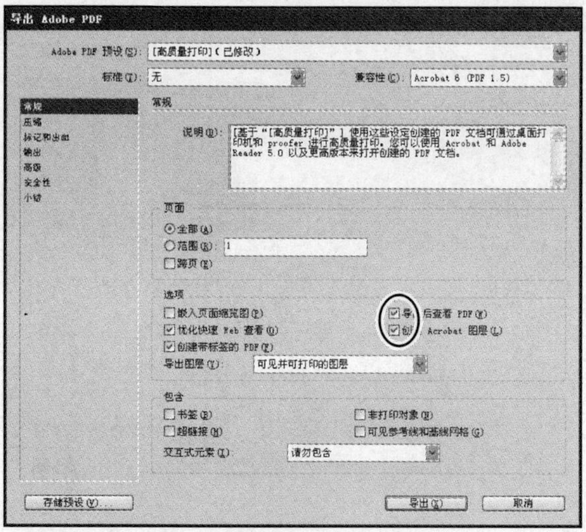

图13.6

“导出后查看 PDF”是一种检查文件导出结果的高效方式；“创建 Acrobat 图层”复选框将 InDesign CS5 文档中的图层转换为可在 Adobe PDF 文件中查看的图层。

6. 从下拉列表“导出图层”中选择“可见图层”。

创建 PDF 时可选择要导出的图层，还可选择“所有图层”或“可见并可打印的图层”。

> **注意**：与以前 InDesign 的版本不同，在 InDesign CS5 中导出 Adobe PDF 是在后台完成的，这使用户在创建 Adobe PDF 时还能继续工作。

7. 单击“导出”按钮。
8. 如果出现警告消息框，指出版面上的有些对象位于隐藏的图层中，可单击“确定”按钮。将生成一个 Adobe PDF 文件，并在 Adobe Acrobat 或 Adobe Reader 中打开。

> **ID** **注意**：如果没有 Adobe Reader，可从 Adobe 网站（www.adobe.com）免费下载。

9. 检查该 Adobe PDF 文件，然后返回到 Adobe InDesign CS5。

使用Adobe Acrobat 9查看包含图层的Adobe PDF文件

在InDesign文档中使用图层（选择菜单“窗口”>“图层”）有助于组织出版物中的文本和图形元素，例如可将所有文本元素放在一个图层中，而将所有图形元素放在另一个图层中。可以显示/隐藏图层以及锁定/解除锁定图层，让用户能够进一步控制设计元素。除在Adobe InDesign CS5中显示和隐藏图层外，还可在Adobe Acrobat 9中打开从InDesign文档导出的Adobe PDF文件，并显示和隐藏图层。按下面的步骤可查看刚导出的Adobe PDF文件（13_Cover_Proof）中的图层：

1. 单击文档窗口左边的“图层”按钮或选择菜单“视图”>“导览面板”>“图层”，打开图层面板。
2. 在图层面板中单击文档名左边的加号（Windows）或三角形（Mac OS）。
   文档中的图层即可显示出来。
3. 单击图层 Text 左边的眼睛图标（），眼睛图标被隐藏，该图层中的所有对象也被隐藏。
4. 单击图层名 Text 左边的空框以重新显示文本。
5. 选择菜单“文件”>“关闭”关闭该文档，然后返回到 Adobe InDesign CS5。

13.5 预览分色

如果文档需要分色以便进行商业印刷，可使用分色预览面板来深入地了解文档各个部分将如何被打印。下面就尝试使用这项功能。

1. 选择菜单“窗口”>“输出”>“分色预览”。
2. 在分色预览面板中，从“视图”下拉列表中选择“分色”。移动面板以便能够看到页面，调整面板的高度以便能够看到列出的所有颜色。选择菜单“视图”>“使页面适合窗口”。
3. 单击每种 CMYK 颜色左边的眼睛图标（）（如图 13.7 所示），以便隐藏使用 CMYK 颜色的所有元素，只显示使用专色（Pantone）的元素。

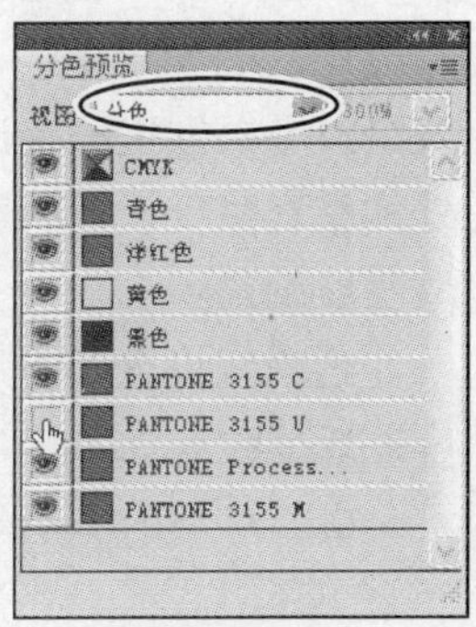

图13.7

4. 单击 Pantone 3155C 旁边的眼睛图标，以显示应用了该颜色的文本。

5. 单击 Pantone Process Blue C 旁边的眼睛图标；以显示应用了该颜色的文本。

三种 Pantone 颜色名中的数字相同，虽然这些颜色类似，但它们表示的是三类用于不同打印用途的油墨。这在输出时可能令人迷惑或使用不必要的印版而增加成本，本课后面将使用“油墨管理器”修复这种问题。

> **注意**：Pantone 油墨公司使用 PMS（Pantone Matching System）表示其油墨。其中的数字表示颜色色相，而字母表示与该油墨最匹配的纸张类型。数字相同而字母不同的油墨的颜色类似，但适合使用不同的纸张打印。U 表示无涂层纸，C 表示蜡光纸，而 M 表示亚光纸。

6. 在分色面板中，从下拉列表“视图”中选择“关”以显示所有颜色。

13.6 透明度拼合预览

如果对文档中的对象应用了透明度效果（如不透明度和混合模式），则打印或输出这些文档时，通常需要进行一种叫做拼合的处理。拼合将透明作品分割成基于矢量的区域和光栅化的区域。

在这个杂志封面中，有些对象使用透明度效果已做调整。下面使用拼合预览面板来确定哪些对象应用了透明度效果，以及页面中的哪些区域受到透明度的影响。

1. 选择菜单“窗口”>“输出”>“拼合预览”。

2. 双击工具箱中的抓手工具（✋）让页面适合当前窗口，移动拼合预览面板以便能够看到整个页面。

3. 在拼合预览面板中，从“突出显示”下拉列表中选择“透明对象”。

4. 从“预设”下拉列表中选择“[高分辨率]”，如图 13.8 所示。这是本课后面打印该文档时将使用的设置。

图13.8

注意使用红色突出显示了某些对象，对这些对象应用了诸如渐变、不透明度和混合模式等透明度效果。可根据这种突出显示确定页面的哪些区域意外地受透明度设置的影响，进而相应地调整版面或透明度设置。

透明度设置可能是在 Photoshop CS5、Illustrator CS5 或 InDesign CS5 中指定的。但无论透明度设置是在 InDesign 中指定的还是从其他程序中导入的，拼合预览面板都能识别透明度对象。

5. 从“突出显示”下拉列表中选择“无”不显示拼合预览。

透明度拼合预设简介

如果经常打印或输出包含透明度的文档，通过将拼合设置存储为透明度拼合预设，可自动进行拼合处理。然后，在打印输出、存储以及将文件到导出为PDF 1.3（Acrobat 4.0）、EPS和PostScript格式时应用这些设置。另外，在Illustrator中，将文件存储为早期的Illustrator版本或复制到剪贴板中时，可以应用这些设置；在Acrobat中，也可以在优化PDF时应用它们。

这些设置还控制了将文件导出为不支持透明度的格式时如何拼合。

可在“打印”对话框或执行“导出”时出现的格式特定对话框的“高级”面板以及“另存为”对话框中选择拼合预设。可创建自己的拼合预设或选择软件提供的默认预设。默认预设的设置根据文档的以下预期用途，使拼合质量及速度与栅格化透明区域的分辨率匹配：

[高分辨率]用于最终印刷输出和高品质校样（如基于分色的彩色校样）。

[中分辨率]用于桌面校样以及要在PostScript彩色打印机上打印的打印文档。

[低分辨率]用于要在黑白桌面打印机上打印的快速校样以及要通过网页发布的文档或要导出为SVG的文档。

——摘自InDesign帮助

13.7 预览页面

前面预览了分色和版面中的透明区域，下面预览页面，以了解封面打印出来的效果。

1. 如果要让页面适合窗口，应双击抓手工具（）。
2. 在工具箱底部的“模式”按钮（）上按下鼠标，并从下拉列表中选择“预览”，将隐藏所有参考线、框架边缘和其他非打印项目。
3. 在“模式”按钮上按下鼠标，并从下拉列表中选择“出血”（），将显示最终文档周围的区域。这表明将打印文档边缘外的彩色背景，完全覆盖了打印区域。作业打印出来后，将根据最终文档大小裁剪掉多余的区域。
4. 在工具箱右下角的“模式”按钮上按下鼠标，并从下拉列表中选择“辅助信息区”，将显示出血区域边缘外的区域。这些区域通常用于打印有关作业的制作信息，在文档底部的下方就有这样的信息。要设置出血或辅助信息区域，可选择菜单“文件”>“文档设置”，然后单击“更多选项”按钮显示出血和辅助信息区选项。

ID **提示:**通常在新建 InDesign 文档时设置出血和辅助信息区。为此，在选择菜单“文件”>“新建”>“文档”后，在“新建文档”对话框中单击“更多选项”按钮以显示出血和辅助信息区控件。

确认文档的外观后，便可打印。

13.8 打印激光或喷墨校样

InDesign 使得各种输出设备可以非常轻松地打印文档。在本节中，将创建一种打印预设来存储设置，以便以后使用相同的设备打印时，无需分别设置每个选项，可大大节省时间。

1. 选择菜单“文件” > “打印”。

2. 从“打印机”下拉列表中选择使用的喷墨或激光打印机。

Adobe InDesign CS5 自动选择安装该打印机时关联的 PPD（打印机描述）。

> ID **注意：**如果使用的计算机没有连接打印机，从“打印机”下拉列表中选择“PostScript 文件”，然后从“PPD”下拉列表中选择“设备无关”。这会使用户在没有打印机的情况下也能完成下面的步骤。如果将打印机设置为“PostScript 文件”并将 PPD 设置为“设备无关”，则本节介绍的一些控件将无法使用。

3. 单击“打印”对话框右边的“常规”，然后从“打印图层”下拉列表中选择“可见图层”，如图 13.9 所示。

4. 单击“打印”对话框左边的“设置”，并做如下设置（如图 13.10 所示）：

- 将纸张大小设置为 Letter；
- 将页面方向设置为纵向；
- 选中“缩放以适合纸张”单选按钮。

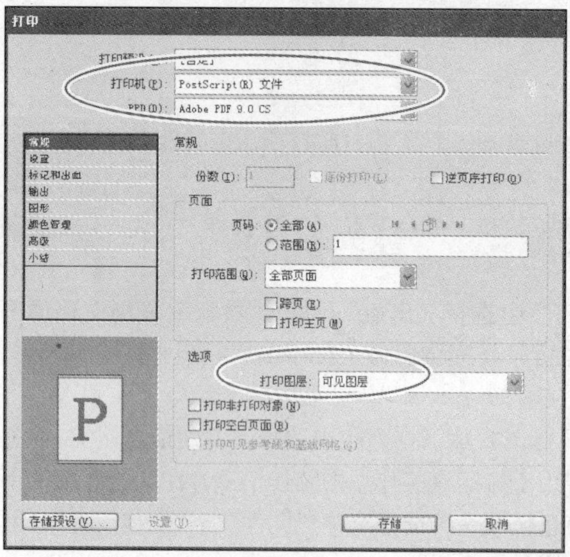

图13.9

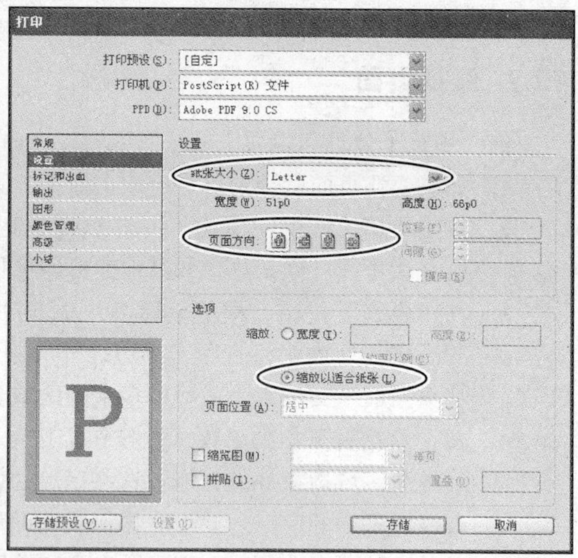

图13.10

5. 单击“打印”对话框左边的“标记和出血”，然后选中下列复选框：

- 裁切标记；
- 页面信息；
- 使用文档出血设置。

6. 在文本框“位移”中输入1p3，如图13.11所示。这个值决定了指定的标记和页面信息与页面边缘的距离。

裁切标记打印在页面区域的外面，指出了打印最终文档后在什么地方进行裁切。选中“页面信息”复选框时，将在文档底部自动加入文档的名称以及打印日期和时间。由于裁切标记和页面信息打印在页面边缘的外面，因此需要选中“缩放以适合纸张”单选按钮，将所有内容打印到8.5×11英寸的纸张上。

选中“使用文档出血设置”复选框将导致InDesign打印超出页面区域边缘的对象，从而无需指定要打印的额外区域。

7. 单击“打印”对话框左边的“输出”选项，从“颜色”下拉列表中选择了“复合CMYK”，如图13.12.所示。如果要打印到黑白打印机，请选择“复合灰度”。

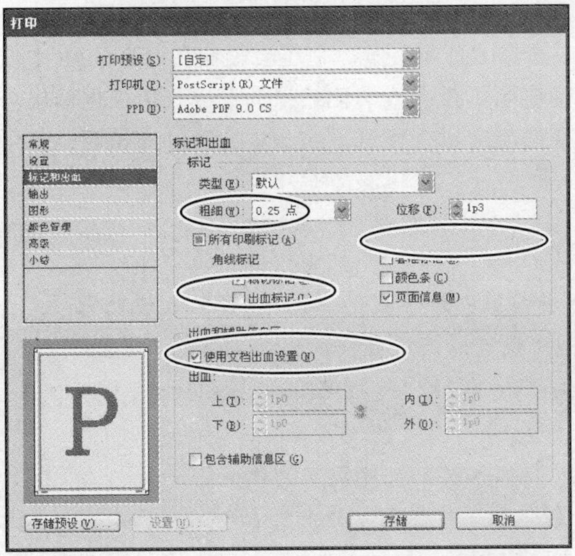

左下角的预览指出了页面区域、标记和出血区域将如何打印

图13.11

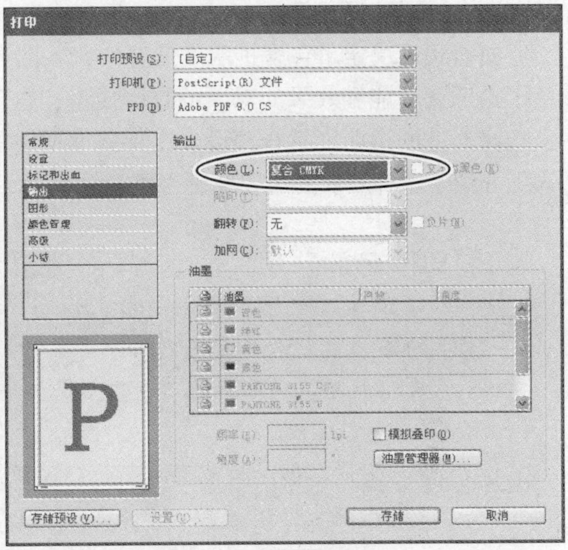

图13.12

该设置导致打印时任何RGB颜色（包括RGB图像中的RGB颜色）都将被转换为CMYK。该设置既不会修改置入图形的原稿，也不会修改应用于对象的任何颜色。

> ID **注意：**可从“颜色”下拉列表中选择“复合保持不变”，让InDesign保持作业中使用的已有颜色不变。另外，如果印刷商或服务提供商需要在Adobe InDesign中打印分色，可根据使用的工作流程选择“分色”或“In-RIP分色”。另外，使用有些打印机（如RGB校样机）时，无法选择“复合CMYK”。

8. 单击“打印”对话框左边的“图形”选项。从“发送数据”下拉列表中选择“优化次像素采样”。

选择“优化次像素采样”后，InDesign只发送在“打印”对话框中选择的打印机所需的图像数据，可以缩短为打印而发送文件所需的时间。要将高分辨率图像的完整信息发送给打印机（可能会加长打印时间)，可从“发送数据”下拉列表中选择“全部”。

ID **注意：**如果打印到 PostScript 文件，且将 PPD 设置为“设备无关”，则“发送数据”下拉列表不可用。

ID **注意：**如果将 PPD 设置为“设备无关”，将不能修改“优化次像素采样”选项，因为这种通用的驱动程序无法确定选择的打印机需要哪些信息。

9. (可选)从“下载字体”下拉列表中选择“子集”，只是将打印作业实际使用的字体和字符发送给输出设备，从而提高单页文档和文本较少的短文档的打印速度。

10. 单击“打印”对话框左边的“高级”选项，并在“透明度拼合”部分从“预设”下拉列表中选择“[中分辨率]”。

拼合预设决定了包含透明度设置的置入图稿或图像的打印质量。它还会影响在 InDesign 中使用了透明度功能和效果的对象的打印质量，这包括应用了投影或羽化效果的对象。可根据输出需求选择合适的透明度拼合预设。本课前面所讲的“透明度拼合预览”一节中有个补充说明，其中详细介绍了三种默认的透明度拼合预设。

打印图形的选项

导出或打印包含复杂图形(如高分辨率图像、EPS图形、PDF 页面或透明效果)的文档时，通常需要更改分辨率和栅格化设置以获得最佳输出效果。

在“打印”对话框的“图形”面板中选择下列选项，可指定输出过程中如何处理图形。

- **发送数据：**控制置入的位图图像发送给打印机或文件的图像数据量。
- **全部：**发送全分辨率数据(适合于任何高分辨率打印或打印高对比度的灰度或彩色图像)，但该选项需要的磁盘空间最大。
- **优化次像素采样：**只发送足够的图像数据供输出设备以最高分辨率打印图形(高分辨率打印机比低分辨率打印机使用的数据更多)。当处理高分辨率图像而将校样打印到台式打印机时，请选择该选项。

注意：即使选中“优化次像素采样”选项，InDesign也不会对EPS或PDF图形进行次像素采样。

- **代理：**发送置入位图图像的屏幕分辨率版本(72 dpi)，可缩短打印时间。
- **无：**打印时暂时删除所有图形，并用带交叉线的图形框替换这些图形，可以缩短打印时间。图形框架的尺寸与导入图形的尺寸相同，因此用户仍可检查大小和位置。 如果要将文本校样分发给编辑或校样人员，则禁止打印导入的图形将很有帮助。另外，分析导致打印问题的原因时，不打印图形也很有用处。

——摘自InDesign帮助

11. 单击“打印”对话框底部的“存储预设”按钮，将其命名为 Proof，并单击“确定”按钮。

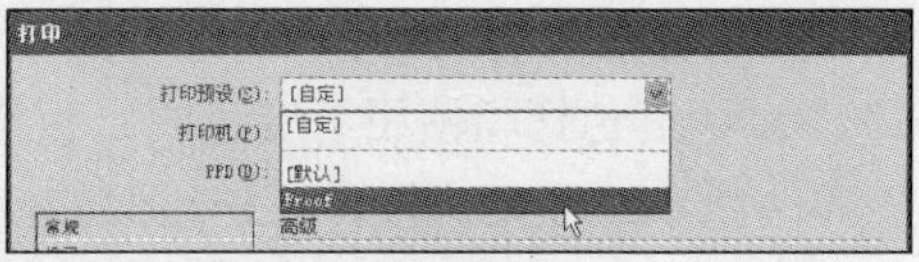

图13.13

通过创建打印预设，可存储这些设置，从而无需在每次打印到相同的设备时都分别设置每个选项。可创建多种预设，以满足可能使用的每种打印机的各种质量需求。要使用这些设置时，即可从“打印”对话框顶部的“打印预设”下拉列表中选择，如图 13.13 所示。

将字体下载到打印机的选项

驻留打印机的字体是存储在打印机的内存或与打印机相连的硬盘驱动器中的字体。Type 1和TrueType字体可存储在打印机或计算机中；位图字体只能存储在计算机中。InDesign可根据需要下载字体，条件是字体安装在计算机的硬盘中。

在“打印”对话框的“图形”面板中选择下列选项，可控制将字体下载到打印机的方式。

- **无**：包含到 PostScript 文件中字体的引用，该文件告诉 RIP 或后续处理器应包括的字体的位置。如果字体驻留在打印机中，应该使用该选项。TrueType 字体是根据字体中的 PostScript 名称命名的，但是，并非所有的应用程序都能够解释这些名称。为确保正确地解释 TrueType 字体，请使用其他字体下载选项。
- **完整**：在打印作业开始时下载文档所需的所有字体。将下载字体中的所有字形和字符，即使文档中没有使用它们。字体包含的字形数多于“首选项”对话框中指定的最大字形（字符）数时，InDesign 将取字体子集。
- **子集**：仅下载文档中使用的字符（字形）。每页下载一次字形。用于单页文档或包含较少文本的短文档时，该选项通常可快速生成小 PostScript 文件。
- **下载 PPD 字体**：下载文档中使用的所有字体，包括驻留在打印机中的字体。使用该选项确保 InDesign 使用计算机中的字体轮廓打印常用字体，如 Helvetica、Times 等。使用该选项可解决字体版本问题，如计算机和打印机的字符集不匹配或陷印中的轮廓变化。但是，除非经常使用扩展字符集，否则不必将选项用于桌面草稿打印。

——摘自InDesign帮助

12. 单击“打印”按钮。如果想要创建一个 PostScript 文件，单击“存储”按钮，并将其存储到文件夹 Lesson_13 中。可将 PostScript 文件提供给服务提供商或商业印刷商，也可使用 Adobe Acrobat Distiller 将其转换为 Adobe PDF。

13.9 使用“油墨管理器”

“油墨管理器”使用户能够在输出时控制油墨。使用“油墨管理器”所做的修改将影响输出，而不会影响文档中的颜色定义。

打印彩色出版物的分色时，“油墨管理器”选项对印刷服务提供商非常有帮助。例如，使用CMYK印刷色打印使用了专色的出版物时，“油墨管理器”提供了将专色转换为等价CMYK印刷色的选项。如果文档包含两种相似的专色，但只有一种专色是必不可少的，或如果一种专色有两个名称时，“油墨管理器”能够将这些变种映射到一种专色。

下面将学习如何使用“油墨管理器”将专色转换为CMYK印刷色，还将创建油墨别名，以便文档输出为分色时创建所需的分色数。

1. 单击色板面板图标或选择菜单“窗口”>“颜色”>“色板”打开色板面板，再从色板面板菜单中选择“油墨管理器”。
2. 在“油墨管理器”对话框中，单击颜色色板Pantone 3155 C左边的专色图标（），它将变成CMYK图标（）。这样，该颜色将以CMYK颜色组合的方式打印，而不是在独立的印版上打印。

这是一种较好的解决方案，可将印刷限制为使用4种印刷色，而无需在导入图形的源文件中修改这种专色。对话框底部的“所有专色转换为印刷色”选项能够将所有专色转换为印刷色。

3. 单击颜色色板Pantone 3155 C左边的CMYK图标（），将其转换为专色。
4. 单击颜色色板Pantone 3155 M，然后从“油墨别名”下拉列表中选择Pantone 3155 C，如图13.14所示。

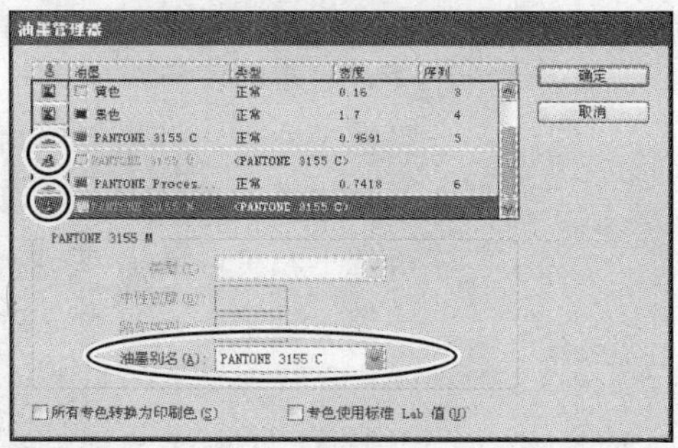

图13.14

通过指定油墨别名，所有使用颜色Pantone 3155 M的对象都将在别名颜色（Pantone 3155 C）的分色中打印。用户可以得到一种分色，而不是两种。

5. 单击颜色色板Pantone 3155 U，然后从“油墨别名”下拉列表中选择Pantone 3155 C。现在，这三种Pantone颜色都将打印在一个分色中。不需要对Pantone Process Blue做任何处理，本课前面更新缺失的图形后，该文档就不再使用Pantone Process Blue了。
6. 单击“确定”按钮关闭“油墨管理器”对话框。
7. 选择菜单“文件”>“存储”保存所做的工作，然后关闭文件。

13.10 练 习

1. 通过选择菜单“文件”>“打印预设”>“定义”创建一种新的打印预设。使用打开的对话框，创建用于特大型打印或各种可能使用的彩色或黑白打印机的打印预设。
2. 打开文件13_Cover.indd，研究如何使用分色预览面板来启用或禁用各种分色。在该面板中，从“预览”下拉列表中选择“油墨限制”，并研究创建CMYK颜色时使用的总油墨量设置将如何影响各种图像的打印。
3. 在文件13_Cover.indd中，选择菜单“文件”>“打印”。然后单击“打印”对话框左边的“输出”选项，并查看各种用于打印彩色文档的选项。
4. 从色板面板菜单中选择“油墨管理器”，尝试为专色指定油墨别名以及将专色转换为印刷色。

复习

复习题

1. 使用印前检查面板进行印前检查时，InDesign 将检查哪些问题？
2. InDesign 打包时收集哪些元素？
3. 如果要在一台低分辨率的激光打印机或校样机上打印扫描图像的最高质量版本，可选择哪个选项？

复习题答案

1. 通过选择菜单“窗口”>“输出”>“印前检查”，可确认高分辨率打印所需的所有项目是否都可用。默认情况下，印前检查面板检查文档使用的所有字体以及所有置入的图形是否可用。InDesign 还查找链接的图形文件和链接的文本文件，看它们在导入后是否被修改，并在文本框架有溢流文本时发出警告。
2. Adobe InDesign CS5 收集 InDesign 文档及其使用的所有字体和图形的复制文件，而保留原件不动。
3. 默认情况下，InDesign 只将必需的图像数据发送给输出设备。如果要发送完整的图像数据（虽然这会增加打印时间），可在“打印”对话框的“图形”面板中，从“发送数据”下拉列表中选择“全部”。

第14课 创建丰富多彩的交互式文档

在本课中，读者将学习以下内容：

- 创建简单的在线文档；
- 添加按钮、页面过渡效果和超链接；
- 导出为 Flash Player（SWF）；
- 导出为 Adobe PDF；
- 转换印刷文档以供在线使用；
- 创建复杂的在线文档；
- 添加交互性、动画和视频。

学习本课大约需要 90 分钟。

用户可将 Adobe InDesign CS5 文档设计成可导出为 Flash CS5 Professional（FLA）、Flash Player（SWF）或 Adobe PDF（交互）以供在线查看。在丰富多彩的交互式文档中，可包含视频、声音、按钮、多状态对象、动画对象、页面过渡效果和超链接。

14.1 概 述

在本课中，将为一本虚构杂志处理两个包含多个设计元素（徽标、调色板和字体）的版面。与本书前面的其他课程创建用于打印输出的文档不同，本课将首先从空白开始创建用于通过电子方式分发和在线查看的文档，然后对文档做最后的修饰，即添加按钮、超链接和页面过渡效果。另外，还将把该文档导出为 SWF 文件和 Adobe PDF 文件，这种文件保留了所有的交互性，提供了另一种通过电子方式进行分发的途径。

最后，将打开该出版物的印刷版本（为在线使用对其进行了转换），并将其导出为可使用 Web 浏览器打开并查看的 SWF 文件。

为完成本课，将使用 InDesign CS5 新增的一些功能对另一个在线文档做最后的修饰，这包括添加多状态对象、动画和视频。

> **注意**：如果还没有从配套光盘将本课的资源文件复制到硬盘中，那么现在需要将这些文件复制到硬盘，详情请参阅“前言”中的“复制课程文件”。

1. 为确保用户使用的 Adobe InDesign CS5 首选项和默认设置与本课使用的相同，在使用前请将 InDesign Defaults 文件移到其他文件夹，详情请参阅“前言”中的“存储和恢复 InDesign Defaults”文件。
2. 启动 Adobe InDesign CS5。为确保面板和菜单命令与本课使用的相同，选择菜单“窗口”>“工作区”>“高级”，再选择菜单“窗口”>“工作区”>“重置‘高级’”。
3. 要查看最终的文档，请打开硬盘中文件夹 InDesignCIB\Lessons\Lesson_14 中的文件 14_End.indd，如图 14.1 所示。

图14.1

14.2 设置在线文档

在线出版物在很多方面都不同于印刷出版物，因此创建在线出版物时，用户选择的设置也不同于传统的印刷设置。例如，在线出版物的页面尺寸与计算机显示器的大小相关，而很多印刷出版物采用标准纸张尺寸。颜色空间也不同，印刷出版物通常使用 CMYK 颜色空间，而在线文档使用 RGB 颜色空间。

14.2.1 新建在线文档

InDesign CS5 新增了一项功能，使用户能够在创建新文档时选择将其用于打印还是 Web。

> **注意：** 创建 Web 文档时，透明度混合空间（“编辑” > “透明度混合空间”）将自动设置为“文档 RGB”，这种透明度混合空间适合用于在线文档。默认情况下，印刷文档使用透明度混合空间“文档 CMYK”。

1. 选择菜单“文件” > “新建” > “文档”。
2. 在“新建文档”对话框中，从“用途”下拉列表中选择 Web。注意测量单位从派卡和点变成了像素。
3. 在“新建文档”对话框中做如下设置（如图 14.2 所示）：

- 在文本框“页数”中输入 5。
- 从“页面大小”下拉列表中选择“1024 x 768”。

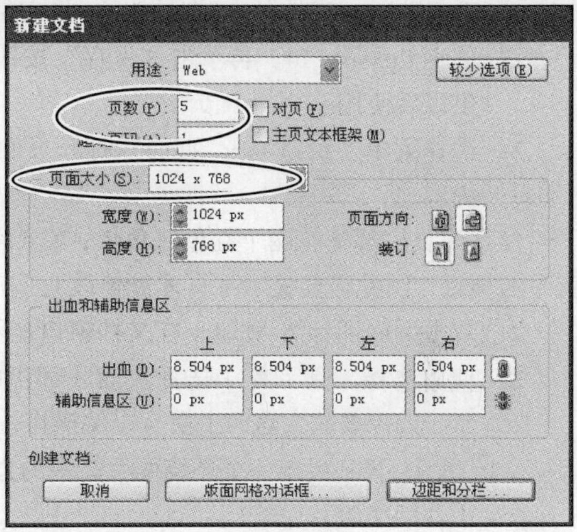

图14.2

4. 单击“边距和分栏”按钮，在文本框“栏数”中输入 3，再单击“确定”按钮。
5. 选择菜单“文件” > “存储为”，将文件命名为 14_DesignElements_1.indd，切换到文件夹 Lesson_14，并单击“保存”按钮。

下面处理一个即将完成的版本。

14.2.2 切换到到工作区“交互”

在本课中，由于很多任务都与创建和修改交互式对象、创建动画对象和使用视频相关，因此宜于将工作区从“高级”切换到“交互”，前者显示了一些处理印刷出版物时经常使用的面板，而后者显示了一些适合用于处理在线文档的面板。可以使用“窗口”菜单的命令来显示或隐藏任何面板。

1. 要修改工作区，选择菜单“窗口” > “工作区” > “[交互]”。
2. 选择菜单“窗口” > “工作区” > “重置‘交互’”。

14.3 添加按钮、页面过渡效果和超链接

设计在线出版物时，很多任务与设计印刷出版物时相同：设置文字的格式；创建、修改和排列文本和图形元素；添加和删除页面等。在本书前面的课程中，已学习了如何完成这些任务，因此下面将在一个已经完成的文档中添加一些印刷文档中没有的元素：按钮、超链接和页面过渡效果。

14.3.1 添加导航按钮

在线文档中的导航控件使查看者能够轻松地访问信息，因此在线出版物的每一页都必须有用于显示其他页面的导航控件。将这些元素放在主页中，可确保它们出现在所有页面中，且工作方式相同。

下面将两个对象转换为Previous Page/Next Page按钮，使用户查看导出的SWF和Adobe PDF文件时能够在页面之间切换。

1. 选择菜单“文件”>“打开”，打开硬盘中文件夹InDesignCIB\Lessons\Lesson_14中的文件14_DesignElements2.indd。

2. 选择菜单“文件”>“存储为”，将文件重命名为14_DesignElementsFinal.indd，切换到文件夹Lesson_14，再单击“保存”按钮。通过使用不同的名称存储文件，可保留原始文件供以后使用。

3. 选择菜单“窗口”>“页面”打开页面面板，再双击文档中每个页面的图标以查看每页的内容。

注意每页底部都有两个红色三角形，它们将成为Previous Page/Next Page按钮。由于它们是主页中的项目，因此需要显示主页才能修改它们。

4. 双击页面图标A-Master在文档窗口显示该主页。

5. 使用选择工具（ ）选择页面底部指向左边的三角形，如图14.3所示。如果要放大这两个箭头以便操作，可按Z键暂时切换到缩放工具（ ），再拖曳出一个环绕两个箭头的方框（这些三角形是使用多边形工具创建的）。

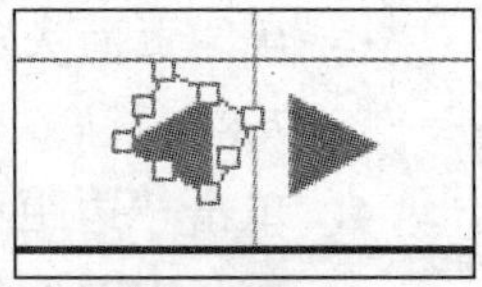

图14.3

6. 选择菜单“对象”>“交互”>“转换为按钮”，将该对象转换为按钮并打开按钮面板。

7. 在按钮面板中，在“名称”文本框中输入Previous Page以标识该按钮。确保从“事件”下拉列表中选择了“释放鼠标时”，当查看导出的Flash和Adobe PDF文件的用户单击该按钮并释放鼠标左键时将触发其动作。

指定按钮的名称并设置其触发事件后，需要选择将发生的动作。

8. 单击“为所选事件添加新动作”按钮（ ），并从下拉列表中选择“转至上一页”，如图14.4所示。至此，该按钮配置为：当用户查看导出的SWF文件时单击该按钮，将显示上一页。

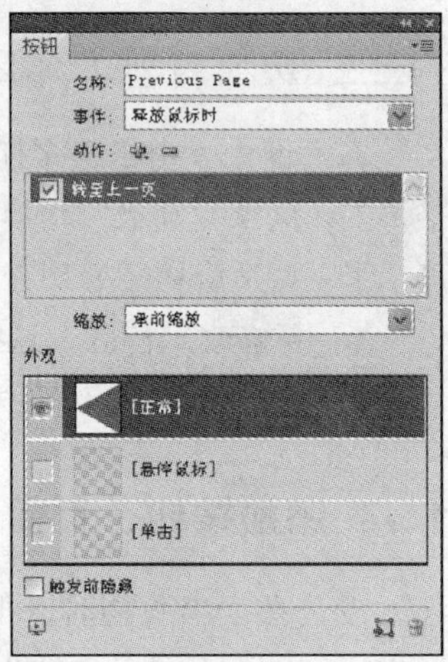

图14.4

下面重复上述过程，创建一个向前翻页的按钮。

9. 使用选择工具（ ）选择指向右边的三角形，再选择菜单“对象”>“交互”>“转换为按钮”。

10. 在按钮面板中，在“名称”文本框中输入Next Page。单击“为所选事件添加新动作”按钮（ ）并选择“转至下一页”。

11. 关闭按钮面板，再选择菜单“文件”>“存储”保存所做的修改。

在本课后面，当用户将该文件导出为SWF和PDF并打开导出的文件时，可以看到这些按钮的行为。

14.3.2 添加页面过渡效果

用户可添加动画页面过渡效果，当用户在导出的SWF和PDF文件中切换页面时，将看到这种效果。在InDesign中，可预览页面过渡效果并尝试不同的速度和过渡方向。过渡的方式很多，其中包括翻页（仅限 SWF）、推出、溶解和拆分。当用户查看导出文件单击前面创建的按钮以便在页面之间切换时，指定的页面过渡效果决定了翻页的视觉效果。

1. 在页面面板中，双击第 1 页以便在文档窗口中显示。如果有必要，可选择菜单“视图”>“使页面适合窗口”以显示整个页面。
2. 选择菜单“窗口”>“交互”>“页面过渡效果”打开页面过渡效果面板。
3. 在页面过渡效果面板中，从“过渡效果”下拉列表中选择“溶解”，保留“速度”设置为“中速”，如图 14.5 所示。如果在页面过渡效果面板顶部的预览框中移动鼠标指针，将显示选定过渡效果的预览。
4. 从页面过渡效果面板菜单中选择“应用到所有跨页”，从而将过渡效果“溶解”应用于文档中的全部 5 个页面。
5. 关闭页面过渡效果面板，再选择菜单“文件”>“存储”保存所做的修改。

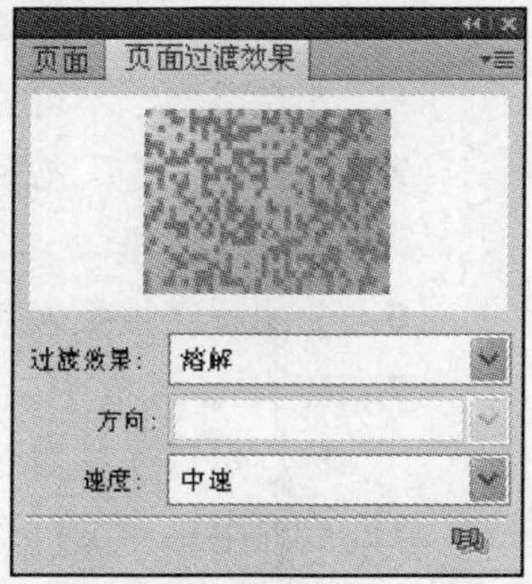

图14.5

与前面添加的导航按钮相同，只有查看导出的 SWF 或 PDF 文件时才能看到应用的过渡效果。

14.3.3 添加超链接

可在文档中添加超链接，当文档导出为 SWF 或 PDF 后，查看者能够通过单击链接跳转到同一个文档的其他位置、其他文档或某个网站。下面添加一个超链接，使查看者能够跳转到一个网站。

要创建超链接，首先需要创建一个超链接目标，然后将其赋给超链接文本框架或超链接图形框架。在这里，将创建一个超链接目标，并将其赋给一个超链接文本框架。

1. 在页面面板中，双击页面图标 A-Master 在文档窗口中显示该页面。
2. 选择菜单“窗口”>“交互”>“超链接”显示超链接面板。
3. 从超链接面板菜单中选择“新建超链接目标”。在“新建超链接目标”对话框中做如下设置（如图 14.6 所示）：

- 从“类型”下拉列表中选择“URL”。
- 在“名称”文本框中输入 checkmagazine online。
- 在“URL”文本框中输入 http://www.checkmagazine.com。

图14.6

4. 单击“确定”按钮关闭对话框。使用文字工具（T）选择页面右下角的页脚文本 checkmagazine.com，可通过三击选择，也可通过单击并拖曳选择。如果有必要，可使用缩放工具（🔍）放大该文本框架。
5. 在超链接面板菜单中选择“新建超链接”。

6. 在“新建超链接”对话框中，确保做了如下设置（如图 14.7 所示）：

- 链接到：共享目标。
- 文档：14_DesignElementsFinal.indd。
- 名称：checkmagazine online。URL 设置将变成 http://www.checkmagazine.com。
- 外观类型：不可见矩形。

7. 单击“确定”按钮保存新的超链接，并关闭对话框。
8. 关闭超链接面板。
9. 在页面面板中，双击第 1 页的页面图标，然后选择菜单“视图”>“使页面适合窗口”。
10. 选择菜单“文件”>“存储”保存所做的修改。

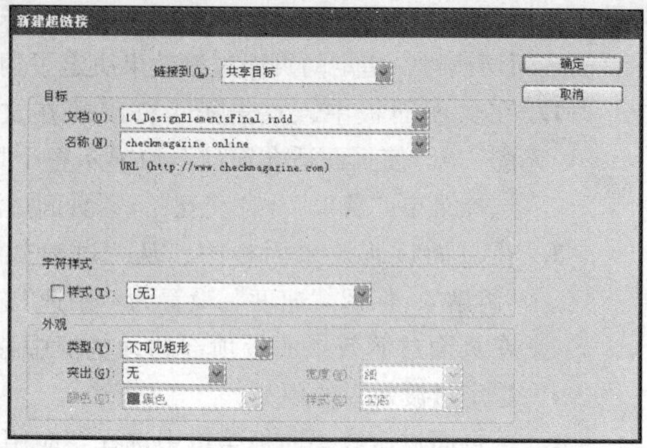

图14.7

与前面添加的导航按钮和页面过渡效果相同，仅当将文档导出为 SWF 或 PDF 文件后，刚才创建的超链接才生效。

14.4 导出为 Flash Player（SWF）

在文档中添加按钮、页面过渡效果和超链接后，便可将文档导出为 SWF 文件了。导出文档后，将在 Web 浏览器中打开该文件，使用前面创建的导航按钮和超链接文本，并查看页面过渡效果。将文档发布到网站供在线查看前，需要对按钮和超链接执行类似的检查。

1. 选择菜单“文件”>“导出”。
2. 在“导出”对话框中，从“保存类型”（Windows）或“格式”（Mac OS）下拉列表中选择 Flash Player（SWF）。将文件命名为 14_DesignElementsFinal.swf，切换到文件夹 Lesson_14，再单击“保存”按钮。
3. 在“导出 SWF”对话框中，保留设置不变。

在“导出 SWF”对话框中，默认选中“导出”下方的“生成 HTML 文件”复选框，如图 14.8 所示。这样导出 SWF 文件时将自动创建 HTML 版本，使用户能够在 Web 浏览器中查看文件。

4. 单击“确定”按钮，关闭“导出 SWF”对话框，并生成一个 SWF 文件和一个 HTML 文件。

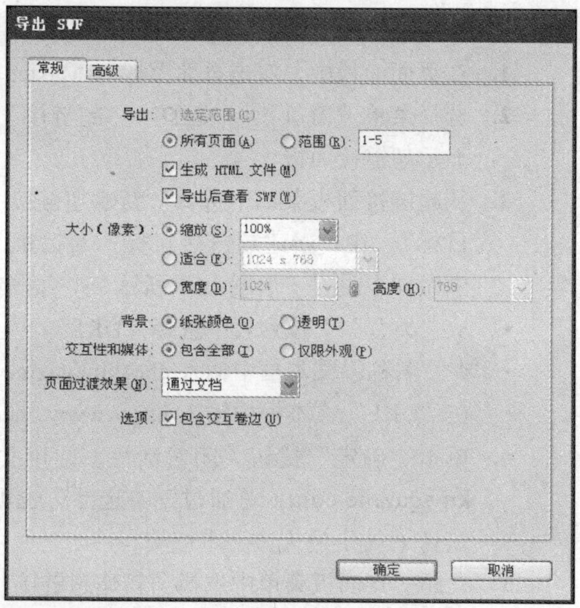

图14.8

使用默认 Web 浏览器打开文件 14_DesignElementsFinal.html（如图 14.9 所示），该文件包含用户在“导出 SWF”对话框中单击“确定”按钮时创建的 SWF 文件的嵌入复制。

图14.9

> **注意：**要查看 SWF 文件，必须有浏览器插件 Adobe Flash Player，该插件可从 Adobe 网站（www.adobe .com）免费下载。

> **注意：**每页底部都有一个 URL（www.checkmagazine.com），如果用户将 SWF 文件部署到了 Web 服务器中，该 URL 的行为将符合用户的预期。要测试将导出为 SWF 的 InDesign 文档中的 URL，最简单的方法是在预览面板(“窗口”>“交互”>“预览”）中显示包含该 URL 的页面并单击该 URL。

5. 在 Web 浏览器中，单击在本课前面创建的导航按钮在页面之间切换（如果有必要，可在浏览器中滚动以便能够看到导航按钮）。切换页面时，将出现在前面指定的页面过渡效果。

导出为 SWF 文件时，默认选中了“包含交互卷边”复选框，这提供了另一种在导出的文件中导航的方法。

6. 将鼠标指针指向页面的任意角，将显示页面卷边动画。单击页面左边的卷边动画将显示上一页，而单击页面右边的卷边动画将显示下一页。用户也可单击并拖曳页面卷边来翻页。（注意，第一页的左边和最后一页的右边不显示页面卷边动画。）
7. 查看完在线文档后，关闭浏览器并返回到 Adobe InDesign CS5。

14.5 导出为 Adobe PDF（交互）

与导出的 SWF 文件一样，从 Adobe InDesign CS5 导出的 Adobe PDF（交互）文件也可包含按钮、页面过渡效果、超链接、视频和声音。

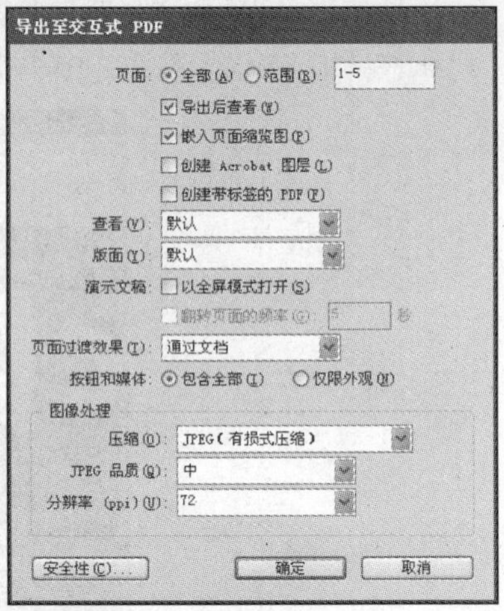

图14.10

下面将文档导出为 Adobe PDF（交互）文件，在 Adobe Reader 或 Adobe Acrobat Pro 中打开该文件，使用在前面创建的按钮和超链接文本，并查看页面过渡效果。

1. 选择菜单“文件”>“导出”。
2. 在“导出”对话框中，从“保存类型”（Windows）或“格式”（Mac OS）下拉列表中选择 Adobe PDF（交互）。将文件命名为 14_DesignElementsFinal.pdf，切换到文件夹 Lesson_14，再单击“保存”按钮。
3. 在“导出至交互式 PDF”对话框中，保留所有设置不变并单击“确定”按钮，如图 14.10 所示。

如果安装了 Adobe Acrobat Pro 或 Adobe Reader，将在这两个程序之一中打开 PDF 文件。在 Mac OS 中，如果没有安装 Adobe Reader 和 Adobe Acrobat Pro，将自动以预览方式打开 PDF 文件。

> ID **注意**：如果没有 Adobe Reader，可从 Adobe 网站（www.adobe.com）免费下载。

4. 尝试使用导出的 Adobe PDF 文件中的交互式元素：
- 单击在本课前面创建的按钮以便在页面之间切换。
- 单击右下角的超链接文本以便在浏览器中访问指定的 URL。
- 要查看页面过渡效果，在 Adobe Acrobat Pro 或 Adobe Reader 中，选择菜单“视图”>“全屏”切换到全屏模式。

5. 查看完这个交互式文档后，返回到 Adobe InDesign CS5，并选择菜单“文件”>“存储”保存所做的修改。
6. 选择菜单“文件”>“关闭”将文档关闭。

14.6 转换印刷文档以供在线使用

除从空白开始创建在线文档外，还可对印刷文档进行转换以便以电子方式分发和在线显示。下面打开在前面处理的在线文档的印刷版本，然后导出一个印刷版本，即为在线使用进行了转换，并添加了按钮、页面过渡效果和超链接。

1. 选择菜单“文件”>“打开”，找到并打开文件夹 Lesson_14 中的文档 14_DesignElementsPrint.indd。
2. 使用页面面板查看该文档及其主页。

此时，用户会发现该文档与在本课前面部分处理的在线文档极其相似，不同的是该文档是印刷版本（8.5 × 11 英寸），包含与在线版本相同的文本和图形元素。由于该文档是为印刷而设计的，因此不包含在线版本中添加的元素：按钮、页面过渡效果和超链接。这里不再重复前面执行的步骤来添加这些元素，而是打开一个包含这些元素的更新版本。

3. 选择菜单“文件”>“关闭”将文档 14_DesignElementsPrint.indd 关闭。

4. 选择菜单“文件”>“打开”，找到并打开文件夹 Lesson_14 中的文档 14_DesignElementsPrint2.indd。

5. 使用页面面板查看该文档及其主页。除包含已在在线版本中添加的按钮、页面过渡效果和超链接外，其与印刷版本相同，如图 14.11 所示。

图14.11

6. 选择菜单“文件”>“导出”。

7. 在“导出”对话框中，从“保存类型”（Windows）或“格式”（Mac OS）下拉列表中选择 Flash Player（SWF）。将文件命名为 14_DesignElementsPrint2.swf，切换到文件夹 Lesson_14，再单击“保存”按钮。

8. 在“导出 SWF”对话框中，保留设置不变，并单击“确定”按钮。

文件 14_DesignElementsPrint2.html 将自动在默认 Web 浏览器中打开。

9. 返回 InDesign，并选择菜单“文件”>“关闭”将文档 14_DesignElementsPrint2.indd 关闭。

14.7 添加高级交互、动画和视频

在 InDesign CS4 中，就能够创建丰富多彩的交互式文档和演示文稿，并将其导出为 SWF 或 PDF 文件。在 InDesign CS5 中新增几项功能，使用户能够在用于 Web 的文档中添加更复杂的交互和动画对象。下面对文件做最后的修饰，包括添加多状态对象和动画以及导出复杂的富媒体 SWF 文件。

14.7.1 创建多状态对象

在 InDesign CS5 新增的对象状态面板中，用户可创建对象的多个版本。例如，如果有几张按顺序拍摄的照片，便可使用它们创建多状态对象，然后添加一个按钮用于在 SWF 文件按顺序显示每张照片。下面创建一个多状态对象，然后添加一些按钮用于显示组成该对象的各个元素。

1. 选择菜单“文件”>“打开”，找到并打开文件 Lesson_14\Interactive_Mood_Boaed\ Mood_Board_Start.indd。

2. 选择菜单“文件”>“存储为”，将文件命名为 Mood_Board_Final.indd，并存储在文件夹 Lesson_14\Interactive_Mood_Board 中。

3. 要查看最终的文件，可打开文件夹 Interactive_Mood_Board 中的文件 Mood_Board_End.indd。可让这个文件处于打开状态以供工作时参考。要返回到课程文档，可选择菜单“窗口”>“Mood_Board_Final.indd”。

4. 选择菜单“版面”>“下一页”显示第 2 页。

5. 按住 Shift 键并使用选择工具（ ）单击选择该页的所有徽标，如图 14.12 所示。将使用这些对象来创建多状态对象。

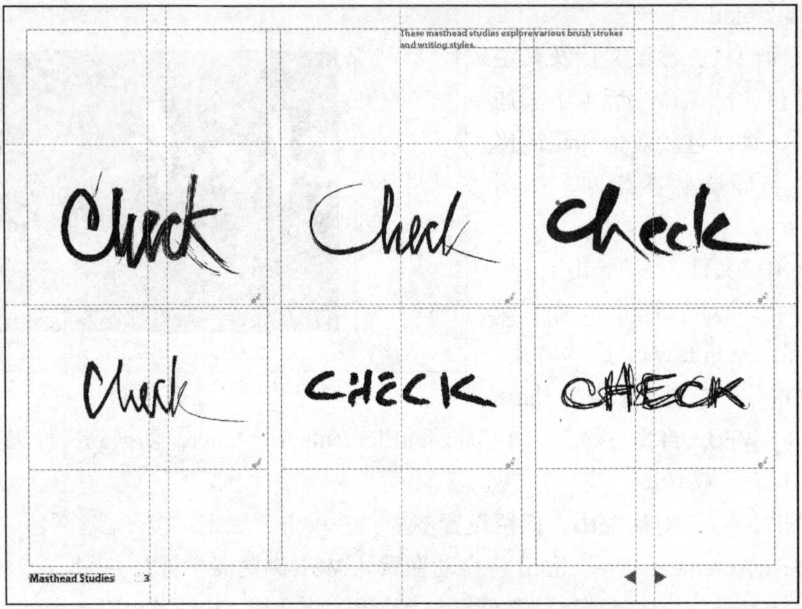

图14.12

6. 选择菜单“窗口”>“对象和版面”>“对齐”打开对齐面板，然后单击“水平居中对齐”和“垂直居中对齐”按钮，如图 14.13 所示。这些徽标将堆叠在一起，只能看到最前面的徽标。

图14.13

7. 关闭对齐面板。
8. 在控制面板中，确保参考点（ ）中间显示一个黑色小方框。如果参考点中间的方框是空的，则单击该方框。

9. 在仍选择了所有徽标的情况下，按 S 键切换到缩放工具（🔍），然后将四个角手柄中的任意一个向最近的页面边缘拖曳，直到文本框架的左边缘和右边缘都与最近的垂直标尺参考线对齐，拖曳时按住 Shift 键，结果如图 14.14 所示。

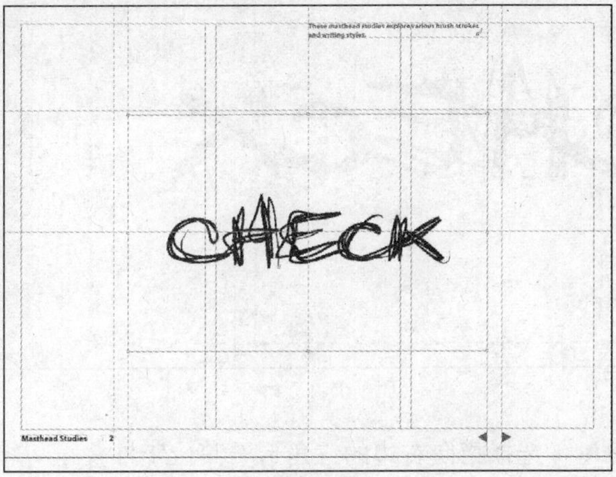

图14.14

10. 单击对象状态面板图标，或选择菜单“窗口”>“交互”>“对象状态”打开对象状态面板，再单击面板底部的“将选定范围转换为多状态对象”按钮，如图 14.15 所示。
11. 在对象状态面板顶部的“对象名称”文本框中输入 Logo Studies 并按回车键。状态列表中将列出选择的所有徽标，如图 14.16 所示。

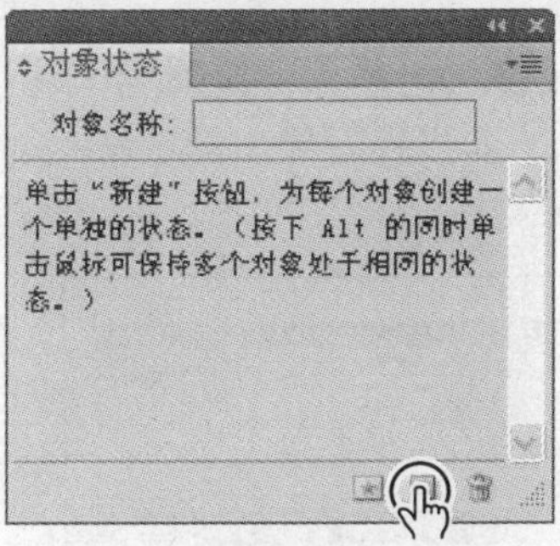

图14.15

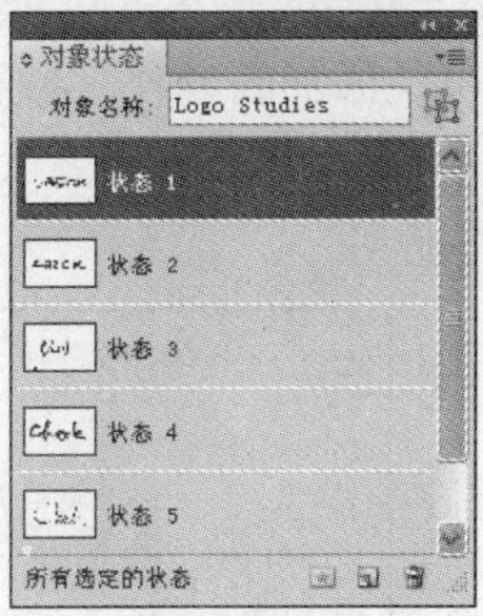

图14.16

12. 关闭对象状态面板，再选择菜单“文件”>“存储”保存所做的工作。

14.7.2 为多状态对象创建按钮

创建一个多状态对象后，下面将创建两个按钮，以便查看者能够在 SWF 文件中单击查看每个徽标。

1. 选择菜单“窗口”>“图层”。在图层面板中，展开图层 Buttons，再通过单击对象 Next Logo 和 Previous Logo 最左边的方框来显示，如图 14.17 所示。由于这两个对象已创建完毕，因此用户只需给每个对象指定动作。

图14.17

2. 使用选择工具（ ）选择指向右边的三角形（其位于堆叠在一起的徽标的右边），再单击按钮面板图标或选择菜单“窗口”>“交互”>“按钮”打开按钮面板。在图层面板中，可看到选择的对象是 Next Logo。
3. 在按钮面板中，注意选定对象的名称自动出现在“名称”文本框中。在“事件”下拉列表中，确保选择的是“释放鼠标时”。当查看导出的 SWF 文件的用户单击该按钮并释放鼠标左键时将触发该动作。

下面需要选择单击该按钮时将发生的动作。

4. 单击“为所选事件添加新动作”按钮（ ），并从下拉列表中选择“转至下一状态”，如图 14.18 所示。至此，该按钮配置完毕，即当查看导出的 SWF 文件的用户单击该按钮时，将显示下一个徽标。

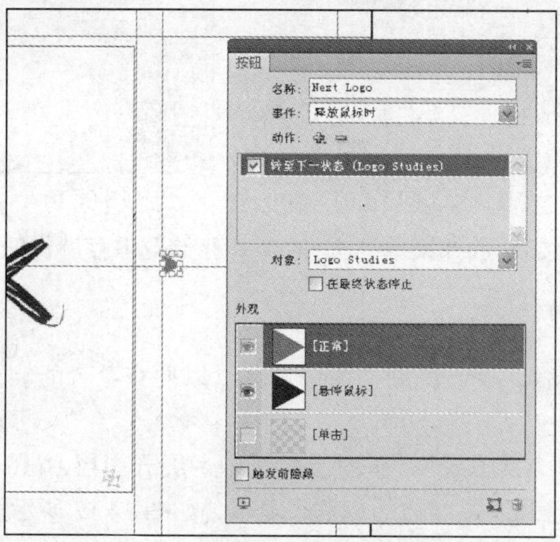

图14.18

下面重复上述过程，创建一个显示上一个徽标的按钮。

5. 使用选择工具（ ）选择指向左边的三角形（Previous Logo）。
6. 在按钮面板中，单击“为所选事件添加新动作”按钮（ ），然后从下拉列表中选择“转至上一状态”。
7. 要预览刚设置的这两个按钮，单击按钮面板左下角的“预览跨页”按钮（ ）即可打开预览面板。
8. 在预览面板中，多次单击 Next Logo 和 Previous Logo 按钮，可遍历刚创建的多状态对象中的徽标，如图 14.19 所示。

图14.19

> **提示**：要查看该页面的更大的预览，可扩大预览面板，方法是将预览面板改为浮动状态，然后拖曳其右下角。

9. 关闭预览面板，再选择菜单“文件”>“存储”保存所做的修改。

在本课后面，将该文件导出为 SWF 文件并查看导出的文件时，用户将能够看到这些按钮的行为。

14.7.3 创建动画

在 InDesign CS5 中，向交互式文档中添加动画非常容易。下面将制作另一组徽标的动画，以创建视觉效果不同的演示文稿。

> **注意**：在 InDesign 中，仅当导出为 Flash Player（SWF）时才支持动画功能，而导出为 Adobe PDF（交互）时不支持该动能。

1. 选择菜单“版面”>“下一页”显示第 3 页。注意在 5 个包含徽标的图形框架的右下角有小动画图标（ ）。这些图标表明已对这些对象应用了动画。下面将对其他徽标应用动画。
2. 使用选择工具（ ）选择左上角的徽标。
3. 单击动画面板图标或选择菜单“窗口”>“交互”>“动画”打开动画面板。在动画面板中，从“预设”下拉列表中选择“从左侧飞入”，如图 14.20 所示。如果在动画面板顶部的预览框中移动鼠标指针，将显示选定预设的预览。
4. 要预览该页面，单击动画面板左下角的“预览跨页”按钮（ ），即可打开预览面板。徽标将依次进入页面，刚配置的徽标最后进入。要重新播放这个动画，可单击预览面板左下角的“播放预览”按钮（ ）。
5. 关闭预览面板。

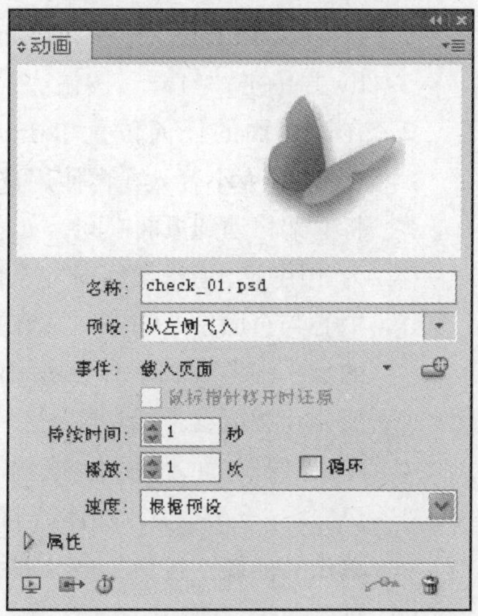

图14.20

14.7.4 修改动画计时

应用了动画的徽标之所以会依次进入页面，是因为默认了这种方式。下面将修改这些徽标，让它们同时进入页面。

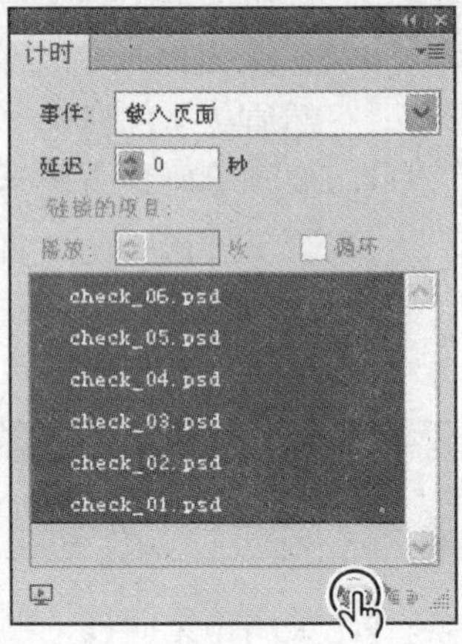

图14.21

1. 单击计时面板图标或选择菜单“窗口” > “交互” > “计时”打开计时面板。如果有必要，可拖曳该面板的右下角增加其高度，以便显示页面中的全部 6 个动画，包括刚创建的动画。
2. 要选择全部动画，应先在计时面板中单击第 1 个动画，再按住 Shift 键并单击最后一个动画。
3. 单击计时面板底部的“一起播放”按钮（如图 14.21 所示），以便显示该页时同时播放所有动画。
4. 要预览该页面，单击计时面板左下角的“预览跨页”按钮（ ），即可打开预览面板。注意所有徽标将同时进入页面。
5. 关闭预览面板，再选择菜单“文件” > “存储”保存所做的修改。

14.7.5 添加 Flash 视频

在以前的 InDesign 版本中，用户可导入 QuickTime、AVI、MPEG 和 SWF 文件。在 InDesign CS5 中，用户还可将 Flash 视频文件（FLV）导入到将导出为交互式 PDF 文件或 SWF 文件的在线文档中。下面导入一个 Flash 视频文件，再从视频中选择一帧用作在线文档中的占位符图像。

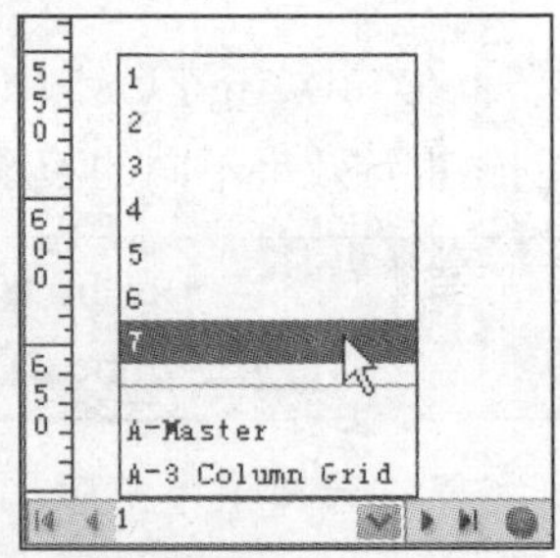

图14.22

1. 在文档窗口底部的“页码”下拉列表中选择 7（如图 14.22 所示）显示第 7 页。再选择菜单“视图” > “使页面适合窗口”。
2. 选择菜单“文件” > “置入”，在“置入”对话框中，选择文件 Lesson_14\Interactive_Mood_Board\Links\double_identity_trailer.flv 并单击“打开”按钮。
3. 在该页面的任何位置单击，将该视频以 100% 的大小置入，再使用选择工具（ ）将框架移动到页面中间，如图 14.23 所示。为让用户知道框架何时完全居中，当框架中心与页面中心对齐时，在页面中心相交的水平参考线和垂直参考线的颜色将发生变化（智能参考线功能）。
4. 单击媒体面板图标或选择菜单“窗口” > “交互” > “媒体”打开媒体面板。单击“播放”按钮（ ）播放视频，几秒钟后单击“停止”按钮（ ）。

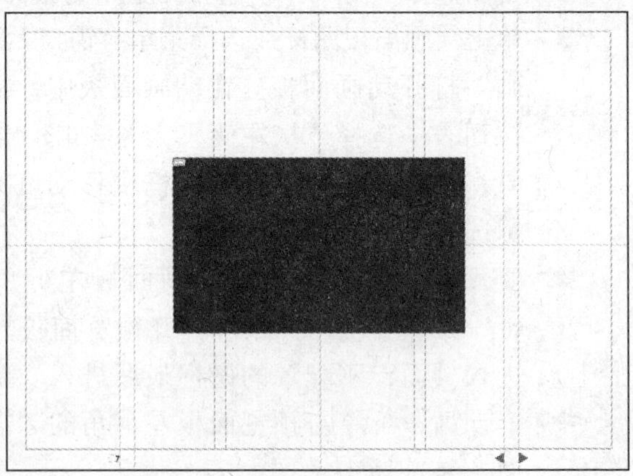
图14.23

5. 将播放指示器滑块（△）拖曳到大约 2.40 秒的位置，再从“海报”下拉列表中选择“通过当前帧”，这是不播放电影时在线文档中显示的帧。

> ID **注意：**要更新海报，必须从“海报”下拉列表中选择“通过当前帧”，虽然这是默认设置。否则，将使用电影中的第一帧（黑色的）。

6. 从“控制器”下拉列表中选择“SkinOverAllNoCaption”，并选中“悬停鼠标时显示控制器”复选框，如图 14.24 所示。

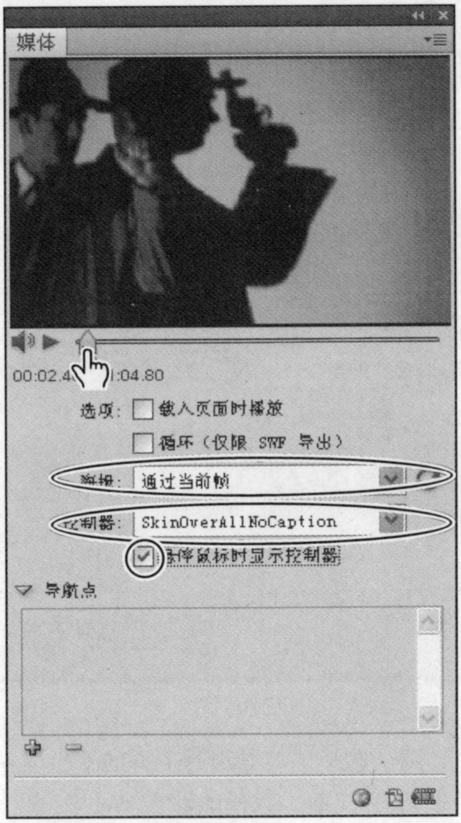

图14.24

从“控制器”下拉列表中选择的选项决定了查看者可使用的视频播放控件。如果选中“悬停鼠标时显示控制器”复选框，查看者在电影框架中移动鼠标指针时将显示视频控制栏。

7. 关闭媒体面板，再选择菜单“文件”>“存储”保存所做的修改。

14.7.6 导出为 Flash Player

现在可以将制作好的在线文档导出为 SWF 文件，并可使用 Web 浏览器查看该文件。

1. 选择菜单“文件”>“导出”。
2. 在“导出”对话框中，从“保存类型”（Windows）或“格式”（Mac OS）下拉列表中选择 Flash Player（SWF）。将文件命名为 Mood_Board.swf，切换到文件夹 Lesson_14\Interactive_Mood_Board，再单击“保存”按钮。

3. 在“导出 SWF”对话框中，保留所有设置不变，如图 14.25 所示。

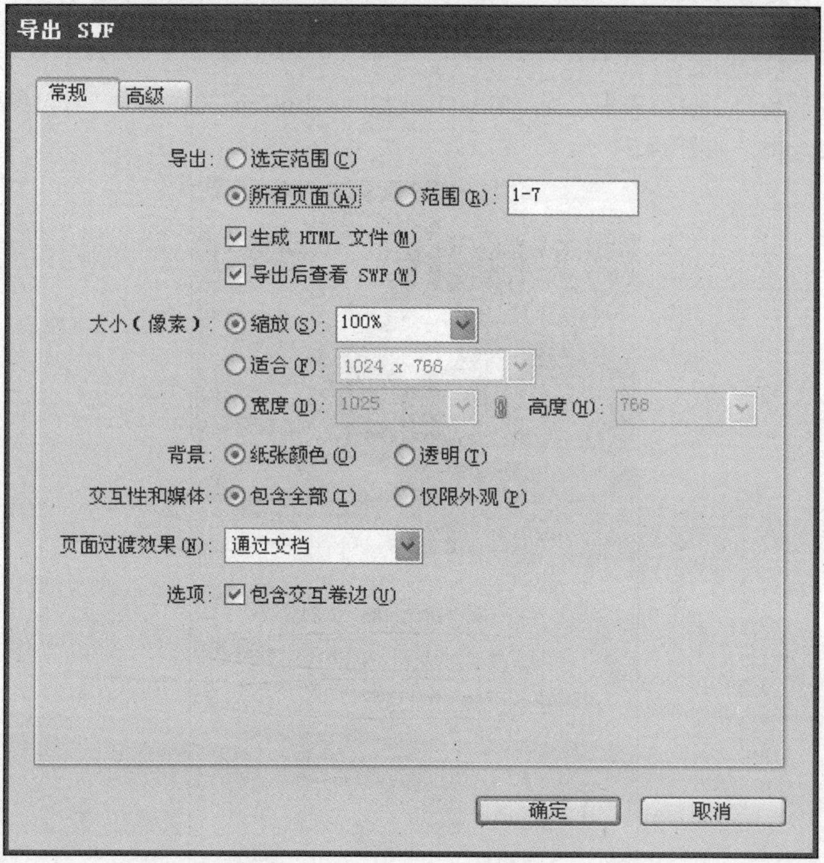

图14.25

在“导出 SWF”对话框中，默认选择了“导出”下方的“生成 HTML 文件”复选框，因此导出 SWF 文件时将自动创建一个 HTML 页面，以便能够在 Web 浏览器中播放该文件。

4. 单击“确定”按钮关闭“导出 SWF”对话框，并生成一个 SWF 文件和一个 HTML 文件。

文件 Mood_Board.html 将自动在默认 Web 浏览器中打开，该文件引用了用户在“导出 SWF”对话框中单击“确定”按钮时创建的 SWF 文件。

> ID | **注意：**要查看 SWF 文件，必须安装浏览器插件 Adobe Flash Player，该插件可从 Adobe 网站（www.adobe.com）免费下载。

5. 在 Web 浏览器中，单击第 1 页的导航按钮显示下一页，再单击 Previous Logo 和 Next Logo 箭头以查看徽标。

6. 单击第 2 页底部的 Next Page 按钮，以显示下一页并观看徽标进入页面。

7. 继续在文档的其他页面中导航。第 4 页有其他动画，第 5 页和第 6 页包含“ON”和“OFF”单选按钮，用于显示和隐藏其他信息。

8. 导航到最后一页（第 7 页），它包含前面导入的 Flash 视频。在视频框中单击，将开始播放视频并显示一组控件，如图 14.26 所示。

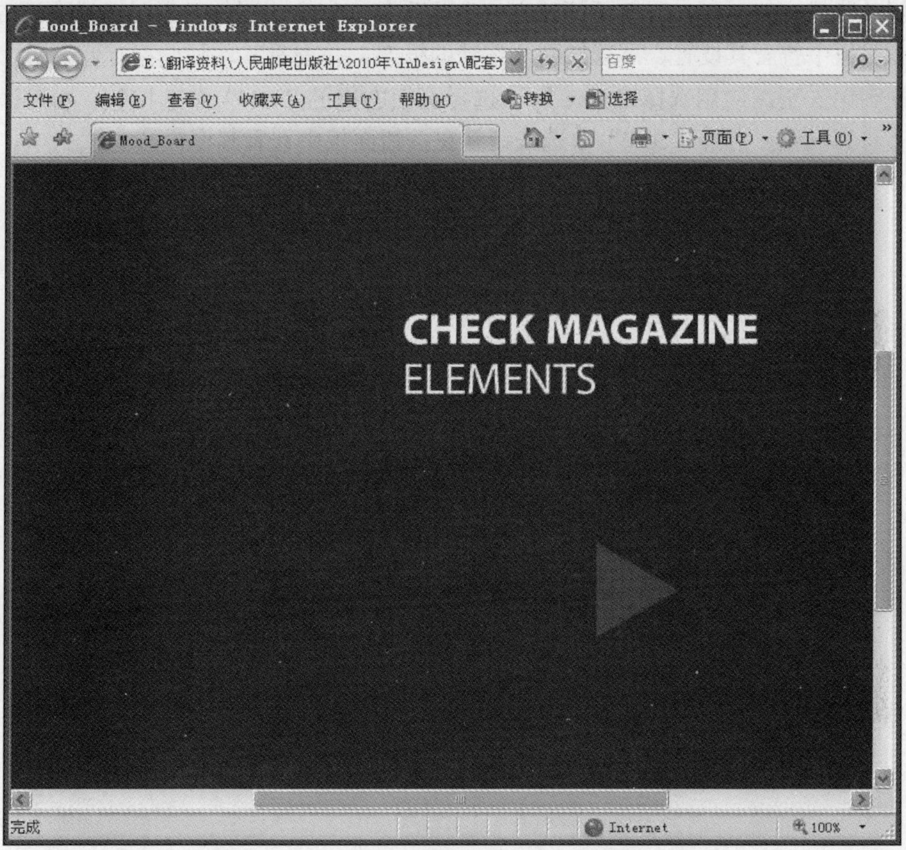

图14.26

9. 完成对这个在线文档的探索后，关闭浏览器并返回到 Adobe InDesign CS5。

10. 选择菜单“文件”>“存储”保存所做的工作。

14.8 练　习

为巩固和提高用户在本课学到的技能，重温一些重要功能是一种好方法，并可尝试选择不同的设置。下面是两个练习：

1. 打开在前面处理的文档 14_DesignElements2.indd。不使用页面过渡效果“溶解”，而尝试其他效果，如“渐隐”、“推出”、“放大”、“缩小”等；不对所有页面都应用一种过渡效果，而是尝试对不同页面应用不同的过渡效果。导出使用不同过渡效果的版本后，打开导出的文件并查看过渡效果。

2. 在主页底部再创建一个按钮，并给它指定一种动作，如“转到首页”（对任何在线文档来说，这都是一项十分方便的导航功能）。
3. 打开文件 Mood_Board_Final.indd，导航到第 4 页并查看该页面的对象。每个对象都已应用了动画。选择每个对象并在动画面板中查看对其应用的设置。如果移动包含黑色 check 徽标的背景框架，可发现其下面还有一个几乎与它完全相同的对象。选择下面的框架并在动画面板中查看其设置，再选择刚才移动的框架，并查看其动画设置有何不同。
4. 导航到第 5 页。使用选择工具（ ）选择页面右边的“ON”单选按钮，再打开按钮面板并查看其设置。选择“OFF”单选按钮并在按钮面板中查看其设置。

复习

复习题

1. 在在线出版物中，可添加哪些不适合于印刷出版物的元素？
2. 如何将对象转换为按钮？
3. 如何获悉特定页面过渡效果？
4. 如何使用对象制作动画？
5. 导出为 Flash Player（SWF）和 Flash CS5 Professional（FLA）有何不同？

复习题答案

1. Adobe PDF（交互）文件可包含页面过渡、超链接、声音、视频和按钮。SWF 文件可包含上述所有元素以及多状态对象和动画对象。
2. 使用选择工具选择对象，然后选择菜单“对象”>“交互”>“转换为按钮”，再使用按钮面板中的控件来指定按钮的行为。
3. 在页面过渡效果面板中，从“过渡效果”下拉列表中选择一个选项，在面板顶部的预览框中移动鼠标指针。
4. 选择要对其应用动画的对象，再使用动画面板中的控件指定动画属性。“预设”下拉列表中的选项可让用户从数十种内置动作中进行选择。
5. 如果 InDesign 文档包含在线文档所需的所有元素（按钮、视频、超链接等），应将该文档导出为 Flash Player（SWF）。如果需要编辑文档（例如，添加更复杂的交互），导出时应选择 Flash CS5 Professional（FLA）。

第15课 处理长文档

在本课中，读者将学习以下内容：

- 将多个 InDesign 文档合并成书籍；
- 控制书籍中文档的页码编排方式；
- 创建用于重复页眉或页脚的文本变量；
- 添加脚注；
- 创建交叉引用；
- 指定用于定义书籍样式的源文档；
- 为书籍创建目录；
- 创建索引引用；
- 生成索引文件并对索引项排序；
- 编辑索引引用。

学习本课大约需要 45 分钟。

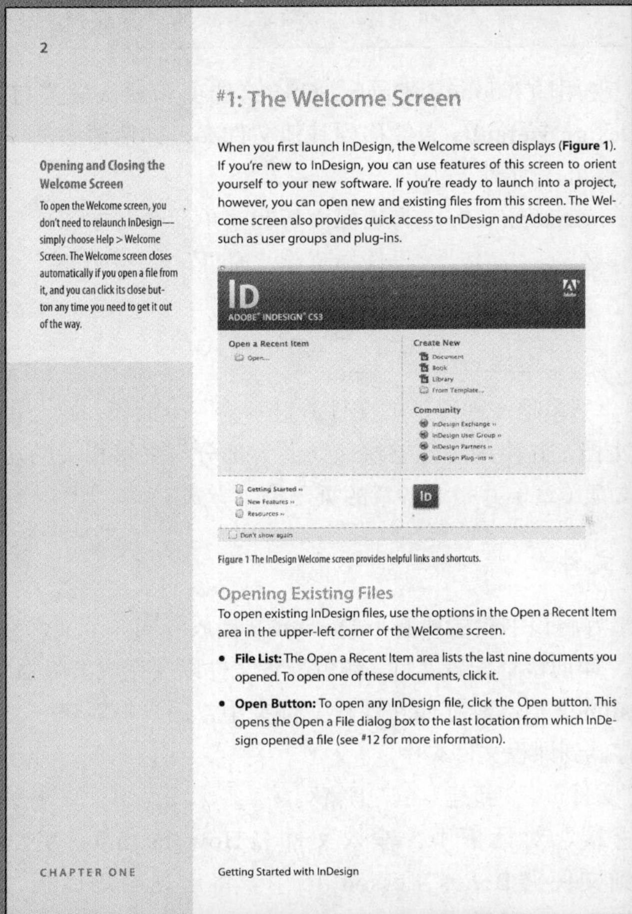

2

Opening and Closing the Welcome Screen

To open the Welcome screen, you don't need to relaunch InDesign—simply choose Help > Welcome Screen. The Welcome screen closes automatically if you open a file from it, and you can click its close button any time you need to get it out of the way.

#1: The Welcome Screen

When you first launch InDesign, the Welcome screen displays (**Figure 1**). If you're new to InDesign, you can use features of this screen to orient yourself to your new software. If you're ready to launch into a project, however, you can open new and existing files from this screen. The Welcome screen also provides quick access to InDesign and Adobe resources such as user groups and plug-ins.

Figure 1 The InDesign Welcome screen provides helpful links and shortcuts.

Opening Existing Files

To open existing InDesign files, use the options in the Open a Recent Item area in the upper-left corner of the Welcome screen.

- **File List:** The Open a Recent Item area lists the last nine documents you opened. To open one of these documents, click it.
- **Open Button:** To open any InDesign file, click the Open button. This opens the Open a File dialog box to the last location from which InDesign opened a file (see #12 for more information).

CHAPTER ONE   Getting Started with InDesign

在书籍和杂志等较长的出版物中，通常每章或每篇文章为一个文档。InDesign的书籍功使用户能够合并文档以便跟踪各章的页码、创建目录、索引、交叉引用和脚注以及全局性更新样式，并将书籍作为一个文件进行输出。

15.1 概 述

在本课中，将把多个文档合并成一个 InDesign 书籍文件。通过使用书籍文件，用户可对所有的文档执行众多操作，如创建目录或更新样式，同时可分别打开并编辑各个文章。在本课中，用户将处理 4 个示例文档，它们分别是一本包含 11 章的书籍的目录、第 1 章、第 2 章和目录。用户在本课学到的技能可用于包含任意数量文档的书籍文件。

> ID **注意**：如果还没有从配套光盘将本课的资源文件复制到硬盘中，那么现在需要将这些文件复制到硬盘，详情请参阅“前言”中的“复制课程文件”。

1. 为确保用户使用的 Adobe InDesign CS5 首选项和默认设置与本课使用的相同，在使用前请将 InDesign Defaults 文件移到其他文件夹，详情请参阅“前言”中的“存储和恢复 InDesign Defaults”文件。
2. 启动 Adobe InDesign CS5。为确保面板和菜单命令与本课使用的相同，先选择菜单“窗口”>“工作区”>“高级”，再选择菜单“窗口”>“工作区”>“重置‘高级’”。

15.2 定义书籍

在 InDesign 中，书籍是一种特殊的文件，显示为一个面板，这与库极其相似。书籍面板显示了添加到书籍中的文档，并使用户能够快速访问大部分与书籍相关的功能。在本节中，将创建一个书籍文件、添加文章（章）并指定各章的页码编排方式。

15.2.1 创建书籍文件

定义书籍前，最好将该书籍的所有 InDesign 文档放到同一个文件夹中。该文件夹是存储所有字体、图形文件、库、印前检查配置文件、颜色配置文件以及完成出版物所需其他文件的最佳 场所。

在这里，InDesign 文档已经存储在课程文件夹中，用户将新建一个书籍文件并将其存储到课程文件夹中。

1. 选择菜单“文件”>“新建”>“书籍”。
2. 在“新建书籍”对话框中，输入文件名 HowTos.indb，并将其保存到文件夹 Bonus_Lesson_15 中。将出现书籍面板 HowTos，如图 15.1 所示。
3. 将书籍面板置于文档窗口中央。

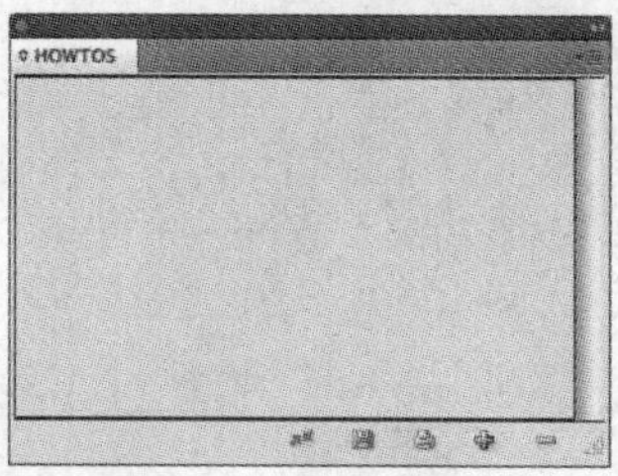

图15.1

> ID **提示**：打开和关闭书籍文件的方式与打开和关闭库相同：选择菜单“文件”>“打开”以打开书籍，单击书籍面板的关闭按钮以关闭书籍。

15.2.2 在书籍文件中添加文档

对于书籍中的每个文档，书籍面板都将显示一个链接：书籍文件实际并不包含文档。可以每次添加一个文档，也可一次性添加全部文档。如果开始只有几个文档，且以后需要添加其他文档，可在必要时调整文档的顺序以及更新页码编排方式、样式、目录等。在本小节中，将一次性添加 4 个文档。

1. 从书籍面板菜单中选择“添加文档”，如图 15.2 所示。

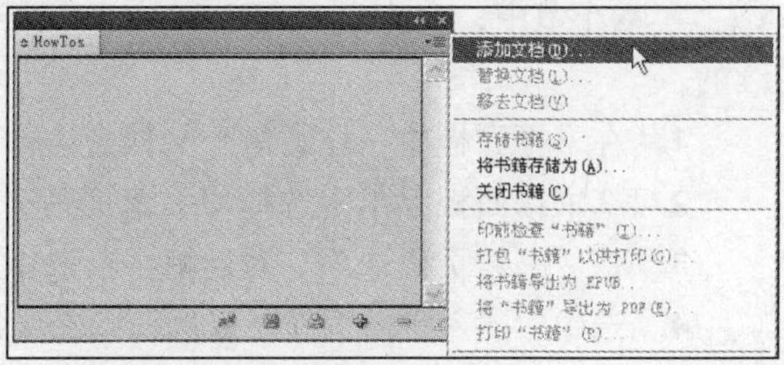

图15.2

> **ID** **提示：**也可单击书籍面板底部的“添加文档”按钮将文档添加到书籍中。

2. 在“添加文档”对话框中，选择文件夹 Bonus_Lesson_15 中的全部 4 个 InDesign 文档，如图 15.3 所示。要选择一系列相邻的文件，可按住 Shift 键并单击第一个和最后一个文件。

3. 单击“打开”按钮，这些文档将显示在书籍面板中，如图 15.4 所示。如果出现针对每个文档的“存储为”对话框，单击“保存”按钮即可。

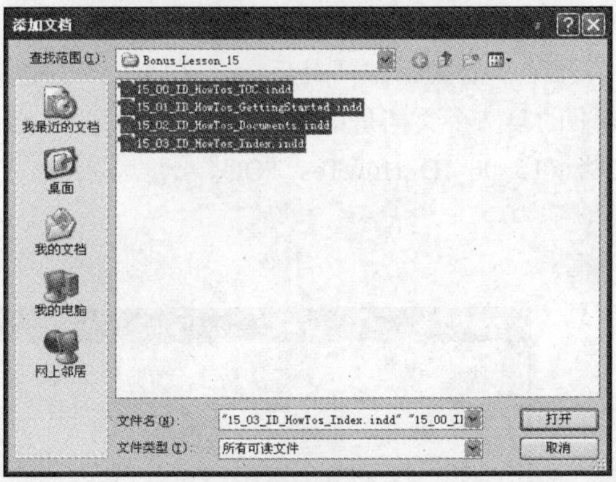

图15.3

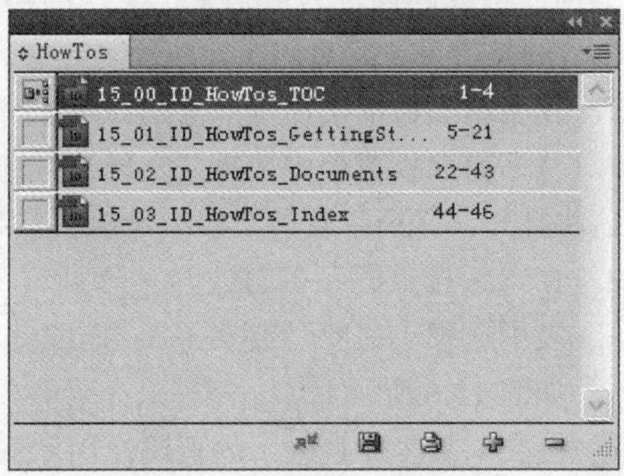

图15.4

> **ID** **注意：**文档按添加的顺序在书籍面板中列出，可在书籍面板中上下拖曳文档以调整它们的顺序。为了便于管理，出版人员大多按顺序给文档命名，用 00 表示文前页，01 表示第 1 章，02 表示第 2 章，以此类推。

4. 从书籍面板菜单中选择“存储书籍”。

15.2.3 指定书籍的页码编排方式

处理包含多个文档的出版物时，最大的挑战之一是跟踪各个文档的页码。InDesign 的书籍功能可自动为用户完成这项任务：从头到尾为多个文档编排页码。如果有必要，用户可覆盖默认的页码编排方式，方法是修改文档页码选项或在文档中添加章节。

在本小节中，将指定页码选项，以确保添加新文档或调整文档顺序后，页码及时更新且是连续的。

1. 在书籍面板中，注意每个文档旁边都有页码。
2. 从书籍面板菜单中选择“书籍页码选项”。
3. 在“书籍页码选项”对话框中，选中“在下一奇数页继续”单选按钮。
4. 选中“插入空白页面”复选框以确保每章以左对页结束。对于以右对页结束的章，将自动添加一个空白页面。
5. 如果有必要，可选中“自动更新页面和章节页码”复选框（如图 15.5 所示），以确保页码是最新的。
6. 单击“确定”按钮。从书籍面板菜单中选择“存储书籍”。

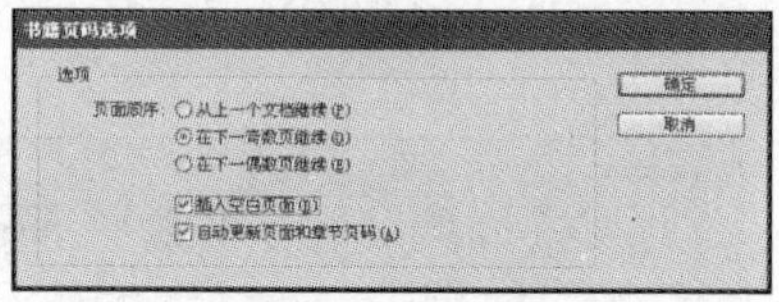

图15.5

> **注意：**书籍页码功能主要是针对以下书籍设计的，即其各章从右对页（奇数页）开始。要让一章从左对页开始，唯一的办法是指定该章节从偶数页开始。

15.2.4 设置页码

当前，将页码设置为从第 1 个文档的第 1 页开始，依次编排到最后一个文档。该书的第 1 个文档包含的是目录，其页码应使用罗马数字。该书的第 2 个文档是第 1 章，应从第 1 页开始。

1. 在书籍面板中，通过单击选择第 1 个文档：15_00_ID_HowTos_TOC。
2. 从书籍面板菜单中选择“文档编号选项”。

这将打开该文档以及“文档编号选项”对话框。

3. 在“编排页码”部分，从“样式”下拉列表中选择小写罗马数字（“i, ii, iii, iv…”），如图 15.6 所示。

通常，文前页（如目录）的页码使用罗马数字。

4. 单击“确定”按钮，然后选择菜单“文件”>“存储”关闭文档。
5. 在书籍面板中，通过单击选择第 2 个文档：15_01_ID_HowTos_GettingStarted。
6. 从书籍面板菜单中选择“文档编号选项”。
7. 在“文档编号选项”对话框中，选中“起始页码”单选按钮，并在右边的文本框中输入 1。
8. 确保在“样式”下拉列表中选择阿拉伯数字（“1, 2, 3, 4…”），如图 15.7 所示。
9. 单击“确定”按钮，然后选择菜单“文件”>“存储”关闭文档。

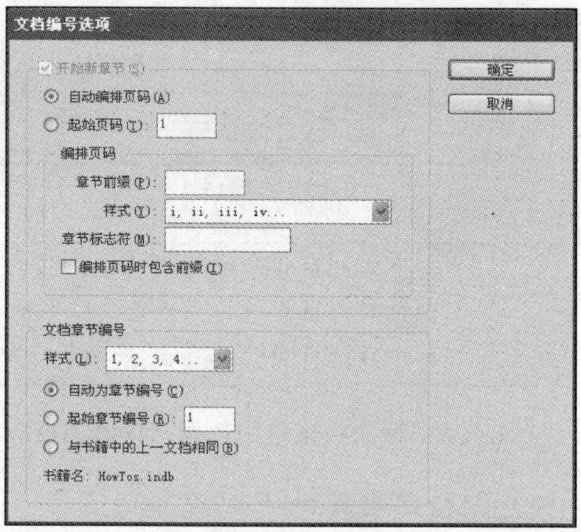

图15.6

10. 检查书籍的页码。现在，第 1 个文档（包含目录）的页码为 i~iv，余下文档的页码为 1~44，如图 15.8 所示。尝试将最后两个文档上下拖曳，并查看页码将如何变化。完成后，将文档恢复到正确的顺序。

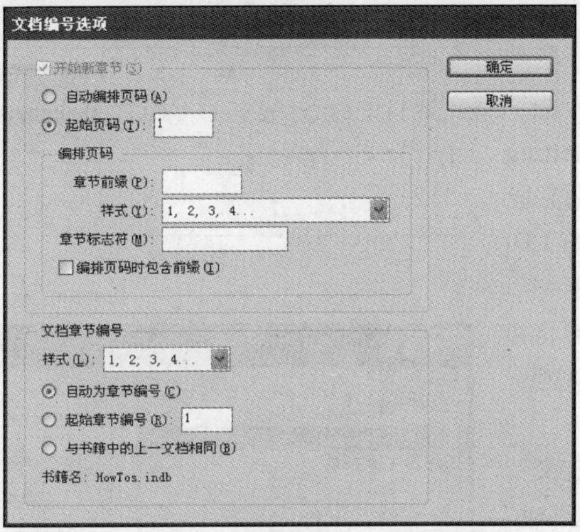

图15.7

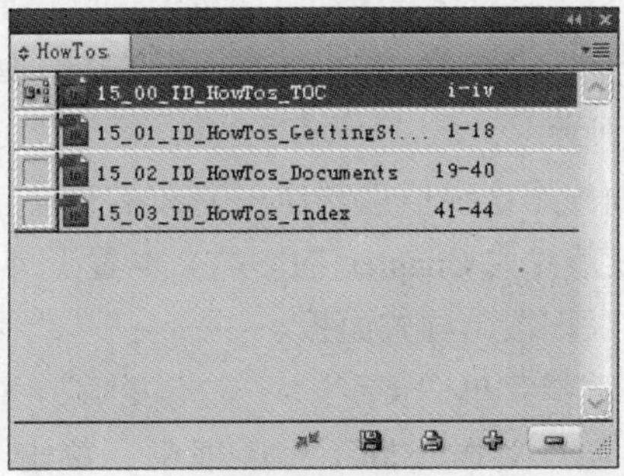

图15.8

> **提示：**当您添加、编辑文档或重新排列文档时，可从书籍面板菜单中选择“更新编号”命令之一，以强制更新页码。

15.3 创建重复页脚

重复页眉（running header）或页脚是出现在每页的文本，如页眉中的章号和页脚中的章标题。InDesign 可根据章标题自动填写重复页脚文本，为此，可创建一个指向源文本（这里为章标题）的文本变量，然后将文本变量放在主页的页脚中（或用户希望其出现的任何地方）。

> **提示：**指定重复页眉和页脚只是文本变量的众多功能之一。例如，还可使用文本变量在文档中插入并更新日期。

与在主页中输入章标题相比，使用文本变量的优点是：如果修改了章标题（或使用模板新建一章），页脚将自动更新。由于可将文本变量放在任何地方，因此创建重复页眉和页脚的方法相同。

在本节中，将创建一个指向第 2 个文档的章标题的文本变量，然后将其放到主页中，并且该文档的各个页面都将更新。

15.3.1 定义文本变量

首先，创建一个用于存储章标题的文本变量。

1. 在书籍面板中，双击第 2 个文档：15_01_ID_HowTos_GettingStarted。如果有必要，可在

页面面板中双击第 1 页的图标，使该页在文档窗口中居中显示。

> **注意**：如果关闭了书籍面板，可选择菜单“文件”>“打开”重新打开。

2. 选择菜单“文字”>“段落样式”打开段落样式面板。

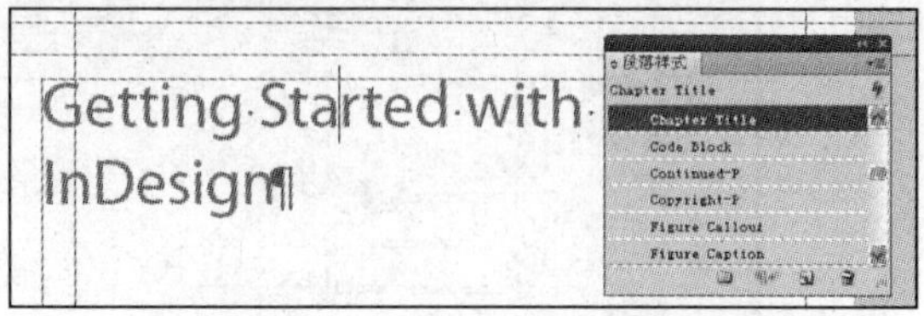

图15.9

3. 使用文字工具（ T ）在章标题 Getting Started with InDesign 中单击，以获悉对它应用的段落样式——Chapter Title，如图 15.9 所示。

下面根据这项信息创建一个文本变量，它将指定使用段落样式 Chapter Title 的文本置于页脚中。

4. 关闭段落样式面板。
5. 选择菜单“文字”>“文本变量”>“定义”。
6. 在“文本变量”对话框中，单击“新建”按钮，如图 15.10 所示。

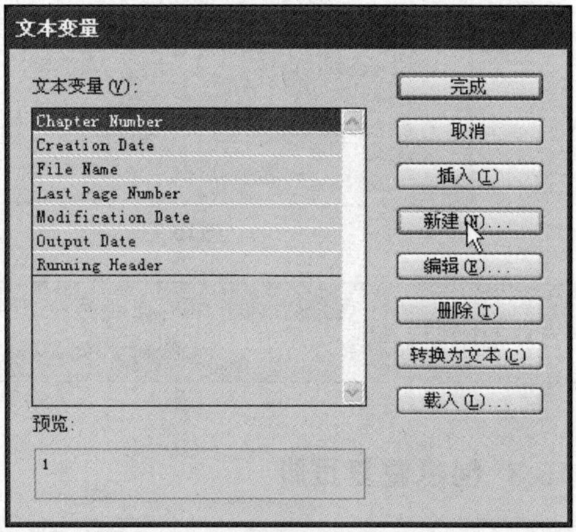

图15.10

7. 在“名称”文本框中输入 Chapter Title for Footer。

下面指定将要使用哪种段落样式的文本用作重复页眉（或重复页脚）。

8. 从“类型”下拉列表中选择“动态标题（段落样式）”。“样式”下拉列表包含该文档中的所有段落样式。

下面选择章标题使用的样式。

9. 从“样式”下拉列表中选择 Chapter Title，如图 15.11 所示。
10. 保留其他设置为默认值，并单击“确定”按钮。新文本变量将出现在变量列表中，单击“完成”按钮即可关闭“文本变量”对话框。

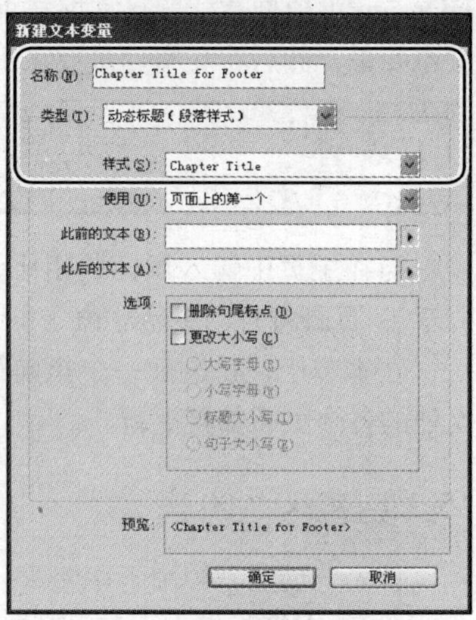

图15.11

15.3.2 插入文本变量

创建文本变量后，便可将其插入到主页（或文档的任何地方）。

1. 单击文档窗口左下角的“页码”下拉列表，向下滚动并选择 T-Text，如图 15.12 所示。

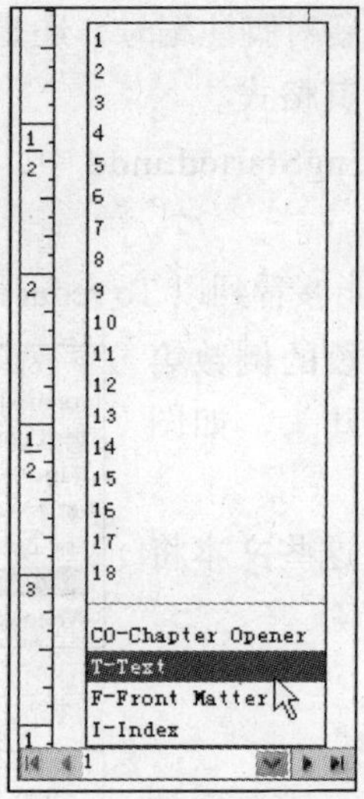

图15.12

2. 如果有必要，可选择菜单“文字”>“显示隐含的字符”，以便知道要将文本变量插入何处。

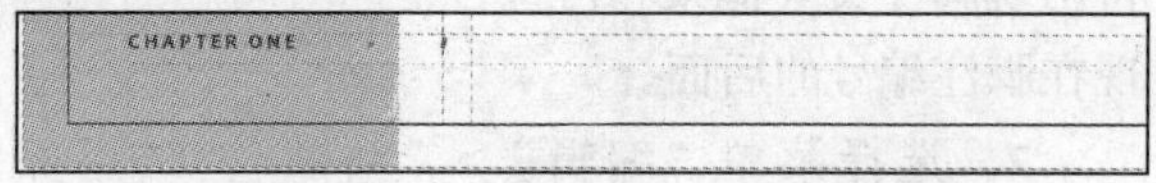

图15.13

3. 放大左对主页的左下角，如图 15.13 所示。
4. 使用文字工具（ T ）通过单击将光标放在制表符（>>）后面，文本变量将置于此处。
5. 选择菜单“文字”>“文本变量”>“插入变量”>“Chapter Title for Footer”，结果如图 15.14 所示。

图15.14

6. 从文档窗口左下角的“页码”下拉列表中选择 2。在第 2 页中，注意章标题已置于重复页脚中，如图 15.15 所示。

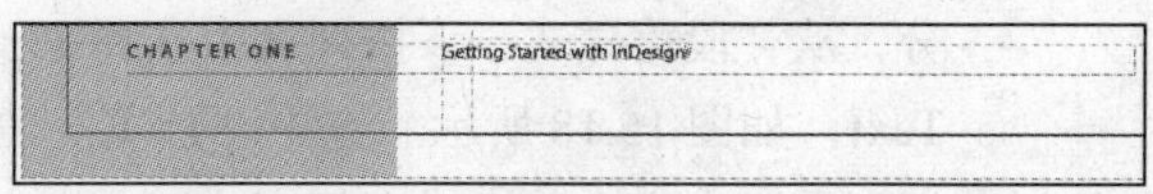

图15.15

7. 选择菜单“视图”>“使跨页适合窗口”，并滚动到不同页面，注意每页的重复页脚都已更新。
8. 选择菜单“文件”>“存储”。将该文档处于打开状态，以供下一节使用。

提示： 如果修改源文本（这里为第一个使用段落样式 Chapter Title 的文本实例），将自动修改每个页面的重复页脚。

书籍的每章都可使用相同的文本变量，但重复页脚将随章标题而异。

15.4 添加脚注

在 InDesign 中，可创建脚注，也可从 Microsoft Word 文档或富文本格式（RTF）文件中导入脚注。在后一种情况下，InDesign 将自动创建并放置脚注，用户可通过“文档脚注选项”对话框进行微调。

处理书籍文件时，可指定每个文档是重新对脚注编号，还是使用连续的脚注编号。

在本节中，将添加一个脚注并设置其格式。

1. 在文档 15_01_ID_HotTos_GettingStarted.indd 中，从文档窗口左下角的“页码”下拉列表中选择 11。
2. 如果有必要，可缩放视图以便能够看到以 To reduce the size 开头的正文段落。
3. 使用文字工具（ T ）选择该段的倒数第 2 个句子，其以 For example 开头，如图 15.16 所示。
4. 选择菜单“编辑”>“剪切”。这些文本将置于脚注，而不是正文中。
5. 将光标置于“hide.”后面。
6. 选择菜单“文字”>“插入脚注”。

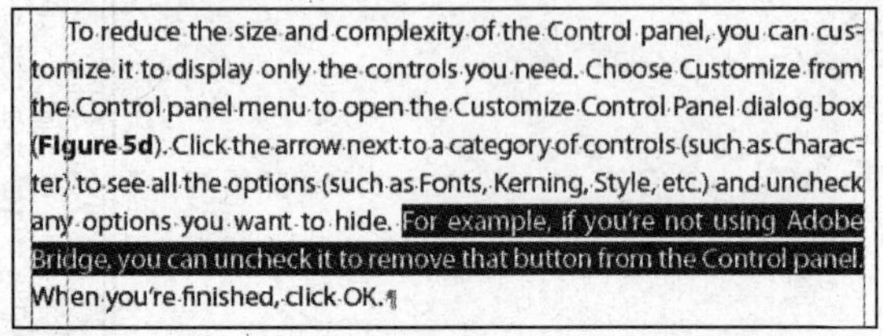

图15.16

正文将出现一个脚注引用号。另外，页面底部将出现脚注文本框架和占位符，同时闪烁的光标出现在脚注编号的后面。

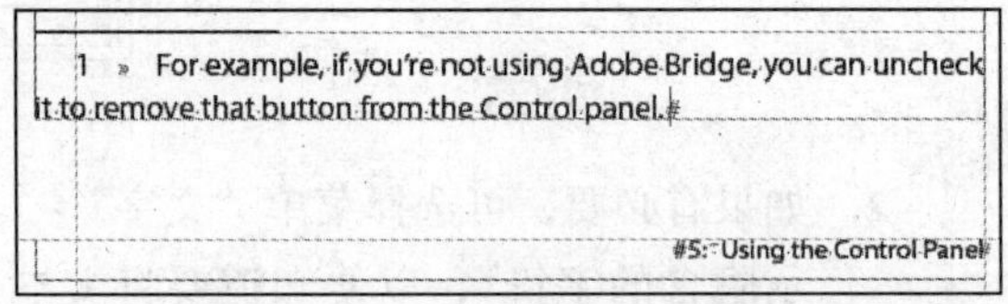

图15.17

7. 选择菜单“编辑”>“粘贴”，结果如图 15.17 所示。
8. 选择菜单“文字”>“文档脚注选项”。

注意对话框中都是用于设置脚注编号和格式的选项。在这里，用户可指定编号样式、整个文档的脚注引用编号和脚注文本的外观。

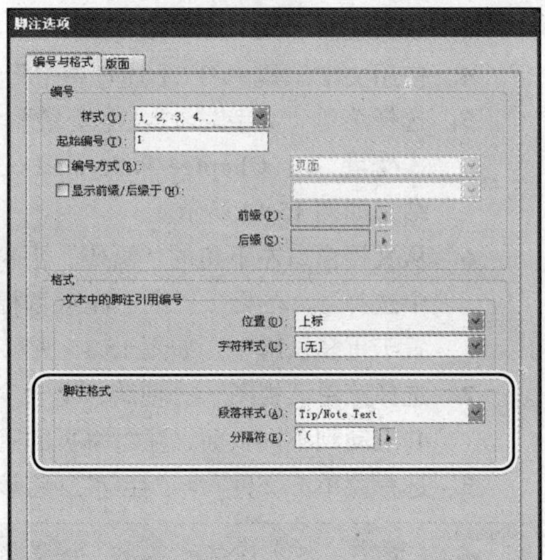

图15.18

9. 在“脚注选项”对话框的“脚注格式”部分，从“段落样式”下拉列表中选择 Tip/Note Text，如图 15.18 所示。选中“预览”复选框以查看脚本文本的格式有何变化。
10. 单击“版面”标签以显示用于设置整个文档的脚注的位置和格式的选项。保留所有设置为默认值。
11. 单击“确定”按钮设置脚注的格式。
12. 选择菜单“文件”>“存储”，结果如图 15.19 所示。让该文档处于打开状态，以便下一节使用。

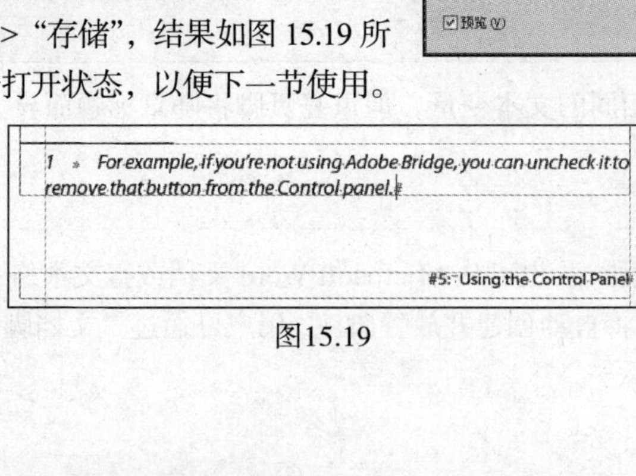

图15.19

15.5 添加交叉引用

交叉引用在技术书籍中很常见，可引导读者参阅书籍的另一部分，以便获取更详细的信息。编辑和修订书籍的章节后，确保交叉引用相应地更新是一项艰巨而耗时的任务。在 InDesign 中，用户可插入自动交叉引用，它们能够自动更新。用户可控制交叉引用中使用的文本及其外观。

在本节中，将添加一条交叉引用，以引导用户阅读书籍的另一个章节。

1. 在文档 15_01_ID_HowTos_GettingStarted 中，从文档窗口左下角的“页码”下拉列表中选择 3。
2. 根据需要进行缩放，以便能够看到 Creating new files 下方的文本。
3. 使用文字工具（ T ）选择文本 #9，如图 15.20 所示。

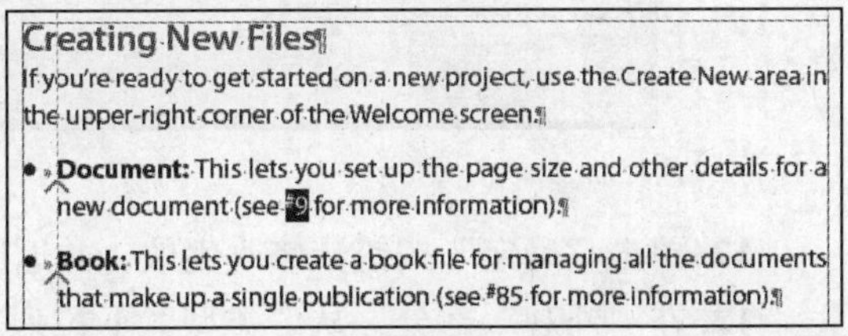

图15.20

下面将这个手工创建的交叉引用替换为一个自动交叉引用，后者在文本重排后将更新。

4. 选择菜单“文字”>“超链接和交叉引用”>“插入交叉引用”。
5. 在“新建交叉引用”对话框中，保留“链接到”的设置“段落”。

下面把该交叉引用链接到使用特定段落样式的文本。

6. 在“目标”部分，从“文档”下拉列表中选择“浏览”。选择文件夹 Bonus_Lesson_15 中的 15_02_ID_HowTos_Documents.indd，并单击“打开”按钮。
7. 在左边的可滚动列表中，选择被引用的文本使用的段落样式 Head 1。当前创建的交叉引用指向另一个文档中的一个节标题，而该节标题使用的样式为 Head 1

所有使用样式为 Head 1 的文本都将出现在右边的可滚动列表中。在这里，用户可知交叉引用的第 9 节（#9）的标题为 Creating New Documents。创建跨页文档的交叉引用时，需要首先查看被引用的文档，以获悉被引用的文本使用何种样式。

8. 在右边的可滚动列表中，选择 #9: Creating New Documents，如图 15.21 所示。将“新建交叉引用”对话框移至一侧，以便能够看到插入到 #9 处的文本（格式可能不同）。

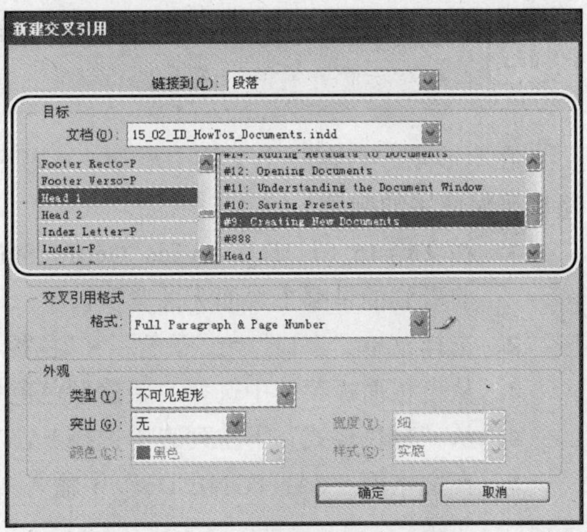

图15.21

下面设置交叉引用文本的格式。

9. 在“交叉引用格式”部分，从“格式”下拉列表中选择 Page Number。
10. 单击“格式”下拉列表右边的“创建或编辑交叉引用格式”按钮（ ）。
11. 在“交叉引用格式”对话框中，选中“交叉引用字符样式”复选框。从下拉列表中选择“Body Bold-P”以指定交叉引用文本的字符格式，如图 15.22 所示。

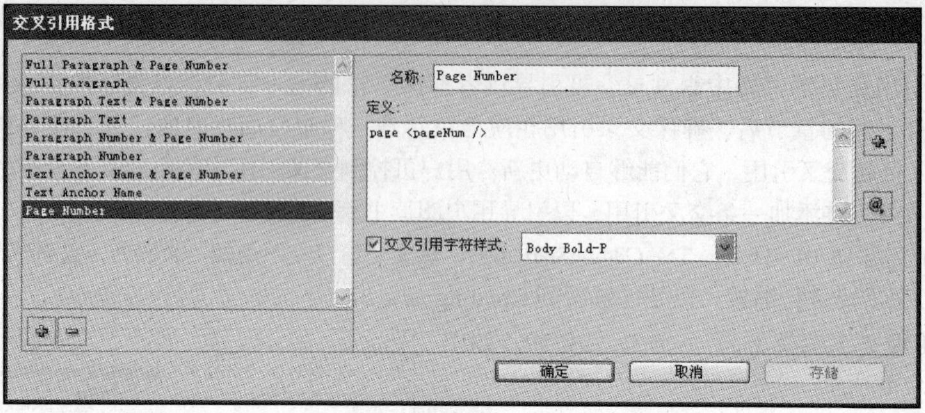

图15.22

12. 单击“确定”按钮让修改生效，并返回到“新建交叉引用”对话框。
13. 在“外观”部分，从“类型”下拉列表中选择“不可见矩形”以删除交叉引用文本周围的方框。
14. 单击“确定”按钮创建交叉引用并关闭对话框。
15. 选择菜单“文件”>“存储”，结果如图15.23 所示。让文档处于打开状态，以供下一节使用。

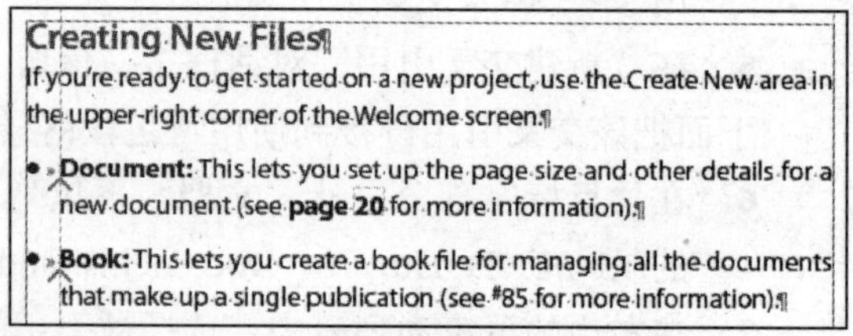

图15.23

15.6 同步书籍

为确保书籍中不同文档的一致性，InDesign 允许用户指定源文档，并提供了诸如段落样式、颜色色板、对象样式、文本变量和主页等规范。随后，用户可将选定文档与源文档同步。

> ID **注意**：同步文档时，将对文档中的所有样式与源文档进行比较，并添加缺失的样式以及更新不同于源文档的样式，但不会修改源文档中没有的样式。

在本节中，将在一个文档中添加一个颜色色板，并在段落样式中使用这种颜色，然后同步书籍以确保使用的颜色一致。

1. 在文档 15_01_ID_HowTos_GettingStarted 中，选择菜单“视图”>“使页面适合窗口”。当前看到的是哪个页面无关紧要。
2. 选择菜单“窗口”>“颜色”>“色板”打开色板面板。
3. 从色板面板菜单中选择“新建颜色色板”。
4. 从“颜色模式”下拉列表中选择 PANTONE Process Coated。
5. 在文本框“PANTONE DS”中输入 73-1，也可向下滚动找到并选择这种颜色，如图 15.24 所示。

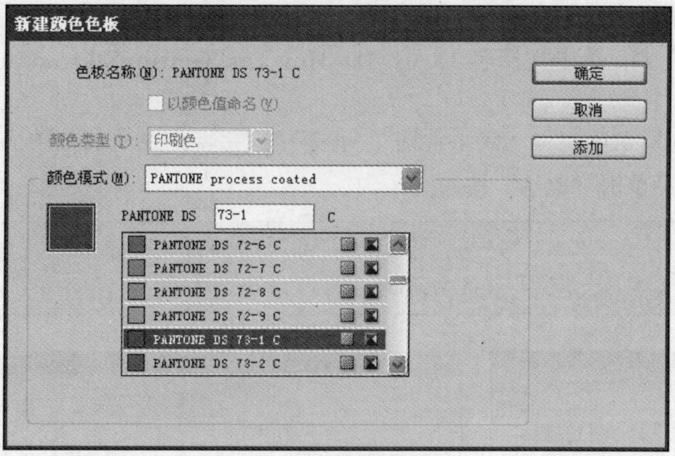

图15.24

6. 单击“确定”按钮添加该颜色，并关闭“新建颜色色板”对话框。
7. 选择菜单“文字”>“段落样式”打开段落样式面板。单击粘贴板确保没有选择任何对象。
8. 双击样式 Head 1 以便编辑。在“段落样式选项”对话框左边的类别列表中，选择“字符颜色”。
9. 在右边的“字符颜色”部分，单击新创建的色板 PANTONE DS 73-1 C，保留“色调”设置为 70%，如图 15.25 所示。

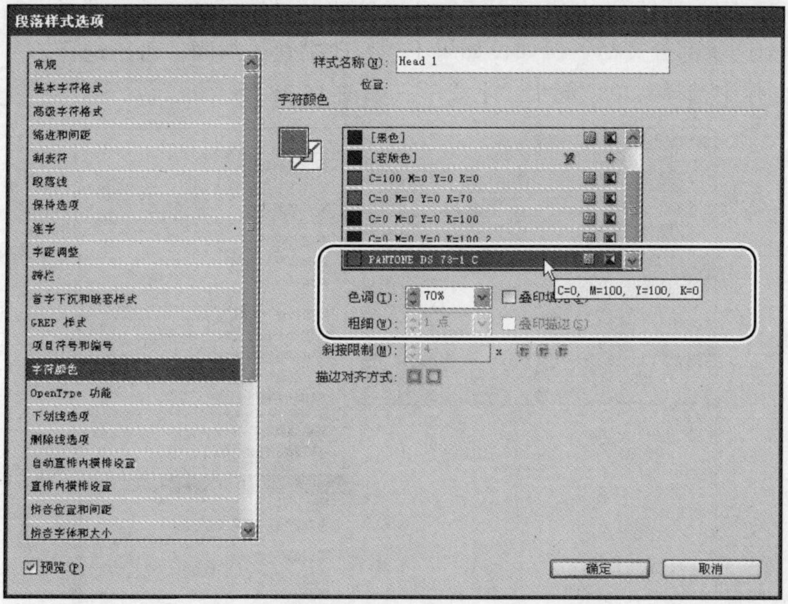

图15.25

10. 单击“确定”按钮更新该段落样式。
11. 选择菜单“文件”>“存储”保存对文档所做的修改。

接下来需要将该文档（Getting Started）指定为书籍的源文档。

12. 在书籍面板中，单击文档名 15_01_ID_HowTos_GettingStarted.indd 左边的空框，如图 15.26 所示。

13. 从书籍面板菜单中选择“同步选项”。查看“同步选项”对话框中的各种选项（如图 15.27 所示），然后单击“取消”按钮。

> **提示：**InDesign 允许用户同步书籍中的主页。例如，如果在用于章首页的主页中添加了一个色板，可同步该主页使修改影响每一章。

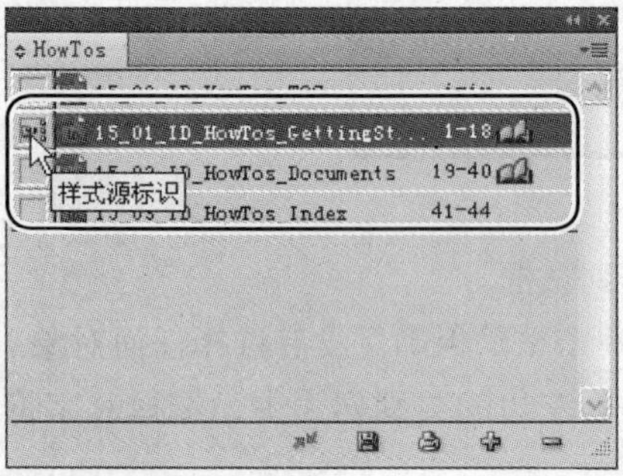

图15.26

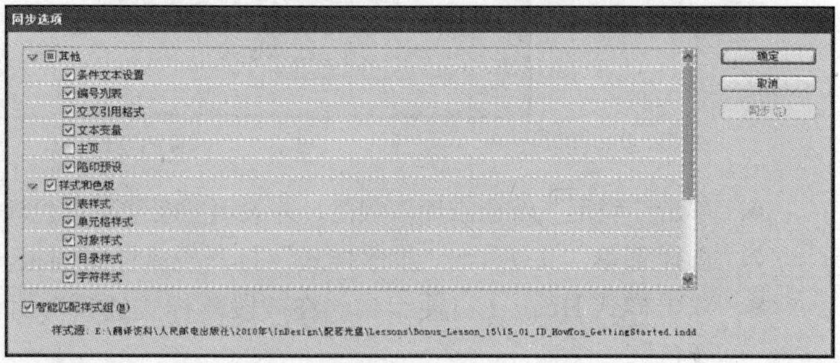

图15.27

下面选择要同步的文档，这里是所有文档。

14. 在书籍面板中，按住 Shift 键并单击第 1 个文档和最后一个文档，选择书籍中的所有文档。用户可选择只同步部分文档。例如，如果不想修改书籍的封面，可不选择。

15. 从书籍面板中选择菜单“同步‘书籍’”，如图 15.28 所示。

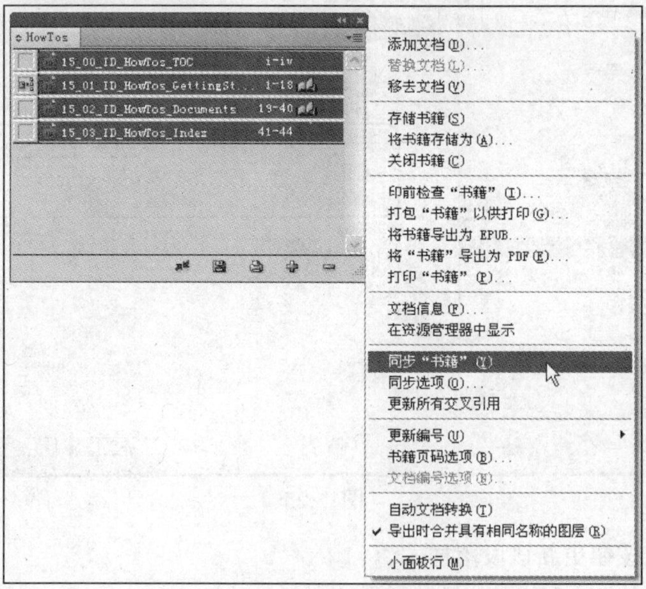

图15.28

16. 出现指出同步已完成的消息框后，单击“确定”按钮，如图 15.29 所示。

图15.29

17. 从书籍面板菜单中选择“存储书籍”。双击打开另一个文档。注意色板面板中已新增一个色板，该颜色被应用于使用样式 Head 1 的文本。

注意子标题的颜色也发生了变化。这是因为在该书的模板中，样式 Head 2 是基于 Head 1 的，因此对 Head 1 的任何修改都将影响它。

15.7 生成目录

在 InDesign 中，可以为书籍文件中的单个文档或全部文档生成包含精确页面的目录，并全面地设置其格式。可将目录置于任何位置：文档开头或独立的文档中。生成目录的方法：复制使用特定段落样式的文本、将其按顺序排列并使用新的段落样式重新设置其格式。因此，要准确地生成目录，必须正确地应用段落样式。

> ID **提示**：虽然这种功能称为目录，但可使用它根据使用特定段落样式的文本生成任何类型的列表。该列表并非一定要包含页码，而可按字母顺序排列。例如，处理烹调书籍时，可以使用目录功能生成按字母顺序排列的菜谱列表。

在本节中，将为一本书籍生成目录。

15.7.1 生成目录前的准备工作

要生成目录，首先需要知道要加入到目录中的文本使用的段落样式，然后需要创建用于设置目录文本格式的段落样式。下面打开一个文档研究其段落样式，并打开目录文档以便了解其格式。

1. 在书籍面板中，双击打开 15_01_ID_HowTos_GettingStarted。
2. 选择菜单“文字”>“段落样式”打开段落样式面板。
3. 在文档 Getting Started 的第 1 页中，单击章标题。从段落样式面板可知，该文本使用的段落样式为 Chapter Title。
4. 在该文档的第 2 页，单击带编号的节标题，从段落样式面板可知，这些文本使用的段落样式为 Head 1，如图 15.30 所示。

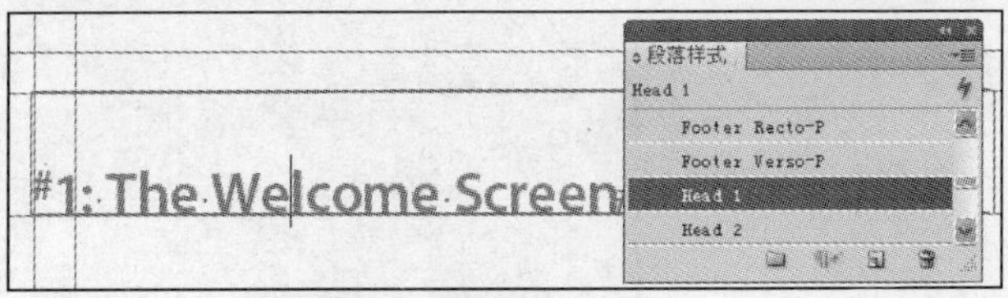

图15.30

5. 关闭该文档，然后在书籍面板中双击打开 15_00_ID_HowTos_TOC。
6. 在段落样式面板已打开的情况下，使用文字工具（ T ）在页面中三个不同格式的文本中单击：
- 一级标题（章标题）使用的样式为 TOC Chapter Title。
- 二级标题（带编号的节标题）使用的样式为 TOC Section Name。

> **提示：**要了解样式 TOC Section Name 是如何创建的，可在段落样式面板中双击。在“段落样式选项”对话框中，在左边的列表中选择“首字下沉和嵌套样式”，将看到一种应用到冒号为止的字符样式。该目录的两种段落样式都指定了前导符为句点的右对齐制表符。

7. 选择菜单“编辑”>“全选”，然后按 Backspace 或 Delete 键将目录删除。

在接下来的两小节中，用户将生成自己的目录。

8. 选择菜单“文件”>“存储”保存所做的工作。

15.7.2 设置目录

在熟悉了用于生成目录的段落样式后，下面在“目录”对话框中对其进行设置。在这里，将指定目录的标题、要包含的段落样式以及目录的格式。

1. 选择菜单“版面”>“目录”。
2. 在“目录”对话框中，在“标题”文本框中输入 Contents，这是出现在目录前面的标题。
3. 为指定标题的格式，可从“样式”下拉列表中选择 Chapter Title。
4. 在“目录中的样式”部分，在“其他样式”列表中找到并选择 Chapter Title，然后单击“添加”按钮。
5. 重复第 4 步找到并选择 Head 1，再单击“添加”按钮。如图 15.31 所示。

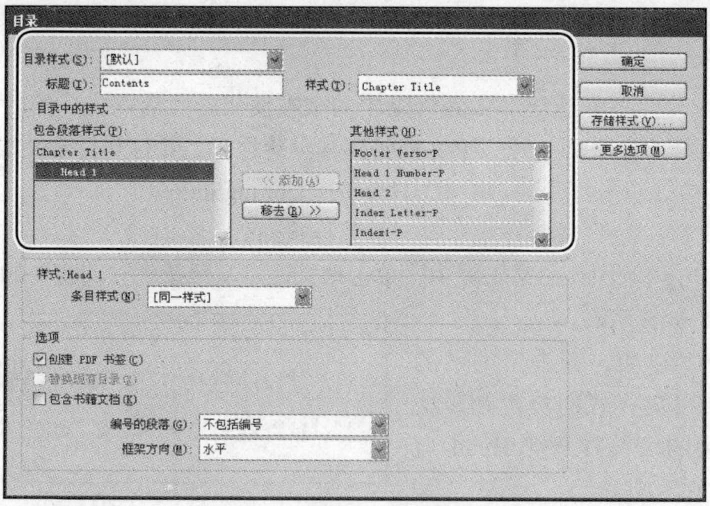

图15.31

指定要添加到目录中的文本（首先是使用样式 Chapter Title 的文本，然后是使用样式 Head 1 的文本）后，还需要指定目录的格式。

6. 在“目录”对话框的“包含段落样式”列表中，选择 Chapter Title；在“样式：Chapter Title”部分，从“条目样式”下拉列表中选择 TOC Chapter Title，如图 15.32 所示。

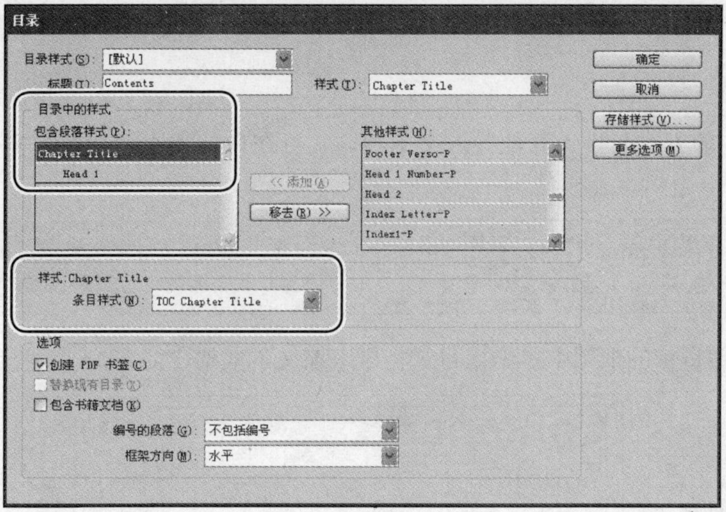

图15.32

7. 在“包含段落样式”列表中选择 Head 1，在“样式：Head 1”部分，从“条目样式”下拉列表中选择 TOC Section Name。

8. 选中“包含书籍文档”复选框以便为书籍文件中的所有文档生成目录，如图 15.33 所示。

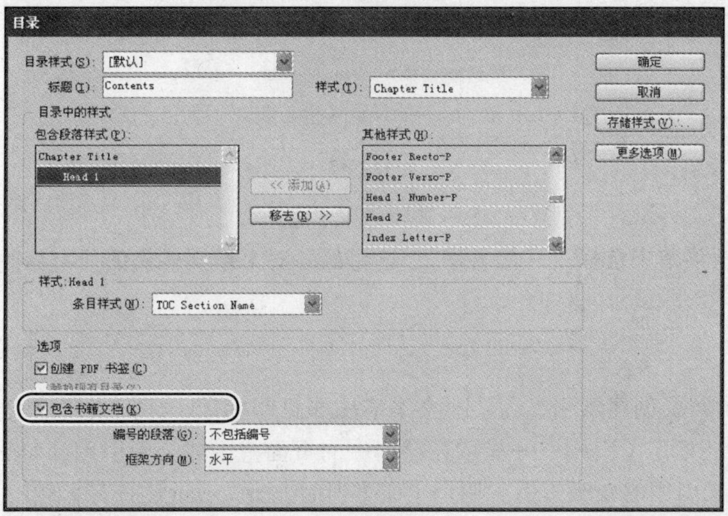

图15.33

> **提示**：在“目录”对话框中，单击“更多选项”可显示用于省略页码、按字母排序以及应用更复杂格式的控件。如果要生成多个列表（如目录和插图列表），可单击“存储样式”按钮保存每种列表的设置。

9. 单击“确定”按钮，鼠标指针将变成加载文本图标，并加载目录文本。

15.7.3 排入目录

排入目录文本的方式与排入其他导入文本相同，可在现有文本框架中单击，也可通过拖曳新建文本框架。

> **提示**：在书籍中添加文档以及对文档进行编辑和重排后，可选择菜单“版面”>“更新目录”来更新目录。

1. 在原来存储目录的框架中单击，目录将排入该文本框架，如图 15.34 所示。

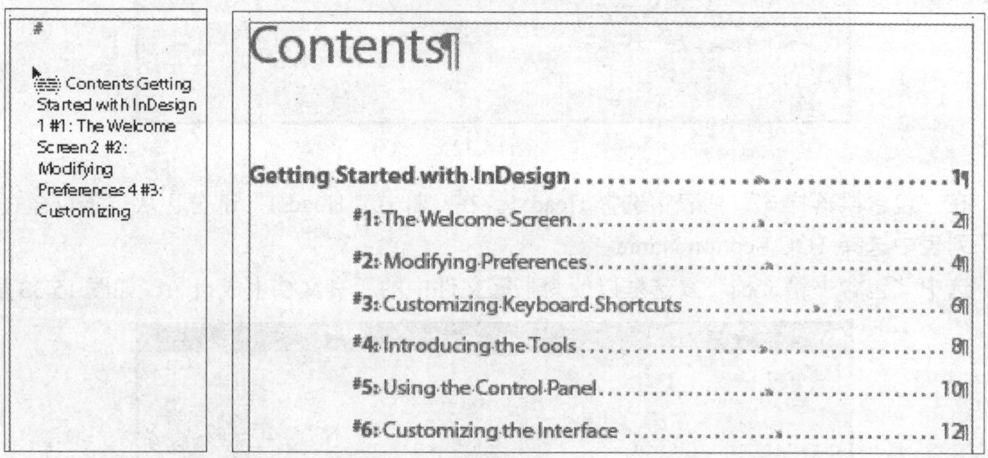

图15.34

2. 选择菜单“文件”>“存储”，之后关闭该文档。
3. 从书籍面板菜单中选择“存储书籍”，这将保存对书籍文件做的所有修改。

15.8 创建索引

在 InDesign 中，要创建索引，需要对文本应用非打印标记。标记指定了索引主题——显示在索引中的文本；它还指定了引用——显示在索引中的页面范围或交叉引用。对于书籍文件或文档，最多可创建包含交叉引用的 4 级索引。用户生成索引时，InDesign 将应用段落样式和字符样式，并插入标点。虽然建立索引是一项编辑技能，需要专门的训练，但设计人员可根据标记的文本生成简单索引。

在本节中，将添加几个新的索引主题和引用，然后为书籍生成索引。

15.8.1 添加索引主题和引用

索引引用是索引条目指向的目的地,这可能是页码,也可能是另一个条目,如“另请参见”引用。用户首次添加索引引用时，也将添加索引条目。

> **ID** | **提示：**在 InDesign 中，可从其他 InDesign 文档中导入索引主题列表，还可创建独立于索引引用的主题列表。有了主题列表后，即可开始添加引用。

下面查看一个文档中现有的索引条目，并添加两个主题和引用。

1. 在书籍面板中，双击 15_01_ID_HowTos_GettingStarted 将其打开。
2. 选择菜单“窗口”>“文字和表”>“索引”打开索引面板。
3. 注意文本中有索引标识符（ ^ ），而索引面板中列出了主题，如图 15.35 所示。在索引面板中单击箭头可查看主题。

图15.35

4. 切换到第 5 页。根据需要进行缩放，以便能够看到页面开头的项目符号列表。
5. 使用文字工具（ T ）选择第 1 个项目符号列表中的 Type pane。
6. 在索引面板中，确保选中了“索引”单选按钮，然后从索引面板菜单中选择“新建页面引用”，如图 15.36 所示。

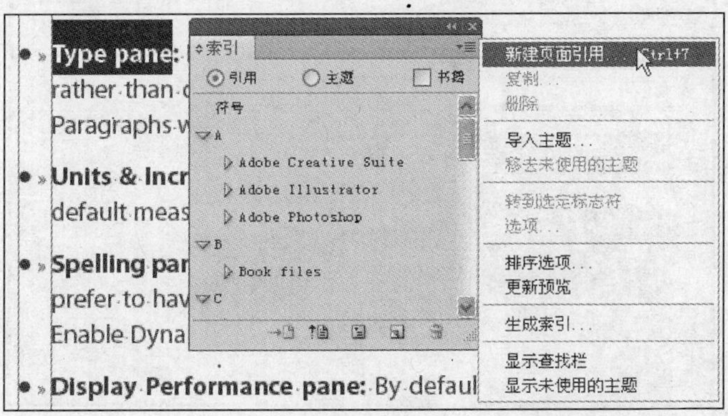

图15.36

7. 在“新建页面引用”对话框中，确保在“类型”下拉列表中选择了“当前页”，如图 15.37 所示。

“类型”下拉列表中的选项指定索引主题引用了哪些文本，即将列出哪些页码。要指定主题涵盖的范围为下一个子标题之前，常见的方法是选择“到下一样式更改”。

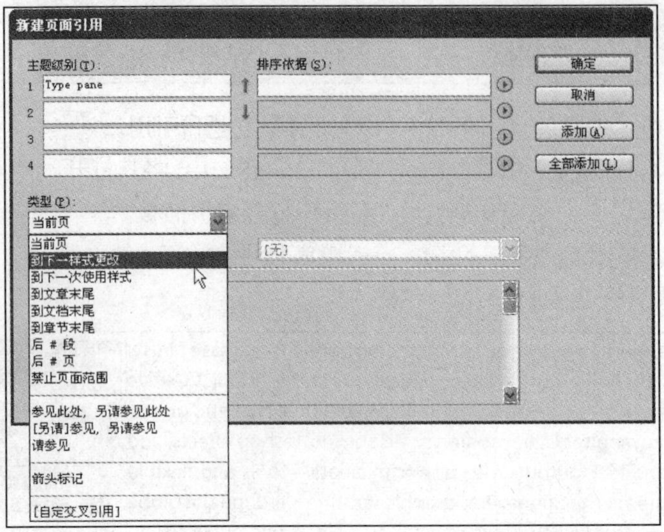

图15.37

8. 单击“确定”按钮添加该索引主题和到当前页面的引用。在索引面板中，向下滚动到 T 部分。单击 T 左边的箭头以查看该页面引用。

将添加的第 2 个索引主题是现有主题 Preferences 下的一个子主题。

9. 使用文字工具选择第 2 个项目符号列表中的 Units & Increments pane。

10. 从索引面板菜单中选择“新建页面引用”。

11. 在“主题级别”下面，单击“1”文本框右边的向下箭头，这将把索引条目设置为 2 级索引主题，如图 15.38 所示。

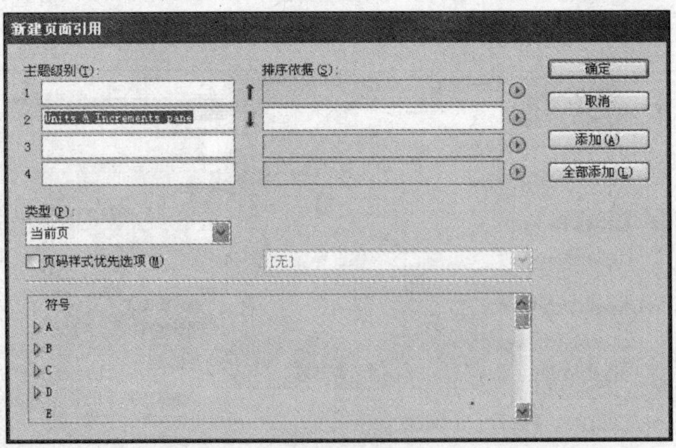

图15.38

12. 在对话框底部的列表中，找到标题 P 并单击其左边的箭头。双击 Preferences 将其设置为 1 级索引主题，如图 15.39 所示。

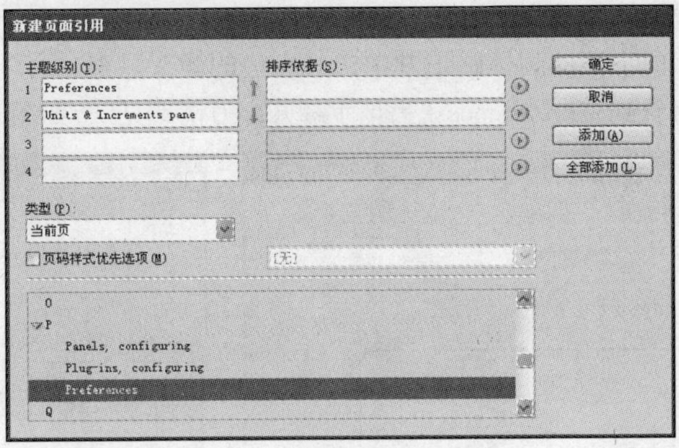

图15.39

13. 单击“确定”按钮添加该 2 级索引主题及其引用。

14. 选择菜单“文件”>“存储”保存所做的工作。

15.8.2 创建索引交叉引用

在索引中，诸如“参见”或“另请参见”等交叉引用是另一种指定索引主题的引用的方式。交叉引用不列出页码，而让用户到索引的另一个地方去查找页码。

在本小节中，将添加一个索引主题和一个“另请参见”引用。

1. 在文档 15_01_ID_HowTos_GettingStarted 中，切换到第 9 页，并根据需要缩放视图以便能够看到右边的旁注。

2. 使用文字工具（ T ）选择旁注标题中的 Tool Preferences。

3. 从索引面板菜单中选择“新建页面引用”。

4. 在“新建页面引用”对话框中，从“类型”下拉列表中选择“[另请]参见，另请参见”，如图 15.40 所示。

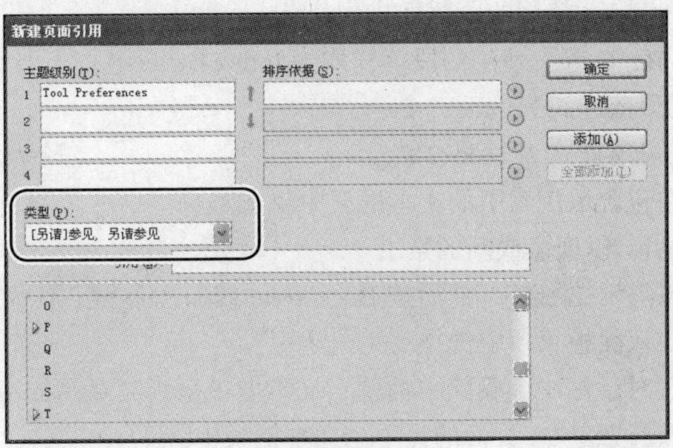

图15.40

5. 在对话框底部的列表中，找到标题 P 并单击它左边的箭头，再将条目 Preferences 拖放到“引用”文本框中，如图 15.41 所示。
6. 单击“确定”按钮添加该交叉引用，并关闭对话框。
7. 在索引面板中，向下滚动到标题 T 并单击其左边的箭头以查看主题。单击 Tool Preferences 左边的箭头，将看到“Preferences[另请] 参见，另请参见”，如图 15.42 所示。

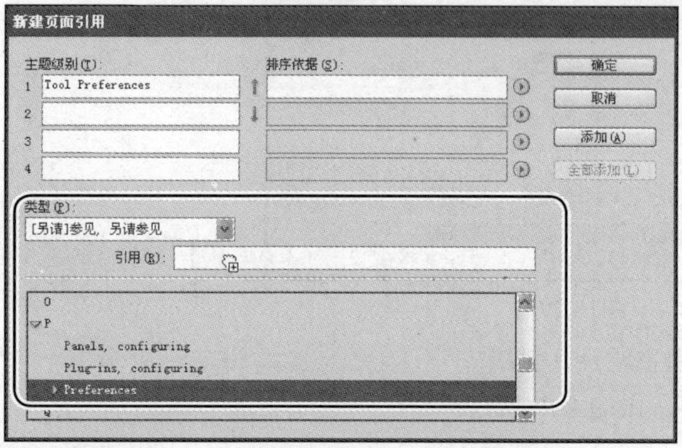

图15.41

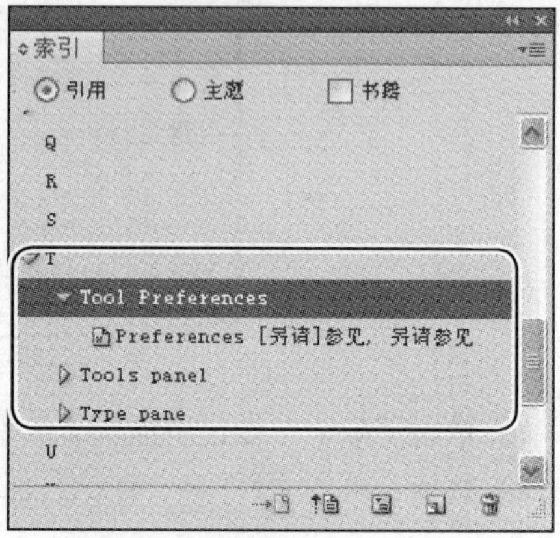

图15.42

8. 选择菜单“文件” > “存储”，之后关闭该文档。

15.8.3 生成索引

与目录相同，生成索引时也需要指定段落样式，用户还可使用字符样式和自定义标点来微调索引。InDesign 提供了用于索引的默认样式，但用户通常使用书籍模板中的样式。

在这里，用户将查看示例索引中的样式和书籍中的索引并生成应用了格式的索引。

1. 在书籍面板中，双击 15_03_ID_HowTos_Index 打开这个包含索引的文档。
2. 在索引面板中，选中右上角的“书籍”复选框以显示书籍中所有文档的索引。
3. 选择菜单“文字” > “段落样式”。使用文字工具（ T ）在 4 种格式各不相同的文本中单击：

- 页面开头的标题 Index 使用的段落样式为 Chapter Title；
- 字母标题（A、B、C 等）使用的段落样式为 Index Letter-P；
- 1 级主题使用的段落样式为 Index1-P；
- 2 级主题使用的段落样式为 Index2-P。

4. 使用文字工具在包含示例索引的文本框架中单击。

此时将删除示例索引，以便生成新的索引。

5. 选择菜单“编辑” > “全选”，然后按 Backspace 或 Delete 键。让光标置于文本框架中。
6. 在索引面板中，从面板菜单中选择“生成索引”。
7. 在“生成索引”对话框中，删除“标题”文本框中呈高亮显示的字样“索引”（如图 15.43 所示），因为标题已经放在页面的另一个文本框架中。

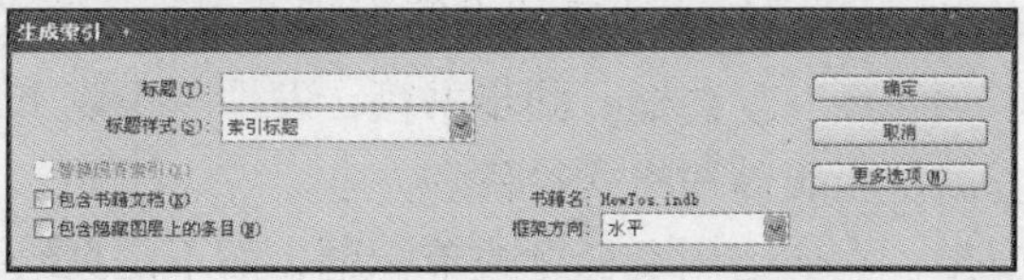

图15.43

8. 单击“更多选项”按钮以显示全部索引控件。
9. 在对话框顶部，选中“包含书籍文档”复选框以便从书籍的所有文档中收集索引。
10. 选中“包含索引分类标题”复选框以添加字母标题（A、B、C 等）。
11. 在对话框右边的“索引样式”部分，从“分类标题”下拉列表中选择 Index Letter-P，指定字母标题的格式。
12. 在“级别样式”部分，分别从“级别 1”和“级别 2”下拉列表中选择 Index1-P 和 Index2-P（如图 15.44 所示），以指定应用于各种级别的索引条目的段落样式。

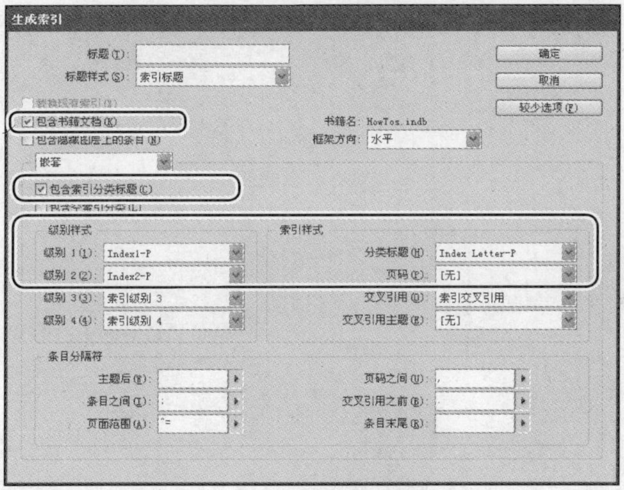

图15.44

13. 在对话框底部的“条目分隔符”部分，在“主题后”文本框中输入逗号和空格，这指定了在索引主题及其第 1 个引用之间插入的标点。

下面将索引排入文本框架中。

14. 单击“确定”按钮自动将索引排入选定的文本框架中，如图 15.45 所示。如果没有选择文本框架，可在主文本框架中单击将索引排入其中。
15. 选择菜单“文件”>“存储”之后关闭该文档。

图15.45

15.9 练 习

为更多地尝试长文档功能，请执行下述操作：

- 在书籍文件的一个文档中，添加和删除页面，发现书籍面板中的页码将自动更新。

- 在源文档的主页中修改一个对象，然后从书籍面板菜单中选择“同步选项”，并在“同步选项”对话框中选中“主页”复选框。同步书籍，发现基于该主页的所有页面都将更新。
- 添加一个脚注，并尝试使用版面和格式控件。
- 在书籍中创建交叉引用，它们引用章标题或节标题，而不是页码。
- 生成一个列表（不是目录）。例如，可生成一个包含书籍中提示的列表，这些提示使用的段落样式为 Sidebar Head。
- 添加各种级别的索引主题和引用。

复习

复习题

1. 使用书籍功能有何优点？
2. 描述移动书籍中的文档的过程。
3. 怎样要创建自动目录和索引？
4. 如何创建重复页眉和页脚？

复习题答案

1. 书籍功能让用户能够将多个文档合并成一个出版物，并包含正确的页码以及完整的目录和索引；还让用户能够一次性输出多个文件。
2. 要移动书籍中的文档，可在书籍面板中选择该文档并上下拖曳；如果有必要，InDesign 将重编页码。
3. 要创建自动目录和索引，需要仔细地规划和设置，但它们是精确的，易于更新且将自动设置格式。
4. 在主页中使用文本变量来创建重复页眉和页脚。在每个文档页面中，这些文本将根据文本变量的定义自动更新。

附录　色彩管理

色彩管理可在一系列输出设备（如显示器、彩色打印机和胶印机）上重现一致的颜色。在 Adobe Creative Suite 5 组件中，简单易学的色彩管理功能可帮助用户获得良好一致的颜色，而无需成为色彩管理方面的专家。CS5 默认启用了色彩管理，用户在各个应用程序和平台上看到的颜色将一致，同时可在从编辑、校样到打印输出的过程中，确保颜色的精确。

Adobe 指出：对大多数采用色彩管理的工作流程来说，最好使用经过 Adobe Systems 测试的预设颜色设置。仅当用户色彩管理知识很丰富且对自己所做的更改非常有信心时，才建议更改特定选项。本附录将讨论 Adobe InDesign CS5 和 Creative Suite 5 中的一些预设颜色设置和方案，使用它们可在项目中获得一致的颜色。

进行色彩管理的必要性

任何显示器、胶片、打印机、复印机或印刷机都无法生成肉眼能够看到的所有颜色。每台设备都有特定的功能，在重现彩色图像时进行了不同的折衷。输出设备所特有的颜色渲染能力被统称为色域或色彩空间。InDesign 和其他图形应用程序（如 Adobe Photoshop 和 Adobe Illustrator）使用颜色值来描绘图像中每个像素的颜色。具体使用的颜色值取决于颜色模型，如表示红色、绿色和蓝色分量的 RGB 值以及表示青色、洋红、红色和黑色分量的 CMYK 值。

> ID　**提示**：要获得一致的颜色，定期校准显示器和打印机很重要。校准可使设备与预先定义的输出标准相符。很多色彩方面的专家都认为校准是色彩管理中最重要的方面之一。

色彩管理旨在以一致的方式将每个像素的颜色值从源（存储在计算机中的文档或图像）转换到输出设备中（如显示器、彩色打印机和高分辨率印刷机，它们的色域各不相同）。

为色彩管理营造查看环境

工作环境影响在显示器和打印输出上看到的颜色。为获得最佳效果，请按照以下所述在工作环境中控制颜色和光照：

- 在光照强度和色温保持不变的环境中查看文档。例如，太阳光的颜色特性整天都在变化，这将影响颜色在屏幕上的显示方式，因此，请始终关闭窗帘或在没有窗户的房间工作。为消除荧光灯的蓝 - 绿色色偏，可安装 D50（开氏 5000 度）灯。还可使用 D50 看片台查看打印的文档。
- 在墙壁和天花板为中性色的房间查看文档。房间的颜色会影响用户感觉到的显示器颜色和打印颜色。查看文档的房间的最佳颜色是中性灰色。另外，显示器屏幕反射的衣服颜色也可能影响屏幕上的颜色。

- 删除显示器桌面的彩色背景图案。文档周围纷乱或明亮的图案会干扰准确的颜色感觉。将桌面设置为仅以中性的灰色显示。
- 在观众看到最终文档的条件下查看文档校样。例如，家用用品目录通常可能会在家用白炽灯下查看，而办公家具目录可能会在办公室使用的荧光灯下查看。然而，做出最终的颜色判断时，务必在所属国家的法律要求的光照条件进行。

——摘自InDesign帮助

在 Adobe Bridge 中同步颜色设置

Adobe Creative Suite 5 中的 Adobe Bridge 是用户可选择颜色设置文件（CSF，包含预设颜色管理方案和默认配置文件）的中央位置。通过在 Adobe Bridge 中选择一个 CSF 文件，可确保在所有 Adobe Creative Suite 5 应用程序中都以一致的方式处理、显示和打印颜色。

用户选择 CSF 文件后，该文件的预设值决定了所有应用程序的色彩管理行为。请根据工作流程来选择正确的 CSF 文件，有关 Adobe Bridge 的更多信息，请在帮助文档中搜索“Adobe Bridge”。

图1

要选择在 Creative Suite 中使用的 CSF 文件，可进行如下操作。

1. 在文档窗口顶部的应用程序栏中，单击“转至 Bridge”按钮（Br），如图 1 所示。
2. 选择菜单“编辑”>“Creative Suite 颜色设置”。
3. 查看其中的选项（如图 2 所示）。
- 北美常规用途 2：这是默认设置，它禁用了配置文件警告。对大多数工作流程来说，这是一种安全的设置。
- 北美印前 2：它启用了配置文件警告，这是高端印刷工作流程常用的设置。这是一个复杂的工作流程，涉及图像、文档和设备的源配置文件和输出配置文件。
- 北美 Web/Internet：对制作在线查看的内容很有帮助。
4. 单击“应用”按钮并返回到 InDesign。

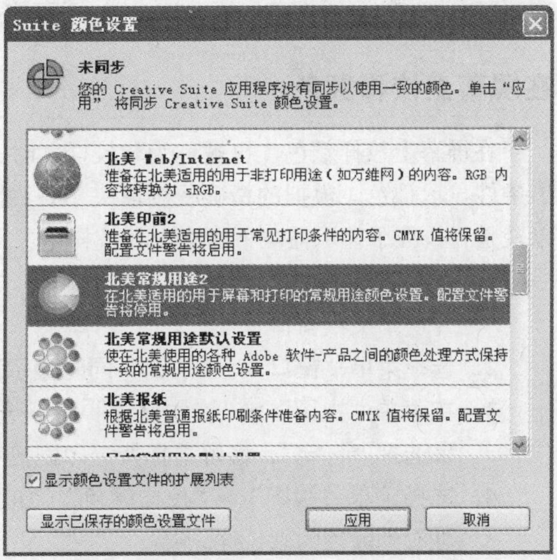

图2

在 InDesign 中指定颜色设置

要在 InDesign 中获得一致的颜色，可指定一个包含预设颜色管理方案和默认配置文件的颜色设置文件（CSF）。即使使用 Bridge 在所有 Creative Suite 应用程序之间同步了颜色设置，也可在 InDesign 中为特定项目覆盖这些设置。这些颜色设置针对的是 InDesign 应用程序，而不是各个文档。

1. 在 InDesign 中，选择菜单“编辑”>“颜色设置”。
2. 如果已安装了 Creative Suite，“颜色设置”对话框的顶部将指出是否同步了颜色设置。
3. 单击“设置”下拉列表以查看其中的选项，如图 3 所示。
4. 单击“确定”按钮。

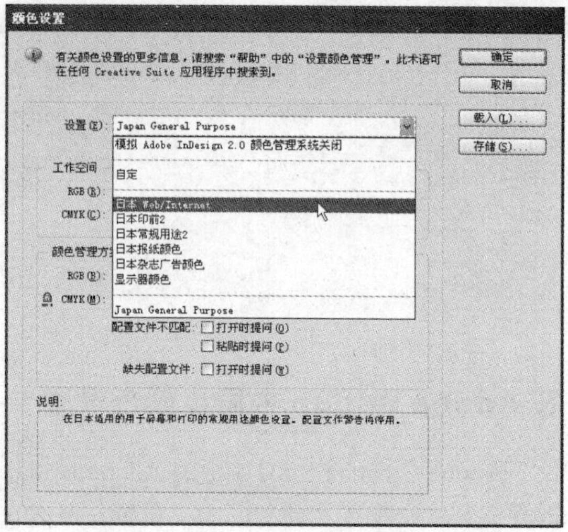

图3

在全分辨率下显示图像

在彩色管理工作流程中，即使使用默认的颜色设置，也应以高品质（显示器能够显示的最佳颜色）显示图像。如果显示图像的分辨率低于高品质，显示图像的速度将更快，但显示的颜色将不太精确。

为查看在不同分辨率下显示图像的差异，请尝试使用菜单“视图”>“显示性能”中的选项：“快速显示”（适用于快速编辑文本，因为不显示图像）、“典型显示”和“高品质显示”。用户可在“首选项”中指定“显示性能”的默认设置，还可使用菜单“对象”>“显示性能”修改对象的显示方式。

在屏幕上校样颜色

在屏幕上校样颜色（也被称为软校样）时，InDesign 将根据特定的输出条件显示颜色。模拟的精确程度取决于各种因素，包括房间的光照条件以及是否校准了显示器。下面尝试软校样：

1. 在 InDesign 中，选择菜单“窗口”>“排列”>“新建窗口”再打开一个文档窗口。
2. 选择菜单“窗口”>“平铺”同时显示这两个窗口。
3. 在菜单“视图”>“校样设置”中，选择一种预设或“自定”。如果选择“自定”，将可选择特定印刷机和其他输出设备。
4. 选择菜单“视图”>“校样颜色”（如图 4 所示）。在当前窗口中，可看到颜色的软校样。
5. 比较两个窗口中的颜色，如图 5 所示。选择了“校样颜色”时，屏幕将模拟颜色在浏览器中的效果。

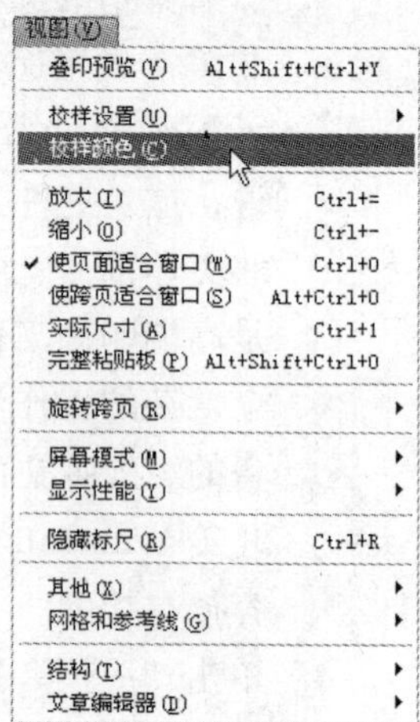

图4

没有选择菜单“视图”>“校样颜色”

校样设置为“文档 CMYK”且选择了“视图”>“校样颜色”，颜色不像原来那么鲜艳

图5

关于显示器校准和特性描述

配置文件生成软件可以校准显示器并描述其特性。校准显示器可使其符合预定义的标准；例如，调整显示器使其用开氏5000度（图形艺术标准白场色温）来显示颜色。描述显示器特性就是创建一个描述显示器当前如何重现颜色的配置文件。

显示器校准涉及调整以下视频设置：亮度和对比度（显示强度的总体级别和范围）、灰度系数（中间色调的亮度值）、荧光粉（CRT显示器用于发光的物质）和白场（显示器能够重现的最亮白色的颜色和强度）。

校准显示器就是调整显示器，使它符合已知的规范。显示器校准后，配置文件生成实用程序让用户能够保存配置文件。配置文件描述显示器的颜色特性：显示器能够显示哪些颜色、不能够显示哪些颜色以及必须如何转换图像的颜色值才能准确地显示颜色。

1. 确保显示器开启了至少半小时，这为预热和生成更一致的颜色提供了充足时间。
2. 确保显示器目前可以显示数千种甚至更多颜色。理想状况下，确保显示器能够显示数百万种（24 位）或更多的颜色。
3. 删除显示器桌面上的彩色背景图案，将桌面设置为显示中性灰色。文档周围纷乱或明亮的图案会影响颜色感知。
4. 请执行如下操作之一，以校准显示器并创建显示器配置文件：
   - 在 Windows 中，安装并使用显示器校准实用程序。
   - 在 Mac OS 中，使用位于“系统预置 / 显示器 / 颜色”标签中的“校准”实用程序。
   - 要获得最佳结果，请使用第三方软件和测量设备。一般来说，结合使用测量设备（如色度计）和软件可创建更准确的配置文件，因为工具测量得到的显示器显示的颜色要远比人眼准确。

注意，显示器性能随时间推移而下降，应每隔一个月左右重新校准显示器并创建显示器配置文件。如果很难或不可能将显示器校准到符合标准，说明显示器可能太旧且性能退化了。

大多数配置文件生成软件都会自动将新配置文件指定为默认显示器配置文件。有关如何手动指定显示器配置文件，请参阅操作系统的“帮助”系统。

——摘自InDesign帮助